结构混合试验模型更新方法

王　涛　孟丽岩　著

哈爾濱工業大學出版社

内 容 简 介

本书系统地阐述了土木工程结构混合试验模型更新方法基本理论的主要研究成果。全书共 7 章：第 1 章概述了模型更新混合试验方法的研究进展；第 2 章论述了基于多步恢复力反馈的 Runge-Kutta 算法；第 3 章论述了基于神经网络的在线模型更新方法；第 4 章论述了基于 UKF 模型的参数更新方法；第 5 章论述了基于 AUPF 模型的参数更新方法；第 6 章论述了基于模型更新的子结构拟静力混合试验方法；第 7 章论述了基于多尺度模型更新的混合试验方法。

本书可供从事土木工程、车辆工程、机械工程、航空航天工程、海洋工程、工程力学等专业的师生及科研人员参考，也可作为相关专业高校高年级本科生和研究生的学习用书。

图书在版编目(CIP)数据

结构混合试验模型更新方法/王涛，孟丽岩著. —哈尔滨：哈尔滨工业大学出版社，2023.7

ISBN 978-7-5767-0789-2

Ⅰ.①结… Ⅱ.①王…②孟… Ⅲ.①土木工程—工程结构—结构试验—试验模型 Ⅳ.①TU317

中国国家版本馆 CIP 数据核字(2023)第 100562 号

策划编辑 闻 竹
责任编辑 王会丽 惠 晗
出版发行 哈尔滨工业大学出版社
社　　址 哈尔滨市南岗区复华四道街 10 号 邮编 150006
传　　真 0451-86414749
网　　址 http://hitpress.hit.edu.cn
印　　刷 黑龙江艺德印刷有限责任公司
开　　本 787 mm×1 092 mm 1/16 印张 16 字数 341 千字
版　　次 2023 年 7 月第 1 版 2023 年 7 月第 1 次印刷
书　　号 ISBN 978-7-5767-0789-2
定　　价 58.00 元

前　言

混合试验技术集合物理试验和数值模拟的优点，在保障基础设施安全性方面发挥重要作用。近些年，国内外学者围绕混合试验在时间域上数值积分问题、空间域上边界条件及加载控制问题、系统平台实现问题开展了一系列科学研究，混合试验技术已被广泛应用于工程结构抗震、抗风、抗冰、抗火等动力性能检验。

本书系统地阐述了作者团队在土木工程结构混合试验模型更新方法领域的研究成果，全书共7章：第1章概述了模型更新混合试验方法的研究进展；第2章论述了基于多步恢复力反馈的Runge－Kutta算法；第3章论述了基于神经网络的在线模型更新方法；第4章论述了基于UKF模型的参数更新方法；第5章论述了基于AUPF模型的参数更新方法；第6章论述了基于模型更新的子结构拟静力混合试验方法；第7章论述了基于多尺度模型更新的混合试验方法。

近年来，国家自然科学基金委员会和黑龙江省自然科学基金等对结构混合试验领域的研究给予了大力支持。作者近10年来有关本领域的研究得到了国家自然基金面上项目（项目编号：52278173）——基于迭代加载的新型模型更新实时混合试验方法、国家自然基金面上项目（项目编号：51978213）——基于重启动的新型实时混合试验方法、国家自然基金面上项目（项目编号：52078398）——位移控制作动器与振动台联合多轴加载的实时混合试验方法研究、黑龙江科技大学青年才俊项目学术创新拔尖人才项目、黑龙江省自然基金青年科学基金项目（项目编号：QC2013C055）——基于隐性卡尔曼滤波模型更新混合试验方法研究、黑龙江省省属高等学校基本科研业务费基础研究项目（2017）——防屈曲支撑结构多尺度模型更新混合试验方法、黑龙江省教育厅科学技术项目（项目编号：12511485）——基于模型识别子结构混合试验方法研究、哈尔滨工业大学结构工程灾变与控制教育部重点实验室开放基金课题（项目编号：HITCE202008）——高速列车减振器模型更新混合试验的大力资助，在此表示衷心的感谢。

本书由黑龙江科技大学的王涛老师和孟丽岩老师共同撰写完成。具体分工如下：王涛老师负责撰写第1章、第4章、第5章和第7章的内容，共计20.4万字；孟丽岩老师负责撰写第2章、第3章和第6章的内容，共计13.6万字，全书最终由王涛老师统稿完成。本书是作者及其团队十余年来的研究工作总结，研究生翟绪恒、韩木逸、刘媛、陈鹏帆、刘家秀、李勐、周天楠等参与了其中的研究工作。本书在撰写过程中得到了浩杰敦、龚越峰、谢婧怡、刘吉胜、潘雨桐等研究生的大力协助，是他们的辛勤劳动才使得这项研究工作逐步深入，也使得本书内容丰富、翔实。本书作者于2009年师从吴斌教授开展了模型更新混合试验方法研究，感谢武汉理工大学吴斌教授、王贞研究员、杨格副教授，哈尔滨工业大学许国山副教授，华侨大学宁西占副教授多年来对本书作者在研究工作中给予的悉心指导和通力合作，在此表示衷心的感谢。

由于作者水平有限，书中难免有疏漏和不足之处，衷心希望读者批评指正。

王　涛

2023年2月

目　　录

第1章　绪　　论

历次地震灾害表明，各类建筑物、构筑物的倒塌是造成人员大量伤亡的最主要原因，这反映了我们对各类建筑物和构筑物的地震行为，特别是在超过地震设防烈度下的强非线性行为的认识还具有局限性。传统结构抗震、减隔震、可恢复功能结构和韧性结构均需要采用试验手段来检验结构抗震性能和结构设计方法的有效性。然而，拟静力试验采用实现假定的固定静力加载模式，不能考虑加载路径和加载速率影响，同时受到实验室加载能力和空间的限制，很难对整体结构进行加载试验，因此无法得到整体结构的抗震性能和动力响应。振动台试验投资成本巨大，同时限于振动台加载能力和台面尺寸，往往只能完成一些小比例缩尺试验，模型“尺寸效应”会显著降低试验结果的可信度。

混合试验在线融合数值模拟和物理试验，一方面避免了振动台试验中的模型缩尺效应，另一方面又能弥补拟静力试验不能获得结构地震响应的缺点，已成为研究大型结构抗震性能和结构地震反应的经济、有效的试验手段。近些年，研究者针对混合试验在时间域上的数值积分算法、空间域上的模型更新方法、边界实现上的加载控制及时滞补偿方法和混合试验平台等关键科学问题进行了深入研究，推动了混合试验方法理论的发展。同时，研究者在最初拟动力试验基础上陆续提出了子结构混合试验、基于有限元混合试验、振动台混合试验、分布式混合试验、实时混合试验和模型更新混合试验等新型混合试验方法与技术，极大地扩展了混合试验工程应用能力。混合试验方法已被广泛应用于多种类型工程结构的动力性能方面研究，具体包括：①建筑结构、桥梁结构、海洋平台等工程结构抗震研究；②工程结构抗火研究；③车辆工程耦合动力研究；④飞行器动力研究等。

混合试验方法经过多年研究和应用取得了一定的进展，但仍存在一些关键瓶颈问题亟须进一步系统研究，随着试验子结构复杂化、数值子结构强非线性化，混合试验依然会遇到巨大挑战，尤其是要保证数值积分算法的稳定性和非线性数值模型精度。隐式数值积分算法需要反复迭代，计算量大，同时也可能导致试验子结构产生虚假的加载路径；常用的速度显式算法在位移显式算法基础上增加额外假定，这将降低算法的精度和稳定性，甚至导致试验失败。因此，进一步发展一种计算负荷小、精度高、稳定性好的显式数值积分算法是亟须解决的科学问题。在强震下，数值子结构具有强非线性，很难较准确地确定数值模型及模型参数，其误差将会降低混合试验精度。在线模型及模型参数更新是一种提高数值模型精度的有效方法。因此，进一步发展高精度、鲁棒性好的在线模型及模型参数更新方法也是亟待解决的关键科学问题。

1.1　国内外研究现状

针对混合试验方法，研究者分别在混合试验理论、平台和应用方面进行了深入的研究，极大地推动了混合试验方法的发展、扩展了混合试验的工程应用能力和范围。下面分别对混合试验方法原理及应用、数值积分算法和模型更新方法等方面的国内外研究现状进行综述。

1.1.1　混合试验方法

对大型复杂结构进行抗震试验时，使用高驱动加载系统往往产生高昂的费用，大大限制了抗震试验的广泛应用。此外，从震害的角度分析，结构受到地震作用，往往导致结构产生局部破坏。所以，可以将大型结构分解成若干个子结构，对结构关键部分进行物理试验，其余部分通过计算机数值建模，以改善上述问题。混合试验是一种结合物理子结构试验加载和数值模拟技术的试验手段，可以有效评价结构的地震响应。

混合试验由日本学者 Hakuno 等首次提出，Udagawa 等在混合试验概念的基础上提出了一种单一自由度结构，其地震响应可通过混合模拟进行再现，运动的控制方程为

$$\boldsymbol{M}\ddot{x}+\boldsymbol{C}\dot{x}+F=-\boldsymbol{M}\ddot{x}_{g} \tag{1.1}$$

式中，x 为位移；上标 · 为微分；$\ddot{x}_g$ 为加速度；F 为恢复力；$\boldsymbol{M}$ 与 $\boldsymbol{C}$ 分别为质量矩阵和阻尼矩阵。

结构的恢复力特征不是数值建模，而是从试验测试分析中获得的。首先，预测以 t 为时间的下一个位移 $x(t)$；其次，将该位移应用于物理子结构进行加载，直到结构达到规定的位移，测量相应的恢复力 $F(x,t)$；最后，通过计算机计算下一步的加载位移。

Mahmoud 和 Elnashai 开展了半刚性局部强度钢框架在地震作用下的混合模拟，通过物理子结构实时加载和有限元模拟结合，采用 2 层半刚性局部强度钢框架作为研究对象，在三个不同的框架中分别使用了 30%、50%和 70%梁塑性力矩连接，研究具有双腹板角连接的半刚性部分强度钢框架的抗震性能。

Mostafaei 提出了检验结构抗火性能的混合试验方法。该方法基于子结构方法将整个结构分为两个部分，使用火灾混合试验方法将 6 层建筑物的物理子结构暴露在火中，同时使用数值模型模拟建筑的其余部分。结果表明，使用抗火性能的混合试验方法，可以评估整个建筑的性能，明显低于整个建筑直接测试的成本，证实了混合火灾试验方法比传统的火灾试验方法能提供更真实的耐火性评价。

Chae 等提出了带有磁流变阻尼器 3 层钢框架结构的大规模实时混合模拟方法，在一座具有磁流变阻尼器 3 层钢框架建筑上进行了一系列大规模的实时混合模拟，其中侧向轴力系统由轴力矩框架和阻尼支撑框架组成。实时混合模拟的物理子结构是磁流变阻

尼器的阻尼支撑框架,其余结构组件,包括抗力矩框架和重力框架,可通过计算机建模。结果证明,使用磁流变阻尼器可以减少结构对强地震作用的响应,验证了实时混合模拟在具有阻尼器的实际结构系统上的可行性。

Maikol 等开展了钢力矩框架结构的大型混合模拟,并与传统抗震试验进行对比,以验证所提出模拟方法的有效性。在混合模拟部分将整体钢框架的底层作为本次模拟的物理子结构;而在传统抗震试验部分,物理子结构采用具有类似尺寸试样的重力框架系统。最后得出结论:子结构技术通过减少所需执行器的数量,简化了试验设置,同时充分接近边界条件,证实了该试验方法的可靠性,并且能够准确获得结构组件在真实地震荷载和边界条件下的地震响应。

Zhang 等利用域重叠技术对钢筋混凝土剪力墙结构开展了混合试验。在试验过程中,物理子结构和数值子结构分别为底部 3 层和顶部 37 层的混凝土剪力墙结构,使用 ABAQUS 对顶部 37 层进行了虚拟仿真。底部 3 层采用重叠域法,保证了上层结构边界条件的有效性。结果表明,该试验采用位移控制进行水平位移,并通过两个控制力执行器模拟倾覆力矩,成功再现了高层混凝土剪力墙建筑抗震响应。

Li 等提出了分布式混合模拟方法,该方法的优势是可以通过互联网来模拟各个子结构之间的耦合关系,可以开展不同地域实验室之间的混合模拟。基于分布式混合模拟框架,Li 在同济大学嘉定校区与四平校区之间构建分布式混合模拟测试平台,并测试了该方法的性能。

Yang 等提出了基于有限元模型更新的结构混合仿真平台 HyTest,该平台便于利用基于有限元的识别模块中的试验观测数据来在线识别材料本构参数,能够实现识别算法与现有混合仿真软件的协作。通过对钢筋混凝土柱参数识别的数值分析和对钢框架的混合仿真,验证了 HyTest 平台的有效性。

Skalomenos 等提出评价钢结构框架节点板连接件抗震性能的混合试验方法。所开发的试验方法将子结构加载技术与有限元分析方法结合在一个在线混合试验中,以支撑构件作为数值子结构,支撑连接件作为物理子结构,两个千斤顶施加的力－位移组合控制确保了分析和试验之间的物理连续性,并研究了两种节点板连接在非弹性变化的轴向载荷下的地震响应。

杨澄宇等将自复位防屈曲支撑构件应用到混合试验中,在 OpenSees 及 OpenFresco 两种有限元平台下构建虚拟混合试验系统,实现了虚拟混合试验过程,并利用混合试验方法分析了包含防屈曲支撑构件结构及包含自复位防屈曲支撑构件结构的地震响应。

1.1.2　模型更新混合试验方法

当结构中包含许多耗能或抵抗水平作用的抗侧力构件,如多层防屈曲支撑结构、隔震结构以及多跨桥梁结构等时,这些力学特性复杂的防屈曲支撑、隔震器、桥墩的性能会很大程度上影响结构的总体反应。由于实验室中可用的加载设备数量会限制混合试验中的进行真实物理模拟的试验子结构数量，将所有的重要的结构或构件都作为物理子结构，因此进行加载试验是不现实的，对于不做试验的其他关键构件进行数值模拟将不可避免。数值模拟时，数值子结构通常需要采用事先假定的恢复力模型，即忽略数值模型误差对混合试验的影响。在强震下，数值子结构也可能进入非线性，然而非线性数值子结构的数值模拟通常是一个非常具有挑战性的工作，需要更精细的模型和准确的模型参数。当假定的数值模型及参数不准确时，数值子结构恢复力计算会有较大误差，这将降低整体混合试验精度，导致混合试验结果很难真实反映结构抗震性能和结构地震反应。如何提高数值子结构恢复力计算的准确性是亟须解决的问题。

为此，研究者提出模型更新混合试验方法，将在线模型更新融入混合试验中，这样可以在不增加试验费用的前提下，既充分利用了试验数据信息，又有效提高了数值子结构模型精度。

在模型更新混合试验中，整体结构被划分为两部分，即物理子结构和数值子结构。其中的一个或者少量物理子结构通过实际的试验加载进行物理模拟，而数值子结构通过基于假定的数值模型进行数值模拟；如果数值结构中包含多个与物理子结构相同或者相似的结构，在混合试验的每一步中，利用物理子结构的观测数据，在线识别物理子结构数值模型参数，瞬时更新与物理子结构相同数值子结构恢复力模型，其余环节仍与传统混合试验方法相同。

模型更新混合试验方法框图如图 1.1 所示。试验过程包括四个部分，分别为数值积分模块、试验加载系统、假定数值子结构模型模块、模型识别更新模块。试验加载系统一般包括控制器、作动器、物理子结构试件、数据采集的传感器等部分。在试验进行时，由数值积分模块通过数值积分算法计算得到物理子结构、不需要更新的数值子结构、更新的数值子结构的第 $k+1$ 步位移命令分别为 $d_{\mathrm{E},k+1}^{\mathrm{c}}$、$d_{\mathrm{N},k+1}^{\mathrm{r,c}}$、$d_{\mathrm{N},k+1}^{\mathrm{u,c}}$。将位移命令 $d_{\mathrm{E},k+1}^{\mathrm{c}}$ 输入真实试验加载系统，测量得到物理子结构恢复力 $R_{\mathrm{E},k+1}^{\mathrm{m}}$；将位移命令 $d_{\mathrm{N},k+1}^{\mathrm{r,c}}$ 输入到假定数值模型模块计算得到模型未更新数值子结构恢复力 $R_{\mathrm{N},k+1}^{\mathrm{r}}$；将位移命令 $d_{\mathrm{N},k+1}^{\mathrm{u,c}}$ 输入到模型更新模块计算得到模型更新数值子结构恢复力 $R_{\mathrm{N},k+1}^{\mathrm{u}}$。这样，将 $R_{\mathrm{E},k+1}$、$R_{\mathrm{N},k+1}^{\mathrm{r}}$、$R_{\mathrm{N},k+1}^{\mathrm{u}}$ 反馈给数值积分模块，再根据下一步的地震加速度输入，就可以得到下一步的位移命令，如此循环进行，直至试验结束。

模型更新从滞回模型层次上可分为构件模型、截面模型和材料模型，从更新对象上可分为参数更新和模型更新，从更新方式上可分为在线更新和离线更新。

近十年来，国内外学者对模型更新混合试验开展了积极探索，取得了一些研究成果。目前，应用在混合试验中的在线识别算法主要有最小二乘法、扩展卡尔曼滤波（Extended Kalman Filter，EKF）、无损卡尔曼滤波（Uncented Kalman Filter，UKF）、神经网络（Neural Network，NN）等。2005 年，Yang 等首先在子结构混合试验中，提取试验子结构观测数据并用多层前馈神经网络算法学习试验子结构的恢复力模型，然后用训练好的神经网络在线预测数值子结构的恢复力。通过对两层剪切型框架的仿真试验表说明，该方

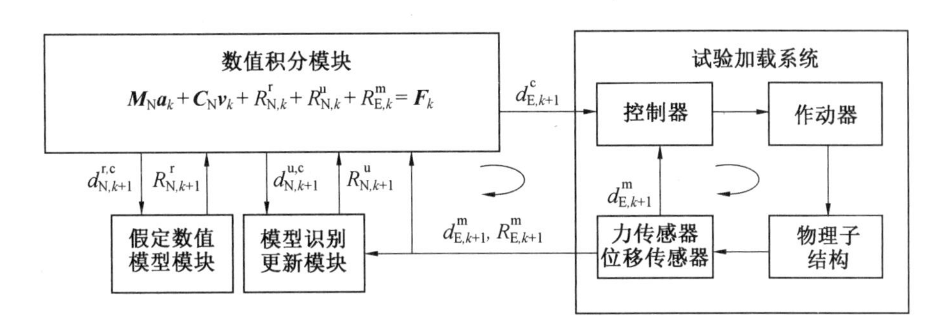

图 1.1　模型更新混合试验方法框图

法能够提高数值子结构恢复力计算的准确性。2012 年，Yang 等提出在混合试验中用多变量非线性优化的方法来识别试验子结构恢复力模型参数，并在线更新相应的数值子结构模型参数。针对桥梁结构开展混合试验数值仿真，验证了该算法的可行性。张健采用数值仿真探讨了 UKF、最小二乘法和神经网络这三种识别方法在自适应子结构拟动力试验中的应用。

王涛从 2009 年在国内率先开展模型更新混合试验方法的研究，完成了一系列结构混合试验验证。2011 年，以带支撑框架结构为对象，基于底层试验支撑的恢复力观测值，用最小二乘法识别假定的双线性模型参数，并在线更新第二层数值支撑双线性模型参数，成功完成了国内第一例模型更新混合试验。之后，基于 UKF 算法又开展了三组模型更新混合试验：首先，搭建 FTS－dSPACE 试验系统，以单自由度（双弹簧－质量－阻尼）系统为对象开展混合试验，用 UKF 在线识别试验弹簧刚度，并实时更新数值弹簧模型的刚度；然后，以带支撑的两层框架为对象，结构简化为层模型，以底层支撑为试件，上层支撑用 Bouc-Wen 模型代替，在混合试验中利用试验支撑力－位移数据，采用 UKF 在线更新上层数值支撑 Bouc-Wen 模型参数；最后，王涛和吴斌提出了一种新的约束 UKF 算法，并把该算法用于防屈曲支撑结构模型更新混合试验中，通过仿真和试验验证了其有效性。

Kwon 等提出一个新的模型更新方法，数值模型为多个具有不同模型参数值假定模型的加权线性叠加，通过定义性能指标函数，采用在线优化方法求解模型的权重系数，完成混合试验中的数值模型更新，通过仿真和试验验证表明，线性加权组合的数值模型能够很好地复制物理试件的性能。

Hashemi 等以单层单跨排架为对象，采用 UKF 算法识别左侧试验排架柱底部弯矩－转角预设的 Bouc-Wen 模型参数，并实时更新右侧排架柱底部弯矩转角 Bouc-Wen 模型的参数。Elanwar 等讨论了基于试验构件的观测数据，在混合试验中修改数值子结构模型中的材料本构参数，其核心是用遗传算法识别材料本构关系参数，通过钢结构和混凝土结构两个数值仿真算例，验证了基于材料本构模型更新混合试验的有效性。

Asgarieh 等提出了基于时变模态参数的有限元模型更新方法，模拟地震激励下真实复杂建筑结构的地震响应，此方法的核心思想是采用最小化目标函数的方法更新有限元模型参数。通过对大型 3 层钢筋混凝土框架开展真实试验，检验所提出的更新方法的性能。结果表明，与线性模型的更新相比，非线性有限元模型的更新可以提供更准确的损伤识别结果。

Hashemi 等提出一种新型混合试验框架，该框架基于子结构的瞬测响应来更新数值模型的初始建模参数。通过虚拟仿真确定建模参数的关键算法，然后将所提出框架进一步扩大，应用于真实试验中。

Elanwar 和 Elnashai 将在线模型更新方法应用到具有地震作用下的混合模拟中，将整体结构分为试验模块和数值模块。试验模块代表了关键组件的响应，通过逐步集成方案，对不同模块的响应进行了组合，确定了材料的本构关系，同时更新与物理试验具有相近特性的相应数值部分，讨论了不同结构组件之间的通信协议，并测试了该方法的性能。

Boulkaibet 等利用 Hamiltonian Monte Carlo 技术进行有限元模型更新，引入了可分离映像方法。该方法使用对不同参数空间的转换来生成样本，通过对两种真实力学结构的有限元模型进行更新，证明了该方法的精度和有效性。结果表明，这种方法比其他方法具有许多优势，能够在更大的时间步长上有效采样，同时比其他算法使用了更少的参数。

Elnashai 和 Elanwar 提出了模型更新方法在地震结构评估中的应用。在两个复杂的混合模拟案例研究中，获取了材料的本构关系，分析了带有热处理梁段的梁柱钢连接情况，对一个多跨混凝土桥的响应情况进行了研究。结果表明，与传统的混合仿真方法相比，模型更新对提高数值模型响应更具有有效性。

Ou 等提出基于在线模型更新的实时混合仿真方法，并通过实际仿真探讨了该方法可能面临的挑战，以两种 Bouc-Wen 模型为例，评价了该方法的性能。在模型更新算法中选择约束 UKF 算法，通过估计输出误差指标、模型更新输出误差指标和系统识别误差指标来评估实时混合试验仿真的准确性。结果显示，在适用的约束条件下，通过将模型更新集成到实时混合仿真中，可以提高目标模型未知时的全局响应精度。

McDonald 和 Ventura 进行了桥梁模型更新虚拟仿真，建立了一个三跨斜拉桥梁模型，通过手动校准甲板负载还原其真实性。通过灵敏度分析确定模型参数，以密切匹配频率和模态振型的试验结果。桥梁模型使用持续的结构健康监测网络进行更新，并进行线性时程分析，比较更新前后的结果。通过地震分析的观测结果，证实了该方法的有效性。

Mohagheghian 和 Mohammadi 分析了基于 TADAS 框架的模型更新方法，对比了两种在线模型更新方法的准确性和计算效率。在第一种方法中，模拟过程中更新了数值模型的模型参数。在第二种方法中，滞回模型参数进行加权平均，得到了修正后滞回模型和各滞回模型的权重因子。研究采用的结构模型为 3 跨、4 层抗力矩框架，各层均配备阻尼器。结果表明，采用第二种更新方法可以得到更准确的响应。

Chuang等采用基于梯度的优化方法对防屈曲支撑的恢复力模型进行了识别。基于梯度的优化方法虽然可以用于非线性参数系统,但对于多参数估计的问题,梯度的计算可能比较耗时;若梯度计算不准确,还存在迭代收敛速率低甚至不收敛的问题。

Aksoylar等为了弥补多平台拟动力学仿真中数值分析的不足,针对具有相似特征多个子结构组件,提出了一种截面级在线模型识别和更新方法,将钢结构应用在多平台拟动力虚拟仿真中,该方法消除了材料模型识别阶段的优化需要。此外,该方法不需要关于数值子结构模型的先验信息。Aksoylar选取了一个具有不同墩台高度的3跨钢结构桥作为研究对象,开展多平台拟动力虚拟仿真。结果表明,利用具有相同截面性质的构件的试验结果,可以有效地反映出不同动态加载条件下钢结构构件的非线性滞回曲线特性。

Zhong和Chen提出基于全局灵敏度分析的混合仿真模型更新方法,利用OpenSees构建的全结构动态模型计算结构在每个时间步长上的响应,并从全结构动态时间历史分析模块中提取子结构所需的边界条件。采用Sobol方法分析了混合试验中各参数的灵敏度,筛选需要更新的核心参数。根据更新过程的灵敏度系数,对参数的每一步设置不同的搜索步长,使其对目标函数的影响更加均匀,从而提高了多参数识别的效果。

陈永盛以框架结构为研究对象,采用UKF算法进行了基于截面屈服面模型更新的框架结构混合试验。梅竹等提出了基于材料本构模型参数更新混合试验方法,并对钢筋混凝土框架和高墩桥进行了试验验证。杨格等研发了基于控制点理论的通用结构混合试验平台,完成了模型更新混合试验验证。宁西占等提出了一种基于模型更新的在线数值模拟方法,解决了混合试验非完整边界问题。2019年,Wang等采用多轴试验系统完成了钢板阻尼器的模型更新混合试验。模型更新混合试验国内外相关部分研究见表1.1。

表1.1 模型更新混合试验国内外相关部分研究

时间	作者	验证手段	结构对象	物理子结构	数值模拟软件	模型更新方法	滞回模型	更新对象
2005	Yang W和Nakano Y	慢速试验	框架结构	工字钢	MATLAB	神经网络算法	神经网络模型	结构模型
2011	Zhang J等	数值模拟	框架结构	一层框架	MATLAB	最小二乘法	Bouc-Wen	构件模型参数
2011	王涛等	慢速试验	钢框架—支撑	BRB	MTS Flex Test GT	最小二乘法	双折线模型	构件模型参数
2012	Yang Y等	数值仿真	RC桥梁	桥墩	OpenSees	Simplex method	Modified Giuffre-Menegotto-Pinto	构件模型参数
2012 2013	王涛等	慢速试验	单自由度结构	弹簧	Simulink	UKF	线弹性模型	构件模型参数

续表1.1

时间	作者	验证手段	结构对象	物理子结构	数值模拟软件	模型更新方法	滞回模型	更新对象
2013	王涛等	数值仿真	框架—支撑	BRB	MATLAB	UKF	Bouc-Wen	构件模型参数
2013	Hashemi J等	慢速试验	钢框架	框架柱	MATLAB	UKF	BWBN	构件层次模型参数
2013	Kwon O和Kammula V	慢速试验 数值仿真	钢框架—支撑	钢支撑	OpenSees	多变量非线性优化	BWBN	构件模型权重系数
2014	Wang T和Wu B	数值仿真	两自由度结构	一层框架结构	Simulink	CUKF	Bouc-Wen	结构模型参数
2014	Wu B和Wang T	实时和慢速试验	钢框架—BRB	BRB	Simulink	CUKF	Bouc-Wen	构件模型参数
2014	Elanwar H和Elnashai A	数值仿真	钢框架 RC框架	框架柱	ZeusNL	Genetic Algorithm	Steel—02 Concrete 02	材料本构参数
2014	王涛	数值仿真	框架—支撑	BRB	OpenSees	CUKF	BWBN	构件模型参数
2016	Wu B等	慢速试验 数值仿真	钢框架	框架柱	MATLAB	UKF	轴力和弯矩耦合模型	截面模型参数
2016	Elanwar H和Elnashai A	数值仿真	钢框架	框架柱	ZeusNL	离线神经网络算法	神经网络模型	材料本构模型
2016	Shao X等	实时试验 数值仿真	钢框架	一层框架结构	MATLAB	UKF	Bouc-Wen	结构模型参数
2017	Mohaghe-ghian K等	数值仿真	装有阻尼器的框架	TADAS阻尼器	OpenSees	非线性优化算法	Bouc-Wen	构件模型参数及权重系数
2017	Ou G等	数值仿真	摇摆框架	钢板阻尼器	OpenSees	CUKF	Bouc-Wen	构件层次模型参数
2017 2019	Mei Z等	慢速试验 数值仿真	框架/高墩桥	框架柱/桥墩	OpenSees	UKF	Kent-Scott-Park	材料本构参数
2017	Yang G等	慢速试验 数值仿真	钢框架	一层框架结构	OpenSees	UKF	Steel—01	材料本构参数

模型更新算法性能的优劣是模型更新混合试验成败的关键问题，模型更新混合试验对模型更新算法的性能提出了更为严苛的要求。由于结构模型本身强非线性的特点，要求所采用的识别算法要具有很好的非线性模型参数识别精度和收敛速度；在混合试验中要求在线完成模型参数识别和模型更新，而不能人为进行干预或算法调试，这要求模型更新算法应具有良好的稳定性；试验观测量信号通常都含有一定程度的测量噪声，这要求识别算法对观测噪声具有较强的鲁棒性；在模型更新混合试验中，需要在每一加载步长内完成相应的参数识别或模型预测，要求在线识别算法的计算负荷要小；物理子结构

数值模型很难完全反映真实试验子结构滞回性能,即会存在模型误差,模型误差会大大降低模型参数识别的收敛速度和精度。目前,这些算法的性能仍存在很多问题,找到一种可以同时满足混合试验严苛要求的高性能在线参数识别算法是亟须解决的问题。

1.1.3 基于神经网络的模型预测方法

神经网络研究的思想起源于21世纪初,这种智能算法的出现得益于人类对大脑神经系统的研究和探讨。神经网络算法通过神经元节点的连接进行传递和反馈来模拟输入和输出之间的非线性关系,被广泛地应用在机器人学习、系统辨识以及模式识别中。近些年,人工神经网络算法也被应用到土木工程领域,实现结构参数识别、结构恢复力模型预测、时滞补偿控制和混合试验模型更新。

在结构参数识别方面,2003年,吴波探索了基于神经网络的结构地震反应仿真的方法,并对神经网络结构各类参数的选取做了研究,证实应用神经网络对结构地震反应仿真是切实可行的,具有精度高、容错性强、不受模型限制等优势。2004年,孙浩等将LM－BP人工神经网络应用于复杂的非线性振动响应的趋势预测,避免了数据预处理、模型预测、参数估计和模型泛化性检验过程。张玲凌根据试验数据建立了具有迟滞特性非线性阻尼器恢复力模型,通过人工神经网络识别阻尼器迟滞恢复力参数。章莉莉采用BP神经网络算法进行了结构参数识别和损伤识别。

在结构恢复力模型预测方面,白建方等采用神经网络模拟钢筋混凝土材料滞回行为,建立了钢筋混凝土框架节点的BP神经网络预测模型,并取得了较好的模拟效果。周春桂等提出了一种基于神经网络杂交建模的方法,并对钢丝绳隔振系统滞后恢复力模型进行了建模预测,通过识别分析得到了精度较高的预测模型。Yun和Huang采用神经网络模拟材料滞回性能和梁柱节点滞回,通过试验验证了方法预测精度。

在时滞补偿控制方面,涂建维等采用神经网络进行预测减小时滞效应对振动控制的不利影响,通过过去时刻和当前时刻的结构反应来预测未来时刻的结构响应,研究表明,通过神经网络预测能有效补偿时滞,使控制效果几乎达到无时滞效应的控制效果。郭军慧利用神经网络对大跨空间结构风振响应进行时滞补偿控制,通过数值算例验证了方法的有效性。涂建维等应用训练好的神经网络来在线补偿实时子结构试验控制系统时滞,通过基于磁流变阻尼器实时子结构试验验证了时滞补偿方法的有效性。周大兴等在振动台子结构试验中利用神经网络对作动器的信号进行预测,通过数值仿真验证了方法可行性。

在混合试验模型更新方面,2005年,Yang等首次在结构混合试验中,利用试验子结构的观测位移与恢复力数据进行训练神经网络,然后应用训练好的BP神经网络算法预测数值模型恢复力,试验表明,该方法能有效地提高数值子结构恢复力精度。2010年,张健修改了神经网络输入变量,采用八变量的BP网络模型来预测自适应子结构试验中数值子结构的恢复力,数值模拟表明,恢复力模型预测的整体误差不大,但存在误差偏差,对子结构试验精度影响很大。

综上所述，目前神经网络算法在混合试验中仍存在以下几方面问题需要解决：

（1）目前大部分研究者应用的算法为标准的神经网络算法，采用批量训练的学习方式，即在预测前需要已知系统所有的输入和观测样本。在实际预测过程中，若无法事先获取系统的全部样本，则要利用当前及之前步已有的全部样本对初始的神经网络进行重复训练。这种训练方式本质上属于离线的学习方法，算法的计算量会随着输入和观测样本数量的逐步增加而显著增大，计算效率随之下降。

（2）神经网络系统中权值与阈值的每次更新在下一步样本训练时要重新初始化，这样会导致每一步新到的样本会被前面所有步的样本信息逐渐湮没，训练算法的自适应性变差。显然，标准的神经网络算法并不适用于数值子结构恢复力的在线预测问题。

（3）以往文献大多采用静态前馈 BP 神经网络对子结构混合试验的恢复力模型进行预测，而结构混合试验本质上是一种在线的闭环控制，由于受物理试验模块中加载控制和数值模拟中积分算法、输入样本、权值与阈值更新等的影响呈递推特性，且利用静态前馈型网络对动态系统进行辨识，会出现信息滞留、记忆损失的不利现象，从而随神经网络系统预测步数的增加，逐步扩大计算规模，使网络学习的收敛速度降低，对上一步输入信息记忆力减弱，最终造成预测精度变差。

1.2 本书主要工作

本书针对结构混合试验理论中的数值积分算法、模型更新方法和模型更新混合试验方法展开研究，主要研究内容如下。

第 2 章为基于多步恢复力反馈的 Runge-Kutta 算法，基于线性稳定性理论对 RK 算法进行稳定性和精度分析，给出算法稳定界限，提出基于单/多步恢复力反馈的显式 RK 数值积分算法，分别针对位移/速度相关型试验子结构的单自由度线性/非线性系统进行混合试验数值模拟，验证基于 RK 算法的混合试验精度。

第 3 章为基于神经网络的在线模型更新方法，提出在线 BP 神经网络算法、在线自适应神经网络算法和在线泛化神经网络算法。通过数值仿真和 BRB 试验验证算法精度；针对算法输入变量、输入和观测样本、隐含层激活函数等参数进行鲁棒性分析，找到参数对算法精度和计算效率影响规律。通过数值仿真验证基于神经网络模型更新方法的有效性。

第 4 章为基于 UKF 模型的参数更新方法，通过对磁流变液流变机理的研究，对比了磁流变阻尼器的力学模型。分析了磁流变阻尼器的 Bouc-Wen 模型参数的物理意义及其对滞回曲线的影响规律，进行了模型参数敏感性分析。采用了 UKF 方法在线识别非线性模型参数。基于数值模拟和工程试验验证了 UKF 算法识别磁流变阻尼器的 Bouc-Wen 模型的有效性。分析了 UKF 识别算法参数，并给出了识别算法参数的取值建议。

针对装有磁流变阻尼器的两层框架结构进行了基于 UKF 的磁流变阻尼器在线模型更新混合试验数值仿真，验证了该方法的可行性。

第 5 章为基于 AUPF 模型的参数更新方法，提出了一种改进的 AUPF 算法。针对 Bouc-Wen 模型分析了算法识别精度和计算效率。给出 OpenSees 模型参数更新实现方法，最后通过多层防屈曲支撑结构和隔震桥梁结构混合试验仿真，验证在线模型参数更新方法的有效性。

第 6 章为基于模型更新的子结构拟静力混合试验方法，提出一种基于模型更新的子结构拟静力混合试验方法，利用 MATLAB 和 OpenSees 搭建了新型拟静力试验数值模拟框架，以钢框架结构为例，证明了所提出的新型拟静力试验方法在评价整体结构抗震性能方面的有效性。提出一种基于统计的 UKF 模型更新方法，进行了不同算法初始参数对试验结果的影响分析。提出基于统计的 UKF 模型更新子结构拟静力混合试验数值模拟方法，探讨其可行性。

第 7 章为基于多尺度模型更新的混合试验方法，提出容积卡尔曼滤波器模型更新方法，以两层防屈曲支撑框架为研究对象，选用 Bouc-Wen 模型作为层间支撑恢复力模型，开展模型更新混合试验虚拟仿真。提出统计容积卡尔曼滤波器模型更新方法，针对两层带有自复位摩擦耗能支撑框架结构开展模型更新混合试验虚拟仿真。提出多尺度模型更新的混合试验方法，以二层自复位摩擦耗能支撑钢框架为研究对象，采用统计容积卡尔曼滤波器方法，实现了在混合试验中同时对钢材材料本构模型和自复位摩擦耗能支撑构件模型进行参数识别及更新。

第2章　基于多步恢复力反馈的Runge-Kutta算法

混合模拟将试验子结构和数值子结构在满足边界条件的条件下协调于结构整体运动方程,通过数值积分在线求解结构反应。为了反映速度及加速度相关型试验子结构力学性能,研究者发展了实时混合模拟方法,需满足数值计算和试验加载的实时性。隐式算法具有无条件稳定、能量耗散性能好等优点,但隐式算法需要迭代求解,反复迭代会产生虚假加载路径,而且增大计算耗时,很难满足实时混合模拟的实时性需求。相比而言,显式算法无须反复迭代求解,具有更高的计算效率,更适合应用于实时混合模拟。

显式的四阶 Runge-Kutta(RK)算法具有精度极高、计算过程中可改变步长且不需要计算高阶导数等优点,已在数学、物理学等诸多领域上被广泛应用。张健和王涛曾将 RK 算法应用于混合模拟中,求解结构运动方程。然而,在算法应用时对算法进行了简化,即在每一个积分步中并没有考虑中间状态对应的恢复力变化影响。因此,对混合模拟中的 RK 算法数值性能及实现方法进行系统研究就显得十分必要。

首先,采用放大矩阵谱半径的方法理论分析 RK 算法在求解结构二阶运动方程时的稳定性和精度,通过数值模拟验证理论分析的正确性;然后,提出单步恢复力反馈(Single restoring force feedback Runge-Kutta method,SRK)算法和多步恢复力反馈(Mulit-step restoring force feedback Runge-Kutta method,MRK)算法两种混合模拟实现方法,通过单自由度线性和多自由度非线性体系数值算例验证算法的有效性。

2.1　RK 数值积分方法

经典的 RK 算法可以解决已知初值的一阶微分方程数值积分问题,并不能直接用于求解结构的二阶运动方程。下面以一个多自由度线弹性结构体系为对象,给出采用 RK 算法求解结构运动方程的方法。

结构运动方程为

$$\boldsymbol{Ma}+\boldsymbol{Cv}+\boldsymbol{Kd}=\boldsymbol{F} \tag{2.1}$$

式中,$\boldsymbol{M}$ 为结构质量矩阵;$\boldsymbol{C}$ 为线性阻尼系数矩阵;$\boldsymbol{K}$ 为结构线性刚度矩阵;$\boldsymbol{d}$、$\boldsymbol{v}$、$\boldsymbol{a}$ 分别为结构位移向量、速度向量和加速度向量;$\boldsymbol{F}$ 为结构的外部激励向量。

首先,需要将二阶运动方程进行降阶处理,转为一阶状态方程。设结构状态 $\boldsymbol{Z}$ 为

$$\boldsymbol{Z}=\{\boldsymbol{d},\boldsymbol{v}\}^{\mathrm{T}} \tag{2.2}$$

则由式(2.1)转化的状态方程为

$$\dot{\boldsymbol{Z}}=f(\boldsymbol{Z},\boldsymbol{F})=\begin{bmatrix}0 & 1\\ -\boldsymbol{M}^{-1}\boldsymbol{K} & -\boldsymbol{M}^{-1}\boldsymbol{C}\end{bmatrix}\boldsymbol{Z}+\boldsymbol{M}^{-1}\boldsymbol{F} \tag{2.3}$$

式中，f 为状态方程函数；$\boldsymbol{F}$ 为系统的外部输入向量。

然后，当已知结构在第 i 步的状态 $\boldsymbol{Z}_i$ 和输入 $\boldsymbol{F}_i$ 时，即可通过标准的四阶 RK 算法直接显式求解结构在第 $i+1$ 步的状态 $\boldsymbol{Z}_{i+1}$：

$$\boldsymbol{Z}_{i+1}=\boldsymbol{Z}_i+\frac{\Delta t}{6}(\boldsymbol{S}_{1,i}+2\boldsymbol{S}_{2,i}+2\boldsymbol{S}_{3,i}+\boldsymbol{S}_{4,i}) \tag{2.4}$$

式中，Δt 为积分时间步长；$\boldsymbol{S}_{1,i}$、$\boldsymbol{S}_{2,i}$、$\boldsymbol{S}_{3,i}$、$\boldsymbol{S}_{4,i}$ 分别为状态与时间关系曲线上在时间段$[t_i, t_{i+1}]$内的四个中间状态点处所对应的曲线切线斜率，并与状态维数相同，分别为

$$\begin{cases}\boldsymbol{S}_{1,i}=f(\boldsymbol{Z}_i,\boldsymbol{F}_i)\\ \boldsymbol{S}_{2,i}=f(\boldsymbol{Z}_i+\boldsymbol{S}_{1,i}\Delta t/2,\boldsymbol{F}_i)\\ \boldsymbol{S}_{3,i}=f(\boldsymbol{Z}_i+\boldsymbol{S}_{2,i}\Delta t/2,\boldsymbol{F}_i)\\ \boldsymbol{S}_{4,i}=f(\boldsymbol{Z}_i+\boldsymbol{S}_{3,i}\Delta t,\boldsymbol{F}_i)\end{cases} \tag{2.5}$$

当得到状态 $\boldsymbol{Z}_{i+1}$ 后，由式(2.2)即可计算第 $i+1$ 步的结构位移 $\boldsymbol{d}_{i+1}$、速度 $\boldsymbol{v}_{i+1}$。若将 $\boldsymbol{d}_{i+1}$、$\boldsymbol{v}_{i+1}$ 代入到第 $i+1$ 步运动方程，可计算第 $i+1$ 步结构加速度 $\boldsymbol{a}_{i+1}$ 为

$$\boldsymbol{a}_{i+1}=\boldsymbol{M}^{-1}(\boldsymbol{F}_{i+1}-\boldsymbol{C}\boldsymbol{v}_{i+1}-\boldsymbol{K}\boldsymbol{d}_{i+1}) \tag{2.6}$$

可见，与已有的速度显式的修正算法不同，采用 RK 算法求解结构运动方程时，无须增加其他额外的数值假定条件，可由第 i 步的状态直接显式计算出第 $i+1$ 步的全部结构反应，包括结构位移、速度和加速度。

2.2　RK 算法稳定性分析

为了进一步验证 RK 算法在求解二阶运动方程时的稳定性和精度，下面以单自由度线弹性结构体系自由振动情况为例，通过理论推导给出 RK 算法的稳定界限与精度影响规律。

2.2.1　放大矩阵谱半径

以单自由度结构为对象，考虑自由振动，首先推导 RK 算法的状态放大矩阵，然后采用谱半径的方法分析算法的稳定界限。

结构运动方程为

$$ma+cv+kd=0 \tag{2.7}$$

式中，m、c 和 k 分别为结构的质量、阻尼系数和刚度；d、v、a 分别为结构的位移、速度和加速度。

为了推导 RK 算法的状态放大矩阵，需要重新定义状态向量 $\boldsymbol{Y}$：

$$\boldsymbol{Y}=\{d,v\Delta t\}^{\mathrm{T}} \tag{2.8}$$

则状态向量对时间的导数为

$$\dot{\boldsymbol{Y}}=\{v,a\Delta t\}^{\mathrm{T}} \tag{2.9}$$

由式(2.7)～(2.9)可以得到结构运动方程式(2.7)所对应的状态方程：

$$\dot{\boldsymbol{Y}}=f(\boldsymbol{Y})=\begin{bmatrix} 0 & 1/\Delta t \\ -k\Delta t/m & -c/m \end{bmatrix}\boldsymbol{Y} \tag{2.10}$$

将式(2.4)～(2.5)中状态 $\boldsymbol{Z}$ 用 $\boldsymbol{Y}$ 代替，再由式(2.4)～(2.10)可得到 $i+1$ 步的状态 $\boldsymbol{Y}_{i+1}$ 为

$$\boldsymbol{Y}_{i+1}=\left[\boldsymbol{I}+\Delta t\boldsymbol{G}^1+\frac{(\Delta t)^2}{2}\boldsymbol{G}^2+\frac{(\Delta t)^3}{6}\boldsymbol{G}^3+\frac{(\Delta t)^4}{24}\boldsymbol{G}^4\right]\boldsymbol{Y}_i \tag{2.11}$$

令

$$\boldsymbol{A}=\boldsymbol{I}+\Delta t\boldsymbol{G}^1+\frac{(\Delta t)^2}{2}\boldsymbol{G}^2+\frac{(\Delta t)^3}{6}\boldsymbol{G}^3+\frac{(\Delta t)^4}{24}\boldsymbol{G}^4 \tag{2.12}$$

式中，$\boldsymbol{A}$ 为状态放大矩阵；$\boldsymbol{I}$ 为单位矩阵；$\boldsymbol{G}$ 的表达式为

$$\boldsymbol{G}=\begin{bmatrix} 0 & \dfrac{1}{\Delta t} \\ -\dfrac{k\Delta t}{m} & -\dfrac{c}{m} \end{bmatrix} \tag{2.13}$$

为了简便表达，将放大矩阵 $\boldsymbol{A}$ 表达为如下形式：

$$\boldsymbol{A}=\begin{bmatrix} A_{11} & A_{12} \\ A_{21} & A_{22} \end{bmatrix} \tag{2.14}$$

令 $\Omega=\omega\Delta t$，则矩阵 $\boldsymbol{A}$ 中的各个元素可分别表达为

$$\begin{cases} A_{11}=1-\dfrac{\Omega^2}{2}+\dfrac{\xi\Omega^3}{3}+\dfrac{\Omega^4}{24}(1-4\xi^2) \\ A_{12}=1-\xi\Omega-\dfrac{\Omega^2}{6}(1-4\xi^2)+\dfrac{\xi\Omega^3}{6}(1-2\xi^2) \\ A_{21}=-\Omega^2+\xi\Omega^3+\dfrac{\Omega^4}{6}(1-4\xi^2)-\dfrac{\xi\Omega^5}{6}(1-2\xi^2) \\ A_{22}=1-2\xi\Omega-\dfrac{\Omega^2}{2}(1-4\xi^2)^2+\dfrac{2\xi\Omega^3}{3}(1-2\xi^2)+\dfrac{\Omega^4}{24}[(1-4\xi^2)-8\xi^2(1-2\xi^2)] \end{cases} \tag{2.15}$$

式中，ω 和 ξ 分为结构的振动圆频率和阻尼比，且满足关系 $\omega=\sqrt{k/m}$、$\xi=c/2m\omega$。

下面利用状态放大矩阵 $\boldsymbol{A}$ 进行谱半径分析。首先，通过对放大矩阵 $\boldsymbol{A}$ 进行特征值判别，可知 $\boldsymbol{A}$ 特征值 λ 为一对复根，其具体表达式为

$$\lambda_{1,2}=a\pm bi \tag{2.16}$$

式中，

$$\begin{cases} a=1-\xi\Omega-\dfrac{1}{2}\Omega^2+\xi^2\Omega^2+\dfrac{1}{2}\xi\Omega^3-\dfrac{2}{3}\xi^3\Omega^3+\dfrac{1}{24}\Omega^4-\dfrac{1}{3}\xi^2\Omega^4+\dfrac{1}{3}\xi^4\Omega^4 \\ b=\dfrac{\sqrt{1-\xi^2}}{6}(6\Omega-6\xi\Omega^2-\Omega^3)+\dfrac{\sqrt{1-\xi^2}}{6}(4\xi^2\Omega^3+\xi\Omega^4-2\xi^3\Omega^4) \end{cases} \tag{2.17}$$

则放大矩阵 $\mathbf{A}$ 的谱半径 $\rho(\mathbf{A})$ 为

$$\rho(\mathbf{A})=\sqrt{a^2+b^2} \tag{2.18}$$

将式(2.17)代入式(2.18)，可得

$$\rho(\mathbf{A})=\frac{1}{2}\left[\Omega^8\left(\frac{1}{144}\right)+\Omega^7\left(-\frac{1}{18}\xi\right)\right]^{\frac{1}{2}}+\frac{1}{2}\left[\Omega^6\left(-\frac{1}{18}+\frac{1}{3}\xi^2\right)+\Omega^5\left(\frac{1}{3}\xi-\frac{4}{3}\xi^3\right)\right]^{\frac{1}{2}}+\frac{1}{2}\left[\Omega^4\left(\frac{8}{3}\xi^4\right)+\Omega^3\left(-\frac{16}{3}\xi^3\right)\right]^{\frac{1}{2}}+\frac{1}{2}[\Omega^2(8\xi^2)+\Omega(-8\xi)]^{\frac{1}{2}} \tag{2.19}$$

2.2.2　稳定界限

理论上，若保证算法稳定，需要满足稳定条件，即 $\rho(\mathbf{A})\leqslant 1$，从而可找到 RK 算法的稳定界限$[\Omega]$。由式(2.19)可以看出，$\rho(\mathbf{A})$是关于 Ω 和阻尼比 ξ 的一个非常复杂的高次非线性函数，并不能直接求出稳定界限$[\Omega]$的解析解。下面通过数值图像求解方法考查谱半径 $\rho(\mathbf{A})$随着 Ω 和 ξ 的变化规律，并得到稳定界限$[\Omega]$的近似解。在不同阻尼比 ξ 条件下，放大矩阵谱半径 $\rho(\mathbf{A})$随 Ω 变化曲线如图 2.1 所示。随着 Ω 的增大，不同阻尼比所对应的谱半径 $\rho(\mathbf{A})$均呈先减小后增大的规律，$\rho(\mathbf{A})-\Omega$ 曲线与水平直线 $\rho(\mathbf{A})=1$ 的交点即为算法所对应的稳定界限$[\Omega]$。

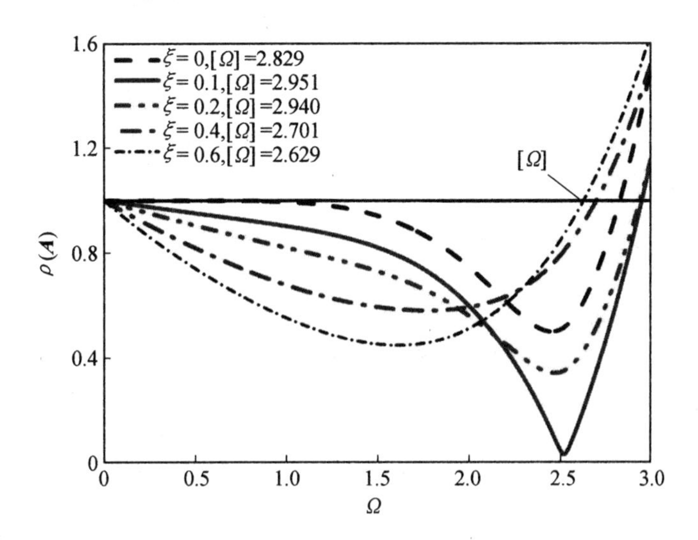

图 2.1　放大矩阵谱半径 $\rho(\mathbf{A})$随 Ω 变化曲线

RK、中心差分法(Central Difference Method，CDM)及实时中心差分法(Real-time Central Difference Method，RCDM)的稳定界限对比如图 2.2 所示。

图 2.2(a)给出了对应不同阻尼比 ξ 时 RK 算法的稳定界限与 CDM 算法稳定界限，并进行对比。从图 2.2(a)中可以看出，经典 RK 算法的稳定界限[Ω]随阻尼比 ξ 的增大呈波动变化趋势，但整体的稳定界限[Ω]保持在 2.6～3 的范围。相比而言，CDM 算法的稳定界限始终为[Ω]＝2，也即其稳定界限与阻尼比无关。可见，与 CDM 算法相比，RK 算法的稳定界限至少提高了 30％，这也从理论上证明了对于线性系统 RK 算法稳定性明显高于 CDM 算法。对于常见的土木工程结构，结构阻尼比一般情况下不超过 0.14。当阻尼比 ξ 在 0～0.14 之间增加时，RK 算法稳定界限[Ω]在 2.83～2.96 之间单调递增，与 CDM 算法相比，RK 算法的稳定界限至少提高了 41.5％。

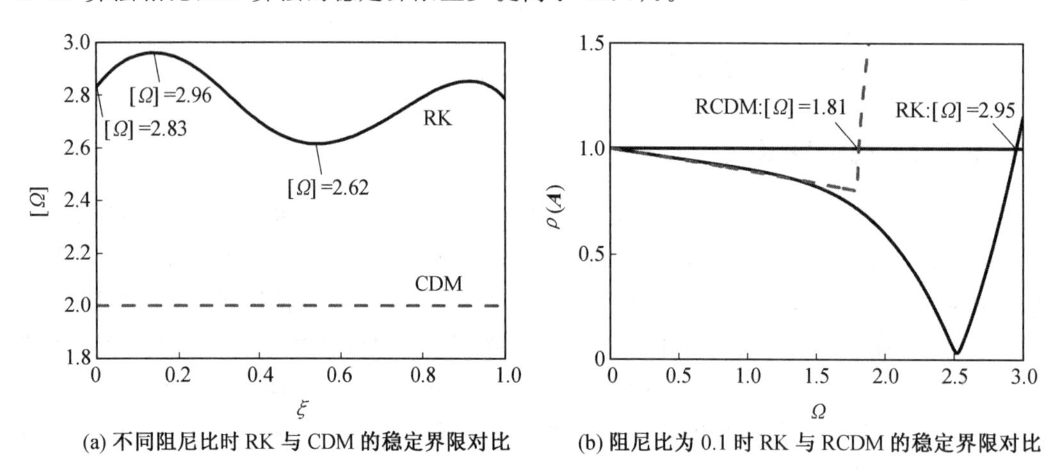

图 2.2　RK、CDM 及 RCDM 算法的稳定界限对比

图 2.2(b)给出了 RCDM 算法与 RK 算法在阻尼比为 0.1 时的两组 $\rho(\mathbf{A})-\Omega$ 曲线。RCDM 算法的稳定界限[Ω]为 1.81，而 RK 算法的稳定界限[Ω]则达到了 2.95。与 RCDM 算法相比，RK 算法的稳定界限提高了 63％，从理论上证明了 RK 算法的稳定性要明显高于 RCDM 算法。

2.2.3　数值积分算法

数值积分算法是混合试验最为关键的部分之一，截至目前，国内外学者已提出了多种积分算法。实时子结构试验的数值积分算法是从拟动力试验的数值积分算法发展而来的，可分为显式算法和隐式算法。实时混合试验隐式积分算法自身具有很高的精度，但往往将其运用到混合试验中时，算法会发生很大的改变。隐式积分算法虽然是无条件稳定的，但其需要大量迭代求解，而迭代过程往往很复杂且耗费大量的时间，同时对物理子结构试验也会产生虚拟加载路径。因此，在实际工程应用中，隐式积分算法受到很大限制。研究者在试验中更多采用的是显式算法，下面对有代表性的实时混合试验显式积分算法进行评述。

为了实现速度显式，Nakashima 提出中心差分法速度假定，首次完成了实时子结构试验。一些研究者在已有位移显式算法基础上进行了速度假定,提出了相应的实时子结构积分算法。Wu 等首先认识到增加速度假定后,实时子结构中心差分法数值性能将发生改变,对实时子结构中心差分法的精度和稳定性进行理论分析,研究表明:与拟动力试验中心差分法相比,实时子结构中心差分法的稳定界限会随着物理子结构阻尼比的增大而减小,稳定性变差。之后,Wu 和保海娥分别对拟动力 OS 算法和 Chang 算法进行了速度修正,并对修正后实时算法进行了稳定性分析,研究表明:虽然显式的 OS 算法对于具有软化形式的刚度或阻尼的结构是无条件稳定的,但预测刚度或阻尼的误差会使算法精度下降。近年来,研究者提出了一些无条件稳定的显式积分算法。李进等人提出了一种高精度的高阶单步法实时子结构算法。Chen 等人提出了基于离散控制理论的 CR 算法,并分别针对橡胶阻尼器的单自由度和多自由度结构进行了实时子结构试验验证,研究表明该算法对于线性结构为无条件稳定。Bursi 等人和王贞分别提出了修改的 Rosenbrock -W 方法,并应用于实时子结构试验中,分析表明该算法对于非耦合问题可以保证无条件稳定。

以上算法仅适用于物理子结构为速度相关的实时试验,对于物理子结构包含质量的实时动力子结构试验,还需保证加速度显式表达。杨现东提出了加速度修正的显式实时子结构中心差分法,针对物理子结构为纯质量时的算法稳定性进行了分析,研究表明:当质量比小于 1 时,算法稳定界限会随着物理子结构和数值子结构质量比的增大而减小。Wu 等人通过试验验证了算法稳定性分析结论。邓丽霞针对物理子结构为同时包含阻尼和质量时的实时子结构中心差分法的稳定性进行了分析,研究表明:与纯质量物理子结构相比,随着物理结构阻尼比的增加,算法稳定界限会进一步降低。同时,针对多自由动力子结构试验的中心差分法进行了稳定性分析,研究表明:上层结构与下层结构的频率比和质量比增大时,算法稳定界限会减小。

显式算法通常都有条件稳定,为了保障算法的稳定性,结构的固有频率越高,则积分步长就需要越小,加载时间步长也变小,这就使得显式算法应用于高频结构和非线性结构实时混合试验变得十分困难。隐式算法需要迭代,计算效率难以满足加载实时性的要求。已有的实时混合试验中心差分法、OS 算法、Chang 算法等为了能够实现速度显式,都人为增加了相应速度假定,这样大大降低了算法的精度和稳定性。同时需要指出,对于线性结构,即使算法是无条件稳定的,也并不能保证对于非线性结构依然也是无条件稳定的。由于线性稳定理论分析方法已不适用了,需要采用非线性稳定理论进行算法的稳定性分析。目前,关于非线性结构积分算法的稳定性分析还需进一步深入研究。

四阶 RK 算法是一种经典的高精度状态显式的积分算法,该算法计算效率高、数值性能好,然而此算法目前在混合试验中应用却很少,亟须在理论上给出算法数值性能。为此,本书将提出 RK 算法在混合试验中的实现方法,并从理论上证明 RK 算法的稳定性和精度。

2.3　RK 算法精度分析

采用数值阻尼比 $\bar{\xi}$ 和周期失真率 $\Delta T_d/T_d$ 两个指标来评价 RK 算法的精度。与结构反应精确解相比，$\bar{\xi}$ 和 $\Delta T_d/T_d$ 分别反映算法在振动反应上幅值和周期的变化。

2.3.1　精确解

结构反应精确解可通过放大矩阵特征值和 Duhamel 积分求得。由式(2.16)得到放大矩阵 $\mathbf{A}$ 的特征值 $\lambda_{1,2}=a\pm b\mathrm{i}$，利用欧拉公式和复数辐角公式可表示出 $\lambda_{1,2}$ 的另一种形式：

$$\lambda_{1,2}=\exp[(-\hat{\xi}\pm\mathrm{i})\bar{\Omega}] \tag{2.20}$$

式中，

$$\hat{\xi}=-\frac{\ln(a^2+b^2)}{2\bar{\Omega}},\quad \bar{\Omega}=\arctan\frac{b}{a} \tag{2.21}$$

令 $\bar{\Omega}=\bar{\omega}\Delta t$，则无阻尼自由振动体系在 $t_i=\mathrm{i}\Delta t$ 时刻位移精确解为

$$d_i=\exp(-\tilde{\xi}\bar{\omega}_n\mathrm{i}\Delta t)(c_1\cos\bar{\omega}\mathrm{i}\Delta t+c_2\sin\bar{\omega}\mathrm{i}\Delta t) \tag{2.22}$$

式中，c_1 和 c_2 由初始条件确定。

有阻尼自由振动体系在 $t_i=\mathrm{i}\Delta t$ 时刻位移精确解为

$$d_i=\exp(-\tilde{\xi}\bar{\omega}_n\mathrm{i}\Delta t)(c_1\cos\bar{\omega}_d\mathrm{i}\Delta t+c_2\sin\bar{\omega}_d\mathrm{i}\Delta t) \tag{2.23}$$

式中，$\bar{\omega}_n$ 为无阻尼条件下的结构固有振动圆频率；$\bar{\omega}_d$ 为有阻尼条件下的结构实际振动圆频率。参数之间满足下列关系：

$$\tilde{\xi}=\frac{\hat{\xi}}{\sqrt{1+\hat{\xi}^2}},\quad \bar{\omega}_d=\bar{\omega},\quad \bar{\omega}_n=\frac{\bar{\omega}_d}{\sqrt{1-\tilde{\xi}^2}} \tag{2.24}$$

2.3.2　数值阻尼比

算法误差会导致算法数值阻尼比 $\bar{\xi}$，即系统总体的阻尼比 $\tilde{\xi}$ 实际上是由算法数值阻尼比 $\bar{\xi}$ 和自身物理阻尼比 ξ 两部分构成，故数值阻尼比 $\bar{\xi}$ 可表达为

$$\bar{\xi}=\tilde{\xi}-\xi \tag{2.25}$$

将式(2.24)中的 $\tilde{\xi}$ 代入式(2.25)中，可得数值阻尼比 $\bar{\xi}$ 的表达式为

$$\bar{\xi}=\sqrt{1-\frac{1}{1+\hat{\xi}^2}}-\xi \tag{2.26}$$

物理阻尼比 ξ 取不同值时，数值阻尼比 ξ 随 Ω 变化曲线如图 2.3 所示。

由图 2.3 可以看出，当 $\Omega\in(0,0.75)$ 时，算法数值阻尼比 $\bar{\xi}\approx0$，这表明在此区间算法

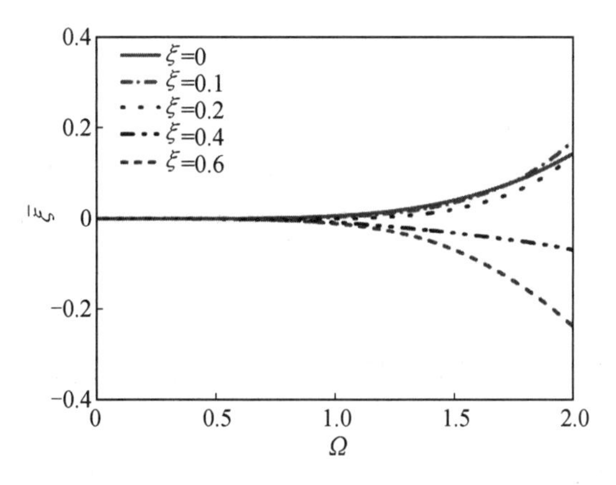

图 2.3　RK 算法数值阻尼比

精度极高，结构位移反应的幅值误差会非常小；当 $\Omega>0.75$ 且 $\xi=0$ 时，数值阻尼比 $\bar{\xi}$ 随 Ω 的增加而逐渐增大；当 $\Omega>0.75$ 且 $\xi>0$ 时，随着 Ω 的增大，数值阻尼比 $\bar{\xi}$ 绝对值呈现出逐渐增大的趋势，当数值阻尼比为正值时，位移反应幅值将衰减，当数值阻尼比为负值时，位移反应幅值将比反应精确解有所增大。对应相同的 Ω 值时，数值阻尼比 $\bar{\xi}$ 随阻尼比 ξ 的增大而逐渐减小，$\bar{\xi}$ 值由正变负，变化范围为 $-0.25\sim0.15$。

2.3.3　周期失真率

周期失真率是判断数值积分算法精度的重要部分，算法的误差可能会导致反应周期与原结构周期有所不同，将周期误差 ΔT_d 与原周期 T_d 的比值作为算法精度的衡量标准，即

$$\frac{\Delta T_d}{T_d}=1-\frac{\omega_d}{\bar{\omega}_d}=\frac{\omega}{\bar{\omega}}\sqrt{1-\xi^2}=\frac{\Omega}{\bar{\Omega}}\sqrt{1-\xi^2} \tag{2.27}$$

当物理阻尼比 ξ 取不同值时，周期失真率 $\Delta T_d/T_d$ 随 Ω 的变化曲线如图 2.4 所示。

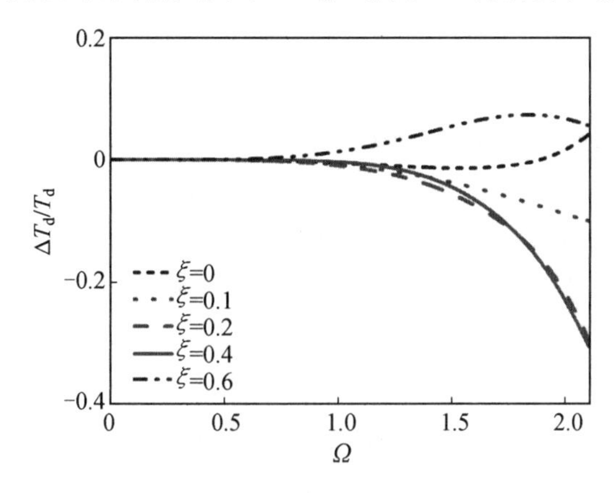

图 2.4　RK 算法周期失真率

图 2.4 表明，当 Ω 为 0～0.75 时，周期失真率 $\Delta T_d/T_d \approx 0$。可见，在此范围内算法计算结果精度较高，结构反应的周期误差非常小。当 $\xi=0$ 时，周期失真率为正值且增长趋势为先慢后快；当 $\xi \in [0.1, 0.4]$时，周期失真率逐渐减小，由正值逐渐变为负值；当 $\xi \in (0.4, 0.6]$时，周期失真率逐渐增大，由负值逐渐变为正值。从整体上来看，周期失真率随阻尼比的不同出现波动变化形式。当周期失真率为正值时，反应周期会减小；当周期失真率为负值时，反应周期会相应增大。

2.4 稳定性及精度算例验证

2.4.1 稳定性验证

选取单自由度体系无阻尼自由振动的情况，结构自振周期为 $T=1$ s，圆频率为 $\omega=2\pi$，物理阻尼比为 $\xi=0$；设位移和速度的初始条件分别为 $d_0=1$ cm、$v_0=0$ cm/s；为了验证理论稳定界限的正确性，选取三种积分时间步长 Δt 分别为 0.01 s、0.45 s、0.451 s，相应 Ω 分别对应为 0.062 8、2.826、2.832。RK 算法稳定界限数值验证如图 2.5 所示。

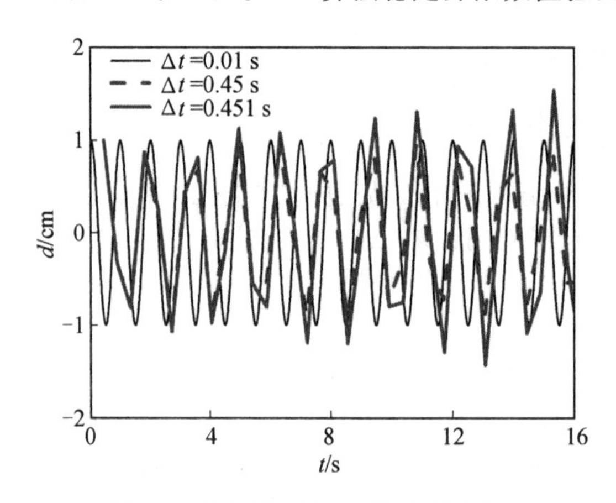

图 2.5 RK 算法稳定界限数值验证

由图 2.1 可知，当 $\xi=0$ 时稳定界限$[\Omega]=2.829$。从图 2.5 中可以看出，当 $\Delta t=0.01$ s($\Omega=0.062\ 8$)时，位移反应幅值保持在 1 cm；当 $\Delta t=0.45$ s($\Omega=2.826$)时，位移反应精度下降，但并未发散；而当 $\Delta t=0.451$ s($\Omega=2.832$)时，位移反应已有明显发散趋势。此算例结果验证了 2.3 节中算法稳定性界限结论的正确性。

2.4.2 精度验证

选择单自由度体系自由振动进行验证，结构参数取 $m=50\ 000$ kg、$\omega=15\pi$、$\xi=0.25$；数值积分时间步长取 $\Delta t=0.01$ s，对应的 $\Omega=0.471$；结构位移和速度初始条件分别为 $d_0=1$ cm、$v_0=0$ cm/s。图 2.6 给出了 RK 算法、CDM 算法和 RCDM 算法计算的结构位

移 d 时程对比，其中 Exact 为解析解，作为结构反应的真实值。

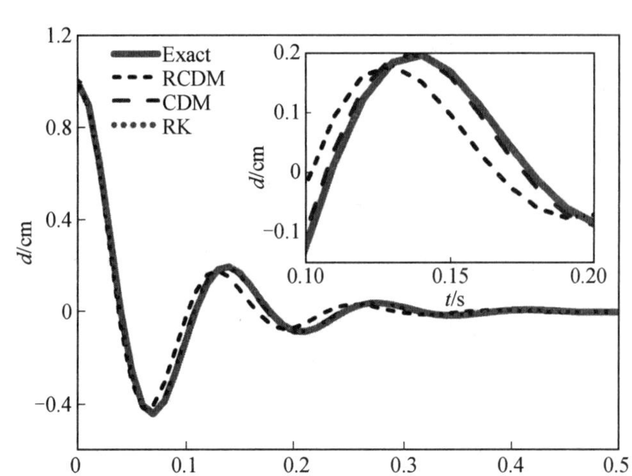

图 2.6　RK 算法精度数值验证

由图 2.6 可看出，当 $\Omega=0.471\leqslant0.75$ 时，RK 算法与精确解的周期与幅值基本重合，这也验证了 CDM 算法和 RCDM 算法的周期均有减小，幅值也发生了改变。由此可见，RK 算法的精度要优于 CDM 算法，更优于引入速度假定的 RCDM 算法。此算例结果验证了 2.4 节中算法精度结论的正确性。

2.5　单步恢复力反馈法及其算例验证

2.5.1　单步恢复力反馈法

这里将这种在一个积分步长内进行单步恢复力反馈的混合模拟 RK 算法称为 SRK 算法。下面以一个单自由度自由振动的线弹性结构体系混合模拟为例阐述这种方法思想，假定试验子结构和数值子结构共用一个自由度，如图 2.7 所示。结构运动方程为

$$m_{\mathrm{N}}a+c_{\mathrm{N}}v+k_{\mathrm{N}}d+r_{\mathrm{E}}(d)=0 \tag{2.28}$$

式中，m_{N}、c_{N}、k_{N} 分别为数值子结构质量、阻尼系数和刚度；$r_{\mathrm{E}}(d)$ 为试验子结构恢复力，且 $r_{\mathrm{E}}(d)$ 仅与位移 d 相关。假定在混合模拟中，加载作动器可完全实现试验子结构目标位移，反馈试验子结构恢复力测量值 $r_{\mathrm{E}}(d)$。

在混合模拟中，采用标准的四阶 RK 算法对结构运动方程进行数值积分，即由式(2.4)～(2.8)可直接求解结构在第 $i+1$ 步的状态 $\boldsymbol{Z}_{i+1}$。试验子结构恢复力与位移相关，因此试验子结构恢复力理论上也是状态的函数。单步恢复力反馈法是指在计算混合模拟第 $i+1$ 步状态时，仅将第 i 步积分步长末点对应时刻的试验子结构恢复力 $r_{\mathrm{E},i}$ 作为外部输入求解式(2.4)中的 $\boldsymbol{S}_{1,i}$、$\boldsymbol{S}_{2,i}$、$\boldsymbol{S}_{3,i}$ 和 $\boldsymbol{S}_{4,i}$，即

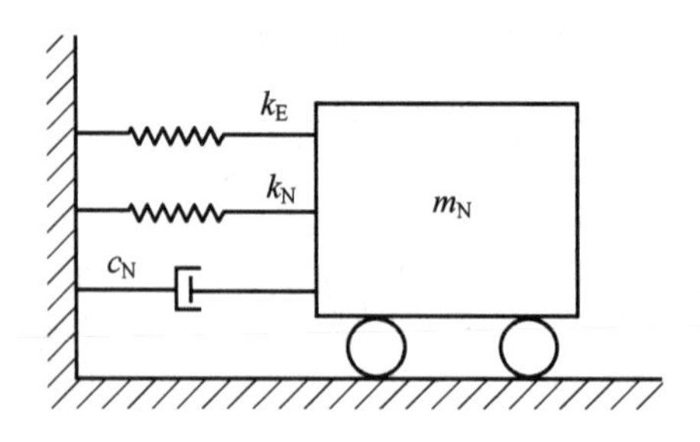

图 2.7　位移相关型试验子结构的单自由度线性体系示意图

$$\begin{cases} \boldsymbol{S}_{1,i}=f(\boldsymbol{Z}_i, r_{E,i}) \\ \boldsymbol{S}_{2,i}=f(\boldsymbol{Z}_i+\boldsymbol{S}_{1,i}\Delta t/2, r_{E,i}) \\ \boldsymbol{S}_{3,i}=f(\boldsymbol{Z}_i+\boldsymbol{S}_{2,i}\Delta t/2, r_{E,i}) \\ \boldsymbol{S}_{4,i}=f(\boldsymbol{Z}_i+\boldsymbol{S}_{3,i}\Delta t, r_{E,i}) \end{cases} \tag{2.29}$$

这样处理，大大简化了算法在混合模拟中的应用。需要注意的是，在 $\boldsymbol{S}_{2,i}$、$\boldsymbol{S}_{3,i}$ 和 $\boldsymbol{S}_{4,i}$ 计算中，忽略了中间状态改变对恢复力输入的影响。

2.5.2　算例验证

下面以一个恢复力位移相关型的单自由度线性体系为例检验 SRK 算法的精度。结构参数为 $m=50\ 000$ kg、$\omega=15\pi$、$\xi_N=0.25$；数值积分时间步长 $\Delta t=0.01$ s，$\Omega=\omega\Delta t=0.471\leqslant[\Omega]=2.9$，满足 RK 算法稳定条件；考虑自由振动情况，结构初始位移和速度为：$d_0=1$ cm、$v_0=0$ cm/s。定义刚度系数 β 为

$$k_N=\beta k \quad (\beta\in[0,1]) \tag{2.30}$$

式中，k 为结构总刚度，即 $k=k_N+k_E$；k_E 为试验子结构刚度，即 $k_E=(1-\beta)k$。

显然，当系数 $\beta=1$ 时，SRK 算法退化为经典 RK 法。下面将通过算例来分析参数 β 取值大小对 SRK 算法性能的影响。

β 不同取值条件下结构位移 d 时程对比如图 2.8 所示，图中，Exact 为结构自由振动的解析解。图 2.8 表明，随着 β 逐渐减小，SRK 算法的周期变化幅度不大，但幅值相对精确解偏离得越来越远，很难保证结果的精度。相反地，β 越接近 1，精度则越高。这就意味着要想保证试验精度，要求试验子结构的刚度 k_E 所占比重要很小。

通过 RK 算法的表达式可知，计算第 $i+1$ 步的状态需要与时间步长 $[t_i, t_{i+1}]$ 内的四个状态点有关，值得注意的是，SRK 算法仅采用第 i 步状态对应的试验子结构恢复力来代替所有其他三个中间状态点所对应的恢复力，这将改变标准 RK 算法，导致算法计算精度随着试验子结构刚度的增加而显著降低，大大限制具有大刚度试验结构的混合模拟应用。

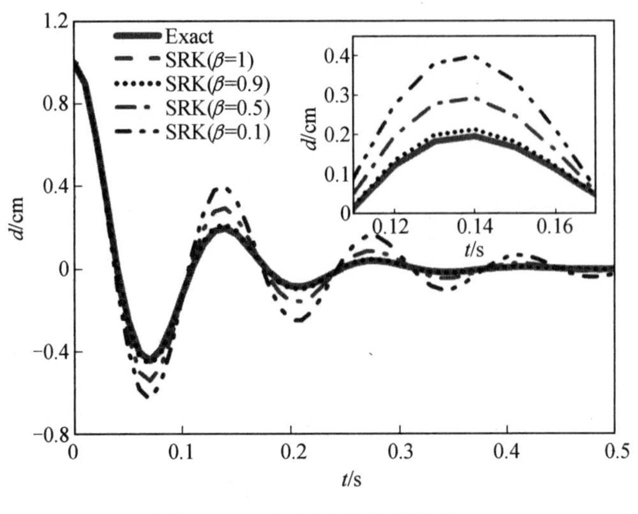

图 2.8 β对 SRK 算法的影响

2.6 多步恢复力反馈法及其算例验证

2.6.1 多步恢复力反馈法

为了提高混合模拟中 RK 算法性能，针对 SRK 算法所存在的问题，提出了一种多步恢复力反馈(MRK)算法。MRK 算法是指在每个积分步长内，需要测得四个状态点所对应的恢复力，以保证混合模拟中 RK 算法与经典的 RK 算法在数值性能上是一致的，提高混合模拟精度。下面分别针对位移相关型和速度相关型试验子结构混合模拟，给出 MRK 算法的实现方法。

当试验子结构为位移相关型时，MRK 算法的关键问题是要能确定试验子结构加载的目标位移命令。在时间步长$[t_i, t_{i+1}]$内的四个状态点所对应的试验子结构位移加载命令为 d_i、$d_i+\boldsymbol{S}_{1,i}(2)\Delta t/2$、$d_i+\boldsymbol{S}_{2,i}(2)\Delta t/2$ 和 $d_i+\boldsymbol{S}_{3,i}(2)\Delta t$。时间步长中的状态点对应的 $\boldsymbol{S}_{1,i}$、$\boldsymbol{S}_{2,i}$、$\boldsymbol{S}_{3,i}$和$\boldsymbol{S}_{4,i}$为

$$\begin{cases}\boldsymbol{S}_{1,i}=f\{\boldsymbol{Z}_i, r_{\mathrm{E}}[\boldsymbol{Z}_i(2)]\}\\ \boldsymbol{S}_{2,i}=f\{\boldsymbol{Z}_i+\boldsymbol{S}_{1,i}\Delta t/2, r_{\mathrm{E}}[\boldsymbol{Z}_i(2)+\boldsymbol{S}_{1,i}(2)\Delta t/2]\}\\ \boldsymbol{S}_{3,i}=f\{\boldsymbol{Z}_i+\boldsymbol{S}_{2,i}\Delta t/2, r_{\mathrm{E}}[\boldsymbol{Z}_i(2)+\boldsymbol{S}_{2,i}(2)\Delta t/2]\}\\ \boldsymbol{S}_{4,i}=f\{\boldsymbol{Z}_i+\boldsymbol{S}_{3,i}\Delta t, r_{\mathrm{E}}[\boldsymbol{Z}_i(2)+\boldsymbol{S}_{3,i}(2)\Delta t]\}\end{cases} \tag{2.31}$$

式中，$\boldsymbol{Z}$ 为结构状态，$\boldsymbol{Z}=\{v, d\}^{\mathrm{T}}$。

当试验结构为速度相关型时，在时间步长$[t_i, t_{i+1}]$内的四个状态点所对应的试验子结构速度加载命令为 v_i、$v_i+\boldsymbol{S}_{1,i}(1)\Delta t/2$、$v_i+\boldsymbol{S}_{2,i}(1)\Delta t/2$ 和 $v_i+\boldsymbol{S}_{3,i}(1)\Delta t$。时间步长中的状态点对应的 $\boldsymbol{S}_{1,i}$、$\boldsymbol{S}_{2,i}$、$\boldsymbol{S}_{3,i}$和$\boldsymbol{S}_{4,i}$为

$$\begin{cases}\boldsymbol{S}_{1,i}=f\{\boldsymbol{Z}_i,r_{\mathrm{E}}[\boldsymbol{Z}_i(1)]\}\\ \boldsymbol{S}_{2,i}=f\{\boldsymbol{Z}_i+\boldsymbol{S}_{1,i}\Delta t/2,r_{\mathrm{E}}[\boldsymbol{Z}_i(1)+\boldsymbol{S}_{1,i}(1)\Delta t/2]\}\\ \boldsymbol{S}_{3,i}=f\{\boldsymbol{Z}_i+\boldsymbol{S}_{2,i}\Delta t/2,r_{\mathrm{E}}[\boldsymbol{Z}_i(1)+\boldsymbol{S}_{2,i}(1)\Delta t/2]\}\\ \boldsymbol{S}_{4,i}=f\{\boldsymbol{Z}_i+\boldsymbol{S}_{3,i}\Delta t,r_{\mathrm{E}}[\boldsymbol{Z}_i(1)+\boldsymbol{S}_{3,i}(1)\Delta t]\}\end{cases} \tag{2.32}$$

由式(2.31)、式(2.32)可以看出，与 SRK 算法相比，MRK 算法需要在一个积分步长内依次发给试验子结构四个加载命令，然后反馈对应状态的恢复力测量值，依次计算 $\boldsymbol{S}_{1,i}$、$\boldsymbol{S}_{2,i}$、$\boldsymbol{S}_{3,i}$ 和 $\boldsymbol{S}_{4,i}$。

2.6.2　单自由度位移相关型线性体系算例

通过位移相关型试验子结构的混合模拟算例分析 MRK 算法的精度。采用 2.5 节中 SRK 算例的结构对象，数值子结构的刚度系数 $\beta=0.7$。在相同初始条件下，分别对经典 RK 算法、SRK 算法、MRK 算法及精确解进行对比，结构位移 d 时程对比如图 2.9 所示。其中，Exact 为理论解析解；RK 为采用经典 RK 算法数值模拟结果；SRK 为基于单步恢复力反馈 RK 混合模拟结果；MRK 为基于多步恢复力反馈 RK 混合模拟结果。

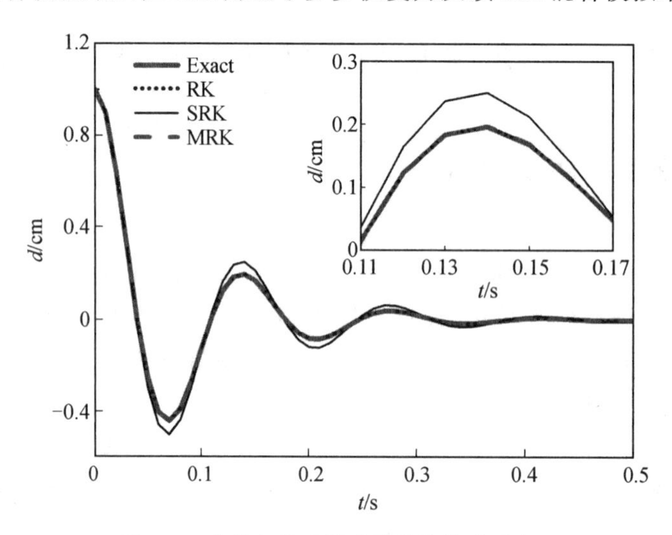

图 2.9　位移相关型试验子结构位移反应

由图 2.9 可以看出，与 SRK 算法相比，MRK 算法与经典 RK 算法及精确解基本重合，混合模拟精度得到明显的提高。可见，MRK 算法继承了经典 RK 算法的优良数值性能，而且不会受到试验子结构刚度所占比重限制，能够有效提高混合模拟数值精度。

2.6.3　单自由度速度相关型线性体系算例

通过具有速度相关型试验子结构的混合模拟算例分析多步反馈 RK 算法的精度。选取单自由度体系有阻尼自由振动结构，如图 2.10 所示。

假设结构质量为 $m=50\ 000$ kg，结构自振周期为 $T=1$ s，圆频率为 $\omega=2\pi$，物理阻尼比为 $\xi=0.25$，对应的阻尼系数 $c=157\ 000$ N/(m · s^{-1})，试验子结构恢复力 $r_{\mathrm{E}}(v_{\mathrm{E}})=$

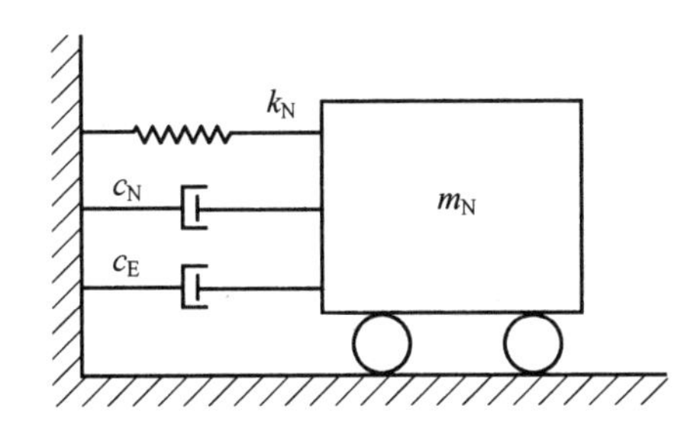

图 2.10　速度相关型试验子结构的单自由度线性体系示意图

$c_E v_E$，其中$c_E = 92\% c$。设位移和速度的初始条件分别为 $d_0 = 1$ cm、$v_0 = 0$ cm/s，积分时间步长取$\Delta t = 0.01$ s，满足 RK 算法稳定条件，即 $\Omega = \omega \Delta t = 0.0628 \leqslant [\Omega] = 2.9$。

结构位移 d 时程曲线如图 2.11 所示。由图 2.11 可以看出，MRK 算法与经典 RK 算法及精确解几乎重合，说明 MRK 算法继承了经典 RK 算法，同样具有较高的计算精度，可以应用于具有速度相关型试验子结构的实时混合模拟中。

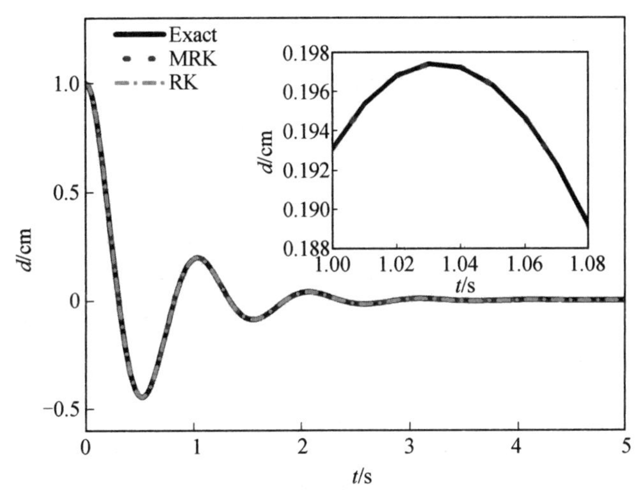

图 2.11　速度相关型试验子结构位移反应

2.6.4　多自由度非线性体系算例

为了验证 MRK 算法在多自由度非线性体系混合模拟中的有效性，本小节针对两自由度非线性结构进行数值仿真，其结构示意图如图 2.12 所示。

结构运动方程为

$$\begin{bmatrix} m_1+m_2 & m_2 \\ m_2 & m_2 \end{bmatrix} \begin{Bmatrix} a_{\mathrm{E},k+1} \\ a_{\mathrm{N},k+1} \end{Bmatrix} + \begin{bmatrix} c_1 & 0 \\ 0 & c_2 \end{bmatrix} \begin{Bmatrix} v_{\mathrm{E},k+1} \\ v_{\mathrm{N},k+1} \end{Bmatrix} + \begin{Bmatrix} r_{\mathrm{E},k+1}(d_{\mathrm{E},k+1}, v_{\mathrm{E},k+1}) \\ r_{\mathrm{N},k+1}(d_{\mathrm{N},k+1}, v_{\mathrm{N},k+1}) \end{Bmatrix} = -\begin{bmatrix} m_1+m_2 & m_2 \\ m_2 & m_2 \end{bmatrix} \begin{Bmatrix} 1 \\ 0 \end{Bmatrix} a_{\mathrm{g},k+1} \tag{2.33}$$

式中，m_1、m_2 为结构质量 $m_1 = m_2 = 50\ 000$ kg；c_1、c_2 为结构阻尼系数，$c_1 = c_2 = 10\ 053$ kN/(m · s^{-1})；下标 E 代表试验子结构；下标 N 代表数值子结构；$d_{\mathrm{E},k+1}$、$v_{\mathrm{E},k+1}$ 和 $a_{\mathrm{E},k+1}$ 分

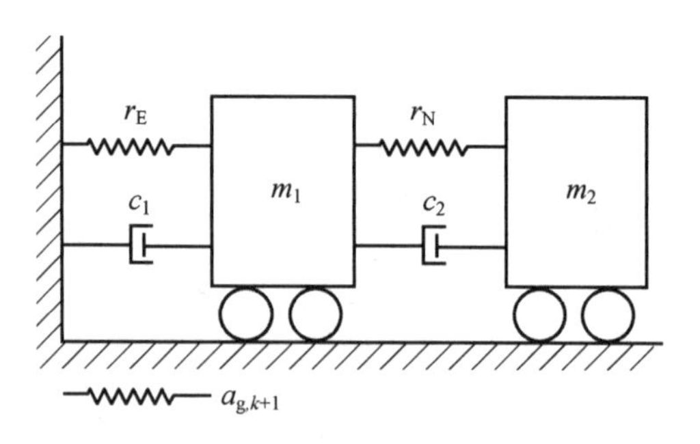

图 2.12　两自由度非线性结构示意图

别为试验子结构层间相对位移、速度和加速度；$d_{N,k+1}$、$v_{N,k+1}$ 和 $a_{N,k+1}$ 分别为数值子结构层间相对位移、速度和加速度；$a_{g,k+1}$ 为地面运动加速度，加速度峰值调整为 200 cm/s^2；$r_{E,k+1}$ 和 $r_{N,k+1}$ 分别为试验子结构和数值子结构恢复力，均采用 Bouc-Wen 模型模拟。Bouc-Wen 模型表达式为

$$\dot{z}=Av-\beta|v||z|^{n-1}z-\gamma v|z|^n \tag{2.34}$$

$$F=\alpha Kd+(1-\alpha)Kz \tag{2.35}$$

Bouc-Wen 模型的滞回参数取值分别为 $A=1$、$\beta=60$、$\gamma=40$、$n=1$，第二刚度系数为 $\alpha=0.01$。积分时间步长为 $\Delta t=0.01$ s，位移和速度的初始条件分别为 $d_0=0$ cm、$v_0=0$ cm/s。

图 2.13 和图 2.14 分别为试验子结构位移时程曲线及滞回曲线，MRK 为基于恢复力多步反馈的混合模拟方法得到的结构反应结果。由于无法得到非线性结构地震反应的解析解，本章将标准四阶 RK 算法的数值模拟结果作为结构的真实响应，并选取较小的积分步长 $\Delta t=0.000\ 1$ s。由图 2.13 和图 2.14 可以看出，MRK 算法与 RK 算法得到的试验子结构位移时程曲线和滞回曲线基本吻合，表明针对多自由度非线性结构，采用本章所提出的 MRK 算法同样具有较高精度。

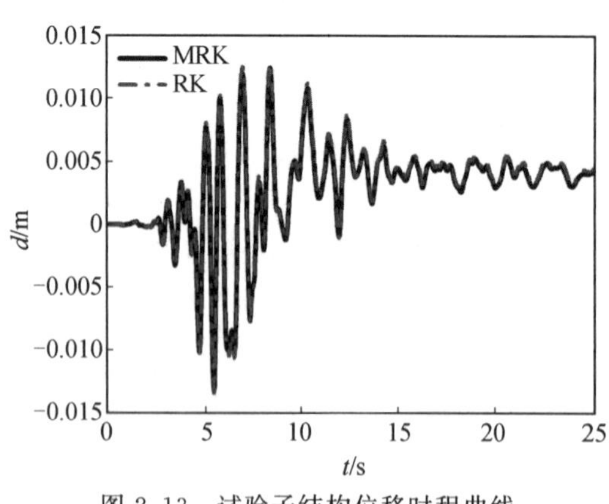

图 2.13　试验子结构位移时程曲线

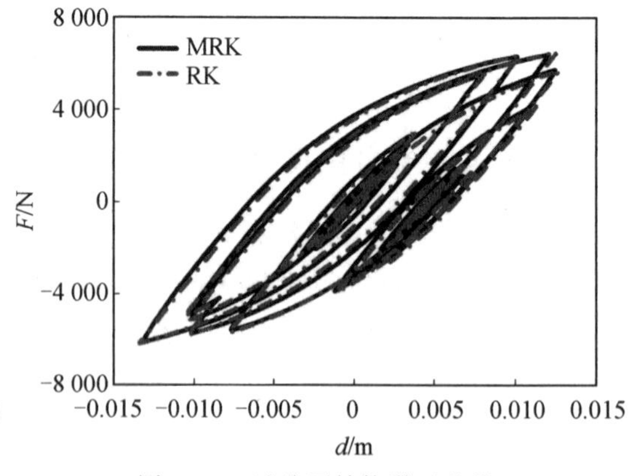

图 2.14　试验子结构滞回曲线

第3章　基于神经网络的在线模型更新方法

BP(Back Propagation)神经网络等智能算法不需要事先假定数值模型,可直接利用试验数据在线预测结构或构件恢复力,为解决复杂系统在线模型更新提供了另一种途径。然而,传统神经网络算法基本采用离线学习方式,利用训练好的网络进行在线预测应用。这种离线学习并不能满足混合试验中数值子结构恢复力在线预测的要求。同时,BP 神经网络本质上属于静态前馈网络,对动态系统进行预测时会出现问题。尤其在利用 BP 神经网络对非线性结构在线识别时,恢复力预测值会出现预测误差偏差的现象,精度较差,这将大大降低混合试验精度,甚至导致试验失败。神经网络在应用时需要人为事先确定算法相关参数,这些参数对算法性能具有重要影响。因此,如何进一步提高神经网络算法在线预测性能并揭示算法参数对算法性能的影响规律是目前亟须解决的问题。

本章在传统 BP 算法的基础上,提出在线 BP 神经网络算法、在线自适应神经网络算法和在线泛化神经网络算法。通过混合试验数值仿真,验证基于神经网络混合试验方法的有效性。

3.1　BP 神经网络算法

3.1.1　标准 BP 神经网络算法

标准 BP 神经网络算法包括学习阶段和预测阶段,算法原理示意图如图 3.1 所示。对任意一个非线性系统 $\boldsymbol{Y}=F(\boldsymbol{X})$ 预测,在学习阶段首先需要建立一个初始化的神经网络系统,NN 算法需要利用完备的输入和观测输出样本集 $\{\boldsymbol{X},\boldsymbol{Y}\}$ 进行一次性训练,最终得到一组满足性能目标的最优权值 $\boldsymbol{W}$ 和阈值 $\boldsymbol{\theta}$,从而得到可近逼真实系统 $F(\boldsymbol{X})$ 的非线性系统 $\hat{F}(\boldsymbol{X},\boldsymbol{W},\boldsymbol{\theta})$;在预测阶段,当另一组数据 $\boldsymbol{X}^{(2)}$ 输入近似非线性系统 $\hat{F}(\boldsymbol{X},\boldsymbol{W},\boldsymbol{\theta})$ 时,便可计算系统理论输出 $\boldsymbol{Y}^{(2)}=F(\boldsymbol{X}^{(2)})$ 的预测值 $\hat{\boldsymbol{Y}}^{(2)}=\hat{F}(\boldsymbol{X}^{(2)},\boldsymbol{W},\boldsymbol{\theta})$。

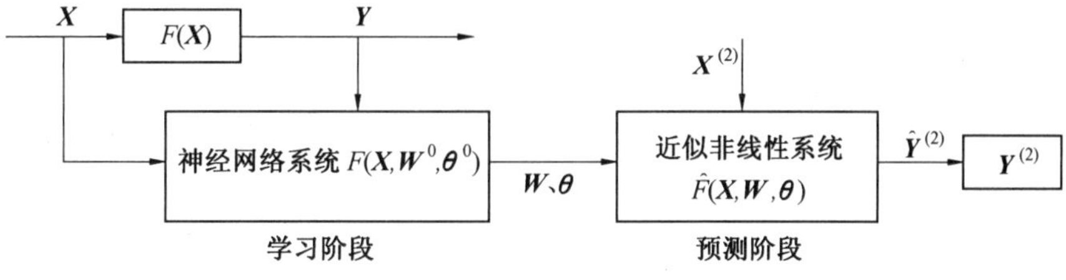

图 3.1　标准 BP 神经网络算法原理示意图

图 3.1 中系统的输入数据 $\boldsymbol{X}$ 为 $n\times N$ 的矩阵，具体形式为

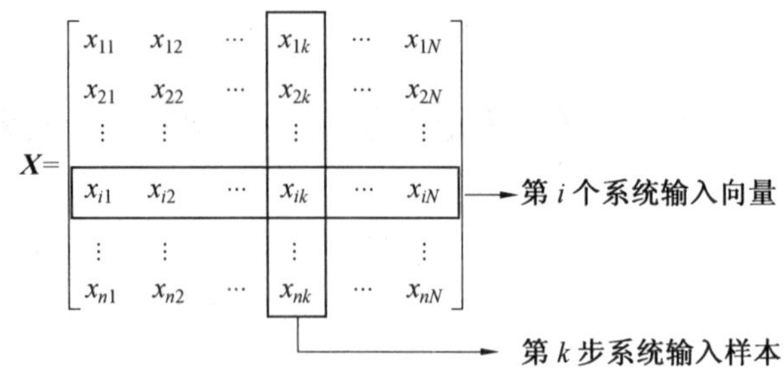

$\boldsymbol{X}$ 可分别采用行向量以及列向量表示，即

$$\boldsymbol{X}=[\boldsymbol{x}_1\quad \boldsymbol{x}_2\quad \cdots\quad \boldsymbol{x}_i\quad \cdots\quad \boldsymbol{x}_n]^{\mathrm{T}}=[\boldsymbol{x}_1\quad \boldsymbol{x}_2\quad \cdots\quad \boldsymbol{x}_k\quad \cdots\quad \boldsymbol{x}_N]$$

式中，$\boldsymbol{x}_i$ 为系统第 i 个输入向量，$\boldsymbol{x}_i=[x_{i1}\quad x_{i2}\quad \cdots\quad x_{ik}\quad \cdots\quad x_{iN}]$；$\boldsymbol{x}^k$ 为系统第 k 个输入样本，$\boldsymbol{x}_k=[x_{1k}\quad x_{2k}\quad \cdots\quad x_{ik}\quad \cdots\quad x_{nk}]^{\mathrm{T}}$。

同理，系统的观测输出数据 $\boldsymbol{Y}$ 为 $m\times N$ 维矩阵，具体形式为

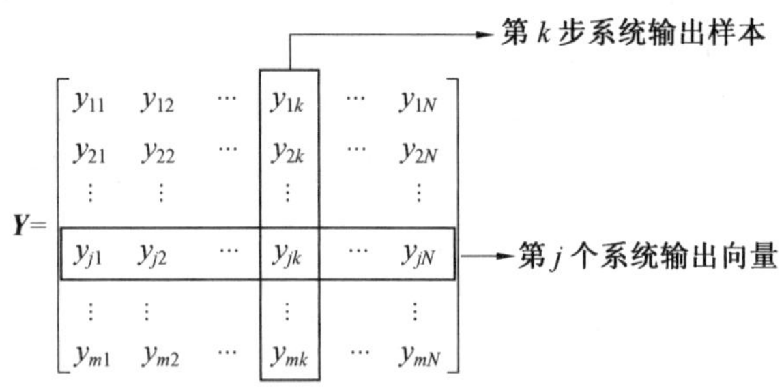

将 $\boldsymbol{Y}$ 分别以行向量以及列向量表示，即

$$\boldsymbol{Y}=[\boldsymbol{y}_1\quad \boldsymbol{y}_2\quad \cdots\quad \boldsymbol{y}_j\quad \cdots\quad \boldsymbol{y}_m]^{\mathrm{T}}=[\boldsymbol{y}_1\quad \boldsymbol{y}_2\quad \cdots\quad \boldsymbol{y}_k\quad \cdots\quad \boldsymbol{y}_N]$$

式中，$\boldsymbol{y}_j$ 为系统第 j 个输出向量，$\boldsymbol{y}_j=[y_{j1}\quad y_{j2}\quad \cdots\quad y_{jk}\quad \cdots\quad y_{jN}]$；$\boldsymbol{y}_k$ 为系统第 k 个输出样本，$\boldsymbol{y}_k=[y_{1k}\quad y_{2k}\quad \cdots\quad y_{jk}\quad \cdots\quad y_{mk}]^{\mathrm{T}}$。

标准 BP 神经网络算法虽然可以逼近任意非线性系统，然而当需要进行在线预测应用时就会遇到困难。标准 BP 神经网络算法的学习采用批量训练，即在预测前需要已知系统所有的输入和观测样本。在实际预测过程中，若无法事先获取系统的全部样本，则要利用当前及之前步已有的全部样本对初始的神经网络进行重复训练。这种训练方式本质上属于离线的学习方法，算法的计算量会随着输入和观测样本数量的逐步增加而显著增大，计算效率随之下降。另外值得注意的是，每一步新到的样本会被前面所有步的样本信息逐渐湮没，这将导致训练算法的自适应性变差。结构混合试验本质上是一种在线的闭环控制，试验的每一步加载过程只能记录到试验子结构当前及之前所有加载步的输入和观测数据。显然，标准的神经网络算法并不适用于数值子结构恢复力的在线预测问题，为此，针对神经网络在学习阶段出现的弊端，下面将提出一种在线 BP 神经网络算法。

3.1.2　在线 BP 神经网络算法

在线 BP 神经网络算法在标准 BP 神经网络算法基础上主要进行了两个方面改进。一是在线学习算法仅需利用当前第 k 步的系统输入和观测数据集$\{\boldsymbol{x}^k,\boldsymbol{y}^k\}$对神经网络进行训练，当满足性能目标后，便得到最优的权值 $\boldsymbol{W}^k$ 和阈值 $\boldsymbol{\theta}^k$。相比而言，标准 BP 神经网络算法则需要采用当前第 k 步及之前的所有系统输入和观测数据集$\{\boldsymbol{x}^1,\cdots,\boldsymbol{x}^k,\boldsymbol{y}^1,\cdots,\boldsymbol{y}^k\}$进行训练，可见改进算法能够降低训练算法的计算负荷，提高计算效率。二是在线学习算法每一步的权值 $\boldsymbol{W}^k$ 与阈值 $\boldsymbol{\theta}^k$ 都是基于前一步网络训练完后的权值 $\boldsymbol{W}^{k-1}$ 与阈值 $\boldsymbol{\theta}^{k-1}$ 进行训练的，使得权值与阈值计算具有递推形式。这样算法可以充分利用前一步的训练结果信息，提高了算法的自适应能力。相比而言，标准 NN 算法第 k 步权值 $\boldsymbol{W}^k$ 与阈值 $\boldsymbol{\theta}^k$ 均是基于随机的初始权值 $\boldsymbol{W}^0$ 与阈值 $\boldsymbol{\theta}^0$ 进行迭代训练的。在线 MN 算法在第 k 步的训练示意图如图 3.2 所示。

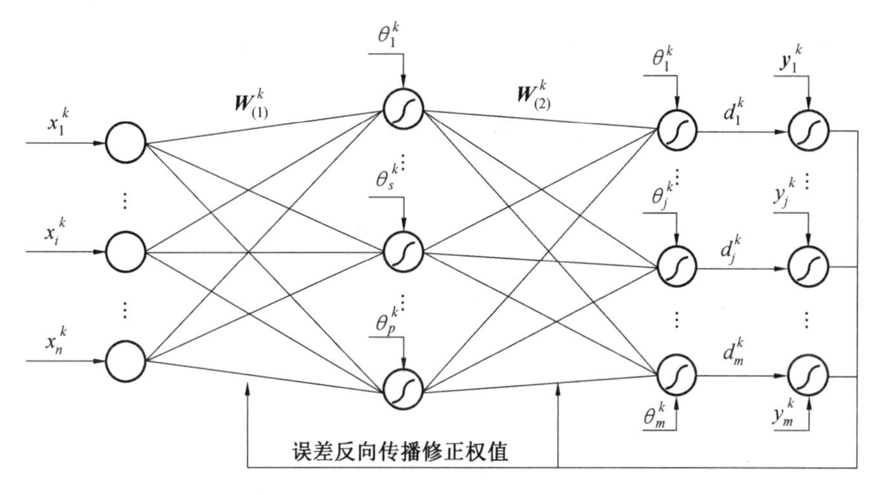

图 3.2　在线 NN 算法第 k 步训练示意图

图 3.2 中，第 k 步在线神经网络的输入量为 $\boldsymbol{x}^k=[x_1^k\ \ x_2^k\ \ \cdots\ \ x_i^k\ \ \cdots\ \ x_n^k]^{\mathrm{T}}$。神经网络各层分别通过权值 $\boldsymbol{W}_{(1)}^k$ 和 $\boldsymbol{W}_{(2)}^k$ 以及阈值 $\boldsymbol{\theta}_{(1)}^k$ 和 $\boldsymbol{\theta}_{(2)}^k$ 进行连接，假定隐含层的节点个数为 p 个，输出层的节点个数为 m 个，则权值与阈值的具体形式如下：

$$\boldsymbol{W}_{(1)}^k=\begin{bmatrix} w_{11}^k & w_{21}^k & \cdots & w_{i1}^k & \cdots & w_{n1}^k \\ w_{12}^k & w_{22}^k & \cdots & w_{i2}^k & \cdots & w_{n2}^k \\ \vdots & \vdots & & \vdots & & \vdots \\ w_{1s}^k & w_{2s}^k & \cdots & w_{is}^k & \cdots & w_{ns}^k \\ \vdots & \vdots & & \vdots & & \vdots \\ w_{1p}^k & w_{2p}^k & \cdots & w_{ip}^k & \cdots & w_{np}^k \end{bmatrix}_{p\times n}\quad \boldsymbol{\theta}_{(1)}^k=\begin{bmatrix} \theta_1^k \\ \theta_2^k \\ \vdots \\ \theta_s^k \\ \vdots \\ \theta_p^k \end{bmatrix}$$

$$\boldsymbol{W}_{(2)}^{k}=\begin{bmatrix} w_{11}^{k} & w_{21}^{k} & \cdots & w_{s1}^{k} & \cdots & w_{p1}^{k} \\ w_{12}^{k} & w_{22}^{k} & \cdots & w_{s2}^{k} & \cdots & w_{p2}^{k} \\ \vdots & \vdots & & \vdots & & \vdots \\ w_{1j}^{k} & w_{2j}^{k} & \cdots & w_{sj}^{k} & \cdots & w_{pj}^{k} \\ \vdots & \vdots & & \vdots & & \vdots \\ w_{1m}^{k} & w_{2m}^{k} & \cdots & w_{sm}^{k} & \cdots & w_{pm}^{k} \end{bmatrix}_{m\times p} \quad \boldsymbol{\theta}_{(2)}^{k}=\begin{bmatrix} \theta_1^k \\ \theta_2^k \\ \vdots \\ \theta_j^k \\ \vdots \\ \theta_m^k \end{bmatrix}$$

第 k 步的神经网络在线预测的系统输出和期望输出分别为

$$\begin{cases} \boldsymbol{D}^k=[d_1^k \quad d_2^k \quad \cdots \quad d_j^k \quad \cdots \quad d_m^k]^{\mathrm{T}} \\ \boldsymbol{y}^k=[y_1^k \quad y_2^k \quad \cdots \quad y_j^k \quad \cdots \quad y_m^k]^{\mathrm{T}} \end{cases} \tag{3.1}$$

在线 BP 神经网络算法的学习阶段包括信号的正向传播和误差的反向传播两个过程。第 k 步样本输入后的训练迭代过程具体如下：

(1)信号的正向传播。

隐含层的输入 $\boldsymbol{U}^k$ 为所有输入 $\boldsymbol{x}^k$ 的加权之和，即

$$\boldsymbol{U}^k=\boldsymbol{W}_{(1)}^k\boldsymbol{x}^k-\boldsymbol{\theta}_{(1)}^k \tag{3.2}$$

设隐含层的激活函数为 $g(\cdot)$，则隐含层的输出 $\boldsymbol{V}^k$ 为

$$\boldsymbol{V}^k=g(\boldsymbol{U}^k) \tag{3.3}$$

输出层的输入 $\boldsymbol{Z}^k$ 为所有隐含层的输出 $\boldsymbol{V}^k$ 加权之和，即

$$\begin{aligned} \boldsymbol{Z}^k &=\boldsymbol{W}_{(2)}^k\times\boldsymbol{V}^k-\boldsymbol{\theta}_{(2)}^k \\ &=\boldsymbol{W}_{(2)}^k g(\boldsymbol{U}^k)-\boldsymbol{\theta}_{(2)}^k \\ &=\boldsymbol{W}_{(2)}^k g(\boldsymbol{W}_{(1)}^k\boldsymbol{x}^k-\boldsymbol{\theta}_{(1)}^k)-\boldsymbol{\theta}_{(2)}^k \end{aligned} \tag{3.4}$$

设输出层的激活函数为 $h(\cdot)$，则输出层的输出 $\boldsymbol{D}^k$ 为

$$\begin{aligned} \boldsymbol{D}^k &=h(\boldsymbol{Z}^k) \\ &=h(\boldsymbol{W}_{(2)}^k\boldsymbol{V}^k-\boldsymbol{\theta}_{(2)}^k) \\ &=h(\boldsymbol{W}_{(2)}^k g(\boldsymbol{W}_{(1)}^k\boldsymbol{x}^k-\boldsymbol{\theta}_{(1)}^k)-\boldsymbol{\theta}_{(2)}^k) \end{aligned} \tag{3.5}$$

(2)误差的反向传播。

相比离线学习的神经网络算法，在线算法不需要记忆全部的训练样本，重新定义在线学习算法在第 k 步的目标误差性能函数 E^k 为

$$E^k=\frac{1}{2}\sum_{j=1}^{m}(y_j^k-d_j^k)^2 \tag{3.6}$$

进行误差反向传播时，将目标误差性能函数分别对各层的连接权值与阈值求偏导，得到当前第 k 步第 r 次迭代下的权值与阈值的改变量，进而调整第 $r+1$ 次权迭代后的权值与阈值。每当信号正向输出与期望输出的误差达不到目标误差时，便开始进行权值的反向调整，如此循环下去，直至系统输出达到预测的目标误差要求或最高迭代次数为止。隐含层到输出层当前权值的改变量为

$$\Delta w_{sj}^k=-\eta\cdot\frac{\partial E^k}{\partial w_{sj}^k}$$

$$=-\eta\cdot\frac{\partial E^k}{\partial d_j^k}\cdot\frac{\partial d_j^k}{\partial w_{sj}^k}$$

$$=\eta\cdot(y_j^k-d_j^k)\cdot\frac{\partial d_j^k}{\partial w_{sj}^k} \tag{3.7}$$

式中，η 为学习率；$\partial d_j^k/\partial w_{sj}^k$ 数学表达需要基于所采用激活函数的具体形式。

第 $r+1$ 次迭代后权值 $w_{sj}^k(r+1)$ 为

$$w_{sj}^k(r+1)=w_{sj}^k(r)+\Delta w_{sj}^k(r) \tag{3.8}$$

输入层到隐含层当前步权值的改变量 Δw_{is}^k 为

$$\Delta w_{is}^k=-\eta\cdot\frac{\partial E^k}{\partial w_{is}^k}$$

$$=-\eta\cdot\frac{\partial E^k}{\partial d_j^k}\cdot\frac{\partial d_j^k}{\partial v_s}\cdot\frac{\partial v_s}{\partial u_s}\cdot\frac{\partial u_s}{\partial w_{is}^k}$$

$$=\eta\cdot(y_j^k-d_j^k)\cdot\frac{\partial d_j^k}{\partial v_s}\cdot\frac{\partial v_s}{\partial u_s}\cdot\frac{\partial u_s}{\partial w_{is}^k} \tag{3.9}$$

第 $r+1$ 次迭代后权值 $w_{is}^k(r+1)$ 为

$$w_{is}^k(r+1)=w_{is}^k(r)+\Delta w_{is}^k(r) \tag{3.10}$$

阈值的修正方法同上，此处不再阐述。在线 BP 神经网络权值与阈值递推关系和训练流程示意图分别如图 3.3 和图 3.4 所示。

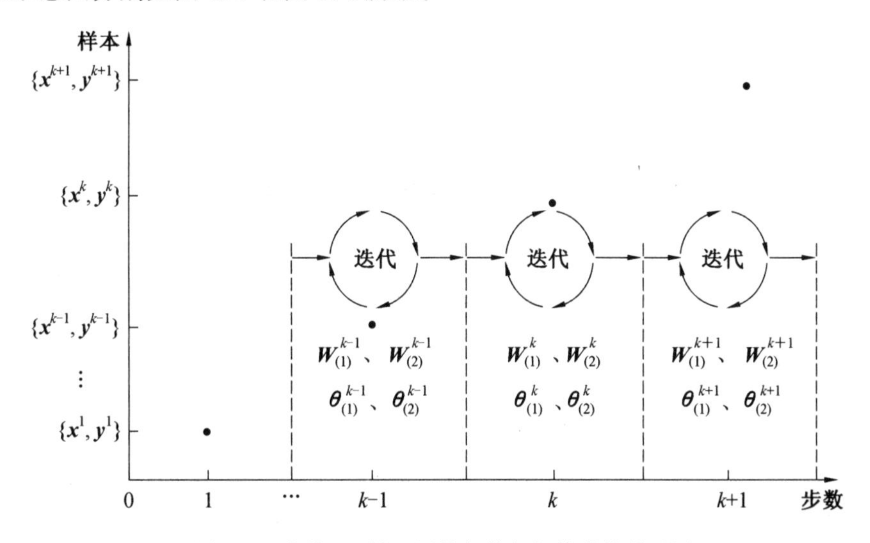

图 3.3　在线 BP 神经网络权值与阈值递推关系图

经过多次迭代后，此时计算得到的权值矩阵 $\boldsymbol{W}_{(1)}^k$、$\boldsymbol{W}_{(2)}^k$ 和阈值矩阵 $\boldsymbol{\theta}_{(1)}^k$、$\boldsymbol{\theta}_{(2)}^k$ 则为第 k 步的最优值，从而在线 BP 神经网络有了即时预测的能力。当第 $k+1$ 步的输入数据与观测样本到来后，网络中权值与阈值的初始值分别为前一步的 $\boldsymbol{W}_{(1)}^k$、$\boldsymbol{W}_{(2)}^k$、$\boldsymbol{\theta}_{(1)}^k$、$\boldsymbol{\theta}_{(2)}^k$，利用目标误差 E^{k+1} 对权值与阈值进行再次迭代，最终得到第 $k+1$ 步时最优的权值矩阵 $\boldsymbol{W}_{(1)}^{k+1}$、$\boldsymbol{W}_{(2)}^{k+1}$ 和阈值矩阵 $\boldsymbol{\theta}_{(1)}^{k+1}$、$\boldsymbol{\theta}_{(2)}^{k+1}$，如此递推下去，直至试验系统样本输入完毕。

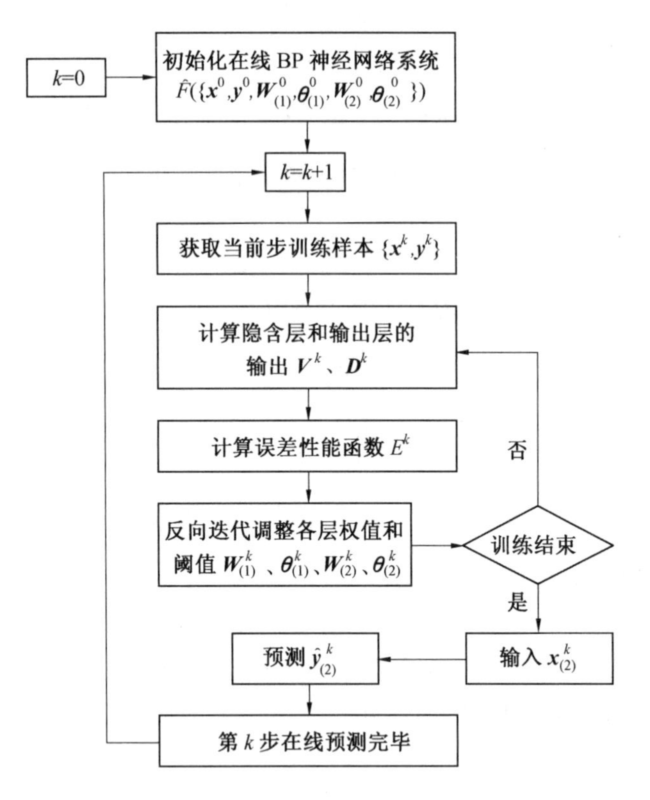

图 3.4 在线 BP 神经网络算法训练流程

3.2 在线 BP 神经网络算法验证

3.2.1 Bouc-Wen 模型数值验证

为了能够在线预测非线性结构恢复力，3.1 节提出了一种在线 BP 神经网络算法。为验证在线 BP 神经网络算法的有效性，本节针对两个自由度非线性结构，分别基于在线、离线 BP 算法进行 Bouc-Wen 模型的恢复力预测，对比其预测性能。

1. 结构模型

选取两自由度的框架结构，计算其所记录得到的地震波作用下的结构反应，地震加速度峰值为 200 cm/s^2。积分算法采用四阶龙格库塔算法，时间步长为 0.01 s。结构质量为 $m_1 = m_2 = 5\ 000$ t，结构刚度为 $K_1 = K_2 = 789\ 570$ kN/m，结构阻尼为 $c_1 = c_2 = 10\ 053$ kN/(m · s^{-1})。结构恢复力模型采用式(2.34)和式(2.35)所示的 Bouc-Wen 模型，参数取值为 $\alpha = 0.01$，$A = 1$，$\beta = 100$，$\gamma = 40$，$n = 1$。

应用神经网络识别一层试验子结构的滞回模型，用经过试验子结构数据训练好的神经网络对数值子结构的恢复力进行在线预测，子结构模型如图 3.5 所示。在图 3.5 中，F_r 为层间作用力，F 为结构恢复力，$\ddot{x}_g$ 为地震加速度。

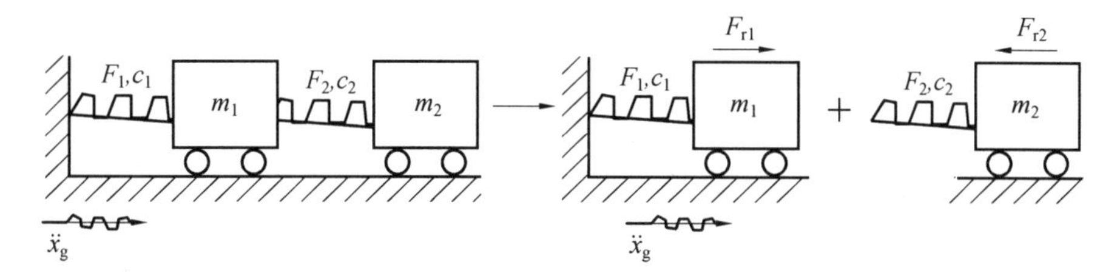

图 3.5　子结构模型

2. 网络拓扑结构

神经网络选用 LM—BP 算法，输入层的节点取 8 个，分别为 x_k、$F_{k-1}x_{k-1}$、$F_{k-1}\mathrm{sgn}(\Delta x_k)$、$x_{k-1}$、$F_{k-1}$、$x_t$、$f_t$ 和 ed_{k-1}。其中，x_k 为结构层间的位移；F 为结构的恢复力；k 为试验往复加载次数；$\Delta x_k = x_k - x_{k-1}$；$x_t$、$f_t$ 分别表示在滞回环转折点处的位移和恢复力；ed_{k-1} 为上一步的耗能。隐含层取为两层，均取值 15 个节点，非线性函数分别为双曲正切 S 型函数、对数 S 型函数。输出量为一个，即恢复力 R。拓扑结构为 8－15－15－1，如图 3.6 所示。

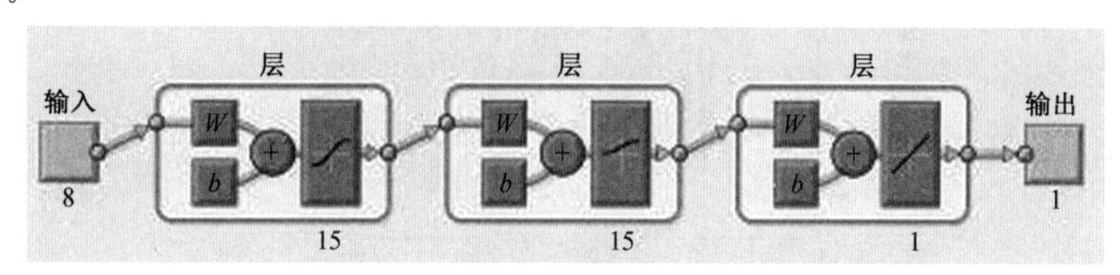

图 3.6　神经网络结构示意

3. 结果分析

张健在对神经网络训练时，采用的是当前步（第 k 步）及之前所有步的试验子结构输入和观测数据 $\{\boldsymbol{x}^1,\cdots,\boldsymbol{x}^k,\boldsymbol{y}^1,\cdots,\boldsymbol{y}^k\}$，这样样本数据集中同时处理，但随着训练数据的积累，在线预测的每一步相当于基于离线的学习与训练方式，离线 BP 算法由于多次迭代花费了较多的训练时间，使得在线训练神经网络的计算耗时增多，预测效率下降。在此基础上，在线算法通过减少训练样本的数量，只取包括当前步的三步数据 $\{\boldsymbol{x}^{k-2},\boldsymbol{x}^{k-1},\boldsymbol{x}^k,\boldsymbol{y}^{k-2},\boldsymbol{y}^{k-1},\boldsymbol{y}^k\}$ 作为训练样本，神经网络在线与离线识别方法数值仿真对比结果如图 3.7 所示。

由图 3.7 可以看出，在线 BP 神经网络算法预测的二层恢复力效果比较接近真实反应，而离线 BP 神经网络算法预测效果则比较差，这充分表明在线 BP 神经网络算法可以提高预测精度。根据预测效果，同时记录下二者数值预测时所需要的时间。表 3.1 给出了离线与在线 BP 神经网络算法预测二层数值子结构的计算时间。

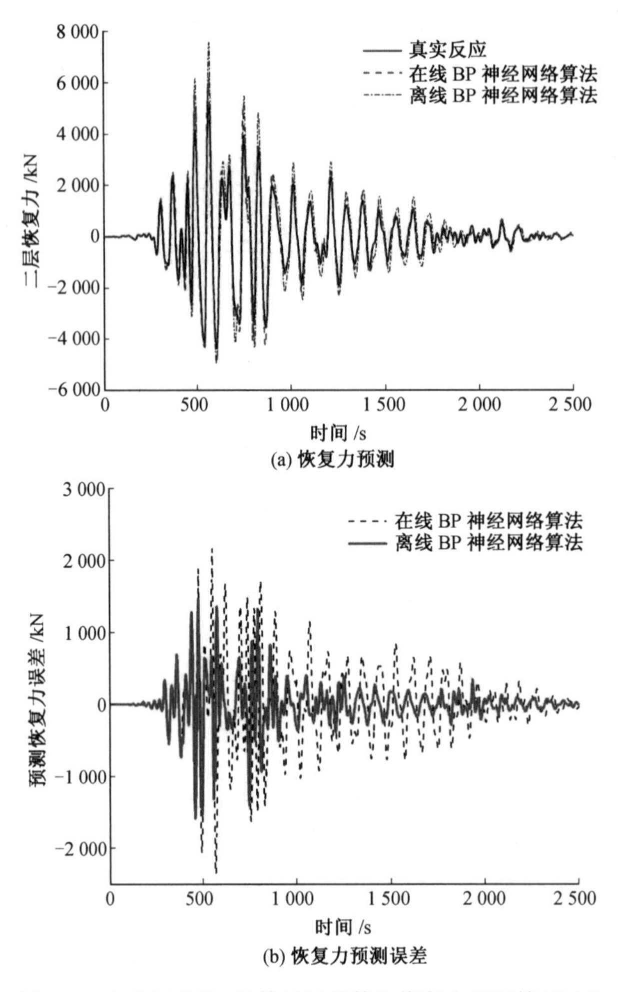

(a) 恢复力预测

(b) 恢复力预测误差

图 3.7　在线与离线 BP 神经网络算法恢复力预测结果对比

表 3.1　离线与在线 BP 神经网络算法预测时间对比

BP 算法	训练样本	时间/s
离线	$\{\boldsymbol{x}^1,\cdots,\boldsymbol{x}^k,\boldsymbol{y}^1,\cdots,\boldsymbol{y}^k\}$	360.966
改进离线	$\{\boldsymbol{x}^{k-2},\boldsymbol{x}^{k-1},\boldsymbol{x}^k,\boldsymbol{y}^{k-2},\boldsymbol{y}^{k-1},\boldsymbol{y}^k\}$	296.396
在线	$\{\boldsymbol{x}^k,\boldsymbol{y}^k\}$	278.237

由于系统在单个样本学习下调整参数所需的迭代次数要远小于同时学习所有训练集所消耗的时间，因此针对样本数量多且冗余度高的训练集，在线 BP 神经网络算法相比较离线 BP 神经网络算法具有更高的训练效率。即使在线算法的训练集样本数量大于离线算法，其训练所消耗的时间较后者也会大大减少。

另外，为了定量分析试验预测精度，书中选用量纲为一的误差指标：相对均方根误差

(The Root Mean Square Deviation，RMSD)，其数学表达式为

$$\mathrm{RMSD}_k=\sqrt{\sum_{k=1}^{N}(F_k-F_k^{\mathrm{true}})^2/\sum_{k=1}^{N}(F_k^{\mathrm{true}})^2} \tag{3.11}$$

式中，F_k^{true} 为真实混合试验数据；F_k 为预测的输出数据；k 为试验步数。

从均方根偏差定义来看，表达式根号内分子为从初始时刻到当前时刻之间时间段内所有离散时间上的误差平方和，反映了当前及其之前所有时刻误差的累积值。图 3.8 给出了三种 BP 神经网络算法的预测精度对比。

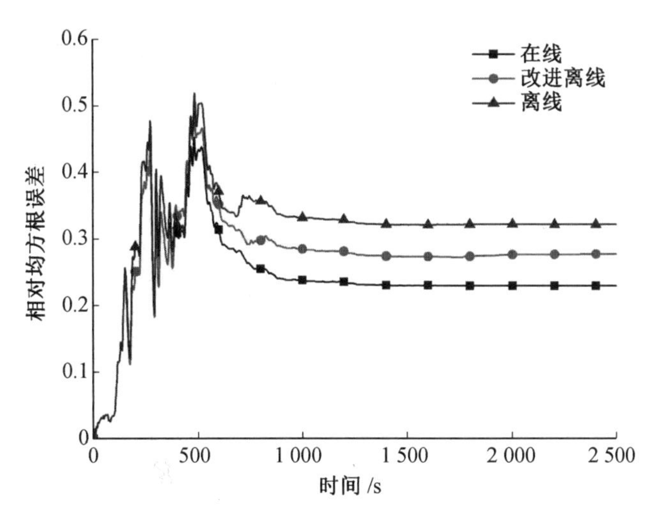

图 3.8　三种 BP 神经网络算法预测精度对比

由图 3.8 可以看出，在线 BP 神经网络算法的相对均方根误差为 0.229，改进离线 BP 神经网络算法的相对均方根误差为 0.277，离线 BP 神经网络算法的相对均方根误差为 0.321。在线 BP 神经网络算法预测精度较离线 BP 神经网络算法以及改进离线 BP 神经网络算法的预测精度相对提高了 28.7%和 17.3%，这表明在相同数量的样本条件下，在线 BP 神经网络算法的预测精度优于离线 BP 神经网络算法。这对神经网络能够应用到模型更新的混合试验中具有重要的意义。

3.2.2　BRB 支撑试验验证

1. 试验方案

由 3.2.1 节可知，在基于 Bouc-Wen 模型的数值模拟中，在线 BP 神经网络算法的预测精度与计算效率均高于离线 BP 神经网络算法。为验证在线 BP 神经网络算法预测性能的有效性，本节将利用两组防屈曲试验位移和恢复力观测数据，分别对比离线 BP 神经网络和在线 BP 神经网络算法在不同加载路径的在线预测效果。两组观测的位移及支撑恢复力测量值分别如图 3.9 和图 3.10 所示，试验加载位移命令时间间隔为 0.1 s。防屈曲支撑模型在线预测方法如图 3.11 所示。

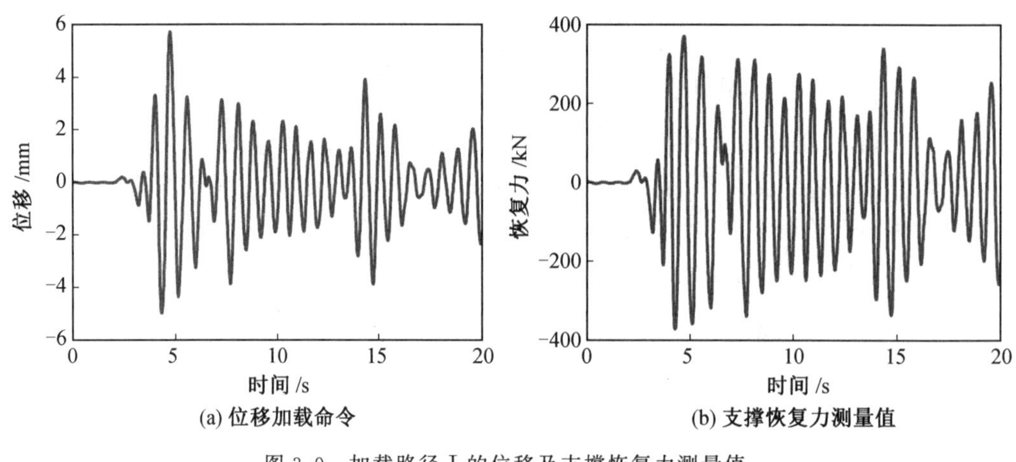

图 3.9　加载路径 Ⅰ 的位移及支撑恢复力测量值

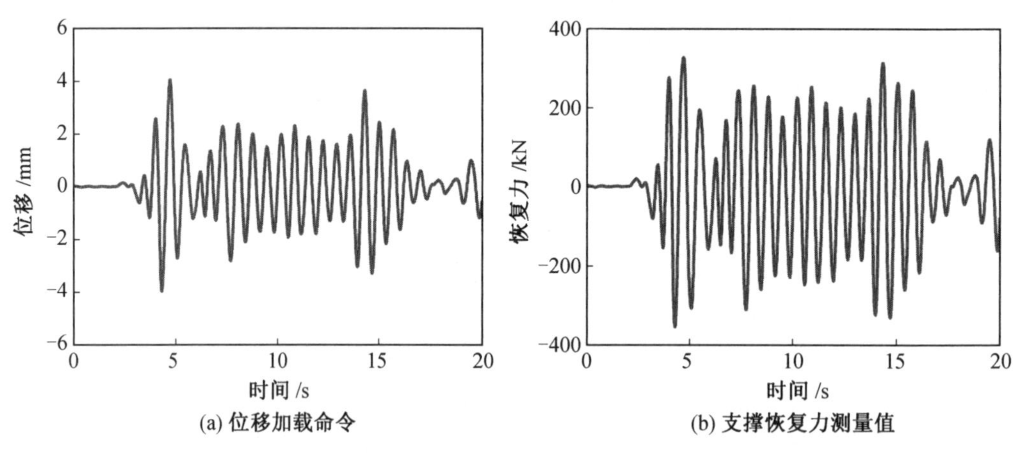

图 3.10　加载路径 Ⅱ 的位移及支撑恢复力测量值

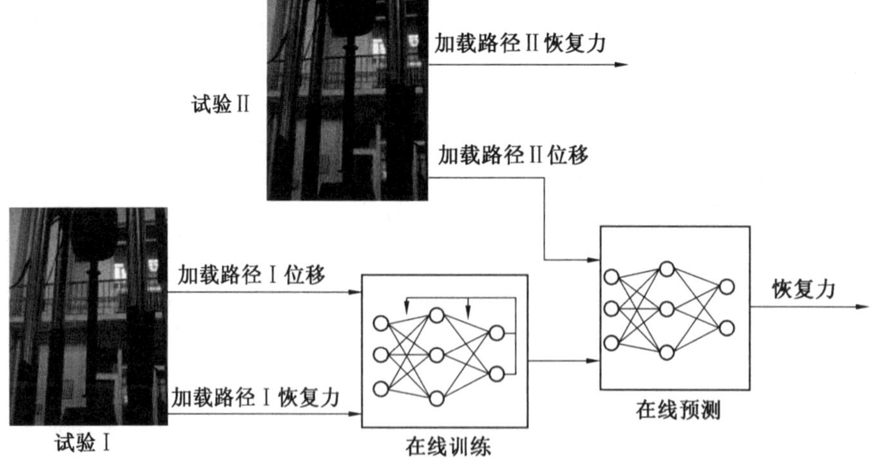

图 3.11　基于在线 BP 神经网络算法的防屈曲支撑数值预测示意图

该试验在哈尔滨工业大学土木工程实验室的一台 250 t MTS 电液伺服试验机上进行，防屈曲支撑构件参数见表 3.2。

表 3.2　构件参数表

试验类型	构件编号	内芯				钢管截面尺寸/(mm×mm)	屈服力计算值/kN	约束比
		宽/mm	厚/mm	面积/mm^2	屈服力实测值/kN			
防屈曲支撑	BRB－1	72	13	93.6	309.7	70×4.8	1 327	4.28

2. 神经网络参数选取

由于防屈曲支撑试验具有较强的非线性关系，为了较为全面地模拟出试验的滞回模型，采用以下八个变量作为神经网络的输入变量，分别为 x_k、$R_{k-1}x_{k-1}$、$R_{k-1}\Delta x_k$、x_{k-1}、R_{k-1}、x_t、R_t 和 e_{k-1}。其中，下标 k 为试验加载步数；x_k 为构件相对位移；R_{k-1} 为构件恢复力；x_t 和 R_t 分别表示在滞回环转折点处的位移和恢复力，e_{k-1} 表示滞回系统第 $k-1$ 步的耗能，$e_{k-1}=(R_{k-1}+R_{k-2})(x_{k-1}-x_{k-2})/2$；$\Delta x_k$ 为第 k 步的位移增量。

采用单层隐含层的 BP 神经网络拓扑结构，隐含层节点个数选择为 30 个，激活函数采用对数 S 型函数，输出层具有一个变量，即结构的恢复力，激活函数采用线性函数。神经网络训练方法选用 LM－BP 算法，神经网络的训练参数为目标性能函数，函数采用均方差，控制系数 μ 为 0.01，迭代步数设为 300 步，迭代误差目标设定为 10^{-4}。

3. 结果分析

为了能有效地验证在线 BP 神经网络的数值预测性能，图 3.12 和图 3.13 采用三种类型的对比试验，分别如下：

(1)真实防屈曲支撑试验，采用“Exact”表示。

(2)基于离线神经网络的数值预测，采用“Offline－NN”表示。利用第一组防屈曲试验当前步以及之前步已有的位移和恢复力观测数据作为其训练样本，每训练完一步便初始化神经网络，接着进行下一步的训练。

(3)基于在线神经网络的数值预测，采用“Online－NN”表示。仅利用第一组防屈曲试验当前步的位移和恢复力观测数据作为其训练样本，每一步的权值与阈值都基于前一步网络训练完后的权值与阈值进行训练。

图 3.12 和图 3.13 为恢复力时程曲线和滞回曲线试验结果，可以看出：与 Exact 曲线相比，采用在线 NN 算法进行在线预测得到的恢复力时程曲线能够更好地逼近试验测量曲线，而采用离线 NN 算法进行预测的曲线偏离较大，无法应用到在线的恢复力模型识别中。

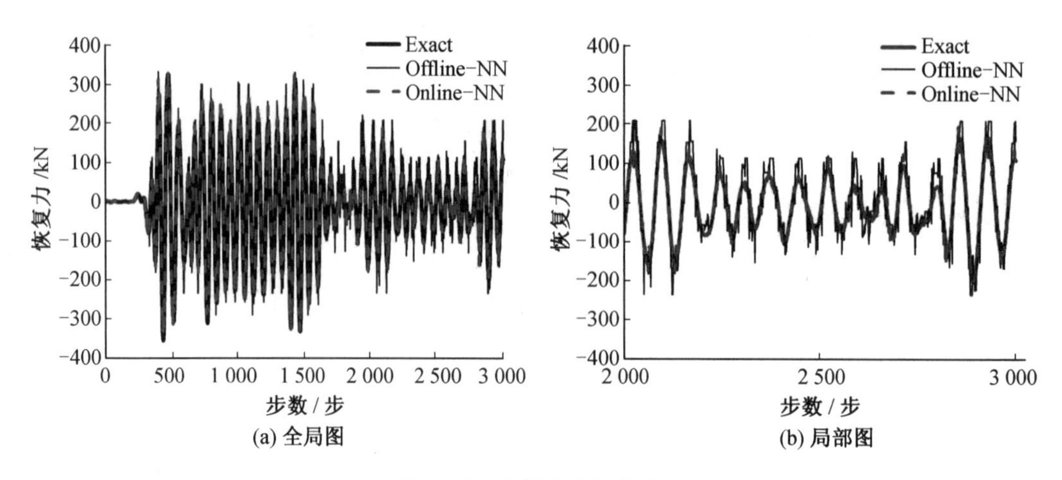

图 3.12　恢复力时程曲线

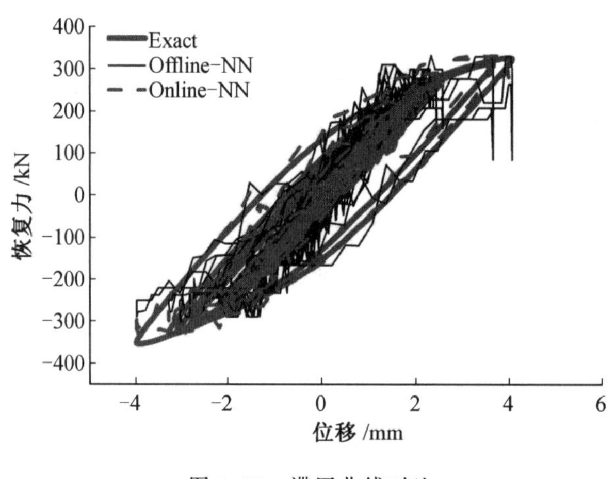

图 3.13　滞回曲线对比

3.3　在线 BP 神经网络算法的鲁棒性分析

在线 BP 神经网络系统是一个非常复杂的系统，其中的诸多参数如输入与输出变量的选择、隐含层的层数，以及节点个数、激活函数的选取等都会直接或间接地影响在线 BP 神经网络算法的数值预测能力，因此有必要对这些因素进行详细分析。然而考虑在实际中，由于试验条件与试验环境的限制，不可能全部都采用试验的方法来分析每一个影响因素，故选择将 Bouc-Wen 模型作为真实的试验恢复力模型，以一个两自由度结构为例，采用在线 BP 神经网络算法预测结构模型恢复力，通过改变在线 BP 神经网络结构中各个参数，来比较其预测用时和预测精度。

3.3.1　输入变量影响分析

神经网络输入变量往往反映了决定系统输出的各种环境影响因素，选择不同的变量会对预测结果精度有较大影响，输入变量选择越全面，越能体现模型非线性的特点，算法预测效果也会越好。结构的恢复力模型具有较强的非线性关系，结构的位移反应与真实恢复力并一一映射，为了使在线 BP 神经网络算法更好地预测出结构的恢复力模型，必须找到合理且能够全面体现滞回环特点的网络输入变量。

如表 3.3 所示，针对静力往复试验，其滞回环可分为六个加载路径。神经网络输入量为了能够更好地表示出各个阶段的加载路径，可根据输入变量在滞回曲线不同位置的正负符号加以判定，一般采用三变量：u_k、$R_{k-1}u_{k-1}$ 和 $R_{k-1}\mathrm{sgn}(\Delta u_k)$，可以确保表中滞回环的六个加载路径具有不同的符号组合。然而，在路径Ⅰ中的三个参量的符号与恢复力骨架曲线的强度下降段具有相同的符号，为了更好地模拟滞回环，另外又加入了前一步的观测点(u_{k-1},R_{k-1})，使神经网络输入变量变成了五变量。张健为了进一步地刻画滞回环的强非线性，在此基础上又加入了三个变量，即转折点处的位移与恢复力(u_t,R_t)，以及上一步的耗能力 $e_{k-1}=(R_{k-1}+R_{k-2})(u_{k-1}-u_{k-2})/2$，从而形成了八变量。

表 3.3　输入变量与滞回曲线的关系

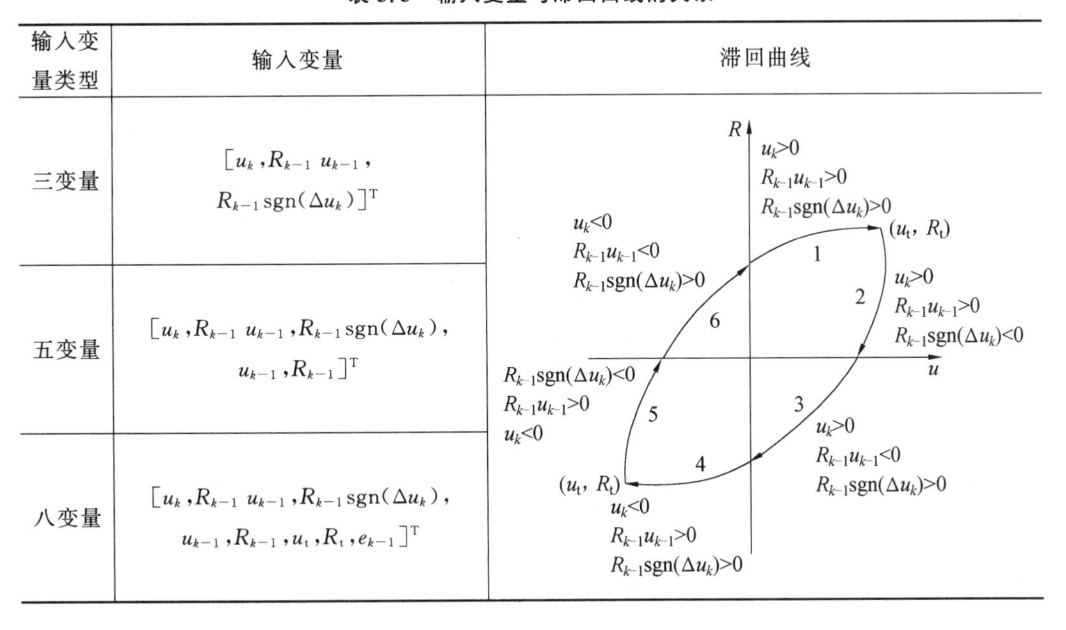

输入变量类型	输入变量	滞回曲线
三变量	$[u_k, R_{k-1}u_{k-1}, R_{k-1}\mathrm{sgn}(\Delta u_k)]^{\mathrm{T}}$	
五变量	$[u_k, R_{k-1}u_{k-1}, R_{k-1}\mathrm{sgn}(\Delta u_k), u_{k-1}, R_{k-1}]^{\mathrm{T}}$	
八变量	$[u_k, R_{k-1}u_{k-1}, R_{k-1}\mathrm{sgn}(\Delta u_k), u_{k-1}, R_{k-1}, u_t, R_t, e_{k-1}]^{\mathrm{T}}$	

为探究输入变量选择给在线 BP 神经网络算法预测性能带来的影响，分别采用三变量、五变量和八变量的输入变量进行纵向对比，在线 BP 神经网络采用单层隐含层的结构，其隐含层的激活函数为 tansig 函数，输出为下一步的恢复力。图 3.14、图 3.15 分别为在线 BP 神经网络算法在三变量、五变量、八变量的条件下，随着隐含层节点个数的增加，在线 BP 神经网络系统计算耗时和预测精度对比效果图。

预测精度方面，采用地震模拟地震台波形再现的定量判别灵敏度公式，如下：

$$K_{xy}=\frac{\sum_{k=N_1}^{N_2}x_k y_k}{\left(\sum_{k=N_1}^{N_2}x_k^2\sum_{k=N_1}^{N_2}y_k^2\right)^{1/2}} \tag{3.12}$$

式中，x_k 表示期望信号；y_k 表示响应信号；N_1 和 N_2 表示信号序列的起点和终点。当 K_{xy} 趋近于 1 时相对误差趋近于 0，一般当 K_{xy} 取到 0.95 时，响应信号 y_k 和期望信号 x_k 达到吻合。

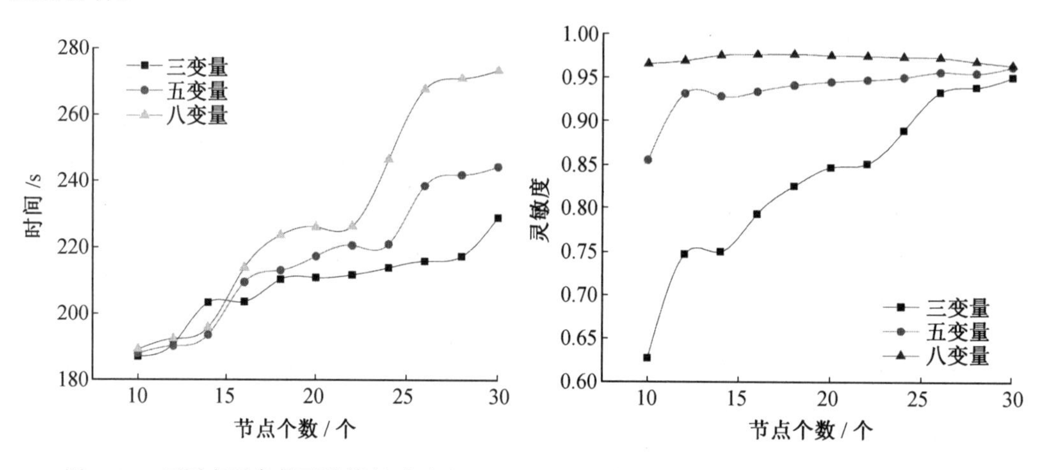

图 3.14　不同变量条件下计算耗时对比

图 3.15　不同变量条件下精度对比

在隐含层节点个数一定的条件下，随着输入变量选择得更加全面充分，计算耗时会增加，当隐含层节点个数增加后，计算耗时呈现跳跃式增加。隐含层节点个数为 11 时，采用八变量的在线 BP 神经网络算法计算耗时只比三变量与五变量分别增加 0.82% 和 1.14%，但在预测精度方面，采用八变量的在线 BP 神经网络算法其灵敏度为 0.969 1，要比三变量与五变量分别增加 29.70% 和 4.04%，说明在输入变量的鲁棒性分析中，采用八变量的在线 BP 神经网络节点个数为 18 时，计算耗时较低并且达到较高的预测精度。然而在隐含层节点个数继续增加后，采用八变量的在线神经网络算法预测精度不再增加，趋势平稳，计算耗时却显著增加，因此后面情况不予考虑。

3.3.2　隐含层激活函数影响分析

在选择不同传递函数的情况下，网络的性能差别很大，本章 BP 神经网络结构其隐含层设为单层，分别采用双曲正切函数和对数函数，输出层都采用线性函数(Purelin)，对在线 BP 神经网络算法的时间和灵敏度进行对比，预测效果如图 3.16、图 3.17 所示。

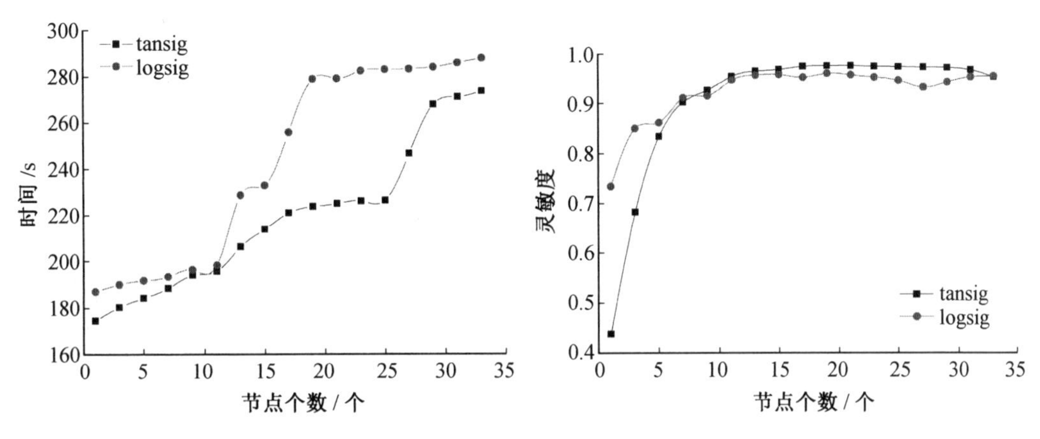

图 3.16　不同函数条件下计算时间对比　　图 3.17　不同函数条件下灵敏度对比

由图 3.16 和图 3.17 可以看出，采用隐含层激活函数为 tansig 的在线 BP 神经网络算法计算耗时较短，并且在隐含层节点个数为 11 时，两者的计算时间与灵敏度都比较接近，但在之后，采用隐含层激活函数为 logsig 的在线 BP 神经网络算法开始呈现快速增长状态，但灵敏度方面要相对低于前者。因此，在隐含层激活函数鲁棒性分析方面，采用 tansig 且节点个数为 11 时的在线 BP 神经网络算法预测的效果较好。

3.3.3　隐含层层数及节点数量影响分析

BP 神经网络可以含有多个隐含层，一般单个隐含层的网络就可以通过适当增加节点个数实现任意非线性函数的拟合。隐含层的节点个数对网络预测效果有较大的影响，通常来讲，较多的隐含层节点数可以带来更好的预测性能。本节将分别进行隐含层层数以及相对应的激活函数随着节点个数增加条件下在 BP 线神经网络预测的性能对比。

采用单层隐含层的在线 BP 神经网络系统的激活函数为 tansig 函数，而采用两层隐含层的在线 BP 神经网络系统的激活函数为 tansig—logsig 型函数，且将第二层隐含层的节点个数根据经验公式固定为 10 个。通过调整第一层隐含层节点个数，与单层的在线 BP 神经网络算法进行对比，根据在线 BP 神经网络算法预测数据，如图 3.18、图 3.19 所示。

通过两图比较可以发现，采用两层隐含层的在线 BP 神经网络计算耗时明显比采用单层隐含层的在线 BP 神经网络计算耗时多，在同一节点个数条件下，平均预测用时要多 66.15 s；而在精度方面，采用两层隐含层的在线 BP 神经网络预测的精度略高，但两者的灵敏度都在 0.95 以上，达到了较高的预测精度，且更加稳定。

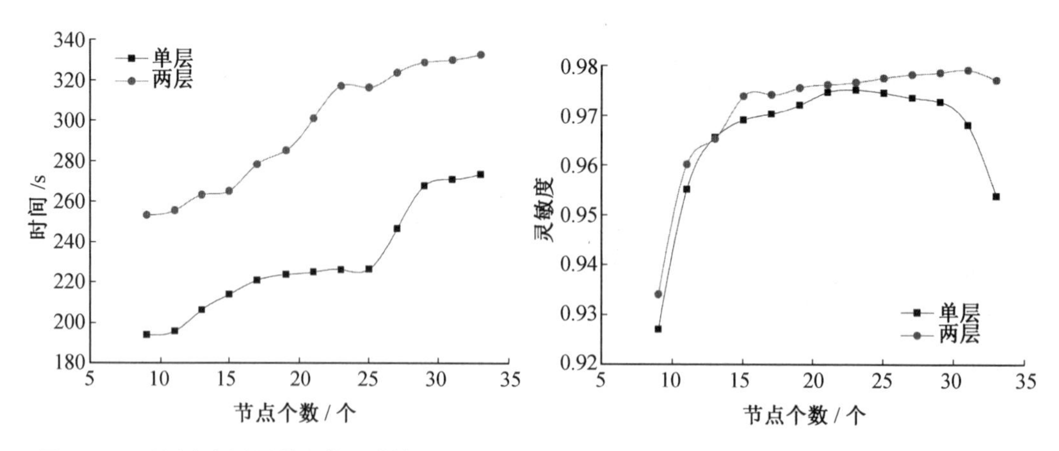

图 3.18　不同隐含层层数条件下计算时间对比　　图 3.19　不同隐含层层数条件下灵敏度对比

下面,在采用两层隐含层的在线 BP 神经网络的基础上,对其激活函数的选定进行分析,选取 tansig—logsig 和 logsig—tansig 两种函数组合形式分别对两种情况进行探究,结果如图 3.20～3.23 所示。

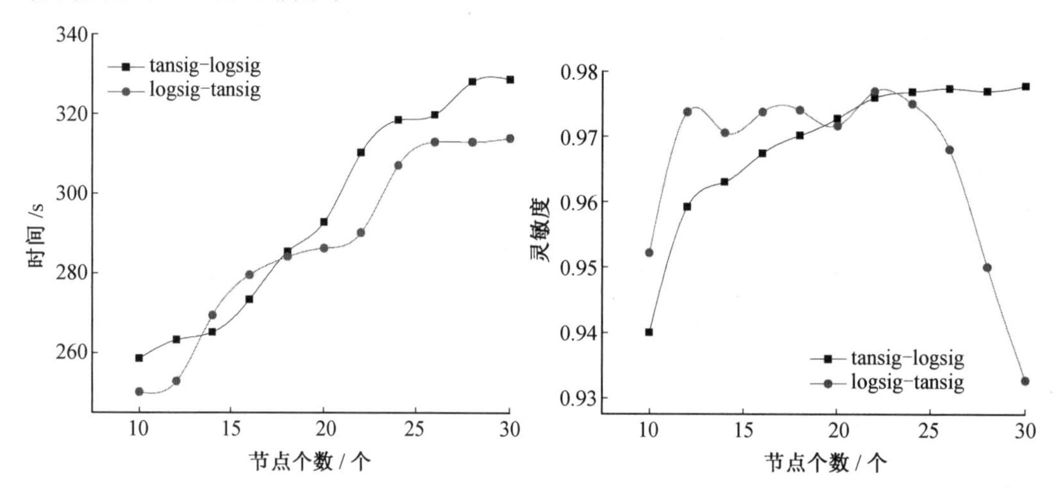

图 3.20　不同函数组合条件下计算时间对比(情况 1)　图 3.21　不同函数组合条件下灵敏度对比(情况 1)

情况 1:将这两种形式的第二层隐含层的节点个数根据经验公式固定为 10,通过改变第一层隐含层节点个数,对比在线 BP 神经网络算法的预测性能。

情况 2:将这两种形式的第一层隐含层的节点个数根据经验公式固定为 10,通过改变第二层隐含层节点个数,对比在线 BP 神经网络算法的预测性能。

由情况 1 可以看出,节点个数为 10 时,采用 logsig— tansig 形式的在线 BP 神经网络算法灵敏度达到 0.952 2,而计算耗时方面却要比 tansig—logsig 约少 8.4 s。随着节点的增加,两种函数形式的在线 BP 神经网络算法基本都处在较高的预测精度范围内,但在节点个数达到 24 以上时,采用 logsig—tansig 形式的在线 BP 神经网络算法预测精度反而出现下降。可见，当隐含层节点个数过高时，会使在线 BP 神经网络过度训练，导致泛化能力变差。

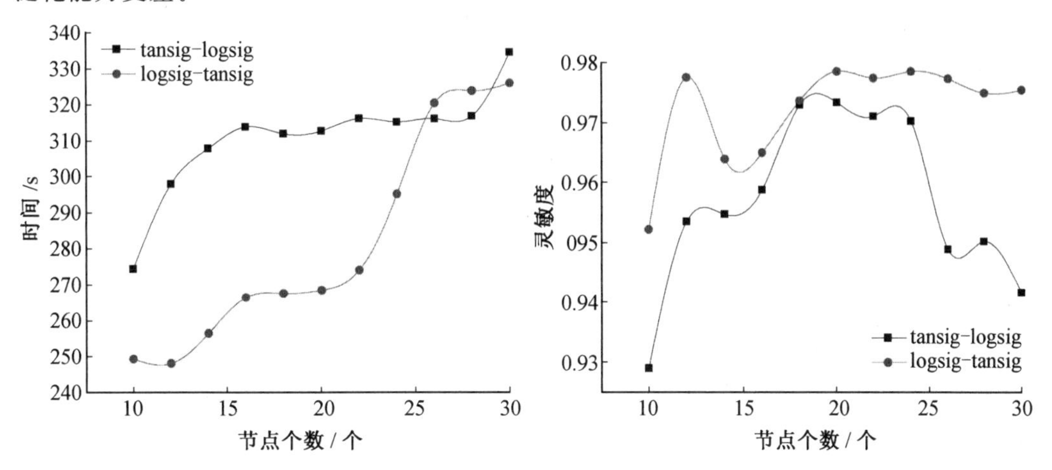

图 3.22　不同函数组合条件下计算时间对比(情况 2)　图 3.23　不同函数组合条件下灵敏度对比(情况 2)

同理由情况 2 可以看出，当节点个数为 10 时，采用 logsig— tansig 形式的在线 BP—NN 算法灵敏度达到 0.961 7，而计算耗时方面要比 tansig—logsig 约少 10.06%。随着节点个数的增加，采用 logsig—tansig 形式的在线 BP 神经网络算法计算耗时始终低于 tansig—logsig 形式的在线 BP 神经网络算法，预测精度方面却要高于前者。

3.3.4　地震动输入幅值影响分析

为检验基于在线 BP 神经网络算法的混合试验方法的鲁棒性，对两层框架结构不同地震动幅值下($10\ cm/s^2$、$50\ cm/s^2$、$100\ cm/s^2$、$200\ cm/s^2$、$400\ cm/s^2$)的情况进行数值仿真试验，对在线 BP 神经网络算法的计算时间和灵敏度进行对比，结果如图 3.24、图 3.25 所示。

由图 3.24 可以看出，随着地震波幅值增加，模型的非线性越来越强，在线 BP 神经网络算法的计算时间增大；而在灵敏度方面，由图 3.25 可以看出，当地震波幅值为 $10\ cm/s^2$时，模型几乎处于线性状态，灵敏度非常高，随着地震波幅值的增加、非线性的增强，灵敏度出现不同程度的下降。

综上，本节详细地对在线 BP 神经网络算法的鲁棒性进行了分析，分析的影响因素有输入变量，隐含层激活函数、层数，以及节点个数、地震加速度等。综合对比分析表明，其中输入变量的选择对在线 BP 神经网络算法的预测性能有着较大的影响。

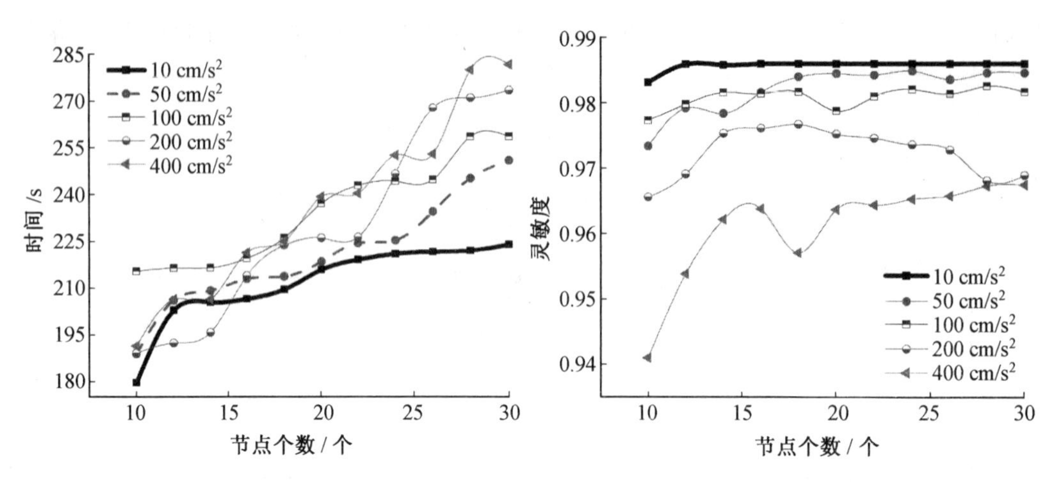

图 3.24　不同地震动幅值条件下计算时间对比　　图 3.25　不同地震动幅值条件下灵敏度对比

3.4　在线自适应神经网络算法

首先，在传统 BP 神经网络算法的基础上，通过增加反馈层及修改训练样本和权值与阈值更新方式，提出一种在线自适应神经网络算法。然后，通过两组防屈曲支撑(Buckling-Restrained Brace，BRB)构件拟静力试验数据验证所提算法的恢复力预测精度和计算效率。最后，基于 BRB 构件试验数据对该网络结构中的输入变量、输入和观测样本、隐含层激活函数等算法参数进行鲁棒性分析，给出算法应用时参数选择建议。

3.4.1　算法原理

传统 BP 神经网络一般包括输入层、隐含层和输出层，采用离线学习方式优化网络结构各层权值和阈值来逼近任意非线性模型。然而，该算法直接应用于在线预测时，会产生以下问题：

(1)传统 BP 神经网络算法采用样本批量训练方式进行离线学习，即需要事先得到全部的训练样本，包括所有的输入样本和观测数据。然而，当训练样本只能批次获得时，传统 BP 神经网络算法无法进行在线学习，限制了传统算法的在线预测应用。

(2)传统 BP 神经网络算法也可仅利用当前步的训练样本直接进行在线学习和预测。传统算法每一步都要对权值和阈值进行初始化，然后重新开始训练参数。可见，这样的学习方式没有充分利用已有的训练样本信息，同时也大大降低了权值和阈值的收敛速度，增加了算法计算负荷。

(3)传统 BP 神经网络算法在当前步的权值和阈值训练结果并没有对下一步权值和阈值训练产生直接影响，也就是说前后相连步之间的参数不存在递推关系，记忆性能差，因此传统 BP 神经网络算法对于动态系统预测的自适应能力不强。

针对传统 BP 神经网络算法在线预测方面存在的问题，本节提出了一种在线自适应神经网络算法，算法结构示意图如图 3.26 所示，由输入层、隐含层、反馈层和输出层组成。在线自适应神经网络算法流程如图 3.27 所示。

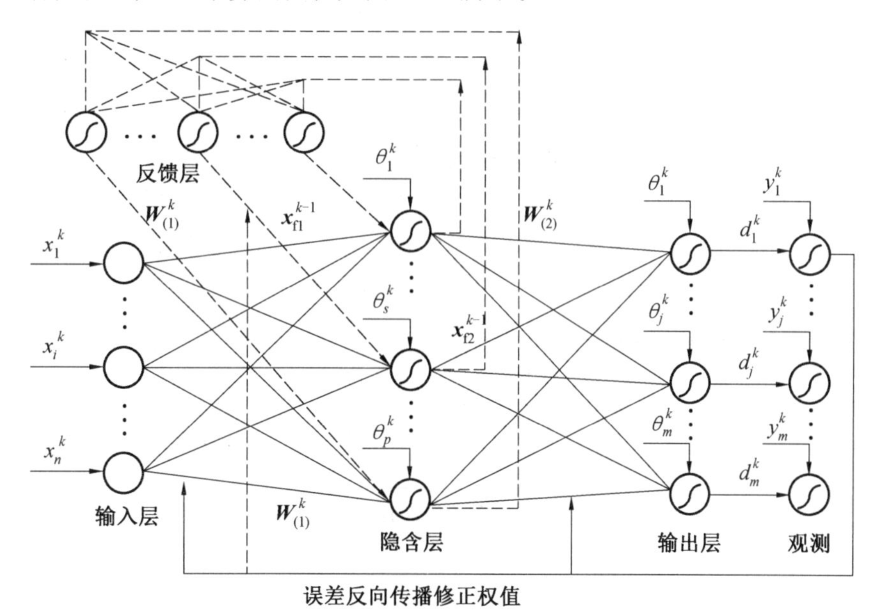

图 3.26　在线自适应神经网络算法结构示意图

所提出的算法在传统 BP 神经网络算法基础上进行了以下三方面的改进。

(1)训练样本的选取方法。

在学习阶段，仅利用当前第 k 步的系统输入和观测数据集 $\{\boldsymbol{x}^k, \boldsymbol{y}^k\}$ 对神经网络结构中的权值和阈值进行内部迭代训练，当满足性能目标后，得到当前步最优的权值 $\boldsymbol{W}^k$ 和阈值 $\boldsymbol{\theta}^k$。其中，k 表示算法预测步数；$\boldsymbol{x}^k$ 为当前第 k 步的系统输入样本：

$$\boldsymbol{x}^k = [x_{1k} \quad x_{2k} \quad \cdots \quad x_{ik} \quad \cdots \quad x_{nk}]^{\mathrm{T}} \tag{3.13}$$

$\boldsymbol{y}^k$ 为当前第 k 步的系统观测样本：

$$\boldsymbol{y}^k = [y_{1k} \quad y_{2k} \quad \cdots \quad y_{jk} \quad \cdots \quad y_{mk}]^{\mathrm{T}} \tag{3.14}$$

式中，m、n 为输入样本 $\boldsymbol{x}^k$ 和观测样本 $\boldsymbol{y}^k$ 的向量维度。由于仅利用当前的输入和观测样本，而不是得到的所有样本，因此缩减了矩阵运算维度，大大降低了计算负荷。

(2)权值与阈值更新方式。

在学习阶段，每一步的权值 $\boldsymbol{W}^k$ 与阈值 $\boldsymbol{\theta}^k$ 都是在前一步网络训练得到的权值 $\boldsymbol{W}^{k-1}$ 与阈值 $\boldsymbol{\theta}^{k-1}$ 基础上进行修正的，使得权值与阈值在计算上具有递推形式，充分利用了上一步的训练结果信息，减少了迭代计算耗时。权值更新表达公式如下：

$$\boldsymbol{W}^k = \boldsymbol{W}^{k-1} + \Delta \boldsymbol{W}^k\left(-\eta \frac{\partial E}{\partial \boldsymbol{W}}\right) \tag{3.15}$$

式中，$\Delta \boldsymbol{W}^k(\cdot)$ 为第 k 步权值 $\boldsymbol{W}^k$ 在前一步基础上的增量部分，可通过网络内部迭代得到；η 为学习率，其取值范围为 0～1，本章采用固定学习率，η 取值均为 0.05；E 为误差性

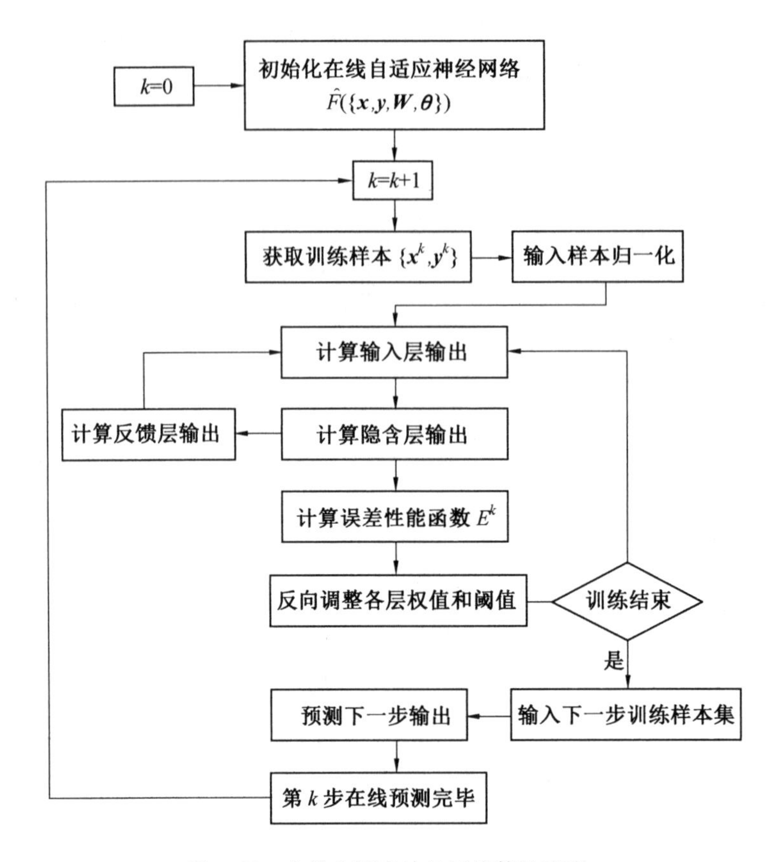

图 3.27　在线自适应神经网络算法流程

能函数。阈值的更新方法同上，这里不再详细阐述。

(3)增加反馈层。

与传统 BP 神经网络相比，改进算法在隐含层上又增加了一个反馈层。其目的是加强层间或层内信息反馈，使得在输入与输出之间存在时间上的后滞，承接隐含层输出的信号并存储之前的系统状态，并在下一个输入信号来临后再次作为隐含层的输入，进行系统的非线性映射，从而增强算法自适应动态学习能力。

由图 3.26 可以看出，增加反馈层后，隐含层输入则会发生改变。以第 k 步第 1 层隐含层第 s 个节点为例，其节点输入为

$$\mathbf{net}_s(k)=\boldsymbol{W}_{(1)}^{k}\cdot\boldsymbol{x}^{k}+\boldsymbol{W}_{(3)}^{k-1}\cdot\boldsymbol{x}_{\mathrm{f1}}^{k-1} \tag{3.16}$$

隐含层第 s 个节点的输出为

$$\boldsymbol{x}_{\mathrm{f2}}^{k}=\varphi(\mathbf{net}_s(k)) \tag{3.17}$$

式中，$\mathbf{net}_s(k)$为隐含层节点 s 的输入量，下标 s 表示隐含层中第 s 个节点，$s\in[1,p]$，其中 p 为一个隐含层中节点总个数；$\boldsymbol{W}_{(1)}^{k}$ 为连接输入层与隐含层的权值矩阵；$\boldsymbol{W}_{(2)}^{k}$ 为连接隐含层与输出层的权值矩阵；$\boldsymbol{W}_{(3)}^{k}$ 为连接反馈层与隐含层之间的权值矩阵；$\boldsymbol{x}_{\mathrm{f1}}^{k-1}$ 为由反馈层到隐含层节点 s 的输入向量；$\boldsymbol{x}_{\mathrm{f2}}^{k}$ 为隐含层节点 s 的输出向量；$\varphi(\cdot)$为隐含层非线性函数。

3.4.2 防屈曲支撑试验验证

下面通过防屈曲支撑拟静力试验来检验本章所提的在线自适应神经网络算法的有效性。采用 250 t MTS 电液伺服试验机完成两组不同加载路径下的拟静力试验，测得支撑轴向恢复力。防屈曲支撑构件内芯为一字型钢板，截面尺寸为 72 mm×13 mm，面积为 936 mm^2，屈服力实测值为 309.7 kN；内芯的外部约束采用方钢管，其截面尺寸为 70 mm×4.8 mm，屈服力计算值为 1 327 kN，约束比为 4.28。为了能通过试验来验证所提出在线神经网络算法性能的有效性，采用以下方案。

(1)首先对同一根 BRB 构件在两组不同加载路径下进行拟静力试验，加载步数均为 3 000 步，两组 BRB 构件轴向滞回曲线如图 3.28 所示。

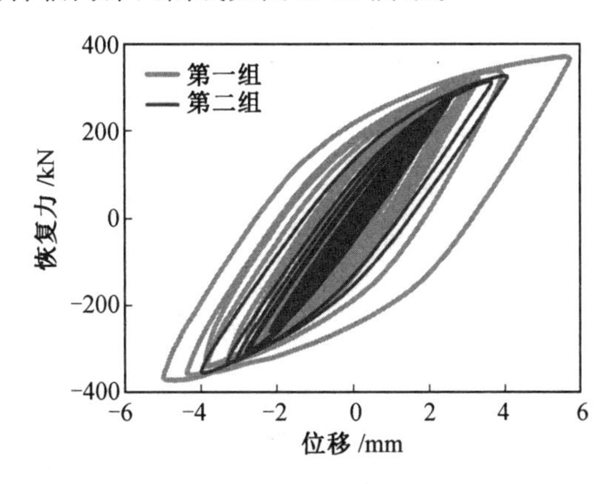

图 3.28　两组 BRB 构件轴向滞回曲线

两组试验数据均为同一根 BRB 构件在两组不同加载路径下的输入和输出。利用一组 BRB 构件试验的位移和恢复力在线训练神经网络模型，以近似反映 BRB 构件受力特性，从而利用网络模型在线预测在其他加载路径下 BRR 构件的恢复力。与第二组 BRB 构件加载试验相比，第一组试验中 BRB 构件的加载位移幅度明显更大，即在相同的试验加载步中，第一组试验 BRB 会首先进入非线性受力状态。为了更好地近似 BRB 构件的非线性受力性能，选择第一组 BRB 构件试验位移与恢复力数据集对网络进行训练。

(2)采用两组 BRB 构件试验数据验证在线自适应神经网络算法的有效性，其验证方法示意图如图 3.29 所示。其中，传统 BP 神经网络和在线自适应神经网络在当前步学习时，均利用当前步及之前的所有样本集对网络进行训练，然后将第二组支撑试验当前步的输入样本输入到训练好的网络中，从而输出第二组试验支撑在当前步的恢复力预测值。接下来再利用两组试验下一步的数据，进行在线学习，并在线预测第二组支撑在下一步的恢复力，如此循环往复，直至用完所有试验数据而结束。

(3)最后将两种神经网络得到的第二组 BRB 构件恢复力预测值与第二组支撑恢复力试验测量值进行比较，以检验算法的预测精度。

采用这种验证方法主要考虑以下两个方面：

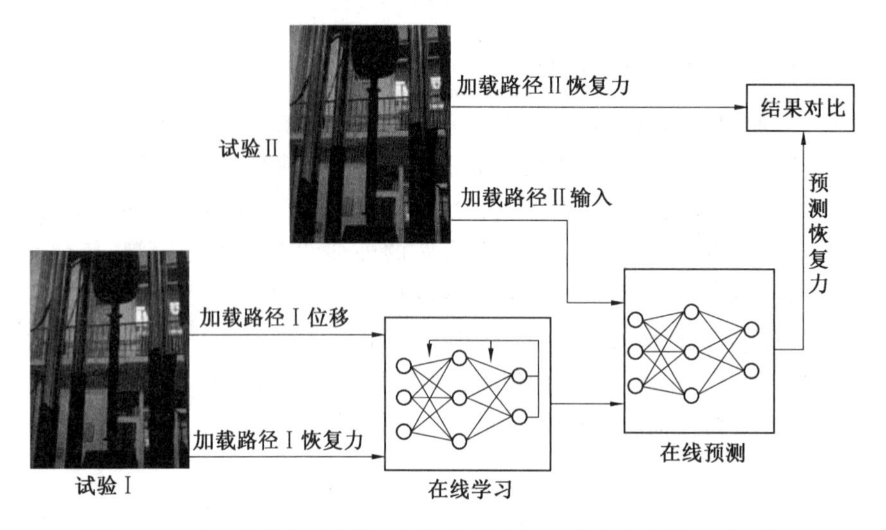

图 3.29　基于在线自适应神经网络算法的 BRB 恢复力在线预测示意图

①与采用单纯的混合试验数值仿真相比，该方案可以在考虑真实 BRB 构件的力学性能的条件下，检验算法对不同加载路径下试验构件恢复力预测效果。

②与进行真实结构混合试验相比，该方案可以在相对经济、安全的情况下验证改进算法在线学习及在线预测性能，同时方便对算法参数进行鲁棒性分析。

为了比较改进神经网络算法性能，两种算法采用相同的网络拓扑结构，隐含层节点个数均设为 20 个，学习率均设定为 0.05，训练迭代次数限值设为 100 次，输入向量采用八变量，分别为 u_k、$R_{k-1}u_{k-1}$、$R_{k-1}\mathrm{sign}(\Delta u_k)$、$u_{k-1}$、$R_{k-1}$、$u_t$、$R_t$ 和 e_{k-1}。其中，下标 k 为试验加载步数；u_k 为结构层间位移；R_{k-1} 为结构恢复力；u_t 和 f_t 分别表示在滞回环转折点处的位移和恢复力；e_{k-1} 表示滞回系统第 $k-1$ 步的耗能，即 $e_{k-1}=(R_{k-1}+R_{k-2})(u_{k-1}-u_{k-2})/2$；$\mathrm{sgn}(\Delta u_k)$ 为第 k 步位移增量的符号函数。

为了定量分析试验预测精度，文中选用量纲为一的误差指标：相对均方根误差（Root Mean Square Deviation，RMSD），第 k 步恢复力预测值 RMSD_k 的表达式为

$$\mathrm{RMSD}_k=\sqrt{\sum_{i=1}^{k}(R_i-R_i^{\mathrm{E}})^2/\sum_{i=1}^{k}(R_i^{\mathrm{E}})^2}\quad(k=1,2,\cdots,N)\tag{3.18}$$

式中，R_i^{E} 为第二组支撑试验恢复力测量值；R_i 为采用神经网络得到的第二组支撑恢复力预测值；N 为第二组支撑试验总加载步数，$N=3\ 000$。

第二组 BRB 滞回曲线的试验测量及预测结果对比如图 3.30 所示，图中“Exact”为试验测量值；“BPNN”为传统离线 BP 神经网络预测值；“ANN”为在线自适应神经网络预测值。由图 3.30 可以看出，在线自适应神经网络算法预测结果与试验结果吻合较好，而传统 BP 神经网络算法的预测结果与试验结果有较大偏差，说明在线自适应神经网络算法有较好的预测精度和自适应性。图 3.31 给出了两种神经网络算法恢复力预测值相对均方根误差对比。由图 3.31 可以看出，在线自适应神经网络算法误差在整体上明显小于

传统 BP 神经网络算法，在试验的第 3 000 步结束时，两者 RMSD 分别为 0.017 2 和 0.1159 4，相对于传统 BP 神经网络算法，在线自适应神经网络算法误差降低了 85.16%。

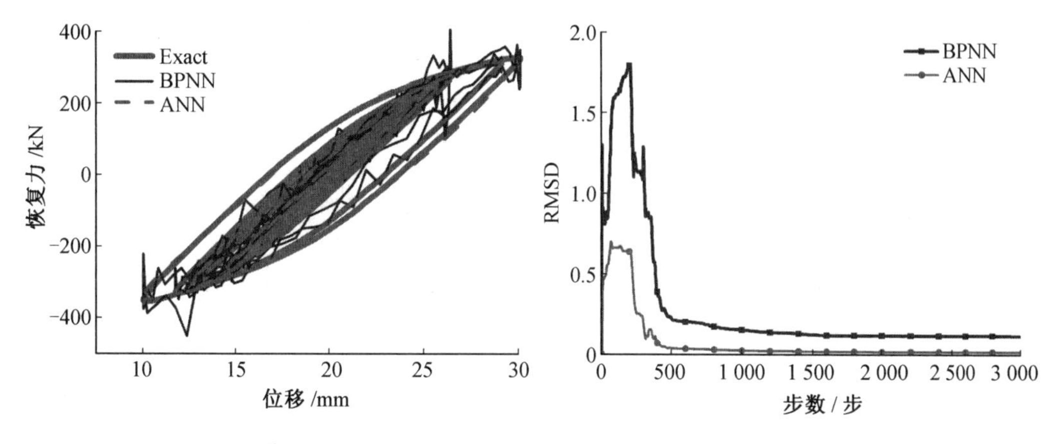

图 3.30　滞回曲线对比　　　　图 3.31　恢复力在线预测精度对比

在线自适应神经网络算法和传统 BP 神经网络算法在全部 3 000 步中的平均单步耗时为 0.20 s 和 0.43 s。相对传统 BP 神经网络算法，在线自适应神经网络算法的计算用时缩短了 53.48%，这主要有两方面的原因：一是传统 BP 神经网络算法在每一步上需要利用从开始到当前步的所有样本数据进行训练，而在线自适应神经网络算法仅采用了当前步的数据，这样大大缩减了运算负荷；二是在线自适应神经网络算法每次进行样本训练时权值与阈值都是在上一步的权值和阈值基础上进行调整的，具有递推性质，充分利用前一步的训练得到的有效信息，避免了网络重新开始训练的步骤，这样就显著减少了训练用时，从而提高了计算效率。

3.5　在线自适应神经网络算法鲁棒性分析

神经网络系统是一个非常复杂的算法结构，需要事先确定网络结构和诸多参数，包括输入变量及样本集的选择、隐含层的层数，以及节点个数设定、激活函数的选取等，这些因素都会直接或间接地影响自适应神经网络算法的性能。因此，对算法进行参数鲁棒性是非常必要的。下面仍以第 3.5 节中的两组 BRB 构件试验数据分别作为训练样本和预测模型，分析算法参数对预测精度的影响规律。

3.5.1　输入变量

神经网络输入变量选择对建立高精度的网络结构具有直接关系，从而会影响算法预测精度。输入变量选择越合理，越能体现模型非线性的特点。结构滞回特性具有较强的非线性，结构系统输入位移与输出恢复力并不是一一对应的映射关系。为了能够更好地抓住结构恢复力模型的滞回特性，目前已有三种输入变量形式，即三变量、五变量和八变量,见表 3.3。

三变量最为简单,分别为 u_k、$R_{k-1}u_{k-1}$ 和 $R_{k-1}\mathrm{sgn}(\Delta u_k)$,其中 u 为位移,R 为恢复力,k 表示当前步。五变量是在三变量的基础上增加了上一步的位移和恢复力 u_{k-1} 和 R_{k-1}。张健为了进一步刻画滞回环的强非线性,在五变量输入的基础上又加入了三个输入变量,即转折点处的位移 u_t、恢复力 R_t 及上一步的耗能 e_{k-1},其中,$e_{k-1}=(R_{k-1}+R_{k-2})(u_{k-1}-u_{k-2})/2$,从而最终形成了八变量输入形式。

下面分别采用三变量、五变量和八变量的输入变量,分析输入变量对在线自适应神经网络算法预测性能影响。三者均采用当前步以及之前所有步的试验加载数据作为训练样本。采用单层隐含层的拓扑结构,其中隐含层激活函数为 tansig 函数,输出为结构恢复力。三变量、五变量、八变量的条件下得到的第二组 BRB 构件恢复力预测值所对应的滞回曲线对比如图 3.32 所示。

由图 3.32 可以看出,采用三变量输入时的恢复力预测效果最差,其滞回曲线与试验真实值差别较大;而五变量和八变量输入时预测得到的滞回曲线与试验曲线基本吻合,恢复力预测精度有了很大提高。图 3.33 给出了恢复力预测值相对均方根误差对比。在计算到最终的第 3 000 步时,采用三变量输入时的恢复力预测均方根偏差 RMSD 达到了 0.202,在三者之中累积误差最大;采用五变量输入时的累积误差 RMSD 为 0.017 2,与三变量相比,精度提高约 91.48%;与五变量输入相比,八变量输入对滞回特性的描述更加细致,然而算法预测精度没有提高,反而下降。

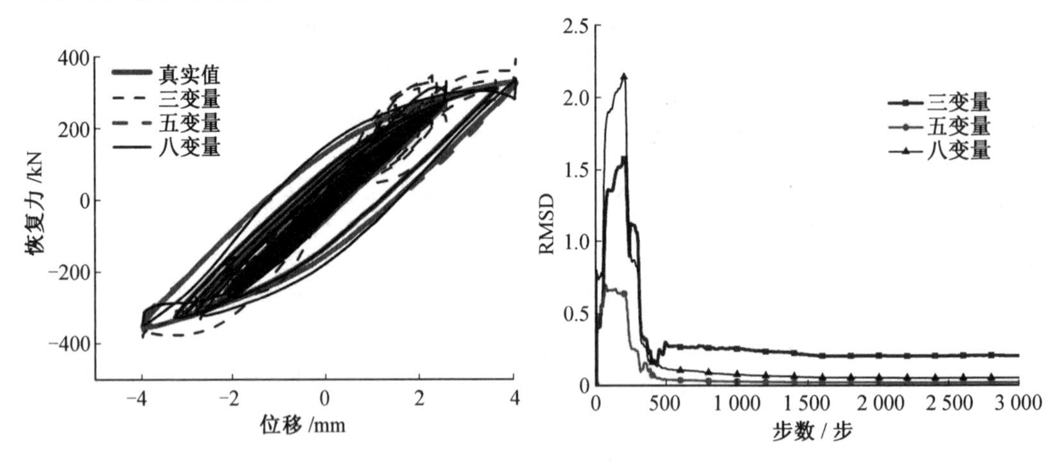

图 3.32 输入变量对滞回曲线预测影响　　图 3.33 不同输入变量下恢复力预测精度对比

采用三变量、五变量、八变量的三种算法的平均单步计算耗时分别为 0.31 s、0.14 s 和 0.21 s。可见,采用三变量与八变量的神经网络算法预测的耗时明显高于五变量算法耗时。三变量对滞回环的非线性特点描述不够充分,相对比较粗糙,导致神经网络系统很难建立三变量与输出层的精确映射关系,因此需要增加权值和阈值的训练迭代次数,计算耗时也会随之增大。同时,当采用输入变量过多时,网络结构变得复杂,矩阵运算的维度变大,也更容易造成数据冗余,增加了过学习的可能性,从而导致训练耗时增大。

由以上分析可以看出，输入变量过少会导致算法预测精度和计算效率降低；输入变量过多，算法预测精度会有明显提高，但同时会增加计算耗时。应用在线自适应神经网络算法进行 BRB 构件恢复力在线预测时，采用五变量在预测精度和计算效率上效果都相对更好。

3.5.2　训练样本

在混合试验中，由于试验加载是在线闭环进行的，神经网络预测与物理试验加载过程需要同时进行，因此要求在线预测不仅要有较好的鲁棒性，也要有较高的预测精度和计算效率。在确定了在线自适应神经网络算法输入变量后，还要确定在当前步进行训练时所采用的样本数量。训练样本数量将会对算法产生直接的影响，下面分别讨论四种样本选取方案，分析样本数量对算法预测效果的影响规律。所有算法的输入变量始终采用五变量，只是在学习阶段样本数量选取不同。

(1)情况 1：在第 k 步在线学习时，训练样本为从第 1 步到当前第 k 步的所有输入样本和观测数据，即$\{\boldsymbol{x}^1,\cdots,\boldsymbol{x}^k,\boldsymbol{y}^1,\cdots,\boldsymbol{y}^k\}$。

(2)情况 2：在第 k 步在线学习时，训练样本为第 $k-5$ 步到当前第 k 步的输入样本和观测数据，即$\{\boldsymbol{x}^{k-5},\cdots,\boldsymbol{x}^{k-1},\boldsymbol{x}^k,\boldsymbol{y}^{k-5},\cdots,\boldsymbol{y}^{k-1},\boldsymbol{y}^k\}$。

(3)情况 3：在第 k 步在线学习时，训练样本为第 $k-1$ 步到当前第 k 步的输入样本和观测数据，即$\{\boldsymbol{x}^{k-1},\boldsymbol{x}^k,\boldsymbol{y}^{k-1},\boldsymbol{y}^k\}$。

(4)情况 4：在第 k 步在线学习时，训练样本只选用当前第 k 步的输入样本和观测数据，即$\{\boldsymbol{x}^k,\boldsymbol{y}^k\}$。

以上四种情况在每一步中均基于第一组支撑试验数据来进行在线学习训练神经网络，然后利用每一步训练好的网络和第二组支撑试验加载位移在线预测第二组支撑恢复力。四种情况下在线自适应神经网络算法得到的滞回曲线对比如图 3.34 所示。由图3.34可以看出，随着训练样本数量的增加，算法预测得到的第二组支撑滞回曲线与试验真实值就越接近。情况 1 与情况 2 的预测结果与试验结果基本重合，而仅采用当前第 k 步样本的情况 5 预测结果与试验真实值偏差最大。

为了能更直观地看出四种情况预测效果的差异性，采用相对均方根误差 RMSD 定量评价恢复力预测精度。

由图 3.35 可以看出，在全部 3 000 步的整体预测中，从情况 1 到情况 4 的恢复力预测值相对均方根误差依次增加。情况 1 与情况 2 在第 3 000 步时的相对均方根误差分别为0.017 2与 0.038 2，预测精度较高；情况 3 和情况 4 在第 3 000 步时相对均方根误差分别为 0.106 9 与 0.439 1。可见，随着样本个数的减少，在线预测精度明显降低。

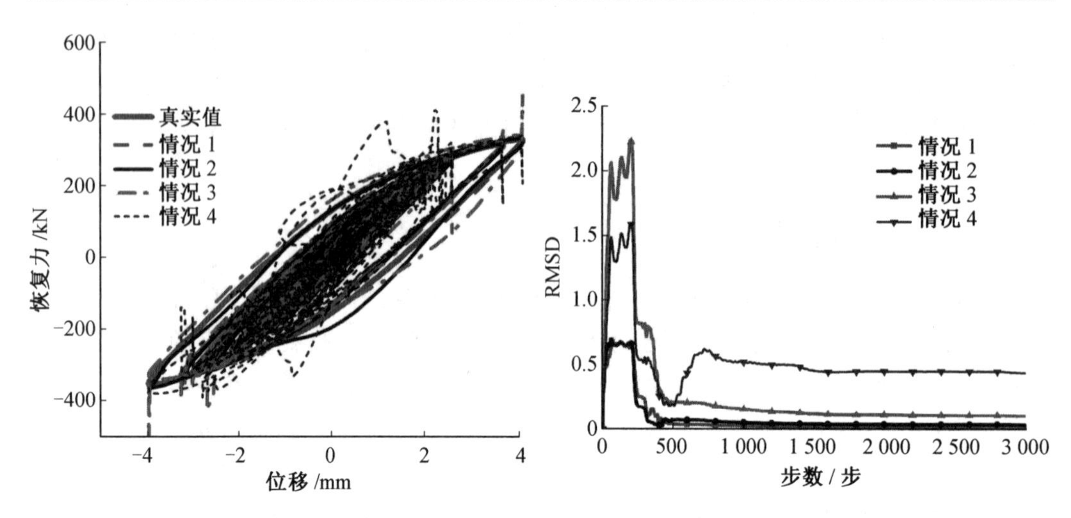

图 3.34　训练样本个数对滞回曲线预测的影响　　图 3.35　不同样本数量下恢复力预测精度对比

在计算耗时方面,四种情况单步计算耗时依次为 0.136 3 s、0.118 9 s、0.100 8 s和 0.066 s。可见,随着样本数量的增加,计算耗时会不断增加。情况 1 采用当前步以及之前所有步的试验加载数据,预测精度最高,但同时其计算耗时也最大。随着样本数据的不断增多,系统的计算负荷将迅速增大,计算效率会明显降低。因此,若综合考虑预测精度和计算效率,情况 2 是一种相对更合理的选择。

3.5.3　隐含层激活函数

当确定了输入变量和训练样本后,算法还需要进一步确定隐含层的层数和激活函数。本节在线自适应神经网络结构均采用单层隐含层。下面分别在隐含层中采用两种常见类型的激活函数,即双曲正切函数(tansig)和对数函数(logsig),分析隐含层激活函数类型对在线自适应神经网络算法计算耗时和预测精度的影响规律。其中,输入均采用 3.5.1 节中五变量输入,训练样本个数采用 3.5.2 节中的情况 1,输出层均采用线性激活函数(Purelin),未提的其他参数也均相同。

采用两种隐含层传递函数的在线算法预测得到的第二组支撑滞回曲线如图 3.36 所示,恢复力预测精神对比如图 3.37 所示。

由图 3.36 可看出,隐含层激活函数的类型对在线自适应神经网络算法的预测性能影响很敏感。采用对数型激活函数的神经网络预测的效果很差,而采用双曲正切型激活函数的神经网络算法预测得到的滞回曲线与试验真实值基本吻合,此时算法具有较好的预测精度。图 3.37 给出了不同隐含层激活函数下恢复力预测精度对比,可以清楚地看出双曲正切型激活函数的算法误差要明显小于对数型激活函数的算法误差,两者在第 3 000步时的相对均方根误差分别为 0.017 2 和 0.760 2。分析表明:在 BP 神经网络中,双曲正切型激活函数相比于对数型激活函数具有更强的输入与输出映射能力和更高的预测精度。

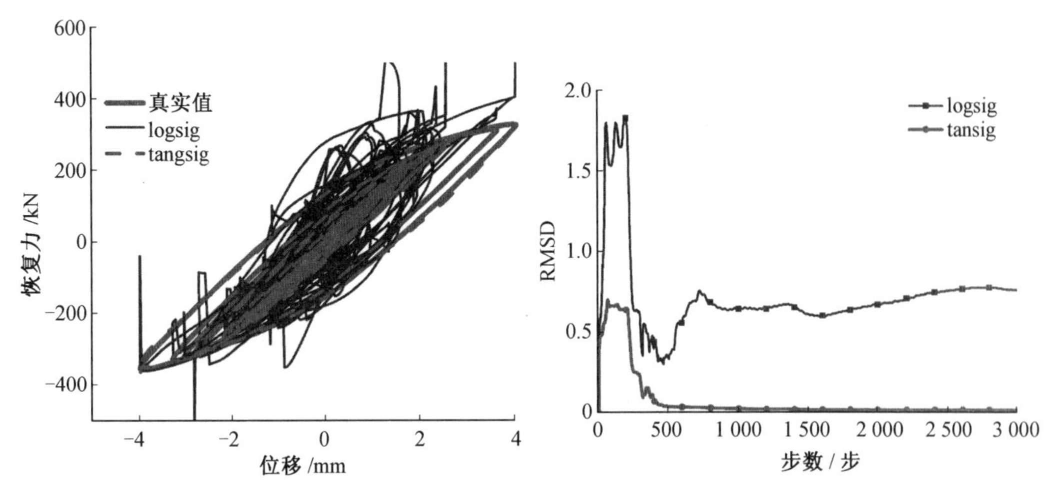

图 3.36　隐含层激活函数对滞回曲线预测的影响 图 3.37　不同隐含层激活函数下恢复力预测精度对比

3.6　在线自适应神经网络混合模拟方法

3.1 节提出了一种在线 BP 神经网络算法，该算法仅需利用当前步的系统输入和观测数据集对神经网络进行训练，并且每一步的权值 $\boldsymbol{W}^k$ 与阈值 $\boldsymbol{\theta}^k$ 都是基于前一步网络训练完后的权值 $\boldsymbol{W}^{k-1}$ 与阈值 $\boldsymbol{\theta}^{k-1}$ 进行训练的，使得权值与阈值计算具有递推形式。通过数值仿真表明在线 BP 神经网络算法预测效果优于离线 BP 神经网络算法。然而，由于混合试验是一种闭环实时性质的试验技术，受各种因素的影响，试验呈现一种动态性，但 BP 网络本身属于前馈静态型神经网络结构，用静态网络对动态系统预测具有一定的误差。3.4 节提出了一种在线自适应神经网络算法，通过防屈曲支撑试验数值模拟验证了该算法的预测性能高于在线 BP 神经网络算法。在线自适应神经网络通过增加连接层来记忆上一步隐含层输出的信息，对提高预测效果起到了关键作用。

本节针对两个自由度非线性结构进行模型更新混合试验数值模拟，分别采用在线 BP 神经网络算法与在线自适应神经网络算法对数值子结构恢复力进行预测，并对比预测的试验结果。

3.6.1　混合模拟方案

基于在线学习神经网络的混合试验方法主要思想是利用物理加载观测试验子结构恢复力，采用在线自适应神经网络预测数值子结构恢复力，混合试验示意图如图 3.38 所示。

首先，建立整体结构的运动方程，采用数值积分算法求解 k 步的试验子结构和数值子结构目标位移 $d_{\mathrm{E},k}^{\mathrm{c}}$、$d_{\mathrm{N},k}^{\mathrm{c}}$。然后，加载试验子结构至目标位移，观测试验子结构恢复力 $R_{\mathrm{E},k}^{\mathrm{m}}$（包含观测噪声 v_k），并反馈给数值积分算法。选择位移加载命令 $d_{\mathrm{E},k}^{\mathrm{c}}$ 与试验子结构恢复力 $R_{\mathrm{E},k}^{\mathrm{m}}$ 作为在线神经网络系统第 k 步的训练样本，利用 BP 算法在线训练，得到最优的权值 $\boldsymbol{W}^k$ 与阈值 $\boldsymbol{\theta}^k$。这样就可以利用训练好的神经网络取代数值子结构假定的恢复力

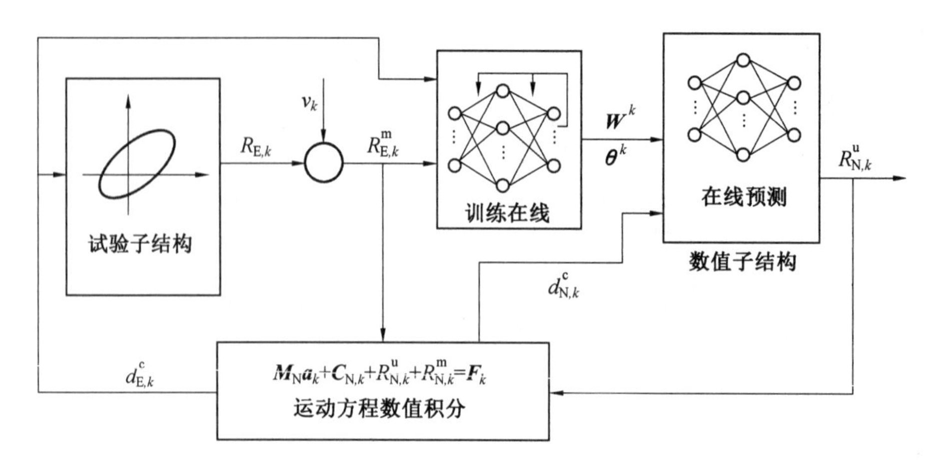

图 3.38　基于在线自适应神经网络的混合试验模拟示意图

模型。将数值子结构位移命令 $d^c_{N,k}$ 输入第 k 步的神经网络系统后，在线预测出 k 步数值子结构的恢复力 $R^u_{N,k}$，并将 $R^u_{N,k}$ 反馈给数值积分算法。这样就完成了第 k 步的混合试验，如此循环下去，直到地震动输入结束。

为了验证基于在线神经网络的混合试验方法的可行性，选择如图 3.39 所示的两个自由度非线性系统进行混合试验数值预测，具体的参数设置参照 3.3.1 节。在混合试验中，R_E 和 R_N 分别为试验和数值子结构恢复力。将第一自由度结构恢复力作为试验子结构，第二自由度结构恢复力作为数值子结构。假定试验子结构和数值子结构真实恢复力均采用 Bouc-Wen 模型。模型参数分别取 $\alpha=0.01$、$A=1$、$\beta=100$、$\gamma=40$、$n_1=1$。Bouc-Wen 模型通过输入位移命令 u 和速度命令 $\dot{u}$，输出结构恢复力 $R(u,\dot{u})$。

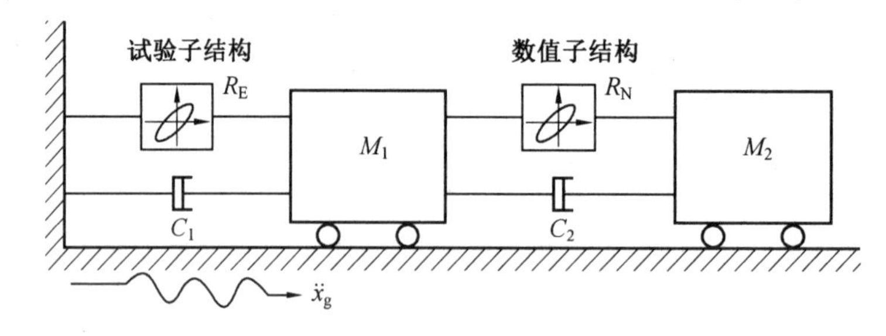

图 3.39　子结构模型示意图

本试验共进行了三种对比试验，分别如下：

(1)真实混合试验，采用“Exact”表示。分层建立运动方程，试验子结构与数值子结构采用模型参数真实值，其试验结果作为真实值。

(2)基于在线 BP 神经网络的混合试验，采用“Online－BP”表示。试验子结构采用模型参数真实值，采用在线 BP 神经网络预测数值子结构恢复力，其中，神经网络训练样本为当前步的试验子结构的输入和输出数据。

(3)基于在线自适应神经网络的混合试验，采用“Online－ANN”表示。试验子结构采用模型参数真实值，采用在线自适应神经网络预测数值子结构恢复力，其中神经网络训练样本为当前步的试验子结构的输入和输出数据。

3.6.2　神经网络结构设置及输入变量

由于 Bouc-Wen 模型具有较强的非线性关系，为了能够比较全面地模拟滞回模型，采用八变量作为神经网络的输入变量，分别为 u_k、$R_{k-1}u_{k-1}$、$R_{k-1}\mathrm{sgn}(\Delta u_k)$、$u_{k-1}$、$R_{k-1}$、$u_t$、$R_t$ 和 e_{k-1}。其中，下标 k 为试验加载步数；u_k 为结构层间位移；R_{k-1} 为结构恢复力；u_t 和 R_t 分别表示在滞回环转折点处的位移和恢复力；$e_{k-1}=(R_{k-1}+R_{k-2})(u_{k-1}-u_{k-2})/2$，$e_{k-1}$ 表示滞回系统第 $k-1$ 步的耗能；$\mathrm{sgn}(\Delta u_k)$ 为第 k 步位移增量的符号函数。神经网络结构设置与滞回曲线见表 3.4。神经网络结构示意图如图 3.40 所示。

神经网络结构		滞回曲线
输入层	u_k、$R_{k-1}u_{k-1}$、$R_{k-1}\mathrm{sgn}(\Delta u_k)$ · u_{k-1}、R_{k-1}、R_t、f_t、e_{k-1}	R；u；1：$u_k>0$，$R_{k-1}u_{k-1}>0$，$R_{k-1}\mathrm{sgn}(\Delta u_k)>0$；$(u_t, R_t)$；2：$u_k>0$，$R_{k-1}u_{k-1}>0$，$R_{k-1}\mathrm{sgn}(\Delta u_k)<0$；3：$u_k>0$，$R_{k-1}u_{k-1}<0$，$R_{k-1}\mathrm{sgn}(\Delta u_k)>0$；4：$(u_t, R_t)$，$u_k<0$，$R_{k-1}u_{k-1}>0$，$R_{k-1}\mathrm{sgn}(\Delta u_k)>0$；5：$R_{k-1}\mathrm{sgn}(\Delta u_k)<0$，$R_{k-1}u_{k-1}>0$，$u_k<0$；6：$u_k<0$，$R_{k-1}u_{k-1}<0$，$R_{k-1}\mathrm{sgn}(\Delta u_k)>0$
隐含层	两层隐含层，每层 15 个神经元节点	
输出层	一个神经元节点，即恢复力	

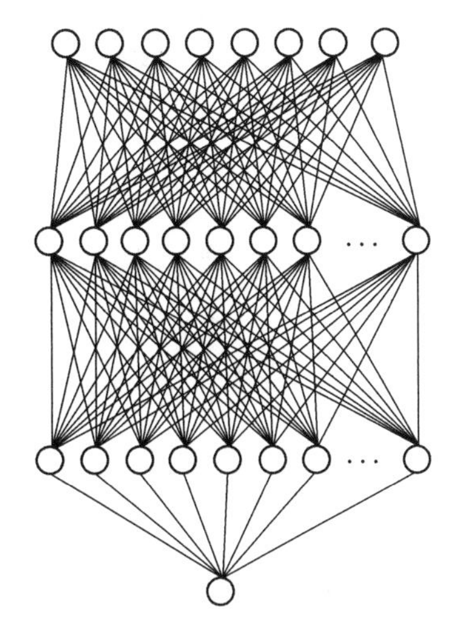

图 3.40　在线自适应神经网络结构示意图

神经网络采用具有两层隐含层的拓扑结构，每层隐含层具有 15 个神经元节点，首层激活函数采用双曲正切 S 型函数，二层激活函数采用对数 S 型函数。输出层具有一个变量，即结构的恢复力，激活函数采用线性函数。神经网络训练方法选用 LM－BP 算法。在线自适应神经网络拓扑结构都采用单层隐含层，隐含层节点个数选择为 20 个，激活函数采用双曲正切 S 型函数；输出层具有一个变量，即结构的恢复力，激活函数采用线性函数；神经网络训练迭代次数设定为 100 次，控制系数 μ 为 0.01，目标误差设为 10^{-7}。

3.6.3 结果分析

为了检验基于在线 BP 神经网络与在线自适应神经网络的混合试验预测效果，图 3.41～3.47 分别给出了三种类型试验的数值仿真结果对比。图中“Exact”表示试验真实值；“Online－BP”表示基于在线 BP 神经网络的混合试验结果；“Online－ANN”表示基于在线自适应神经网络的混合试验结果。

图 3.41 和图 3.42 分别为试验子结构和数值子结构位移时程反应，可以看出采用在线 BP 神经网络得到的位移分别大约在 7 s 和 12 s 后开始出现整体偏移，并且随着时间逐渐增大，而采用在线自适应神经网络得到的位移与真实混合试验结构位移反应吻合较好。

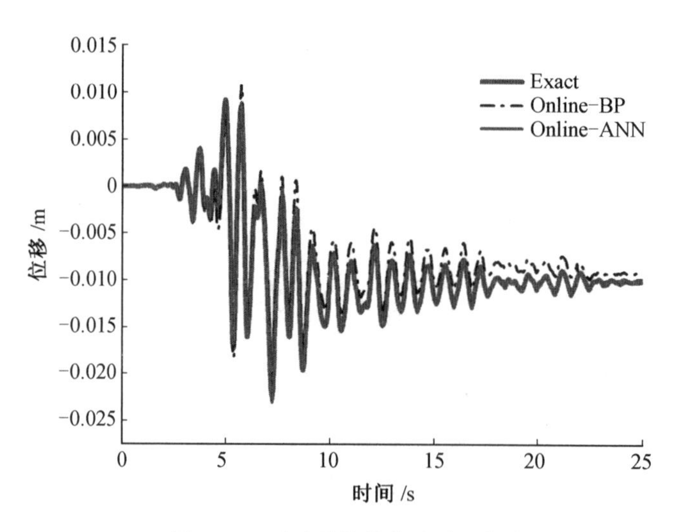

图 3.41　试验子结构位移时程曲线

图 3.43 和图 3.44 分别给出了试验子结构和数值子结构恢复力时程反应，可以看出采用在线 BP 神经网络与在线自适应神经网络预测的恢复力整体上与真实结构恢复力吻合，但在线 BP 神经网络预测的恢复力在地震动峰值附近偏差较大，误差最大约为 2 000 kN。

图 3.45 和图 3.46 分别给出了试验子结构和数值子结构的滞回曲线，可以看出采用在线 BP 神经网络的试验结果与真实反应存在很大偏差，采用在线自适应神经网络的试

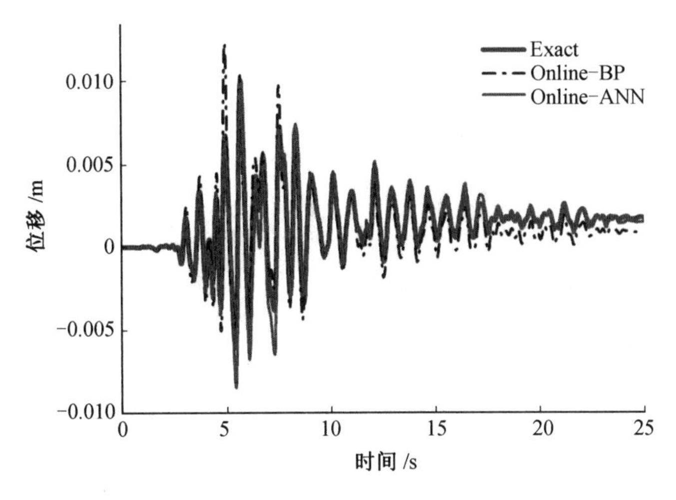

图 3.42 数值子结构位移时程曲线

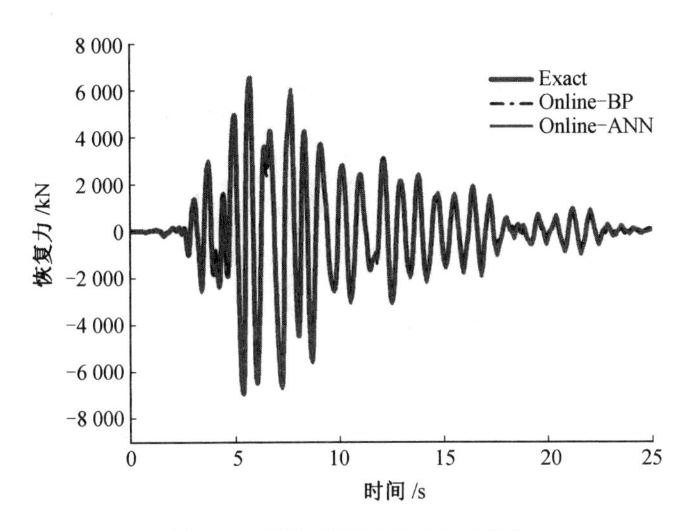

图 3.43 试验子结构恢复力时程曲线

验结果有了很大改善,这说明在BP神经网络结构基础上增加了连接反馈层后,预测的效果有了很大改进。试验结果表明:与基于在线BP神经网络算法的混合试验相比,采用在线自适应神经网络算法的混合试验数值子结构恢复力误差明显减小,提高了混合试验精度。

为了验证在线神经网络算法的计算效率,同时记录下基于在线BP和在线自适应神经网络算法的混合试验数值仿真用时,分别为255.473s和475.349s。相对于在线BP神经网络算法,在线自适应神经网络算法计算用时增加了86.1%。分析原因可知:①采用在线自适应神经网络算法,目标误差定义的标准过高,导致训练时间增大;②本身自适应神经网络结构与算法比BP神经网络要复杂得多,导致了训练的计算耗时增加;③自适应

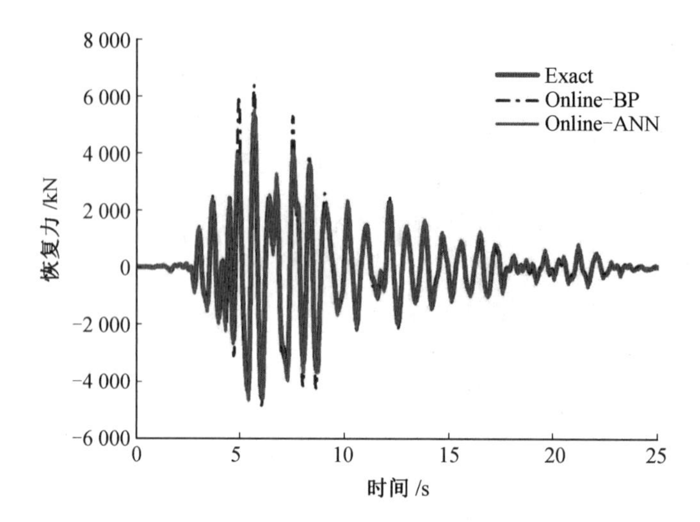

图 3.44　数值子结构恢复力时程曲线

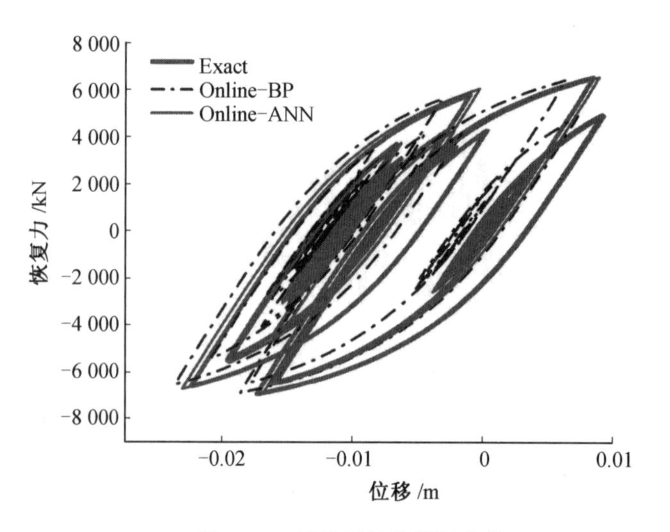

图 3.45　试验子结构滞回曲线

神经网络的训练迭代次数是 BP 神经网络的两倍，同样导致了计算耗时的增加。在线自适应神经网络算法虽然用时较长，但对于结构混合试验可以满足积分时间的要求。

另外，为了定量分析试验预测精度，文中选用量纲为一的误差指标：相对均方根误差(The Root Mean Square Deviation，RMSD)，数学表达式为

$$\mathrm{RMSD}_k = \sqrt{\sum_{k=1}^{N} (F_k - F_k^{\mathrm{true}})^2 / \sum_{k=1}^{N} (F_k^{\mathrm{true}})^2} \tag{3.19}$$

式中，F_k^{true} 为真实混合试验数据；F_k 为预测的输出数据；k 为试验步数。

从均方根误差定义来看，表达式根号内分子为从初始时刻到当前时刻之间时间段内所有离散时间上的误差平方和，反映了当前及其之前所有时刻误差的累积值。

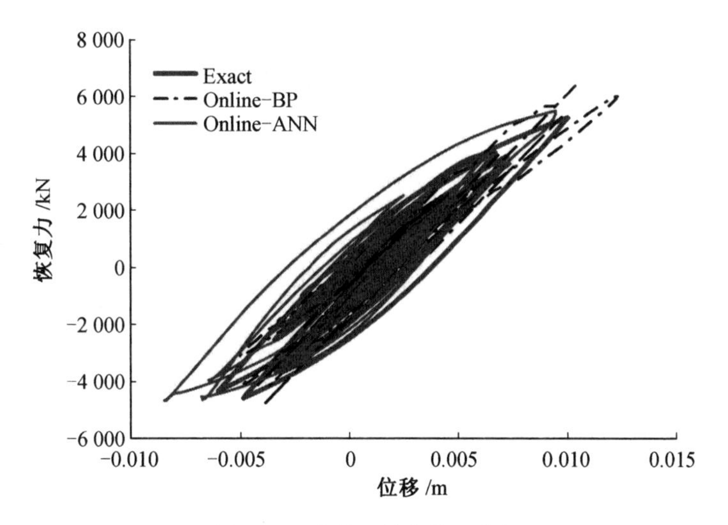

图 3.46　数值子结构滞回曲线

由于神经网络结构参数中权值与阈值的初始值是系统在较小范围内随机给定的，考虑到每次仿真结果的差异性，通过训练 20 次后求取平均值作为预测结果。图 3.47 给出了在线 BP 与在线自适应神经网络算法的数值子结构恢复力预测精度对比。

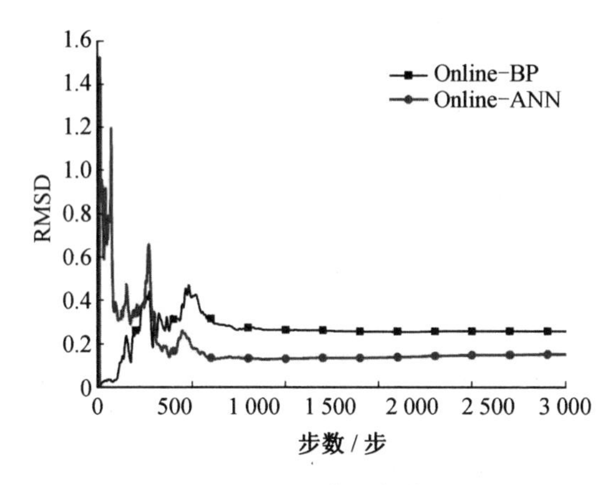

图 3.47　Online－BP 与 Online－ANN 算法数值子结构恢复力预测精度对比

由图 3.47 可以看出，在线自适应神经网络算法全局误差明显小于在线 BP 神经网络算法。在线自适应神经网络算法与在线 BP 神经网络算法相对均方根误差分别为 0.152 158和 0.258 61。结果表明：在学习同等数量的样本条件下，在线自适应神经网络算法的预测精度优于在线 BP 神经网络算法。

3.7 在线泛化神经网络算法

3.7.1 在线泛化神经网络算法概述

在线泛化神经网络算法有两种:第一种为在所获得的所有组数据中,测试集为选取的一组数据,训练集为其他的所有组数据,采用 Elman 神经网络算法对训练集进行在线训练,并对测试集进行预测,此方法为不接续训练的方法;第二种为每次只在线训练一组数据,在当前组数据训练完成后保留 tr 变量,并将这一变量传递到下一组训练中,使得在接下来的训练中,下一组数据可以在当前组数据训练后得到的 tr 变量的基础上进一步在线训练网络,依此类推,直至所有的训练集输入完毕,最后对测试集进行预测,此方法为接续训练的方法。采用这种接续的训练方式既可以使得通过训练神经网络算法获得的权值和阈值具有承袭性,又可以在训练时不用事先要求训练集中数据为确定的组数,算法更具有灵活性。接续训练方式下的在线泛化神经网络算法的流程图如图 3.48 所示。

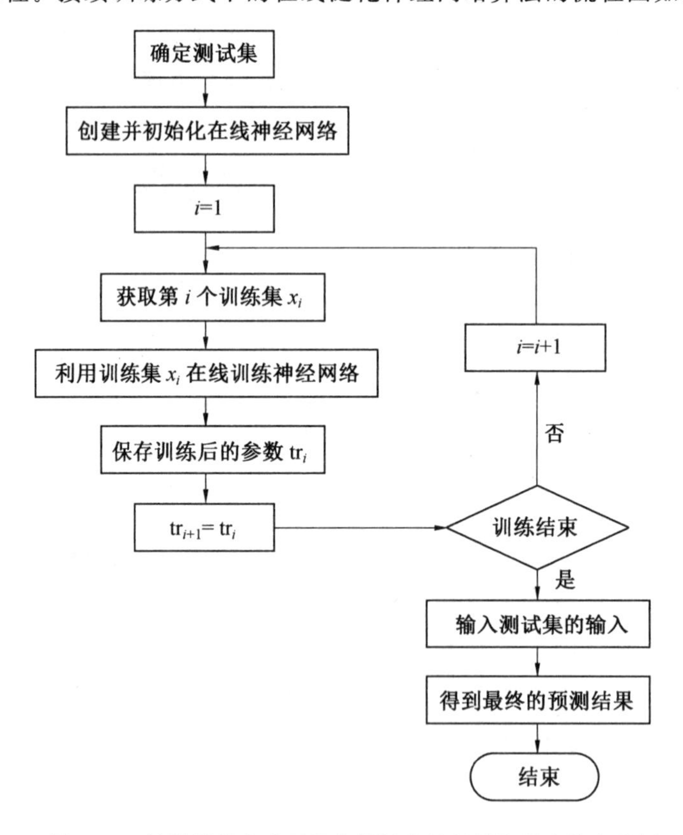

图 3.48 接续训练方式下的在线泛化神经网络算法的流程图

3.7.2　在线泛化神经网络算法 RC 柱恢复力预测方法

1. 方法原理

本节所提出的在线泛化神经网络算法是在离线 BP 神经网络算法的基础上，采用多组不同参数下的训练样本进行网络学习，从而实现网络算法对不同结构参数恢复力的预测能力。含有两个隐含层的在线泛化神经网络算法拓扑结构示意图如图 3.49 所示。

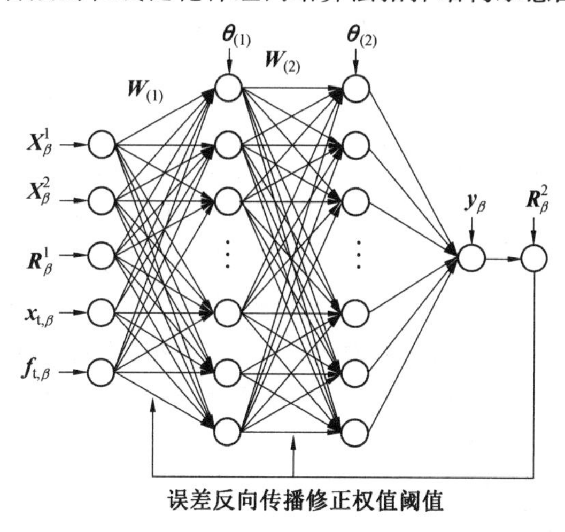

图 3.49　含有两个隐含层的在线泛化神经网络算法拓扑结构示意图

$\boldsymbol{W}_{(1)}$、$\boldsymbol{W}_{(2)}$ 分别为第一、二隐含层的权值；$\boldsymbol{\theta}_{(1)}$、$\boldsymbol{\theta}_{(2)}$ 分别为第一、二隐含层的阈值；$\boldsymbol{y}_\beta$ 为系统期望输出；$\boldsymbol{R}_\beta^2$ 为系统观测值。

采用五变量作为网络输入变量，即 $\boldsymbol{X}_\beta^1$、$\boldsymbol{X}_\beta^2$、$\boldsymbol{R}_\beta^1$、$\boldsymbol{x}_{\mathrm{t},\beta}$ 和 $\boldsymbol{f}_{\mathrm{t},\beta}$，分别表示所有当前步位移、下一步位移、当前步恢复力、滞回曲线转折点位移和滞回曲线转折点恢复力。其中，下标 β 代表一个或多个不同的结构参数，分别为长细比 l_0/b、纵向钢筋配筋率 ρ、箍筋约束混凝土强度增强系数 K 和轴压比 λ，其中 K 反映了体积配箍率影响。本章分别考虑了单参数变化、配筋形式不同时引起 ρ 与 K 双参数变化及截面尺寸不同引起 l_0/b、ρ、K 和 λ 四参数变化的三种情况，分别对神经网络进行训练和恢复力预测，以验证神经网络算法预测精度和泛化性能。输入样本的构成为

$$\begin{bmatrix} \boldsymbol{X}_\beta^1 \\ \boldsymbol{X}_\beta^2 \\ \boldsymbol{R}_\beta^2 \\ \boldsymbol{x}_{\mathrm{t},\beta} \\ \boldsymbol{f}_{\mathrm{t},\beta} \end{bmatrix} = \begin{bmatrix} \boldsymbol{X}_{\beta,1}^1 & \boldsymbol{X}_{\beta,2}^1 & \cdots & \boldsymbol{X}_{\beta,i}^1 & \cdots & \boldsymbol{X}_{\beta,n}^1 \\ \boldsymbol{X}_{\beta,1}^2 & \boldsymbol{X}_{\beta,2}^2 & \cdots & \boldsymbol{X}_{\beta,i}^2 & \cdots & \boldsymbol{X}_{\beta,n}^2 \\ \boldsymbol{R}_{\beta,1}^1 & \boldsymbol{R}_{\beta,2}^1 & \cdots & \boldsymbol{R}_{\beta,i}^1 & \cdots & \boldsymbol{R}_{\beta,n}^1 \\ \boldsymbol{x}_{\mathrm{t},\beta,1} & \boldsymbol{x}_{\mathrm{t},\beta,2} & \cdots & \boldsymbol{x}_{\mathrm{t},\beta,i} & \cdots & \boldsymbol{x}_{\mathrm{t},\beta,n} \\ \boldsymbol{f}_{\mathrm{t},\beta,1} & \boldsymbol{f}_{\mathrm{t},\beta,2} & \cdots & \boldsymbol{f}_{\mathrm{t},\beta,i} & \cdots & \boldsymbol{f}_{\mathrm{t},\beta,n} \end{bmatrix} \tag{3.20}$$

式中，$\boldsymbol{X}_{\beta,i}^1$ 为第 i 训练批次下的当前步位移向量；$\boldsymbol{X}_{\beta,i}^2$ 为第 i 训练批次下的下一步位移向量；$\boldsymbol{R}_{\beta,i}^1$ 为第 i 训练批次下的当前步恢复力向量；$\boldsymbol{x}_{\mathrm{t},\beta}$ 为第 i 训练批次下的滞回曲线转折点

处当前的位移向量；$\boldsymbol{f}_{t,\beta}$为第 i 训练批次下的滞回曲线转折点处当前的恢复力向量，当滞回曲线中的某一步不存在转折点时，此时 $\boldsymbol{x}_{t,\beta}$和 $\boldsymbol{f}_{t,\beta}$中的对应元素取值为零；n 为训练样本的批次数。

式(3.20)中等式右侧的第 i 列可以展开成如下形式：

$$\begin{bmatrix} \boldsymbol{X}_{\beta,i}^{1} \\ \boldsymbol{X}_{\beta,i}^{2} \\ \boldsymbol{R}_{\beta,i}^{2} \\ \boldsymbol{x}_{t,\beta,i} \\ \boldsymbol{f}_{t,\beta,i} \end{bmatrix} = \begin{bmatrix} x_{\beta,i,1}^{1} & x_{\beta,i,2}^{1} & \cdots & x_{\beta,i,j}^{1} & \cdots & x_{\beta,i,m}^{1} \\ x_{\beta,i,1}^{2} & x_{\beta,i,2}^{2} & \cdots & x_{\beta,i,j}^{2} & \cdots & x_{\beta,i,m}^{2} \\ R_{\beta,i,1}^{1} & R_{\beta,i,2}^{1} & \cdots & R_{\beta,i,j}^{1} & \cdots & R_{\beta,i,m}^{1} \\ x_{t,\beta,i,1} & x_{t,\beta,i,2} & \cdots & x_{t,\beta,i,j} & \cdots & x_{t,\beta,i,m} \\ f_{t,\beta,i,1} & f_{t,\beta,i,2} & \cdots & f_{t,\beta,i,j} & \cdots & f_{t,\beta,i,m} \end{bmatrix} \tag{3.21}$$

式中，$x_{\beta,i,j}^{1}$为第 i 训练批次下的第 j 步位移；$x_{\beta,i,j}^{2}$为第 i 训练批次下的第 $j+1$ 步位移；$R_{\beta,i,j}^{1}$为第 i 训练批次下的第 j 步恢复力；$x_{t,\beta,i,j}$为第 i 训练批次下的第 j 步滞回曲线转折点处位移；$f_{t,\beta,i,j}$为第 i 训练批次下的第 j 步滞回曲线转折点恢复力；m 为第 i 训练批次下样本个数，本章所有训练批次下样本个数均相同。

将所有训练批次下训练样本全部输入 BP 神经网络，进行一次性训练。该方法扩展了神经网络输入变量的选取范围，使算法能够预测同一构件不同结构参数下的恢复力，从而提高了神经网络算法的泛化能力。

2. 数值模拟

(1)选取对象概况。

本节以 2011 年钢筋混凝土整体框架拟静力倒塌试验盲测竞赛的中柱 C 作为研究对象。柱子的尺寸及配筋形式示意图如图 3.50 所示。柱子所采用的材料基本参数见表 3.5。采用 OpenSees 软件对中柱 C 进行建模，按照试验加载规则分别得到不同结构参数下柱子相应的位移和恢复力。

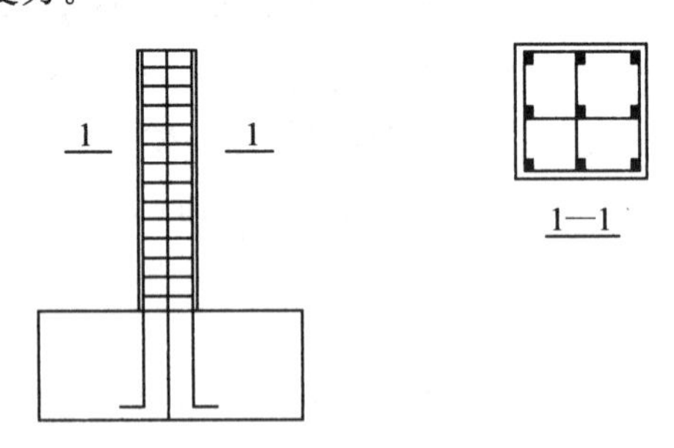

图 3.50　构件尺寸及配筋形式示意图

(2)模拟结果。

利用柱子有限元模拟结果数据，对 BP 神经网络进行离线训练。神经网络拓扑结构包含两个隐含层，每层各含有 15 个神经元，第一层的激活函数采用双曲正切函数 tansig，第二层的激活函数采用双曲对数函数 logsig。设置一个输出层，输出变量为下一步的恢复力，其中输出层的激活函数采用纯线性函数 Purelin。神经网络训练方法选用 LM−BP

算法，神经网络的训练参数为目标函数采用均方差，最大训练步数为50步，目标误差为10^{-4}。

表3.5　柱材料基本参数

材料名称	材料等级	材料实测强度/MPa
混凝土	C30	30.1
纵向钢筋	HRB335	582(ϕ8)/481(ϕ10) 441(ϕ6)/390(ϕ4)
箍筋	HPB235	441(ϕ6)

采用均方根误差指标评价柱子恢复力预测精度，计算公式为

$$\mathrm{RMSD}_k=\sqrt{\frac{\sum_{j=1}^{k}(R_{\beta,k}^2-y_{\beta,k})^2}{\sum_{j=1}^{k}(R_{\beta,k}^2)^2}}\quad(k=1,2,\cdots,m)\tag{3.22}$$

式中，RMSD_k为第k步的预测恢复力均方根误差；$R_{\beta,k}^2$为第k步的柱恢复力观测值；$y_{\beta,k}$为第k步柱恢复力预测值。

①不同长细比情况下预测。

为了验证不同长细比l_0/b时的恢复力预测精度，将长细比l_0/b为9.6、12、15、18、24时的柱位移和恢复力数据构成神经网络五变量输入变量，分别预测长细比l_0/b为9、9.6、15、21、27的恢复力，滞回曲线及均方根误差如图3.51所示。

由图3.51(a)～(e)可以看出，所提出的神经网络算法在预测不同长细比下RC柱恢复力时，滞回曲线均具有较高的拟合程度。由图3.51(f)可知，1 000步以后均方根误差取值范围为0.01～0.05，误差较小。在1 000步以后的各均方根误差中，预测结果收敛时均方根误差的最大值与最小值的相对误差为147.56%，说明预测结果具有一定的精度。对于不同的长细比，所提出的神经网络算法在预测长细比参数下的恢复力时体现出良好的泛化性能。

②不同纵筋配筋率情况下预测。

考虑不同ρ时的恢复力情况，将ρ=0.423 9%、ρ=0.518 1%、ρ=0.675 1%、ρ=0.753 6%、ρ=0.894 9%时的五变量作为神经网络算法的训练数据，分别预测ρ=0.376 8%、ρ=0.423 9%、ρ=0.533 8%、ρ=0.675 1%、ρ=1.177 5%的恢复力，所得滞回曲线及均方根误差如图3.52所示.

由图3.52(a)～(e)可以看出，所提出的神经网络算法在预测不同纵筋配筋率下RC柱恢复力时，滞回曲线均具有较高的拟合程度。由图3.52(f)可知，1 000步以后均方根误差取值范围为0.006～0.016，误差较小。在1 000步以后的各均方根误差中，预测结果收敛时均方根误差的最大值与最小值的相对误差为79.53%，说明预测结果具有一定

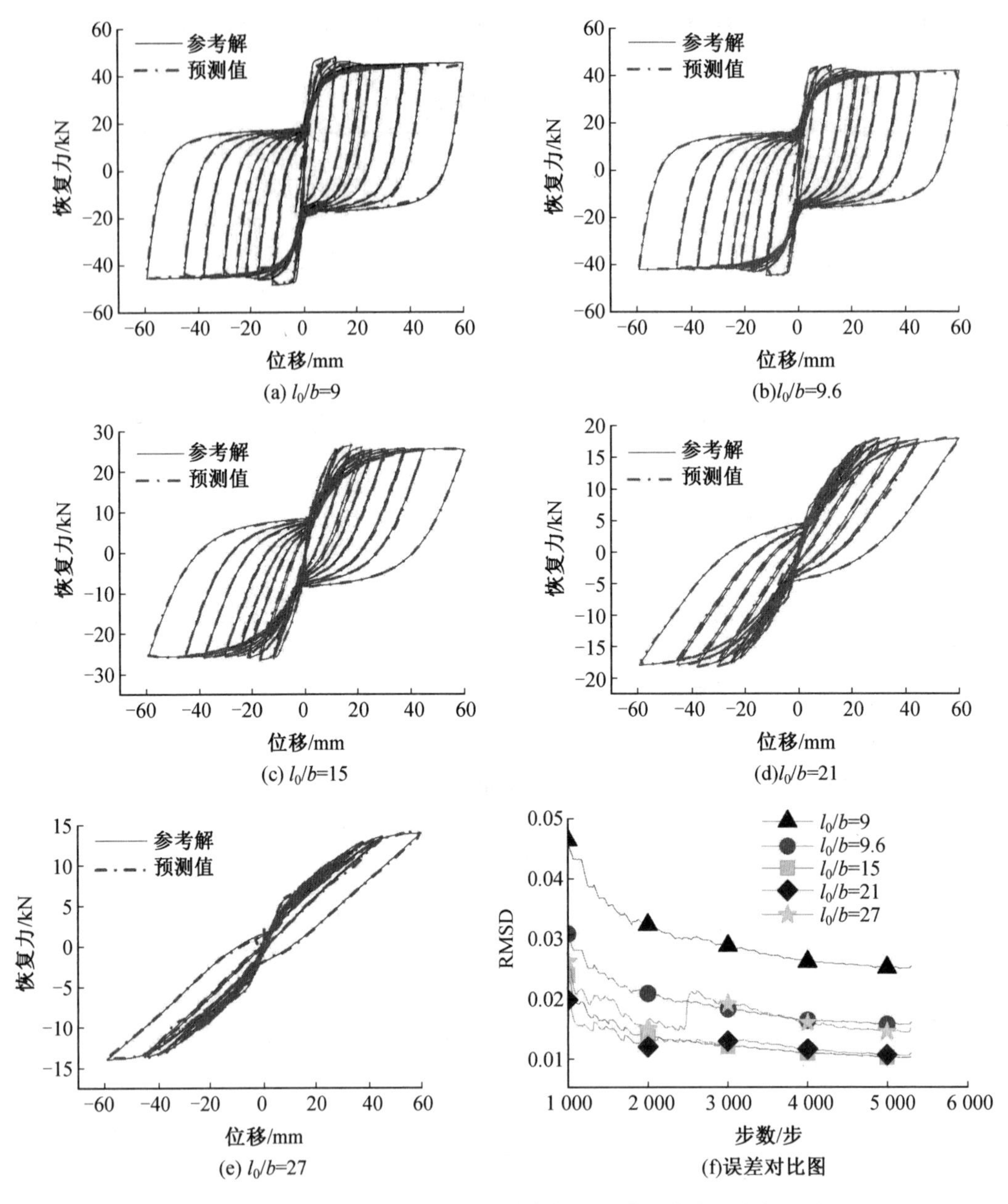

图 3.51　考虑不同长细比 l_0/b 时预测数据所得滞回曲线及均方根误差

的精度。对于不同的纵筋配筋率，神经网络预测纵筋配筋率参数下的恢复力时体现出良好的泛化性能。

③不同体积配箍率情况下预测。

考虑不同 K 时的恢复力情况，将 $K=1.3$、$K=1.4$、$K=1.6$、$K=1.7$、$K=1.8$ 时的五变量作为神经网络算法的训练数据，分别预测 $K=1.2$、$K=1.3$、$K=1.5$、$K=1.7$、$K=$

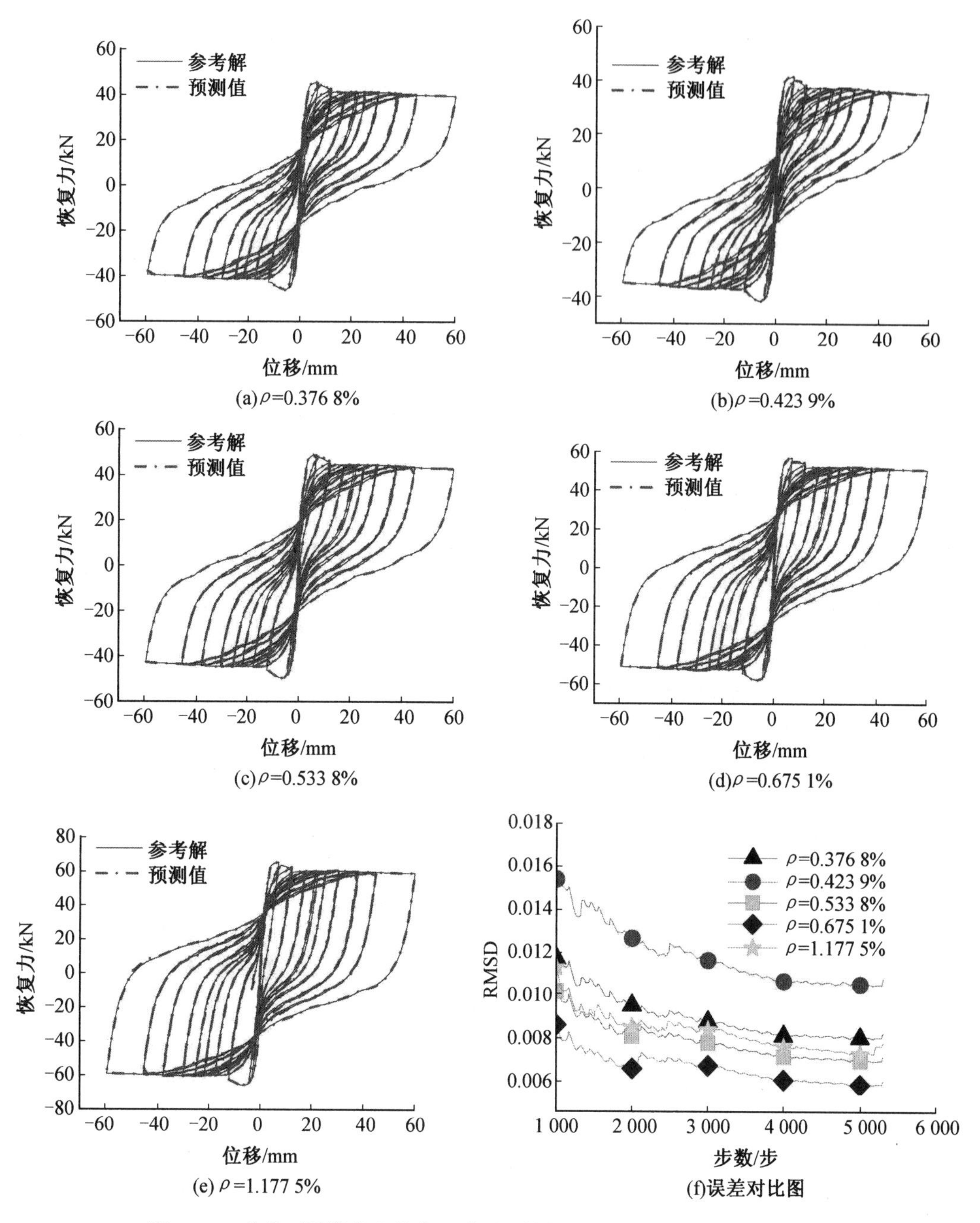

图 3.52 考虑不同纵筋配筋率 ρ 时预测数据所得滞回曲线及均方根误差

1.9的恢复力，所得滞回曲线及均方根误差如图 3.53 所示。

由图 3.53(a)～(e)可以看出，所提出的神经网络算法在预测不同体积配箍率下 RC 柱恢复力时，滞回曲线均具有较高的拟合程度。由图 3.53(f)可知，1 000 步以后均方根误差取值范围为 0.012～0.018，误差较小。在 1 000 步以后的各均方根误差中，预测结

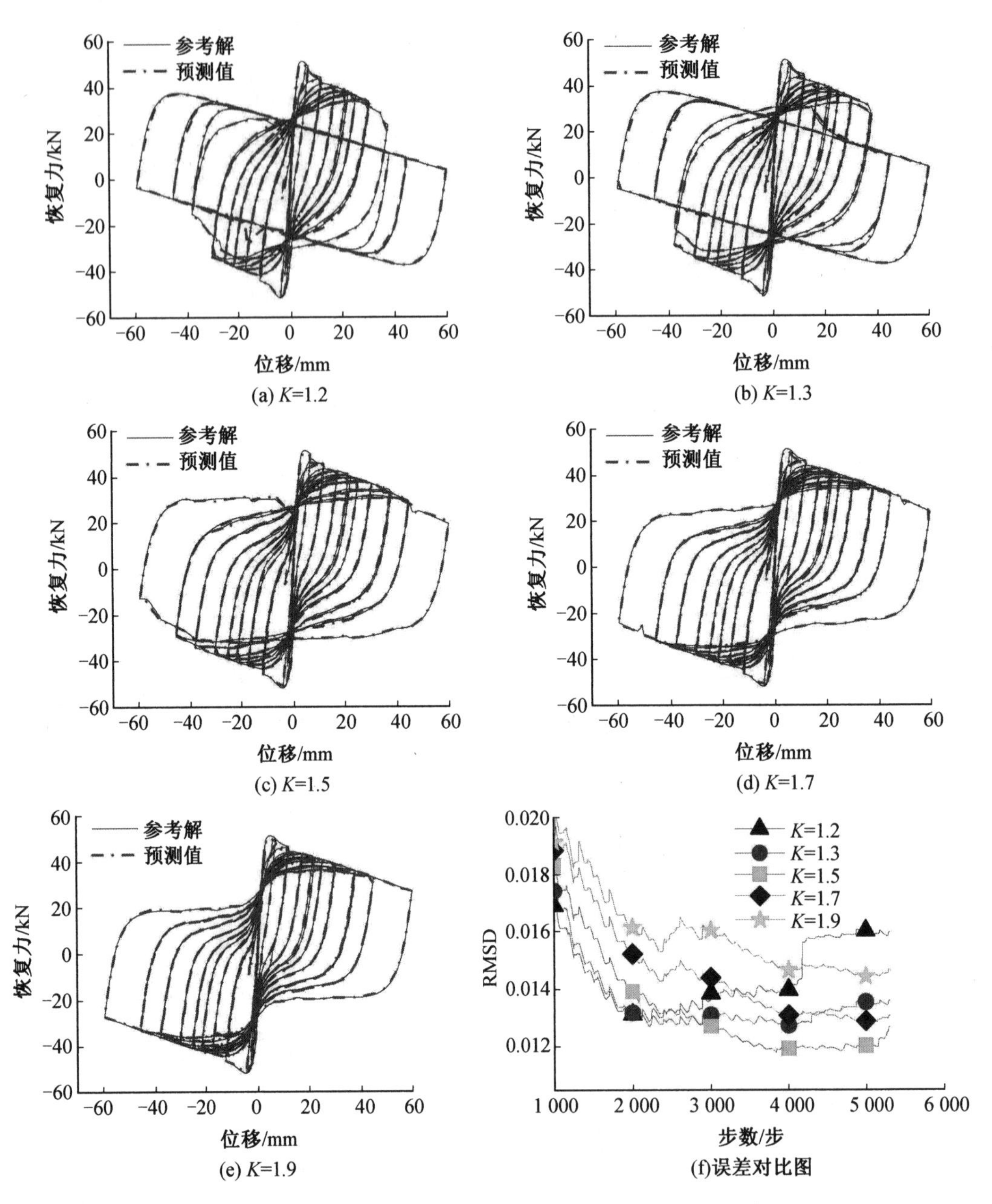

图 3.53　考虑不同体积配箍率 K 时预测数据所得滞回曲线及均方根误差

果收敛时均方根误差的最大值与最小值的相对误差为 26.15%，说明预测结果具有一定的精度。对于不同的体积配箍率，神经网络预测不同体积配箍率参数下的恢复力时体现出良好的泛化性能。

④不同轴压比情况下预测。

考虑不同 λ 时的恢复力情况，将 $\lambda=0.02$、$\lambda=0.03$、$\lambda=0.06$、$\lambda=0.07$ 时的五变量作

为神经网络算法的训练数据，分别预测 $\lambda=0.01$、$\lambda=0.02$、$\lambda=0.05$、$\lambda=0.06$、$\lambda=0.08$ 的恢复力，所得滞回曲线及均方根误差如图 3.54 所示。

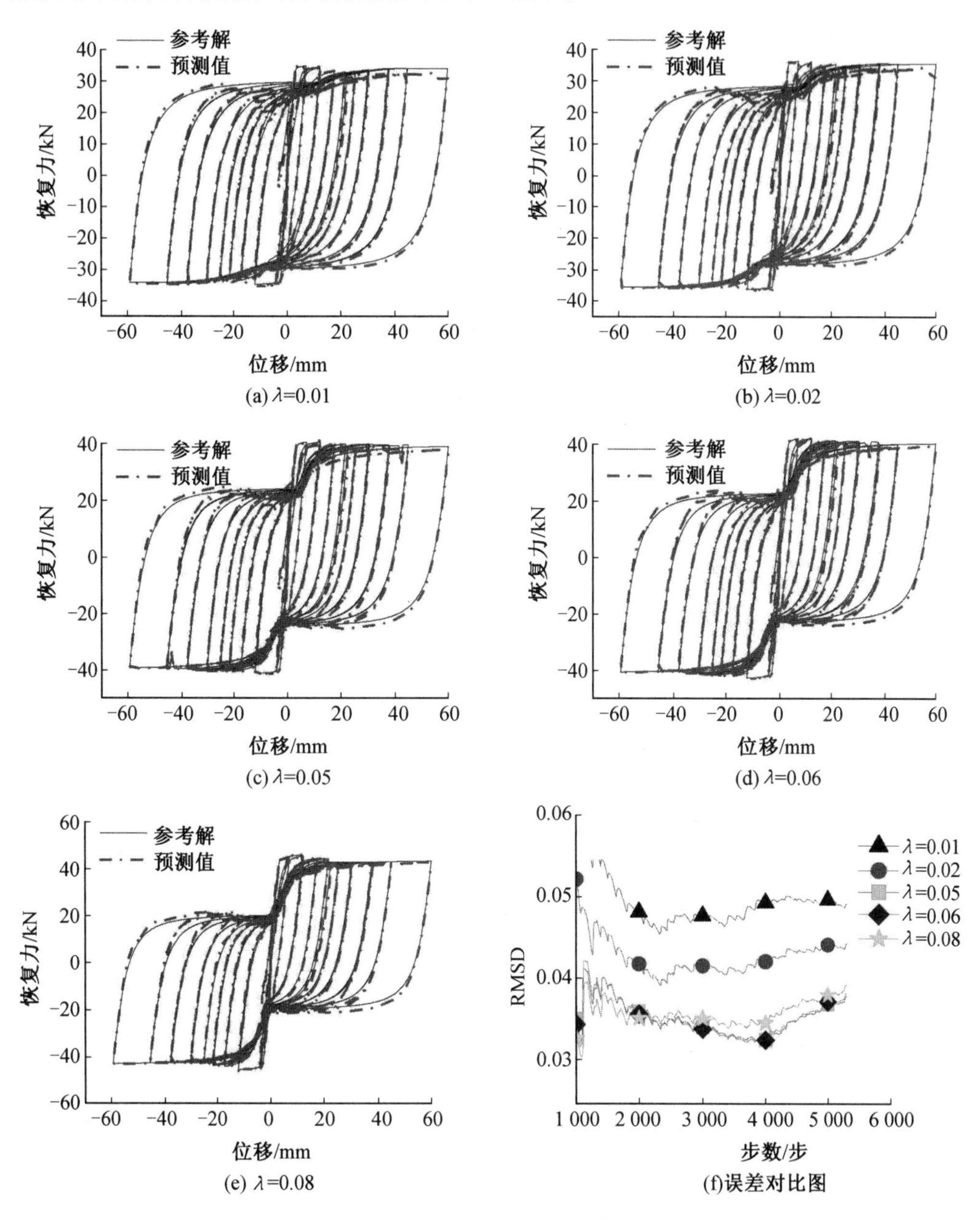

图 3.54 考虑不同轴压比 λ 时预测数据所得滞回曲线及均方根误差

由图 3.54(a)～(e)可以看出，所提出的神经网络算法在预测不同轴压比下 RC 柱恢复力时，滞回曲线均具有较高的拟合程度。由图 3.54(f)可知，1 000 步以后均方根误差取值范围为 0.03～0.06，误差较小。在 1 000 步以后的各均方根误差中，$\lambda=0.01$ 时神经网络所预测出的恢复力误差始终最大，均方根误差最终收敛时的最小值出现在 $\lambda=0.05$ 时。预测结果收敛时均方根误差的最大值与最小值的相对误差为 30.02%，说明预测结果具有一定的精度。不同轴压比时恢复力的预测效果较好。对于不同轴压比，神经网络预测该参数下的恢复力的泛化性能良好。

⑤同时考虑不同纵筋配筋率和不同体积配箍率双参数情况下预测。

考虑不同配筋形式时的恢复力情况，即同时考虑不同纵筋配筋率和不同体积配箍率的情况，将 $\rho=0.6280\%$、$K=1.3$，$\rho=0.7850\%$、$K=1.75$，$\rho=1.0048\%$、$K=2.05$，$\rho=1.0676\%$、$K=1.9$，$\rho=1.2874\%$、$K=2.2$ 时的五变量作为神经网络算法的训练数据，分别预测 $\rho=0.5652\%$、$K=1.6$，$\rho=0.7850\%$、$K=1.75$，$\rho=0.9106\%$、$K=1.42$，$\rho=1.2874\%$、$K=2.2$，$\rho=1.5700\%$、$K=2.35$ 的恢复力。所得滞回曲线及均方根误差如图 3.55 所示。

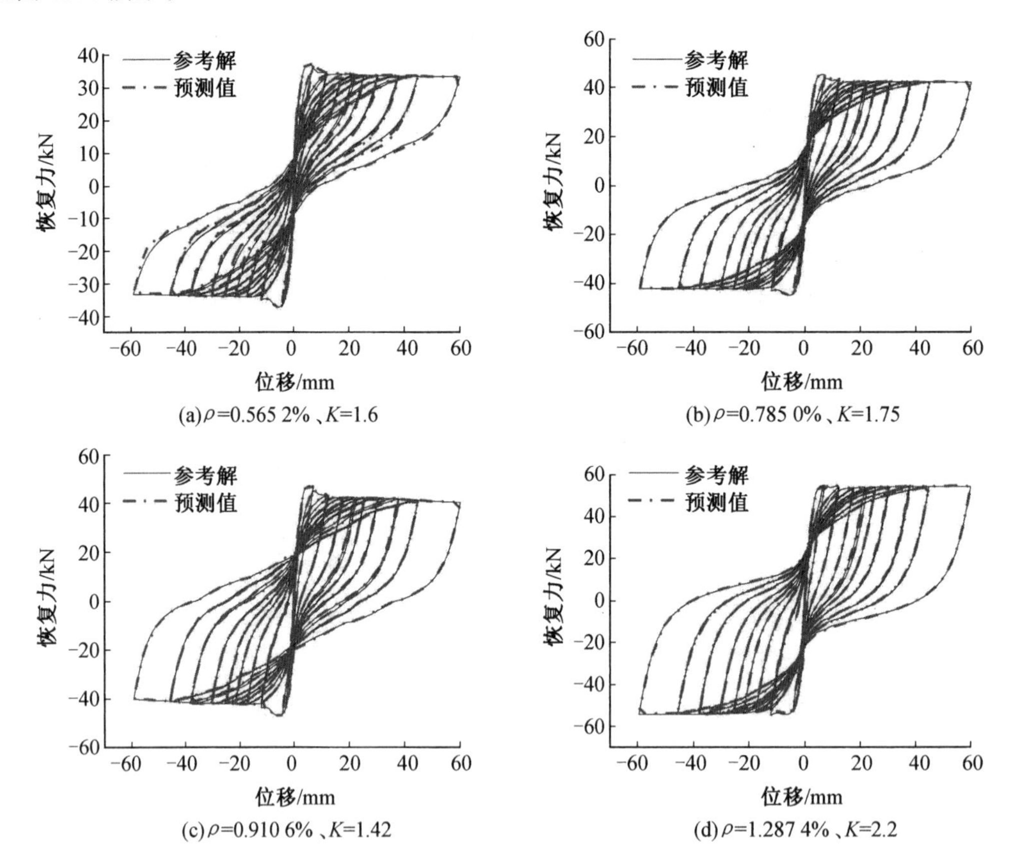

图 3.55　考虑不同配筋形式时预测数据所得滞回曲线及均方根误差

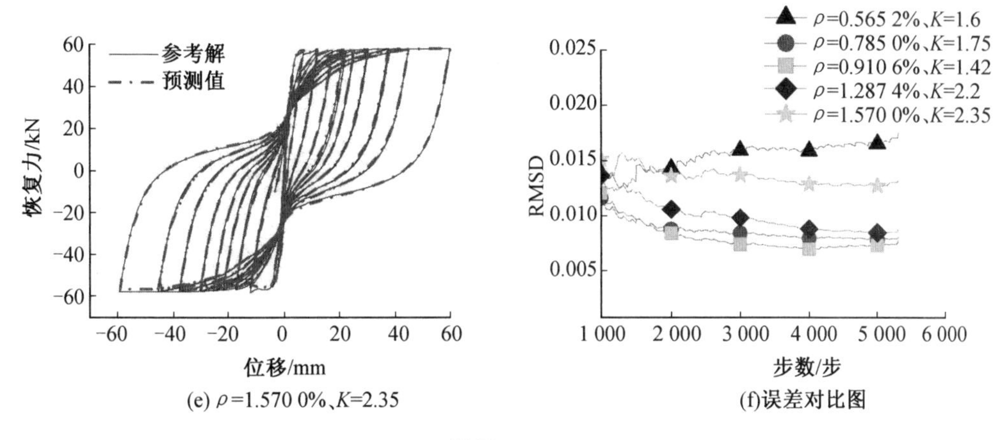

(e) ρ=1.570 0%、K=2.35　　(f)误差对比图

续图 3.55

由图 3.55(a)～(e)可以看出，所提出的神经网络算法在预测不同配筋形式下 RC 柱恢复力时，滞回曲线均具有较高的拟合程度。由图 3.55(f)可知，1 000 步以后均方根误差取值范围在 0.005～0.020 之间，误差较小。在 1 000 步以后的各均方根误差中，预测结果收敛时均方根误差的最大值与最小值的相对误差为 125.71%，说明在改变配筋形式，即同时改变纵筋配筋率和体积配箍率时，神经网络预测 RC 柱恢复力的预测结果仍具有较好的精度。神经网络预测不同配筋形式参数下的恢复力时体现出良好的泛化性能。

⑥不同截面尺寸情况下预测。

考虑不同截面尺寸时的恢复力情况，此时长细比 l_0/b、纵筋配筋率 ρ、体积配箍率 K、轴压比 λ 四个参数均同时发生变化。将 $b\times h$＝200 mm×250 mm、$b\times h$＝200 mm×300 mm、$b\times h$＝200 mm×400 mm、$b\times h$＝250 mm×250 mm、$b\times h$＝250 mm×400 mm 时的五变量作为神经网络算法的训练数据，分别预测 $b\times h$＝200 mm×200 mm、$b\times h$＝200 mm×300 mm、$b\times h$＝200 mm×400 mm、$b\times h$＝250 mm×300 mm、$b\times h$＝300 mm×300 mm 的恢复力，所得滞回曲线及均方根误差如图 3.56 所示。

由图 3.56(a)～(e)可以看出，所提出的神经网络算法在预测不同截面尺寸下 RC 柱恢复力时，滞回曲线均具有较高的拟合程度。由图 3.56(f)可知，1 000 步以后均方根误差取值范围在 0～0.03 之间，误差较小。在 1 000 步以后的各均方根误差中，预测结果收敛时均方根误差的最大值与最小值的相对误差为 175.45%。说明在改变截面尺寸，即同时改变四个结构参数时，神经网络算法预测 RC 柱的预测结果仍具有较高的精度。神经网络预测不同截面尺寸参数下的恢复力时体现出良好的泛化性能。

由以上分析可知，预测结果虽然存在误差，但数据误差都很小，表明总体上恢复力的预测效果较好、精度较高，且神经网络对不同结构参数下的恢复力的预测具有良好的泛化性能。在预测耗时上，考虑不同长细比时约为 14.79 s；考虑不同纵筋配筋率时约为 10.06 s；考虑不同体积配箍率时约为 9.97 s；考虑不同轴压比时约为 9.06 s；考虑不同配筋形式时约为 9.74 s；考虑不同截面尺寸时约为 10.31 s。由此可见，该方法计算效率较高。

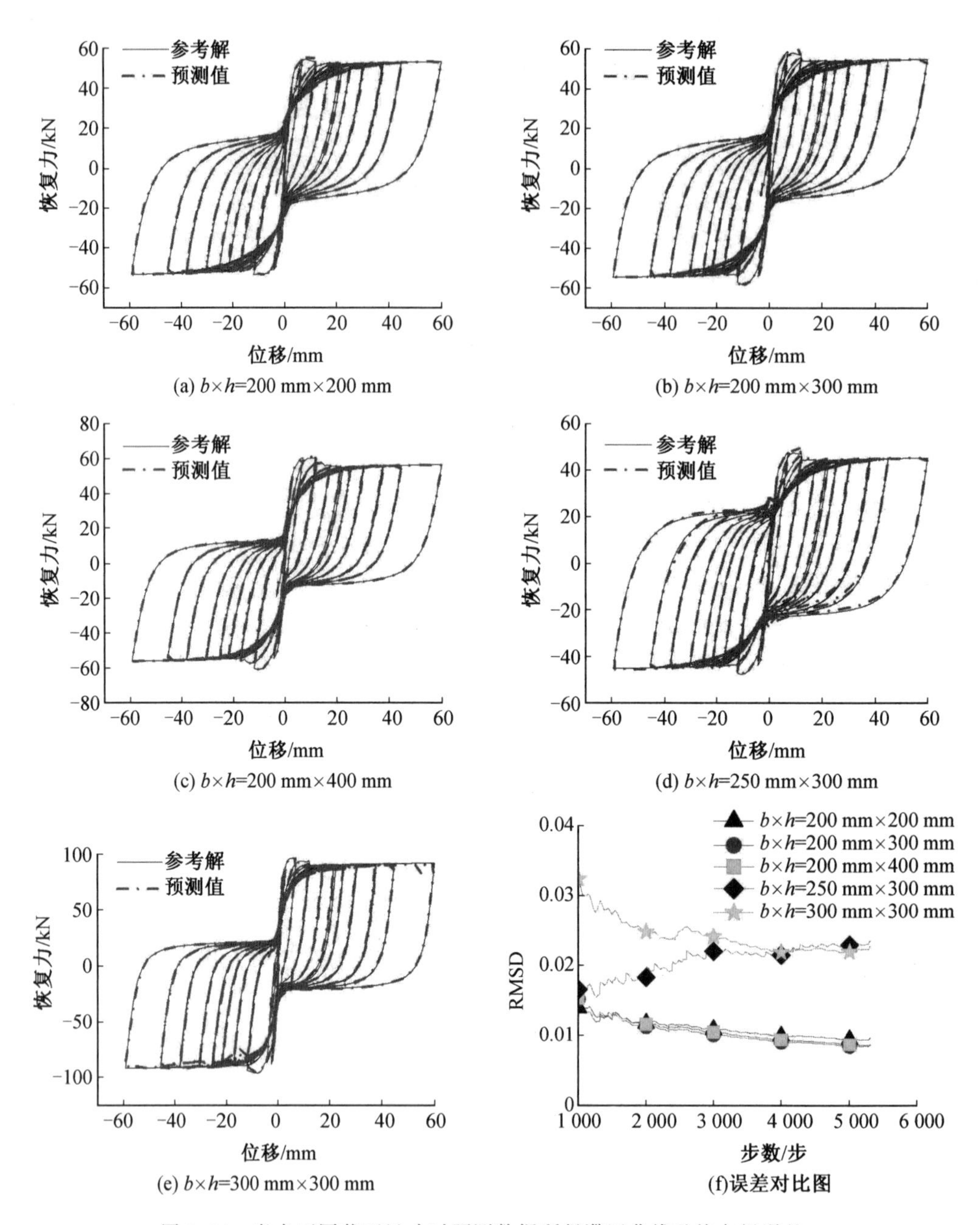

图 3.56　考虑不同截面尺寸时预测数据所得滞回曲线及均方根误差

3.7.3　在线泛化神经网络算法的混合试验方法

本小节将接续训练的在线泛化神经网络算法应用于两自由度结构混合试验中，通过数值模拟验证该混合试验方法的可行性，并与基于在线神经网络算法的混合试验方法(Hybrid Test Method Based On Online Neural Network，HTNN)的预测能力进行了对比分析。

1. 方法原理

为了解决数值子结构和试验子结构具有不同结构参数进行数值子结构恢复力预测的问题，本小节将泛化神经网络算法应用于结构混合试验中，即在线泛化神经网络混合试验方法（Hybrid Test Method Based On Online Generalized Neural Network, HTGNN）。该方法的主要思想如下：首先，通过 Bouc-Wen 模型模拟试验子结构，获得多组混合试验不同结构参数下的试验子结构的位移和恢复力，以此作为在线泛化神经网络算法的输入样本；其次，利用这些输入样本采用接续训练方式进行网络训练，获得具有混合试验试验子结构一定经验信息的神经网络模型；最后，将神经网络模型应用于混合试验，进行在线训练在线预测数值子结构恢复力。HTGNN 在采用神经网络算法进行试验子结构在线训练时，采用的为已经训练好的且具有一定试验子结构信息的神经网络模型，而不是采用重新定义的与之前训练毫无关联的全新的神经网络模型。HTGNN 原理如图 3.57 所示。

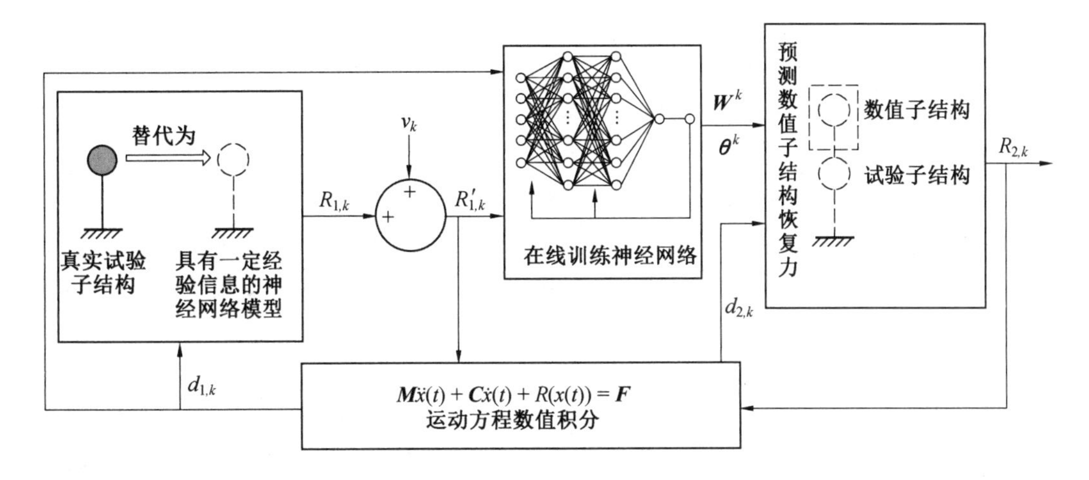

图 3.57　HTGNN 原理图

图 3.57 中，首先建立整体结构运动方程，并通过数值积分分别得到第 k 步的试验子结构和数值子结构的目标位移 $d_{1,k}$ 和 $d_{2,k}$；$R_{1,k}$ 为试验子结构的恢复力，$R'_{1,k}$ 为考虑观测噪声 v_k 的试验子结构恢复力观测值；$\boldsymbol{W}^k$ 和 $\boldsymbol{\theta}^k$ 分别第 k 步神经网络训练得到的最优权值和阈值；$R_{2,k}$ 为第 k 步数值子结构恢复力预测值。

2. 数值验证

(1)研究对象及其参数。

为检验 HTGNN 的有效性，以一个两自由度的集中质量剪切模型作为研究对象进行数值仿真，第一层为试验子结构，第二层为数值子结构，两层结构恢复力模型均采用 Bouc-Wen 模型，恢复力表达式为

$$\begin{cases}\dot{z}=A\dot{x}-\beta|\dot{x}||z|^{n_1-1}z-\gamma\dot{x}|z|^{n_1}\\F=\alpha kz+(1-\alpha)kx\end{cases}\tag{3.23}$$

式中，k 为结构的初始刚度；x 为结构的位移；α 为第二刚度系数；z 为滞变位移；A 为滞变位移的初始刚度；β、γ 和 n_1 为影响滞回曲线形状的参数；F 为结构恢复力。

两层集中质量剪切模型的参数分别为，结构质量 $m_1=m_2=3\ 750$ t，结构刚度 $k_1=k_2=592\ 177.5$ kN/m，结构阻尼为 $c_1=c_2=7\ 539.75$ kN/(m · s^{-1})，$\alpha=0.01$，$A=1$，$n_1=1$。通过改变 Bouc-Wen 模型参数 β 和 γ 来模拟不同结构参数下的钢筋混凝土结构恢复力特性，多组不同试验子结构上获得相应的位移和恢复力，作为接续训练方式下在线泛化神经网络算法的训练集，同时也作为混合试验的输入地震动。网络训练时试验子结构 Bouc-Wen 模型参数 β 和 γ 取值见表 3.6。

表 3.6　试验子结构 Bouc-Wen 模型参数 β 和 γ

组数	第一组	第二组	第三组	第四组	第五组	第六组	第七组	第八组
β	10	20	30	40	50	70	80	90
γ	90	80	70	60	50	30	20	10

在混合试验时，假定试验子结构模型参数 β 和 γ 分别为 60 和 40，数值子结构模型参数 β 和 γ 分别为 40 和 60。

采用网络接续训练方式进行 HTGNN 数值仿真。其中，网络拓扑结构包含两个隐含层，每层设置 15 个神经元，激活函数选择双曲正切函数；输出层中定义输出变量为恢复力，激活函数采用纯线性函数；训练方法选用 BFGS 拟牛顿 BP 算法，设定最大训练步数为 100 步，目标误差设定为 10^{-7}。

(2)试验实施及结果分析。

HTGNN 模拟步骤如下：首先采用 El-Centro 波对不同参数下的结构进行加载，获得多组不同结构参数下试验子结构的位移和恢复力，以此作为接续训练方式下的在线泛化神经网络算法的训练集；再对神经网络进行在线训练，获得具有一定信息经验的神经网络模型，进一步将 El-Centro 波作为对混合试验进行加载的地震动输入，混合试验训练试验子结构时直接采用训练过的神经网络模型；最终对数值子结构进行恢复力预测并得到其预测结果。

图 3.58 所示为该混合试验得到的预测结果，下层位移时程曲线如图 3.58(a)所示、上层位移时程曲线如图 3.58(b)所示、下层恢复力时程曲线如图 3.58(c)所示、上层恢复力时程曲线如图 3.58(d)所示、下层结构滞回曲线如图 3.58(e)所示、上层结构滞回曲线如图 3.58(f)所示。

由图 3.58 可以看出，HTGNN 得到的上、下层位移时程曲线，上、下层恢复力时程曲线以及上、下层结构滞回曲线均与参考解均具有较好的拟合效果，验证了该混合试验方法的可行性和有效性。

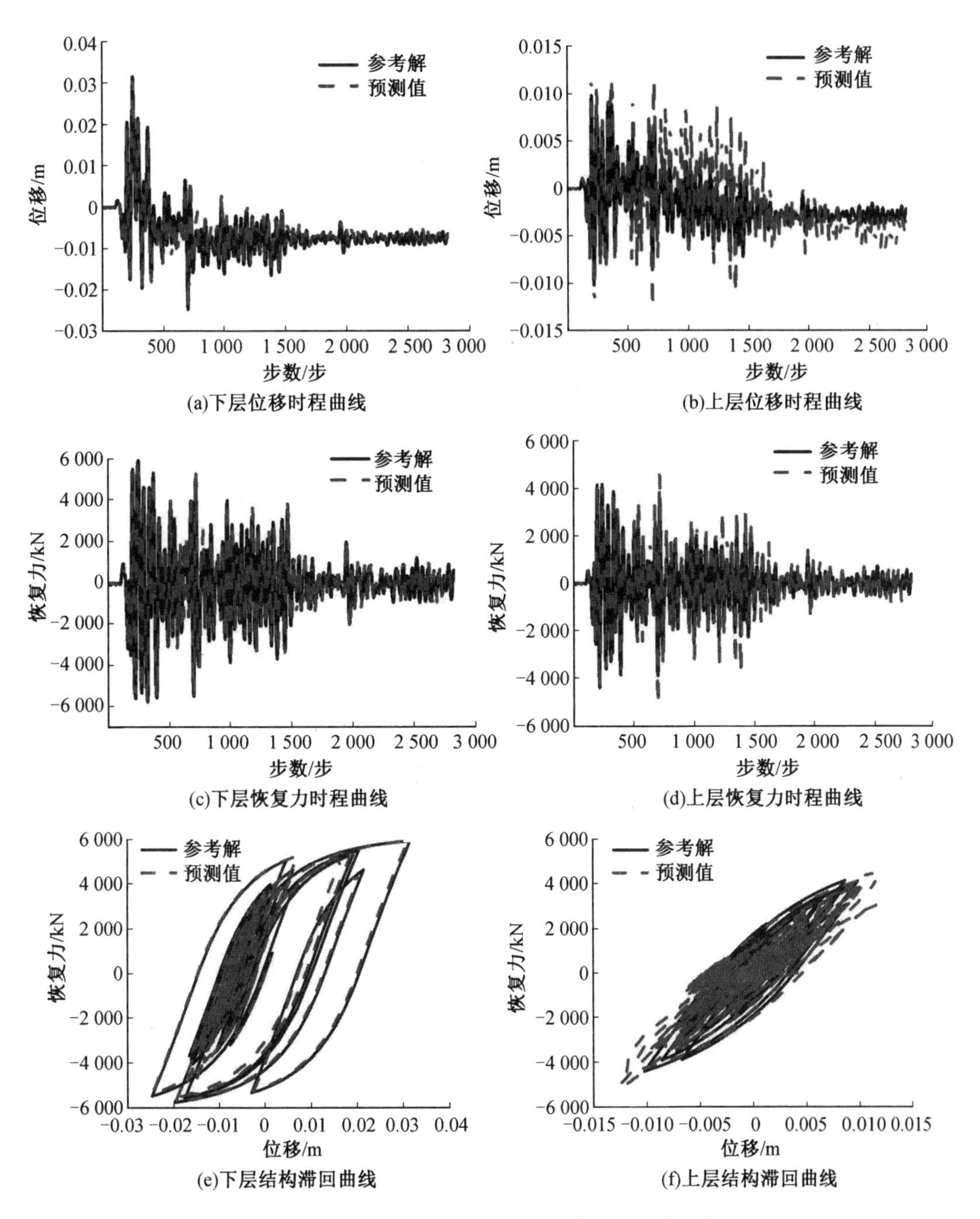

图 3.58 基于泛化神经网络算法的混合试验结果

(3)恢复力预测对比分析。

为进一步验证 HTGNN 与 HTNN 在数值子结构恢复力预测能力方面的差异性，采用仅改变神经网络算法对试验子结构的训练方式，对相同结构参数的数值子结构进行恢复力预测，由 Bouc-Wen 模型计算所得的数值子结构恢复力预测结果定义为参考解。所得上层数值子结构滞回曲线对比与均方根误差对比分别如图 3.59 和图 3.60 所示。

由图 3.59 和图 3.60 可知，与 HTNN 相比，HTGNN 得到的滞回曲线与参考解曲线更加接近，降低了恢复力预测误差。

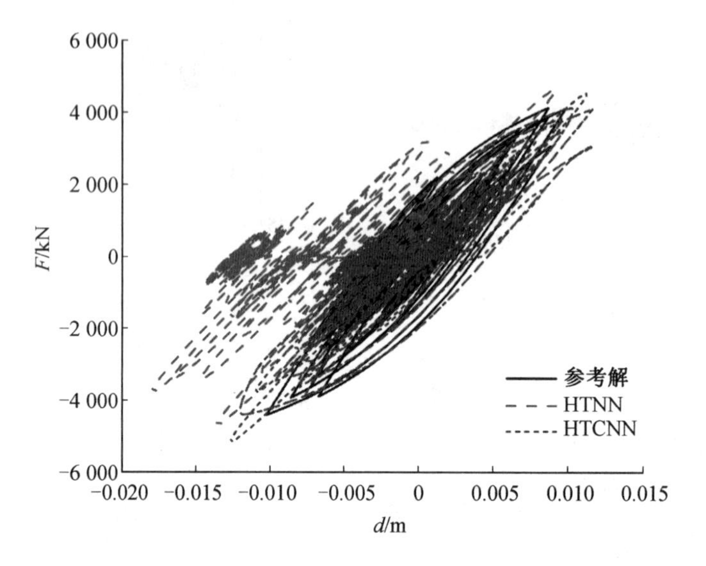

图 3.59　滞回曲线对比

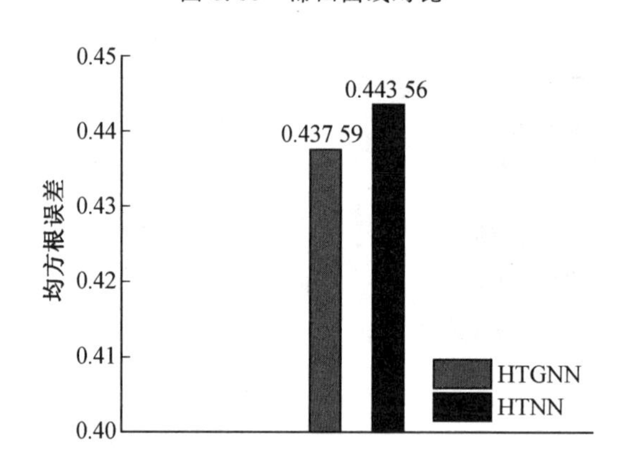

图 3.60　均方根误差对比

为验证 HTGNN 与 HTNN 计算效率，分别取五次训练的计算耗时并取平均值进行比较。五次混合试验的计算耗时见表 3.7。

如表 3.7 所示，在计算耗时方面，HTGNN 和 HTNN 五次的平均计算耗时分别为 133.25 s 和 148.69 s，前者比后者减小了 10.4%，HTGNN 算法具有更高的计算效率。

HTGNN 具有更好的数值子结构恢复力预测精度和计算效率的主要原因在于，事先对神经网络进行了训练，使算法蕴含一定的试验子结构的信息，能更好地识别混合试验中试验子结构的数据分布，从而提高数值子结构恢复力的预测精度；由于建立的神经网络包含了先验知识，提高了混合试验中神经网络的训练速度，HTGNN 具有更高的计算效率。

表 3.7　计算耗时对比　s

频次	HTNN	HTGNN
1	141.44	130.53
2	146.10	139.39
3	147.21	133.69
4	161.38	129.11
5	147.34	133.52
平均值	148.69	133.25

第4章　基于UKF模型的参数更新方法

非线性模型参数识别方法主要有以下两种：①利用线性化假设将非线性函数近似线性函数；②对非线性函数的概率密度近似。前者以扩展卡尔曼滤波(Extended Kalman Filter,EKF)为代表，其通过对非线性函数进行泰勒展开保留非线性函数的一阶近似项来对非线性函数进行线性化近似。然而当线性化假设不成立时，会导致估计结果精度下降，甚至发散，同时对于特殊的非线性系统难以计算雅克比矩阵。

无损卡尔曼滤波(Unscented Kalman Filter,UKF)是 Julier 等人基于卡尔曼滤波(Kalman Filter, KF)提出一种非线性滤波方法，其利用无损变换(Unscented Transformation,UT)在参数估计点附近进行确定性采样，近似状态的概率密度函数。UT 变换的实现方法为：在原状态分布中按照一定的采样规则得到一些采样点，确保所得到的采样点的均值和协方差与原状态分布的均值和协方差相同，之后将这些采样点代入非线性函数中求得变换后的采样点，利用这些采样点可以求得变换后的均值和协方差。

本章针对磁流变阻尼器，开展了基于 UKF 的在线模型更新混合试验研究。分析磁流变阻尼器的 Bouc-Wen 模型参数的物理意义及其对滞回曲线的影响，并对模型参数进行参数敏感性分析。采用 UKF 识别磁流变阻尼器模型参数，分析 UKF 算法初始协方差矩阵 $\boldsymbol{P}$、过程噪声协方差矩阵 $\boldsymbol{Q}$、观测噪声协方差矩阵 $\boldsymbol{R}$ 对识别影响规律，给出取值建议。开展了基于 UKF 的磁流变阻尼器的在线模型更新混合试验数值仿真。

4.1　UKF 算法

下面以对称分布采样的 UT 变换为例，简要介绍 UT 变换的基本原理。已知状态量均值 $\bar{x}$ 和方差 P_{xx}，则可以通过下面的 UT 变换获得 $2n+1$ 个采样点 χ 和相应的权值 ω 来计算 y 的统计特征。

UT 变换实施步骤如下所示：

(1)计算 $2n+1$ 个采样点 χ，这里的 n 指的是状态维数。

$$\begin{cases}\chi^{(0)}=\bar{\chi} & (i=0)\\ \chi^{(i)}=\bar{\chi}+\left(\sqrt{(n+\lambda)\boldsymbol{P}}\right)_i & (i=1\sim n)\\ \chi^{(i)}=\bar{\chi}+\left(\sqrt{(n+\lambda)\boldsymbol{P}}\right)_i & (i=n+1\sim 2n)\end{cases} \tag{4.1}$$

式中，$(\sqrt{\boldsymbol{P}})^{\mathrm{T}}(\sqrt{\boldsymbol{P}})=\boldsymbol{P}$，$(\sqrt{\boldsymbol{P}})_i$ 表示矩阵方根的第 i 列。

(2)计算 $2n+1$ 个采样点所相应的权值。

$$\begin{cases}\omega_{\mathrm{m}}^{(0)}=\dfrac{\lambda}{n+\lambda}\\ \omega_{\mathrm{c}}^{(0)}=\dfrac{\lambda}{n+\lambda}+(1-a^2+\beta)\\ \omega_{\mathrm{m}}^{(i)}=\omega_{\mathrm{c}}^{(i)}=\dfrac{\lambda}{2(n+\lambda)}\quad(i=1\sim 2n)\end{cases}\tag{4.2}$$

式中,下标 m 代表均值;下标 c 代表协方差;上标代表第几个采样点;参数 $\lambda=a^2(n+\kappa)-n$ 是一个缩放比例系数,用来降低总的预测误差,a 的选取控制了采样点的分布状态,κ 为待选参数。

向量 $\boldsymbol{x}$ 和 $\boldsymbol{y}$ 为随机变量,分别表示状态量和观测量。参数估计的离散状态方程和观测方程如下:

$$\boldsymbol{x}_i=F(\boldsymbol{x}_{i-1},\boldsymbol{u}_{i-1},\boldsymbol{w}_{i-1})\tag{4.3}$$

$$\boldsymbol{y}_i=H(\boldsymbol{x}_i,\boldsymbol{u}_i,\boldsymbol{v}_i)\tag{4.4}$$

式中,$\boldsymbol{u}$ 为输入向量;$\boldsymbol{w}$ 为过程噪声向量,其协方差矩阵为 $\boldsymbol{Q}$;$\boldsymbol{v}$ 为观测噪声向量,其协方差矩阵为 $\boldsymbol{R}$。

UKF 原理及实施步骤如下所示。

(1)初始条件。

初始条件包括 $\boldsymbol{x}$ 上一步的后验状态估计 $\hat{\boldsymbol{x}}_i^+$ 及方差估计值 $\hat{\boldsymbol{P}}_{xx,i}^+$,$\boldsymbol{x}$ 上一步的后验状态估计 $\hat{\boldsymbol{x}}_i^+$ 的采样点 χ^i。

(2)预测步—先验状态估计。

通过上一步的采样点 χ^i 获得当前步的采样点 χ^{i+1}。

$$\chi^{i+1}=F(\chi^i)\tag{4.5}$$

①先验估计。

$$\hat{\boldsymbol{x}}_{i+1}^-=\sum_{j=0}^{q-1}W_j^{\mathrm{m}}\chi_j^{i+1}\tag{4.6}$$

$$\hat{\boldsymbol{P}}_{xx,i+1}^-=\sum_{j=0}^{q-1}W_j^{\mathrm{c}}[\chi_j^i-\hat{\boldsymbol{x}}_{i+1}^-][\chi_j^i-\hat{\boldsymbol{x}}_{i+1}^-]^{\mathrm{T}}\tag{4.7}$$

式中,W_j^{m}为均值权重系数;W_j^{c}为方差权重系数。权重系数的具体计算方法根据采样方法不同而不同。

②对 $\hat{\boldsymbol{x}}_{i+1}^-$ 重采样获得当前步的采样点 χ^{i+1}。

(3)矫正步—后验状态估计。

①对观测量 $\boldsymbol{y}$ 的估计。

样本点非线性变化为

$$\zeta^{i+1}=H(\chi^{i+1})\tag{4.8}$$

$$\hat{\boldsymbol{P}}_{yy,i+1}=\sum_{j=0}^{q-1}W_j^{c}\left[\zeta_j^{i+1}-\hat{\boldsymbol{y}}_{i+1}\right]\left[\zeta_j^{i+1}-\hat{\boldsymbol{y}}_{i+1}\right]^{\mathrm{T}} \tag{4.9}$$

$$\hat{\boldsymbol{P}}_{xy,i+1}=\sum_{j=0}^{q-1}W_j^{c}\left[\chi_j^{i+1}-\hat{\boldsymbol{y}}_{i+1}\right]\left[\zeta_j^{i+1}-\hat{\boldsymbol{y}}_{i+1}\right]^{\mathrm{T}} \tag{4.10}$$

②计算卡尔曼增益。

$$\boldsymbol{K}_{i+1}=\boldsymbol{P}_{xy,i+1}(\boldsymbol{P}_{yy,i+1}+\boldsymbol{R}_{i+1})^{-1} \tag{4.11}$$

③修正。

$$\hat{\boldsymbol{x}}_{i+1}^{+}=\hat{\boldsymbol{x}}_{i+1}^{-}+\boldsymbol{K}_{i+1}(\boldsymbol{y}_{i+1}-\hat{\boldsymbol{y}}_{i+1}) \tag{4.12}$$

$$\hat{\boldsymbol{P}}_{xx,i+1}^{+}=\hat{\boldsymbol{P}}_{xx,i}^{-}+\boldsymbol{K}_i\cdot\hat{\boldsymbol{P}}_{yy,i}\cdot\boldsymbol{K}_i^{\mathrm{T}} \tag{4.13}$$

由上述步骤可以看出,UKF 在处理非线性滤波问题时不需要在估计点处进行泰勒展开,而是在估计点附近做 UT 变换,确保所得到的采样点的均值和协方差与原状态分布的均值和协方差相同。之后将这些采样点代入非线性函数当中求得变换后的采样点,利用这些采样点可以求得变换后的均值和协方差近似得到状态的概率密度函数,这种近似的本质是一种统计学意义上的近似而不是解。

UKF 原理及实现步骤如图 4.1 所示。

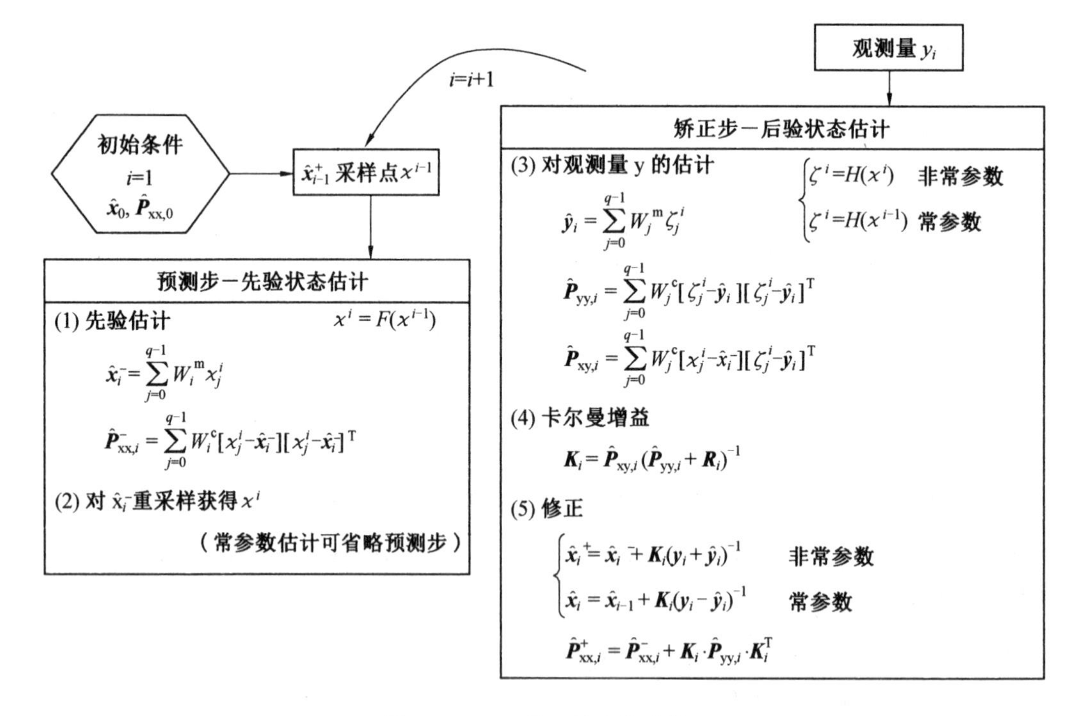

图 4.1 UKF 原理及实施步骤

4.2　磁流变阻尼器 Bouc-Wen 模型参数敏感性分析

为了提高磁流变阻尼器的 Bouc-Wen 模型参数识别有效性，分析 Bouc-Wen 模型参数的物理意义，本节开展模型参数敏感性分析。

4.2.1　磁流变阻尼器的 Bouc-Wen 模型

1. Bouc-Wen 模型

磁流变阻尼器的 Bouc-Wen 模型是 1976 年由 Wen 提出的，该模型的简图如图 4.2 所示。

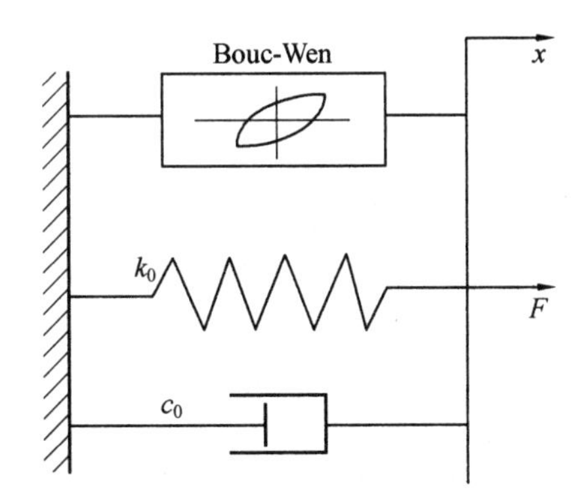

图 4.2　Bouc-Wen 模型

该模型的表达式如式(4.14)所示：

$$\begin{cases} F=c_0\dot{x}+k_0(x-x_0)+\alpha z \\ \dot{z}=-\gamma|\dot{x}|z\ |z|^{n-1}-\beta\dot{x}\ |z|^{n}+A\dot{x} \end{cases} \tag{4.14}$$

式中，z 为滞回位移；x 为位移；x_0 为初始位移；F 为恢复力；c_0 为阻尼；k_0 为刚度；A、β、γ、α、n、c_0、k_0 为描述滞回环形状的参数。

2. 模型参数影响分析

Bouc-Wen 模型能较为准确地反映磁流变阻尼器的应力－应变关系，具有足够的精度，简单方便，且易于程序化。为保证在后续模型参数识别过程中调节参数的有效性，对磁流变阻尼器的 Bouc-Wen 模型参数进行分析，分析其对滞回曲线的影响。n、β、γ 的边界可以通过 Ismail 的热力学分析得到。其中，n、β、γ 大于 0 且 $-\gamma\leqslant\gamma\leqslant\beta$，另外，$k_0>0$，$\alpha>0$。

(1)黏滞阻尼系数。

参数 c_0 代表黏滞阻尼系数，通常与速度的大小有关，反映了力－速度曲线的平均斜率，黏滞阻尼系数 c_0 的具体表达式为

$$c_0 \approx \frac{F_{\max} - F_{\min}}{\dot{x}_{\max} - \dot{x}_{\min}}$$

令 c_0 取三组不同的值，分别为 $c_0 = 40\ \text{kN/(m} \cdot \text{s}^{-1})$、$c_0 = 100\ \text{kN/(m} \cdot \text{s}^{-1})$、$c_0 = 10\ \text{kN/(m} \cdot \text{s}^{-1})$，其余参数取值见表 4.1。观察 c_0 对磁流变阻尼器的滞回曲线的影响，如图4.3所示。

表 4.1　模型参数取值

模型参数	取值	模型参数	取值
$\alpha/(\text{kN} \cdot \text{m}^{-1})$	900	γ	110
$c_0/[\text{kN} \cdot (\text{m} \cdot \text{s}^{-1})^{-1}]$	40	β	90
$k_0/(\text{kN} \cdot \text{m}^{-1})$	30	x_0/m	4
A	110	n	3

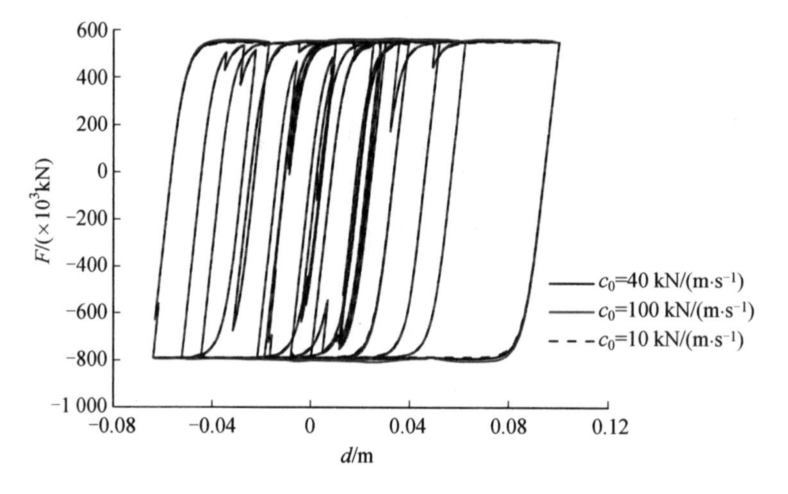

图 4.3　不同 c_0 取值下的滞回曲线

由图 4.3 可知，c_0 对滞回曲线的影响很小。滞回曲线的形状主要与速度有关，在一定的范围内几乎不改变位移—恢复力滞回曲线形状。

(2)刚度 k_0。

参数 k_0 代表模型刚度，通常与位移大小相关，反映了力—位移曲线的平均斜率，刚度 k_0 的具体表达式为

$$k_0 \approx \frac{F_{\max} - F_{\min}}{x_{\max} - x_{\min}}$$

令 k_0 取三组不同的值，分别为 $k_0 = 30\ \text{kN/m}$、$k_0 = 110\ \text{kN/m}$、$k_0 = 50\ \text{kN/m}$，其余参数见表 4.1。观察 k_0 对磁流变阻尼器的滞回曲线的影响，如图 4.4 所示。

由图 4.4 可以看到，k_0 主要影响着滞回曲线的恢复力位移曲线斜率，对整个滞回曲线的形状几乎无影响。

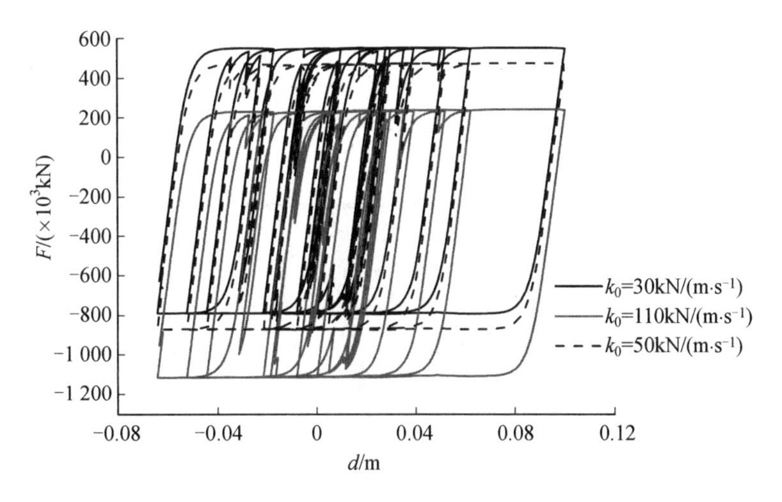

图 4.4　不同 k_0 取值下的滞回曲线

(3)屈服刚度差值 α。

参数 α 代表前屈服刚度与后屈服刚度的差值 k_1-k_2，主要反映了力－速度曲线由线性到非线性的变化率的大小。参数 α 通常与滞回变量 z 有关，而 z 因为在磁流变阻尼器的 Bouc-Wen 模型中属于中间变量，影响因素很多，所以要确定 α 的取值比较困难，一般都根据经验，由位移的大小来确定 α 的取值，屈服刚度差值 α 的具体表达式为

$$\alpha \leqslant 1.5(x_{\max}-x_{\min})$$

令 α 取三组不同的值，分别为 $\alpha=900$ kN/m、$\alpha=100$ kN/m、$\alpha=500$ kN/m，其余参数见表 4.1。观察 α 对磁流变阻尼器的滞回曲线的影响，如图 4.5 所示。

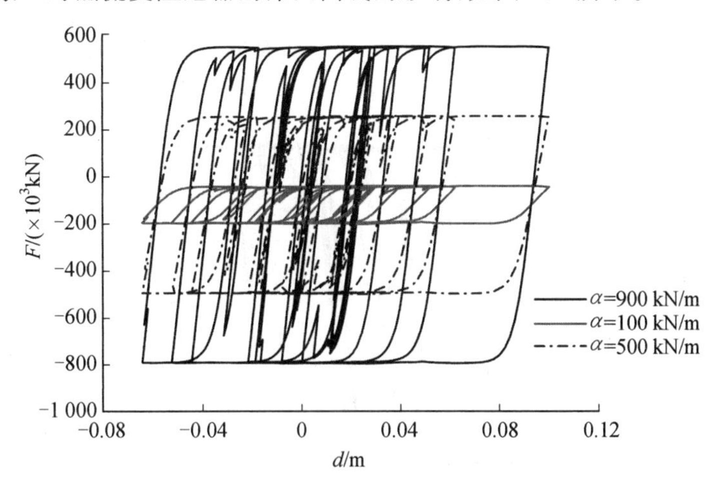

图 4.5　不同 α 取值下的滞回曲线

由图 4.5 可知，α 取值的不同显著地改变了磁流变阻尼器滞回曲线的形状。因为参数 α 与滞回变量 z 相关，所以对恢复力的影响较为显著。

(4)尖锐系数 n。

尖锐系数 n 控制着滞回环的尖锐程度。令 n 取三组不同的值,分别为 $n=2$、$n=1$、$n=3$。观察 n 对磁流变阻尼器的滞回曲线的影响,如图 4.6 所示。

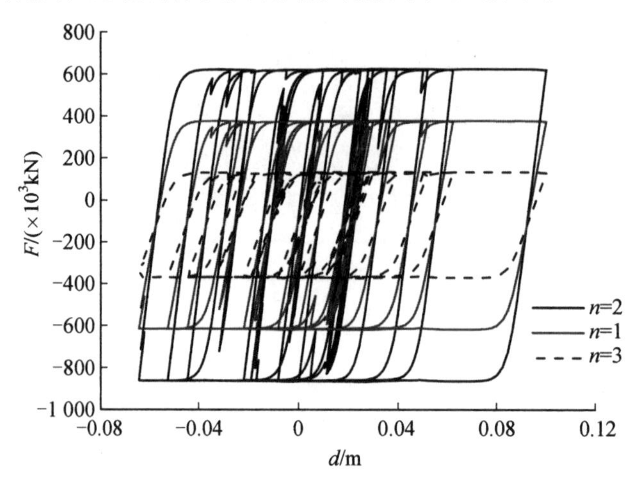

图 4.6 不同 n 取值下的滞回曲线

由图 4.6 可以看到,n 值改变了滞回曲线的形状并且主要影响的是滞回曲线的尖锐程度。

(5)冗余参数 A、β、γ。

参数 A、β、γ 为控制滞回环大小和形状的参数,但是它们为冗余参数,没有明确的物理意义,作用是能够更好地控制各种不同激励下滞回曲线的形状。换言之,同样的滞回环可以用不同的 A、β、γ 参数组合。因此,我们通常设 A 为 110 来确保其唯一性,其余参数见表 4.1。通过图 4.7 可以看到,除了 β、γ,当所有的参数都相同时,Bouc-Wen 模型的滞回曲线非常接近。

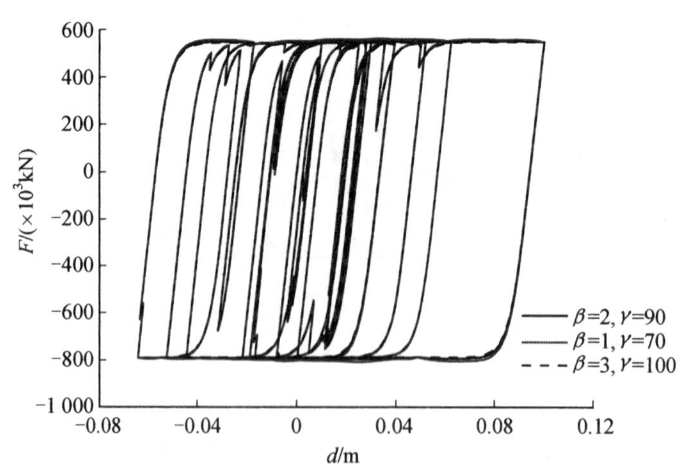

图 4.7 Bouc-Wen 模型滞回曲线

4.2.2　模型试验验证

选取中国地震局工程力学研究所周惠蒙测得的磁流变阻尼器的试验数据验证磁流变阻尼器的 Bouc-Wen 模型的准确性。其试验地震加速度记录如图 4.8 所示。磁流变阻尼器的力一位移曲线如图 4.9 所示。

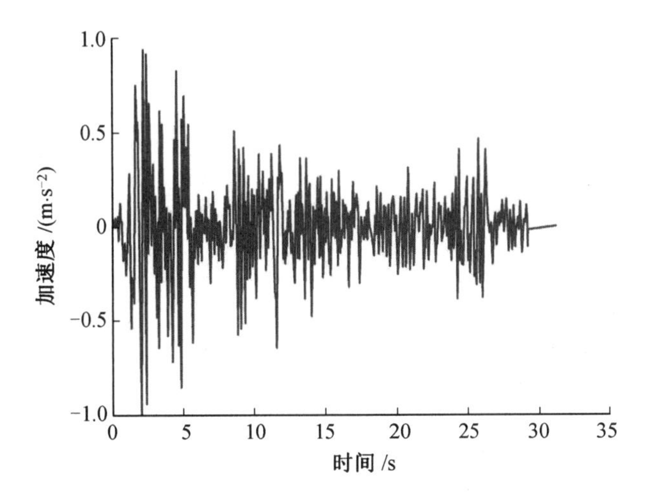

图 4.8　地震加速度时程曲线

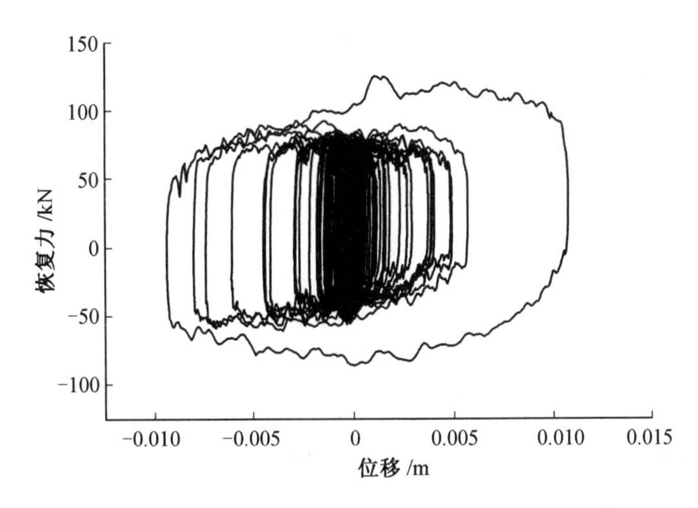

图 4.9　磁流变阻尼器的力一位移曲线

磁流变阻尼器的 Bouc-Wen 模型的各参数初始估计值为：$\alpha=870$ N/cm、$c_0=52$ N·s/cm、$k_0=22$ N/cm、$\gamma=77$ cm^{-2}、$\beta=73$ cm^{-2}、$n=3$、$A=103$、$x_0=1$ cm。

将磁流变阻尼器的 Bouc-Wen 模型转化为微分形式的 10 维状态方程，其中包括 Bouc-Wen 模型的参数 c_0、k_0、x_0、α、γ、n、β、A。另外，滞回位移 z 也应该包括在状态量中，因为滞回位移 z 是联系状态向量 $\boldsymbol{X}$ 和观测向量 $\boldsymbol{Y}$ 的参数。状态量的第 1 维元素为滞回

位移 z，第 2～9 维元素为磁流变阻尼器的 Bouc-Wen 模型的模型参数，第 10 维元素为恢复力 R。其状态量及其导数为 10×1 维向量具体如式(4.15)与式(4.16)所示：

$$\boldsymbol{X}^{\mathrm{T}}=[x_1\ \ x_2\ \ x_3\ \ x_4\ \ x_5\ \ x_6\ \ x_7\ \ x_8\ \ x_9\ \ x_{10}]=[z\ \ c_0\ \ k_0\ \ x_0\ \ \alpha\ \ \gamma\ \ n\ \ \beta\ \ A\ \ R] \tag{4.15}$$

$$\dot{\boldsymbol{X}}=\begin{bmatrix}\dot{x}_1\\ \dot{x}_2\\ \dot{x}_3\\ \dot{x}_4\\ \dot{x}_5\\ \dot{x}_6\\ \dot{x}_7\\ \dot{x}_8\\ \dot{x}_9\\ \dot{x}_{10}\end{bmatrix}=\begin{bmatrix}\dot{z}\\ \dot{c}_0\\ \dot{k}_0\\ \dot{x}_0\\ \dot{\alpha}\\ \dot{\gamma}\\ \dot{n}\\ \dot{\beta}\\ \dot{A}\\ \dot{R}\end{bmatrix}=\begin{bmatrix}-\gamma|\dot{u}|z\ |z|^{n-1}-\beta\dot{u}\ |z|^{n}+A\dot{u}\\ 0\\ 0\\ 0\\ 0\\ 0\\ 0\\ 0\\ 0\\ c_0\dot{u}+k_0(u-x_0)+\alpha z\end{bmatrix}$$

$$=\begin{bmatrix}-x_6|\dot{u}|x_1\ |x_1|^{x_7-1}-x_8\dot{u}\ |x_1|^{x_7}+x_9\dot{u}\\ 0\\ 0\\ 0\\ 0\\ 0\\ 0\\ 0\\ 0\\ x_2\dot{u}+x_3(u-x_4)+x_5x_1\end{bmatrix} \tag{4.16}$$

观测量仅为恢复力，所以观测方程为一维向量，如式(4.17)所示。

$$\boldsymbol{Y}=R=c_0\dot{u}+k_0(u-x_0)+\alpha z=x_2\dot{u}+x_3(u-x_0)+x_5x_1 \tag{4.17}$$

式中，$\dot{u}$ 为试验加载速度。

采用中心差分法假定，当 $i=0$ 时，初始速度由上一步的位移与本时间步的位移差除以时间步长；当 $i>2$ 时，第 i 时间步的速度为第 $i+1$ 步的位移与第 $i-1$ 步的位移差除以两倍时间步长。具体如式(4.18)所示：

$$\begin{cases} \dot{u}_i = \dfrac{u_{i+1} - u_{i-1}}{2 \times dt} \quad (i=1,2,\cdots) \\ \dot{u}_0 = \dfrac{u_1 - u_0}{dt} \quad (i=0) \end{cases} \tag{4.18}$$

初始协方差矩阵为

$$\boldsymbol{P} = \mathrm{diag}(10^{-3} \;\; 6\times10^{-3} \;\; 1\times10^{-4} \;\; 1\times10^{-4} \;\; 3\times10^{-4} \;\; 3\times10^{-4} \;\; 1\times10^{-4} \;\; 7\times10^{-4} \;\; 1\times10^{-4} \;\; 1\times10^{-2})$$

利用 UKF 识别，将识别得到的滞回曲线与真实试验数据所得滞回曲线进行对比，如图 4.10所示。

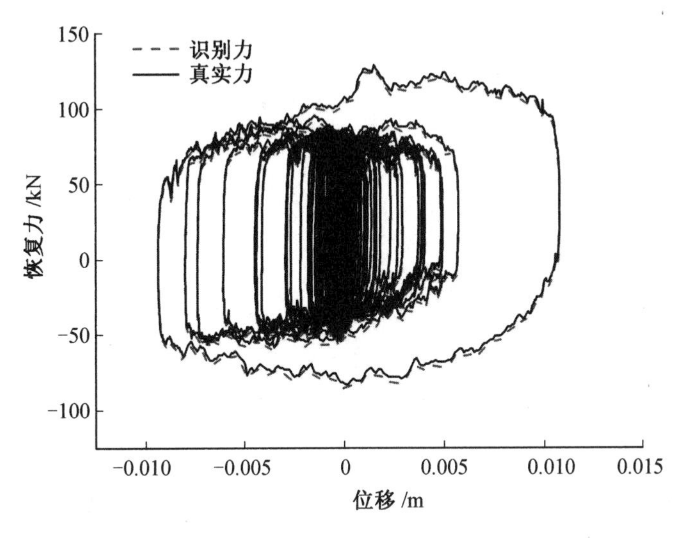

图 4.10　真实力与识别力滞回曲线对比

由图 4.10 可知，利用识别出的模型参数计算而得的恢复力能够很好地拟合真实的恢复力，由此可以证明本章利用 MATLAB 建立的磁流变阻尼器的 Bouc-Wen 模型真实可靠。识别而得的 Bouc-Wen 模型参数真实值为：$\alpha=880$ N/cm、$c_0=50$ N · s/cm、$k_0=25$ N/cm、$\gamma=100$ cm^{-2}、$\beta=100$ cm^{-2}、$n=2$、$A=207$、$x_0=3.8$ cm，并将它们作为后续进行参数敏感性分析的基值。

4.2.3　模型参数敏感性分析

采用上节 MATLAB 建立的磁流变阻尼器的 Bouc-Wen 模型以及模型参数真实值，利用 EI—Centro 地震加速度记录作为模型的输入，输出磁流变阻尼器的恢复力曲线。通过改变模型参数取值对磁流变阻尼器的 Bouc-Wen 模型参数进行敏感性分析。模型输入为 EI—Centro(1940，NS)地震位移记录，其时程曲线如图 4.11 所示。

龙格库塔积分算法是用于求解非线性微分方程的一类隐式或显式迭代算法，是一种在工程上应用较广的高精度单步算法，其中，最经典的便是四阶龙格库塔算法。其公式如式(4.19)所示。

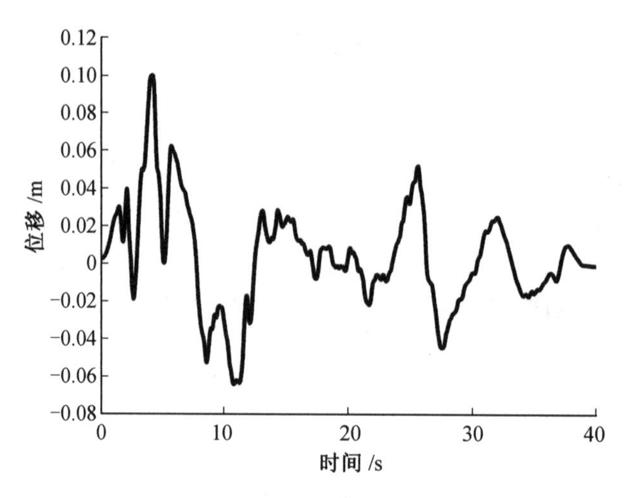

图 4.11　地震位移时程曲线

$$\begin{cases} y_{n+1}=y_n+\frac{1}{6}(k_1+2k_2+2k_3+k_4) \\ k_1=hf(x_n,y_n) \\ k_2=hf(x_n+\frac{1}{2}h,y_n+\frac{1}{2}k_1) \\ k_3=hf(x_n+\frac{1}{2}h,y_n+\frac{1}{2}k_2) \\ k_4=hf(x_n+h,y_n+k_3) \end{cases} \tag{4.19}$$

式中，y_{n+1}、y_n 为微分方程中上一步与本步的数值；k_1、k_2、k_3、k_4 为龙格库塔算法中的中间因子；h 为积分步长。

为了求解 Bouc-Wen 模型的反应，采用龙格库塔积分算法对磁流变阻尼器的 Bouc-Wen 模型的微分方程进行求解。因为状态量为 10 维向量，所以 x_n 为第 n 步结构的状态量，其中包括模型的滞回位移、模型参数以及恢复力$[z\ c_0\ \ k_0\ \ x_0\ \ \alpha\ \gamma\ n\ \beta\ A\ R]^{\mathrm{T}}$。为了求解第 $n+1$ 步的状态量，通过状态量的微分方程，将第 n 步的地震速度 v 以及结构的质量 m、c_0、k_0、γ、β、n、A、x_0 等模型参数代入式(4.16)，通过龙格库塔积分算法框架，求解出第 $n+1$ 步的状态量。其中，积分时间步长 h 为 0.01 s。如此对状态方程进行数值积分循环，便得到磁流变阻尼器在 EI－Centro 地震波的输入下产生的力。

已知在 EI－Centro 地震波下磁流变阻尼器的力－位移反应，便可以通过改变磁流变阻尼器的模型参数来改变磁流变阻尼器的恢复力，观察改变后的恢复力与原模型参数下的恢复力误差，从而进行磁流变阻尼器的 Bouc-Wen 模型的参数敏感性分析。

Bouc-Wen 模型有 8 个滞回参数，是否每个参数的变化对系统反应影响不同。模型的敏感度其实就是模型输入参数对模型输出参数的影响程度，敏感性分析即研究模型输入参数的变化在输出参数中如何量化、质化地分配。Hamby 等介绍了一些常用的参数的敏感性分析方法，其中一种方法便是令需要考察的参数在一定区间内变化，同时令其他参数保持不变，然后观察由于被考察参数的变化而引起的模型输出结果改变的规律，这种方法被称为 OAAT 法。本章拟采用 OAAT 法进行研究。

OAAT 法的分析步骤如下：

(1)应用 UKF 算法估计出一组磁流变阻尼器的 Bouc-Wen 模型参数，然后选择一组参数作为基值，要求该组参数能够较好地吻合试验所得曲线。

(2)将被考察参数作为敏感性分析对象，将其余参数值设定为基值保持不变，然后令被考察参数以基点值为中心增大或减小数值(改变的上下限为基值的±50%)。

(3)观察由于被考察参数的改变而引起的试验结果变化的程度，选定无量纲的相对均方根误差 f_{RMSD}(Root Mean Square Deviation)作为其参数敏感度的评价指标。然后分析被考察参数的敏感度，对其进行对比排序，以此度量每个被考察参数对模型参数的贡献。

相对均方根误差的计算公式为

$$f_{\mathrm{RMSD}}=\sqrt{\sum_{i=1}^{M}(R-R')^2/\sum_{i=1}^{M}R^2} \tag{4.20}$$

式中，R 为处于基值时模型的恢复力；R'为改变后的恢复力；M 为数据点总数；f_{RMSD}为相对场方根误差。

为了研究磁流变阻尼器模型参数的敏感度，采用 OAAT 法对磁流变阻尼器的 Bouc-Wen 模型参数进行敏感性分析。为了使敏感性分析的结果更具有说服力，通过两个试验分别对其进行敏感性分析，观察两个试验的敏感性分析结果是否一致。如果一致，便能证明敏感性分析结果的有效性。两个试验的模型输入为 EI－Centro 地震波，地震加速度峰值为 12.5 gal，磁流变阻尼器的 Bouc-Wen 模型的各参数基值分别设定如下。

试验 1　$\alpha=880$ N/cm，$c_0=50$ N · s/cm，$k_0=25$ N/cm，$\gamma=100$，$\beta=100$，$n=2$，$A=207$，$x_0=3.8$ cm。

试验 2　$\alpha=900$ N/cm，$c_0=40$ N · s/cm，$k_0=30$ N/cm，$\gamma=110$，$\beta=90$，$n=2$，$A=110$，$x_0=4$ cm。

图 4.12 和图 4.13 分别给出了试验 1 和试验 2 的参数敏感性分析结果，从图中可以观察到，在以其基点值为中心点改变不同变化率时，不同参数的改变量也不同。在试验 1 的参数敏感性分析结果中，在基于中心点减小的变化中，参数 α、A、n、γ、β、x_0、c_0 改变量依次从大到小，敏感性也从高到低。而在基于中心点增大的变化中，参数改变量依次从大到小为 α、A、γ、n、β、x_0、c_0。在试验 2 的参数敏感性分析结果中，在基于中心点减小的变化中，参数 α、A、n、γ、β、x_0、c_0 改变量依次从大到小，敏感性也从高到低。而在基于中心点增大的变化中，参数改变量依次从大到小为 α、A、n、γ、β、c_0。从以上分析结果可以看出，敏感度最高的三个参数为 α、A、n。敏感度最高的参数 α，其 f_{RMSD}改变量甚至超过 30%。

表 4.2 和表 4.3 分别给出了试验 1 和试验 2 的敏感性分析数值结果。相较于图4.12

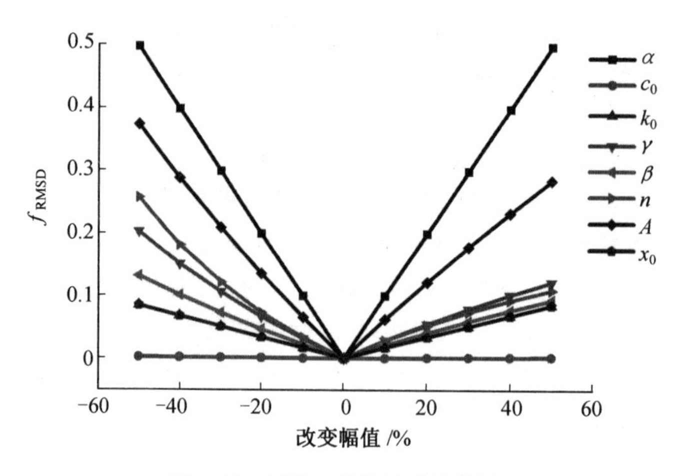

图 4.12　试验 1 参数敏感性分析

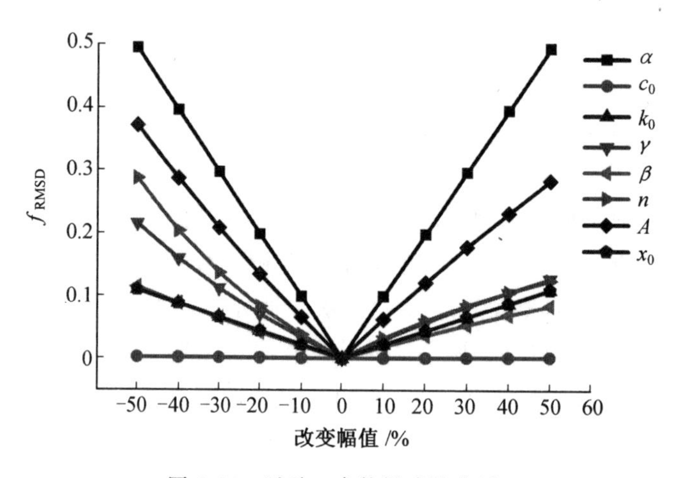

图 4.13　试验 2 参数敏感性分析

和图 4.13 可以更量化地观察到各参数的敏感度结果。参数敏感度从高到低依次为 α、A、n、γ、β、x_0、k_0、c_0。敏感度最高的参数 α，其敏感度百分比基本在 30%左右，而最不敏感的参数其敏感度百分比只有 0.1%左右。所以，磁流变阻尼器的 Bouc-Wen 模型的参数众多，但是并不是所有参数对模型结果的影响程度都相同，每个参数对模型结果的影响程度可以通过敏感度体现。

表 4.2　试验 1 的敏感性分析结果

参数	敏感度	排序	敏感度百分比/%
α	0.496	1	30.47
c_0	0.002	8	0.13
k_0	0.084	7	5.18
γ	0.202	4	12.40

续表4.2

参数	敏感度	排序	敏感度百分比/%
β	0.131	5	8.04
n	0.256	3	15.74
A	0.372	2	22.85
x_0	0.084	6	5.19

表 4.3　试验 2 的敏感性分析结果

参数	敏感度	排序	敏感度百分比/%
α	0.493	1	29.04
c_0	0.001	8	0.10
k_0	0.109	7	6.42
γ	0.214	4	12.61
β	0.114	5	6.71
n	0.288	3	16.86
A	0.371	2	21.82
x_0	0.109	6	6.43

由图 4.12、图 4.13 及表 4.2、表 4.3 可知，8 个参数中，α、A、n 这三个参数是最为敏感的，而其他参数较为不敏感，并且不同的参数基点值的选取对于参数的敏感度有些微差别。这说明不同规格的磁流变阻尼器、不同的滞回系统，其模型的参数敏感性各有不同。在模型参数识别的调参过程中，所有的参数都是互相影响的，调节一个参数必然会对其余参数的识别算法参数的调节造成影响，这是一个繁复的过程。但是对于敏感性高的参数调参的幅度可适当减小，而敏感性低的参数调参幅度适当增加，这将大大增加识别算法参数的调参效率。

4.3　磁流变阻尼器模型参数识别验证

磁流变阻尼器的力学模型以及识别算法确定后，需要进行磁流变阻尼器的 Bouc-Wen 模型参数识别，通过识别后的模型更新上一步的数值子结构模型，以达到更为准确的模型，减小模型误差影响。

4.3.1　数值验证

进行模型识别，要确定结构系统和模型输入以及模型的状态方程、观测方程。

结构采用单自由度系统，模型输入为 EI－Centro(1940，NS)地震位移记录。首先，状态量为 10 维向量，其中包括 Bouc-Wen 模型的参数 c_0、k_0、x_0、α、γ、n、β、A。另外，滞回位移 z 也应该包括在状态量中，因为滞回位移 z 是联系状态向量 $\boldsymbol{X}$ 和观测向量 $\boldsymbol{Y}$ 的参数。状态量的第 1 维元素为滞回位移 z，第 2～9 维元素为磁流变阻尼器的 Bouc-Wen 模型的模型参数，第 10 维元素为恢复力 R。其状态量及其导数为 10×1 维向量具体如式(4.15)所示。

磁流变阻尼器的 Bouc-Wen 模型的模型参数的导数全为 0，因为其都为常数。UKF 系统的输入同时也是 Bouc-Wen 模型的输入，分别是单自由度系统的位移和速度，如式(4.21)所示：

$$\boldsymbol{U}^{\mathrm{T}}=[u \quad \dot{u}] \tag{4.21}$$

UKF 函数 f 通过离散形式利用输入 $\boldsymbol{U}$ 更新下一时间步的状态向量：

$$\begin{aligned}\boldsymbol{x}_{k+1}&=f(x_k,u_k)+v_k=(x_k+\Delta t\,\dot{x}_k)+v_k\\&=\begin{bmatrix}x_{1,k}+\Delta t(-x_{6,k}\,|\dot{u}_k|\,x_{1,k}\,|x_{1,k}|^{x_{7,k}-1}-x_{8,k}\dot{u}_k\,|x_{1,k}|^{x_{7,k}}+x_{9,k}\dot{u}_k)\\x_{2,k}\\x_{3,k}\\x_{4,k}\\x_{5,k}\\x_{6,k}\\x_{7,k}\\x_{8,k}\\x_{9,k}\\x_{10,k}+\Delta t(x_{2,k}\dot{u}_k+x_{3,k}(u_k-x_{4,k})+x_{5,k}x_{1,k})\end{bmatrix}+v_k\end{aligned} \tag{4.22}$$

式中，Δt 为时间步长；k 为当前时间步。

观测向量为系统恢复力，观测方程如式(4.23)所示：

$$\begin{aligned}\boldsymbol{y}_{k+1}&=R_{k+1}=h(x_{k+1},u_{k+1})+w_{k+1}\\&=x_{2,k+1}\dot{u}_{k+1}+x_{3,k+1}(u_{k+1}-x_{4,k+1})+x_{5,k+1}x_{1,k+1}+w_{k+1}\end{aligned} \tag{4.23}$$

式中，x_1、x_2、x_3、x_4、x_5 如式(4.15)所示；u 为单自由度系统的位移反应；w 为恢复力观测噪声。

为了验证 UKF 识别算法的识别效果，需要给模型参数赋值以作为模型的真实值，以此验证 UKF 识别算法的有效性。此单自由度系统的系统模型参数以及 Bouc-Wen 模型参数见表 4.4。

表 4.4　模型各参数取值

参数	k_0/(N·cm^{-1})	β	γ	x_0/cm	α/(N·cm^{-1})	c_0/(N·cm^{-1})	A	n
真实值	25	100	100	3.8	880	50	120	2
估计值	15	73	77	1	870	40	103	3

已知模型的状态方程、观测方程、模型参数、系统参数以及模型输入地震波，便可以进行 UKF 的模型参数识别。

用中心差分法计算地震波每个时间步的速度，然后利用龙格库塔积分算法代入磁流变阻尼器的 Bouc-Wen 模型计算出系统在地震波输入下的真实恢复力 f。UKF 模块根据观测量 f 以及预测估计值逐步循环，计算出每一个时间步的状态值以及协方差。在这个循环中，状态向量 $\boldsymbol{x}_k$、$\boldsymbol{P}_k$ 更新为 $\boldsymbol{x}_{k+1}$、$\boldsymbol{P}_{k+1}$。

单自由度系统的地震波加载位移时程曲线以及滞回曲线如图 4.14、图 4.15 所示。时间积分步长为 0.01 s。

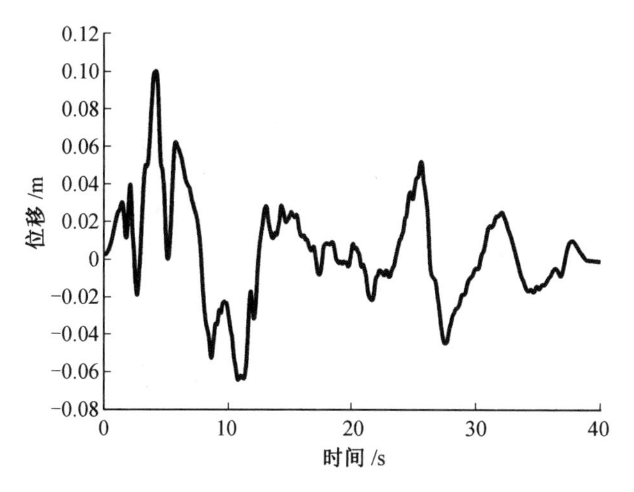

图 4.14　地震波加载位移时程曲线

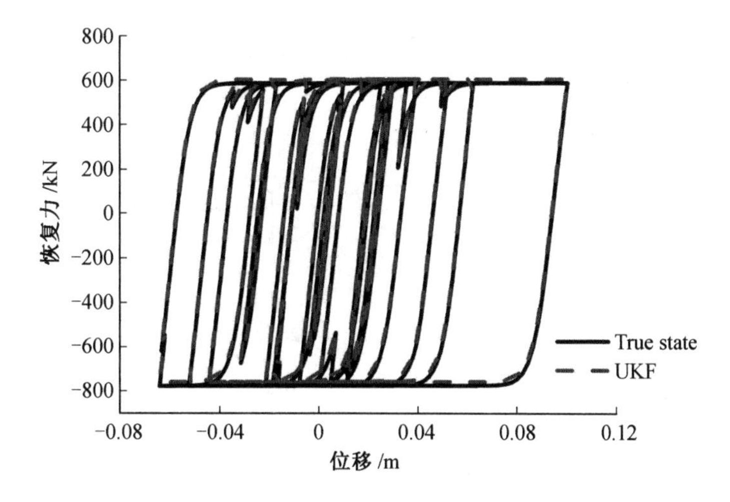

图 4.15　位移—恢复力滞回曲线

图 4.14 给出了加载的地震波位移时程曲线。图 4.15 给出了在 EI－Centro 地震波下，模型及系统输入为表 4.4 所示的数据时，模型的位移－恢复力滞回曲线以及 UKF 识别的位移－恢复力滞回曲线。其中“UKF”表示采用 UKF 识别算法所得曲线，“True state”表示真实反应曲线。可以看到，采用 UKF 识别得到的恢复力能够很好地吻合真实的恢复力曲线。

为了定量地分析其恢复力的识别误差，将其识别力与真实力的误差值与真实力最大值的比值定义为相对误差，得到如图 4.16 所示的误差分析图。

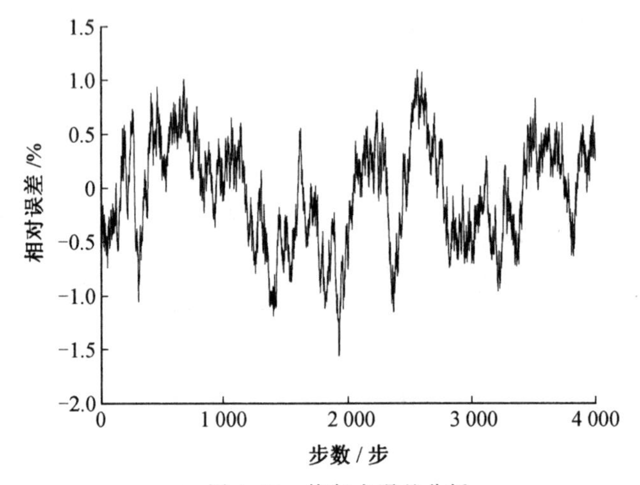

图 4.16　恢复力误差分析

从图 4.16 中可以看到，识别力与真实力的相对误差很小，基本不超过 1%。平均误差为 0.05%。

图 4.17 给出了模型的参数识别时程曲线。可以看到，采用 UKF 识别算法识别模型参数都能够很好地拟合到真实值，有效地验证了 UKF 识别算法识别磁流变阻尼器的 Bouc-Wen 模型的有效性。

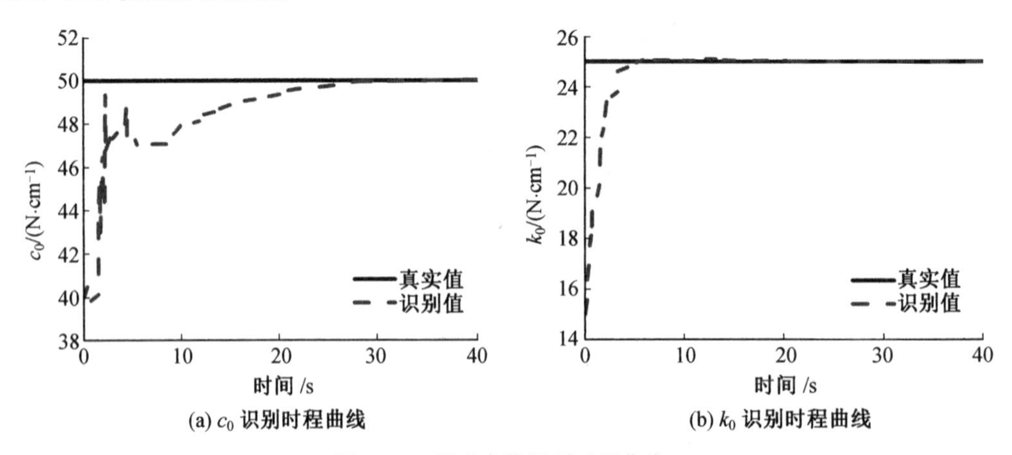

图 4.17　模型参数识别时程曲线

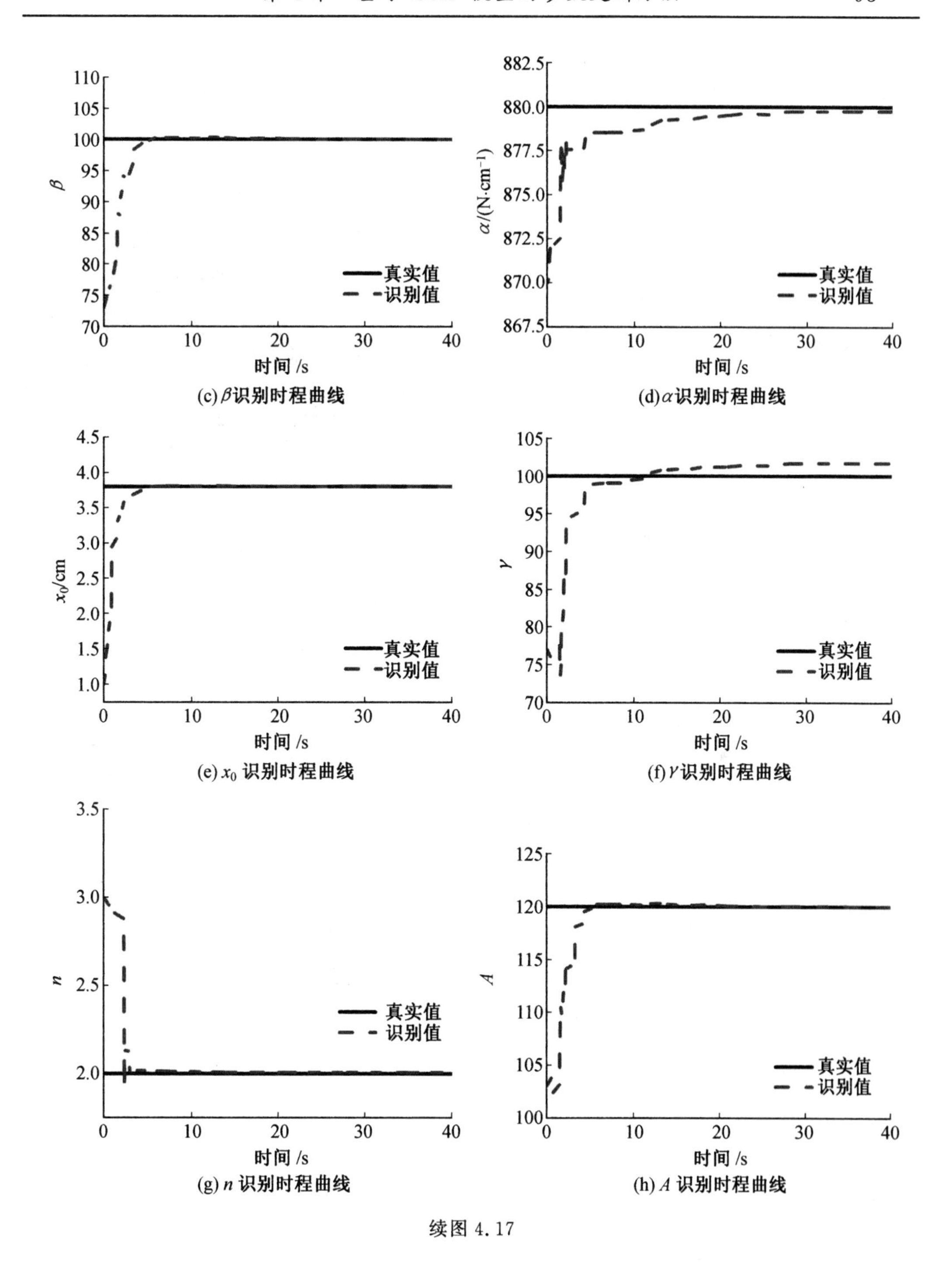

(c) β 识别时程曲线　(d) α 识别时程曲线

(e) x_0 识别时程曲线　(f) γ 识别时程曲线

(g) n 识别时程曲线　(h) A 识别时程曲线

续图 4.17

4.3.2　试验验证

4.3.1 节已经通过数值模拟验证了 UKF 识别算法对磁流变阻尼器的 Bouc-Wen 模

型进行识别的有效性，为了进一步证明该方法的有效性，本小节利用两组工程试验数据进行试验验证，试验在哈尔滨工业大学结构与抗震试验中心完成，试验装置如图 4.18 所示。

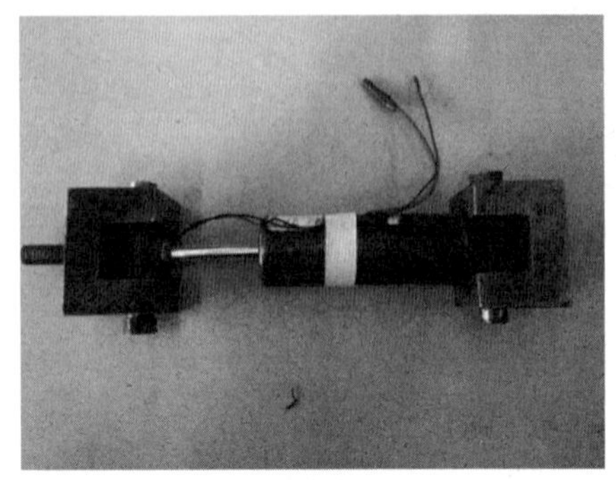
(a) 磁流变阻尼器

(b) 磁流变阻尼器加载设备

图 4.18 试验装置

试验采用电压为 4 V、阻尼器为 5 Ω、电流为 0.8 A、输入为 1 Hz 的正弦波，如图4.19 所示。

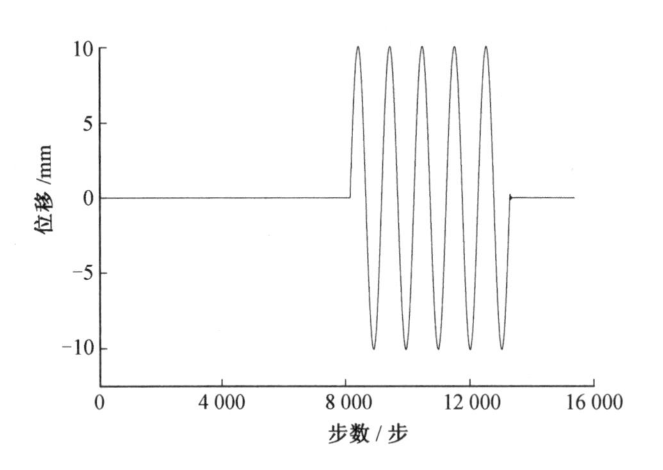

图 4.19 位移时程曲线

基于 dSPACE 仿真平台，将采集的数据绘制成磁流变阻尼器滞回曲线，如图 4.20 所示。

利用 UKF 识别算法对磁流变阻尼器的 Bouc-Wen 模型进行参数识别。状态量及其导数同上节式(4.15)、式(4.16)，观测方程同上节式(4.23)。得到的真实力与识别力的滞回曲线对比图，如图 4.21 所示。

为了比较滞回曲线的拟合程度，对滞回曲线对比图的误差进行分析，计算出每一步的真实值与识别值的差值与真实恢复力的最大值的比值，得到图 4.22 所示的误差分析图。

从图 4.22 中可以看到，识别刚开始时误差较大，误差幅值在 40%左右，平均误差为

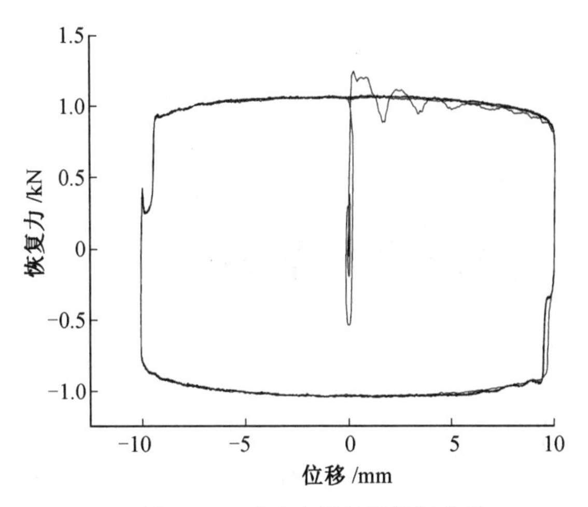

图 4.20　磁流变阻尼器滞回曲线

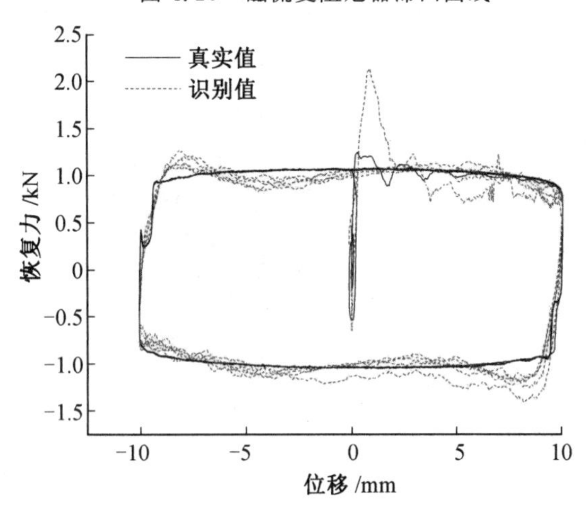

图 4.21　滞回曲线对比图

0.79%。随着识别步数的越来越多，误差也越来越小，其幅值基本在 1%左右。综上，验证了 UKF 识别算法对磁流变阻尼器的 Bouc-Wen 模型进行参数识别的有效性。

磁流变阻尼器的 Bouc-Wen 模型各参数识别情况如图 4.23 所示。

由图 4.23 可以观察到，磁流变阻尼器的各参数都能够较好地收敛于某个值，说明采用 UKF 识别算法能够较好地识别出磁流变阻尼器 Bouc-Wen 模型参数。各参数初始估计值与收敛值见表 4.5。

表 4.5　模型各参数取值

参数	$k_0/(\mathrm{kN \cdot cm^{-1}})$	β	γ	x_0/cm	$\alpha/(\mathrm{kN \cdot cm^{-1}})$	$c_0/(\mathrm{kN \cdot cm^{-1}})$	A	n
初始值	8	7.3	7.7	0.1	70	8	10.3	3
收敛值	11	10	10	0.38	88	13	12	2

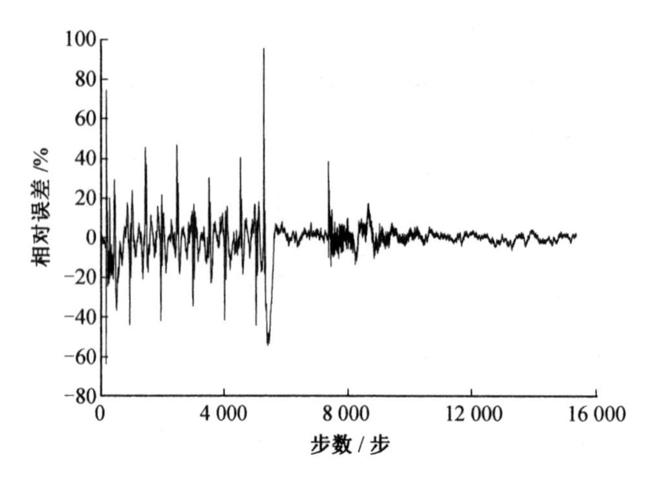

图 4.22 滞回曲线误差分析

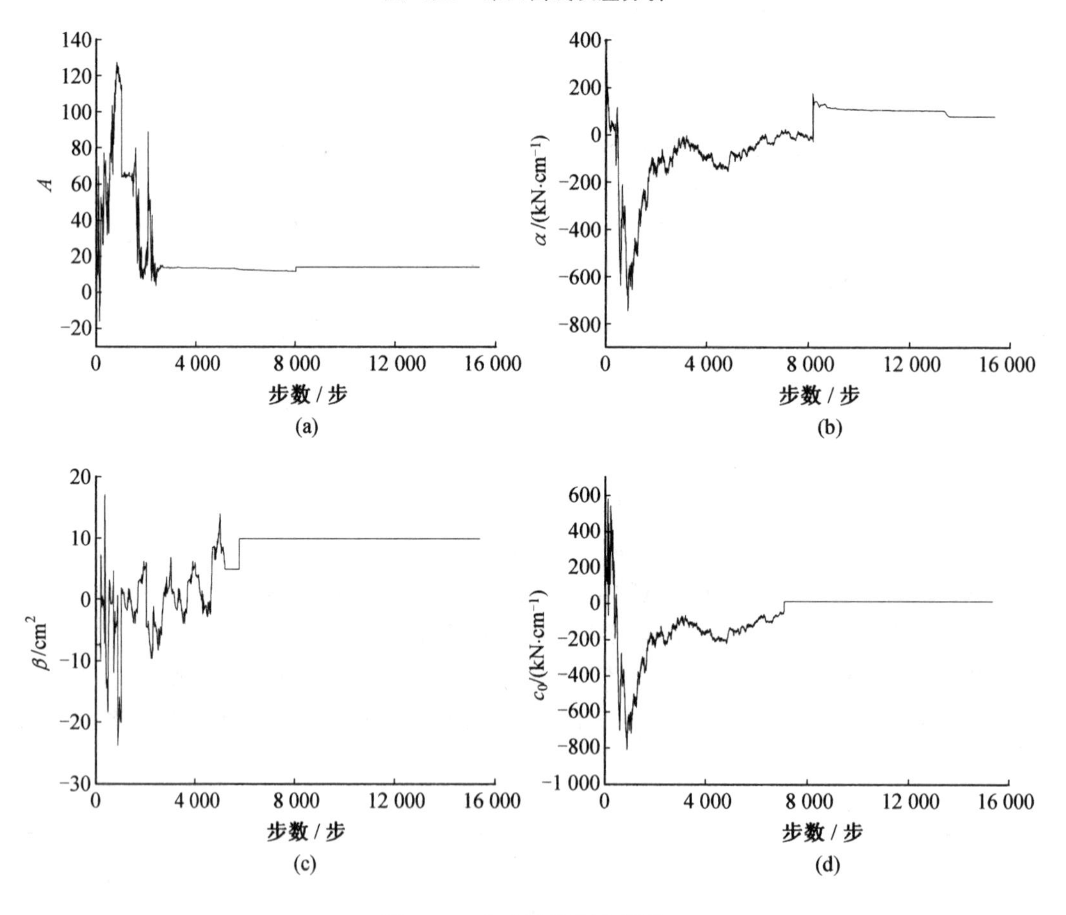

图 4.23 各参数识别曲线图

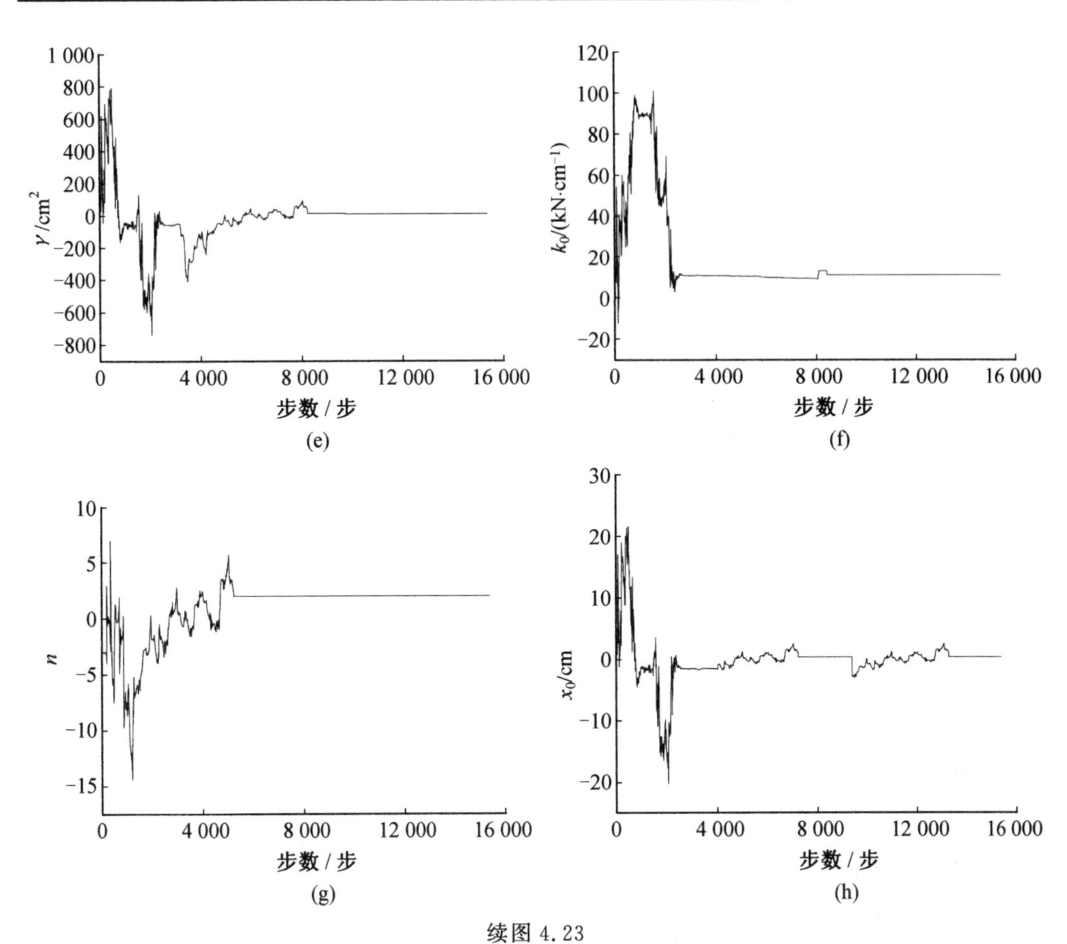

续图 4.23

为了验证识别出参数的正确性,利用另外一组试验数据进行验证。与上组试验采用相同的磁流变阻尼器与相同的电压,模型输入如图 4.24 所示。

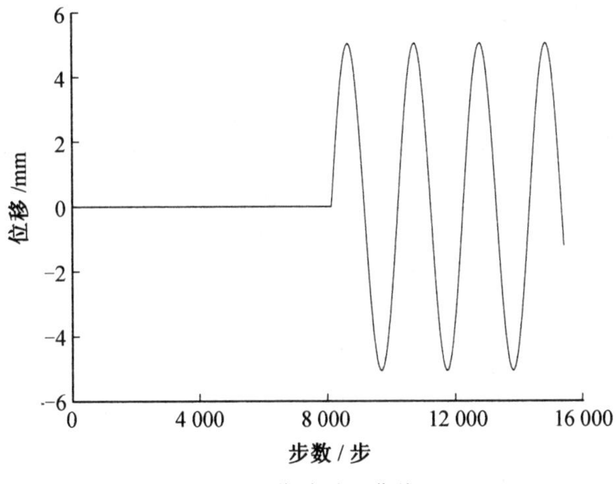

图 4.24　位移时程曲线

利用识别后的参数计算磁流变阻尼器的恢复力并与另外一组试验数据进行对比，如图 4.25 所示。从图 4.25 中可以看到，识别后的参数计算而得的恢复力能够很好地拟合出试验所得恢复力，从而验证了 UKF 识别算法对磁流变阻尼器的 Bouc-Wen 模型进行参数识别的有效性。

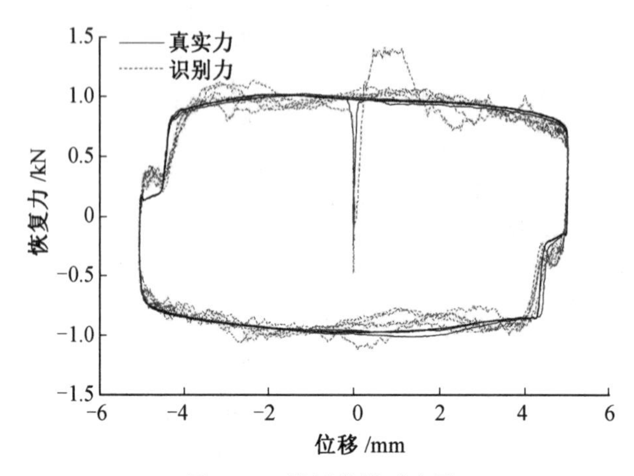

图 4.25　滞回曲线对比图

同样，为了比较滞回曲线的拟合程度，对滞回曲线对比图的误差进行分析，计算出每一步的真实值与识别值的差值与试验所得恢复力最大值的比值，得到如图 4.26 所示的误差分析图。

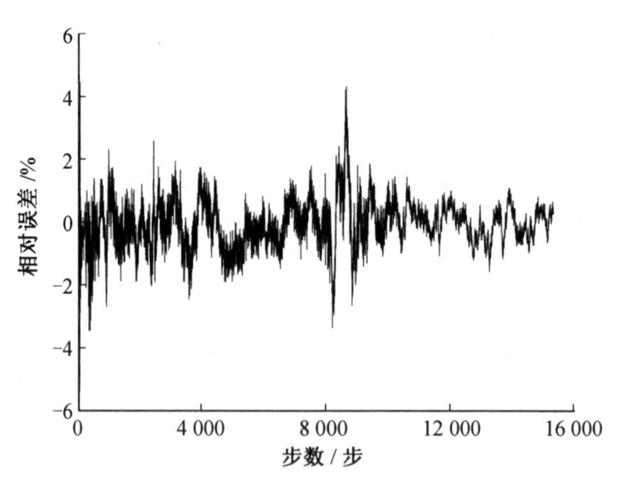

图 4.26　滞回曲线误差分析

从图 4.26 中可以看到，滞回曲线误差较小，并且误差幅值在 2%左右，平均误差为 0.08%。两组试验滞回曲线和误差分析，进一步验证了 UKF 识别算法对磁流变阻尼器的 Bouc-Wen 模型进行参数识别的有效性。

与 4.3.1 节 UKF 识别磁流变阻尼器的 Bouc-Wen 模型的数值验证相比，本节试验验证的误差稍大。因为 UKF 方法的本质是基于模型的识别算法，而模型的误差直接影响着识别的结果。

4.4　UKF 算法参数影响分析

为了对磁流变阻尼器进行在线模型更新混合试验，利用隐形卡尔曼滤波器进行参数识别。识别算法参数的合理选择是识别成功的重要保障。目前，很少有研究 UKF 识别 Bouc-Wen 模型时的算法参数对试验结果的影响。Song 和 Dyke(2014)进行了一个数值模拟试验，试验表明，在低噪声水平下，UKF 能够准确描述非线性系统的行为并能够通过识别模型参数实时更新模型，同时指出噪声水平直接影响着 UKF 识别的效果。在 20％均方根误差的噪声水平下，某些参数的误差甚至超过了 50％。为了能够成功地进行磁流变阻尼器的在线模型更新混合试验，有必要对 UKF 识别中的识别算法参数进行分析，选择合理的识别算法参数，为试验做好准备。

UKF 识别算法参数的分析包括其初始协方差矩阵 $\boldsymbol{P}$、过程噪声协方差矩阵 $\boldsymbol{Q}$ 以及观测噪声协方差矩阵 $\boldsymbol{R}$，它们需要在在线模型更新实时混合试验进行前确定，其敏感性都与初始估计值 $\boldsymbol{X}$ 有关。为了分析不同的初始估计值对识别算法参数的影响，本章将初始估计值 $\boldsymbol{X}$ 取四组值，分别代表 Bouc-Wen 模型参数的准确值、近似值、接近值和不准确值，见表 4.6。准确值即为 Bouc-Wen 模型的真实值；接近值以及不准确值为随机选定，它们满足调整后近似值相较于不准确值有着更小的误差。为了研究采用磁流变阻尼器 Bouc-Wen 模型时 UKF 系统识别算法参数的影响以及为后续在线模型更新试验做准备，采用合理的 UKF 识别算法参数显得尤为重要。所以，有必要对 UKF 进行识别算法参数的分析。本研究采用单自由度系统，以 El－Centro 地震波作为模型输入。系统参数以及模型参数见表 4.6。

表 4.6　初始估计值 $\boldsymbol{X}$ 的 4 组取值

Bouc-Wen 模型	准确值	近似值	接近值	不准确值
$k_0/(\mathrm{N\cdot cm^{-1}})$	25	15	38	40
β	100	73	70	129
γ	100	77	125	130
n	2	3	0.8	4
$\alpha/(\mathrm{N\cdot cm^{-1}})$	880	870	900	920
$c_0/(\mathrm{N\cdot cm^{-1}})$	50	40	58	60
A	120	103	100	130
x_0/cm	3.8	1	7	8

4.4.1　初始协方差矩阵

初始协方差矩阵 $\boldsymbol{P}$ 是一个 10×10 维的正方对角矩阵，其对角元素代表着初始估计值的误差水平。例如，(3,3)位置的元素便代表着初始估计状态量 $\boldsymbol{X}$ 的第三个元素，即 x_0 的初始估计误差水平。因此，对于识别算法参数分析，初始协方差矩阵的每个对角元素都需要分别讨论。通过改变初始估计值及其相应的初始协方差矩阵 $\boldsymbol{P}$ 来了解其识别效果。对于所有的初始协方差矩阵 $\boldsymbol{P}$ 的分析，过程噪声协方差矩阵设为 0，不考虑观测噪声，从而研究初始协方差矩阵 $\boldsymbol{P}$ 的影响。因此，通过磁流变阻尼器的 Bouc-Wen 模型计算的恢复力直接反馈给 UKF 计算模块而没有任何的模拟噪声，即观测噪声协方差矩阵 $\boldsymbol{R}$ 设为 0。

对于识别算法参数分析，$\boldsymbol{P}$ 的每一维对角元素都是独立迭代的。表 4.7 为基于图 4.27～4.34 的观察总结出 UKF 识别初始协方差矩阵 $\boldsymbol{P}$ 的影响规律。其中分别反映了 Bouc-Wen 模型 8 个参数的识别效果。研究磁流变阻尼器的 Bouc-Wen 模型的参数时发现，尽管有初始误差存在，它们最终都能很好地收敛于准确值。$\boldsymbol{P}$ 越大，收敛越快，但是同时其收敛曲线也波动更大。因此，在进行在线模型更新混合试验时需要将初始协方差矩阵 $\boldsymbol{P}$ 值限定在一个合理的范围内。

在不同的初始协方差矩阵 $\boldsymbol{P}$ 下，各参数的识别时程曲线如图 4.27～4.34 所示。其中，(a)(b)(c)分别代表初始估计为近似值、接近值、不准确值。

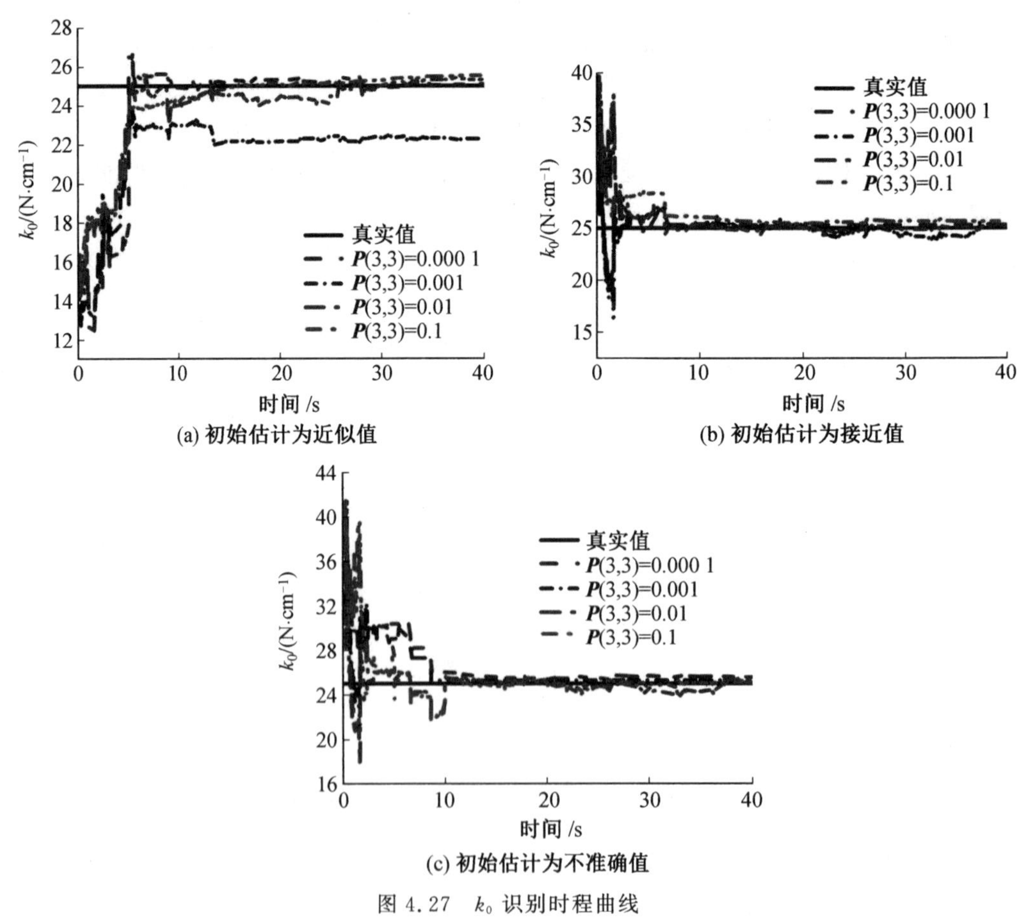

图 4.27　k_0 识别时程曲线

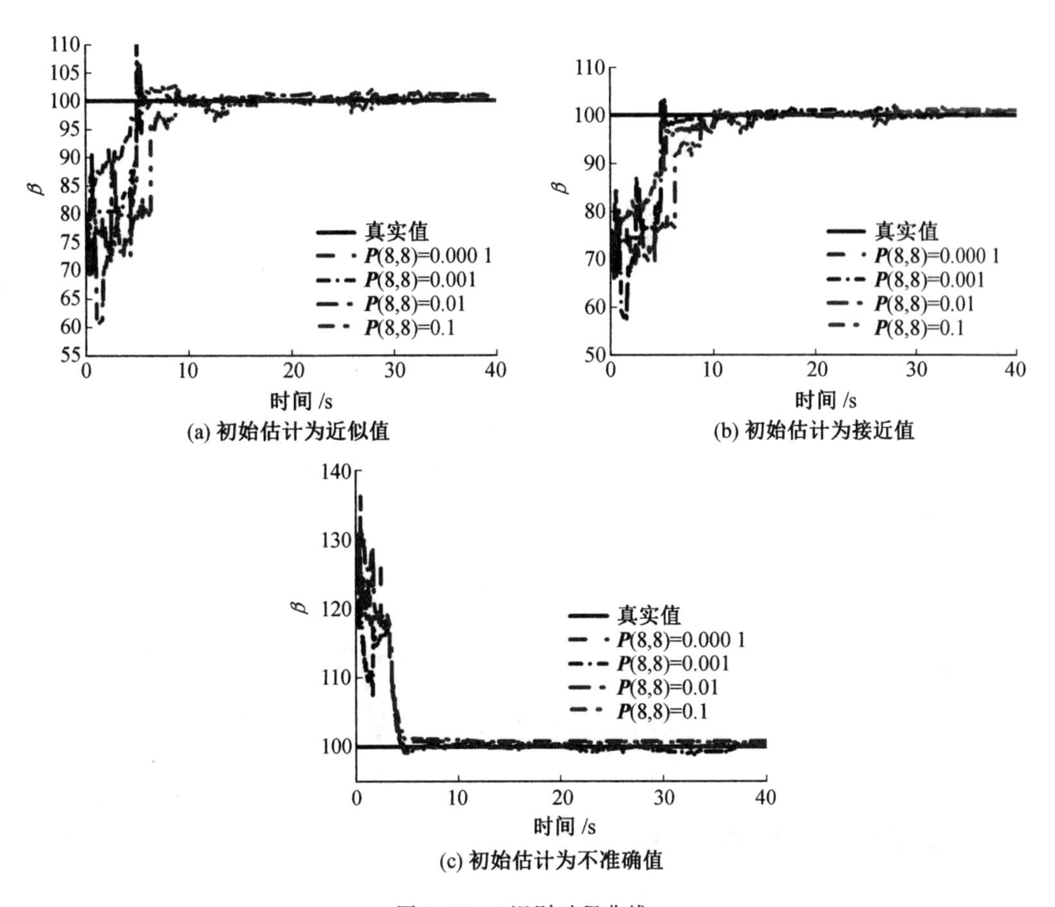

图 4.28　β 识别时程曲线

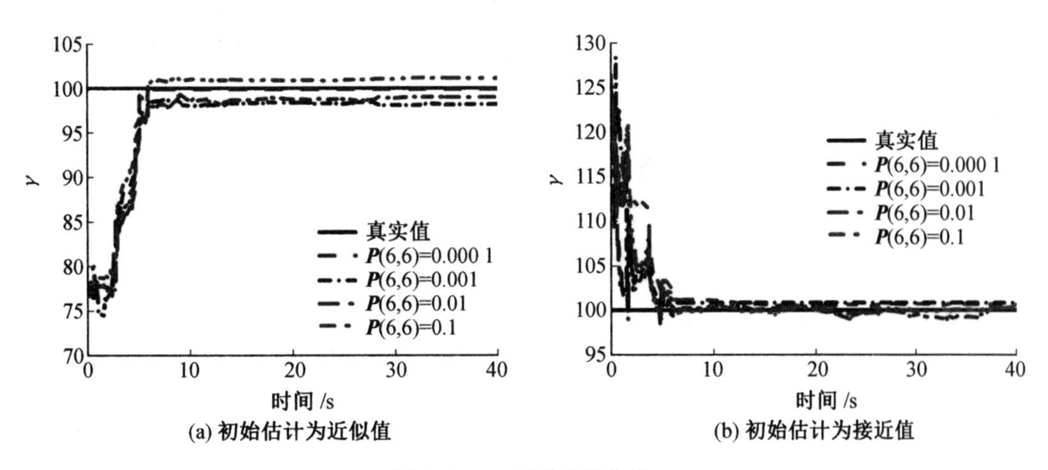

图 4.29　γ 识别时程曲线

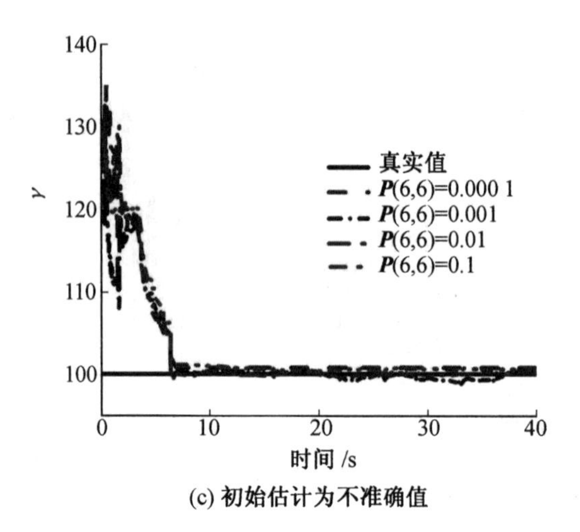

(c) 初始估计为不准确值

续图 4.29

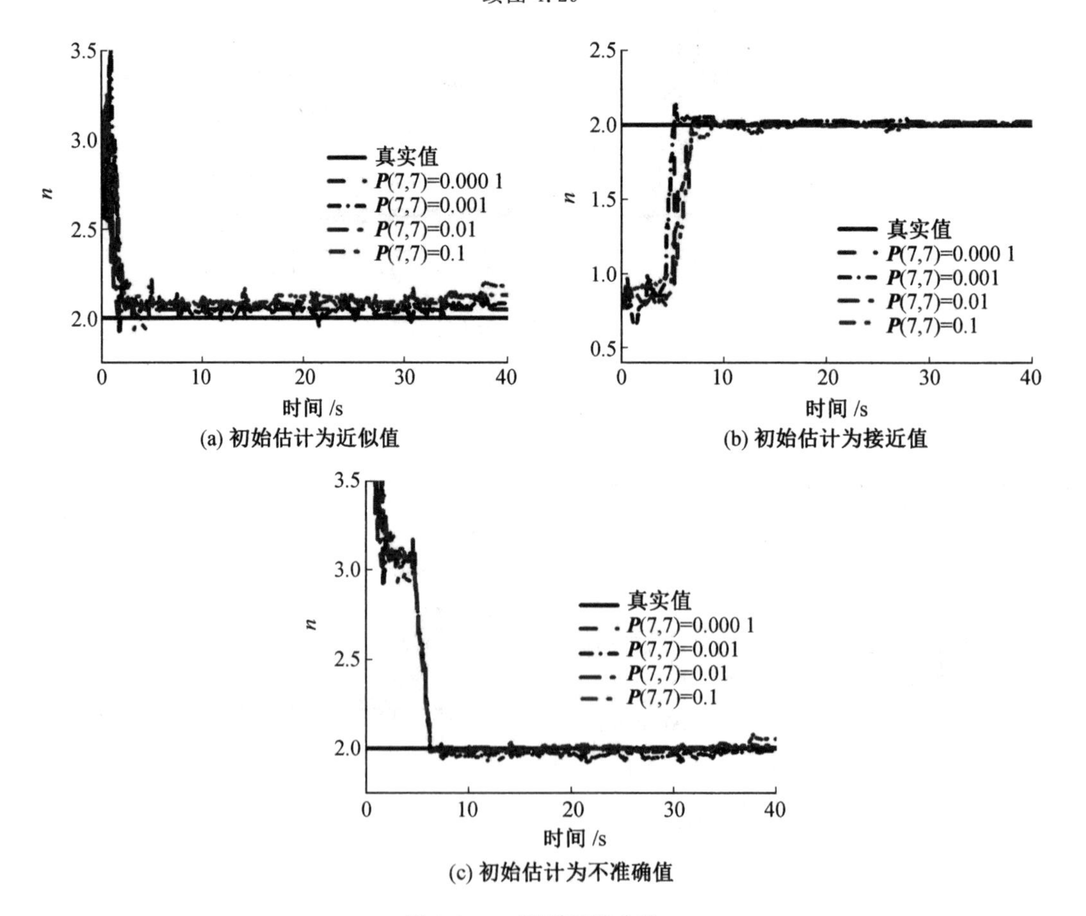

(c) 初始估计为不准确值

图 4.30　n 识别时程曲线

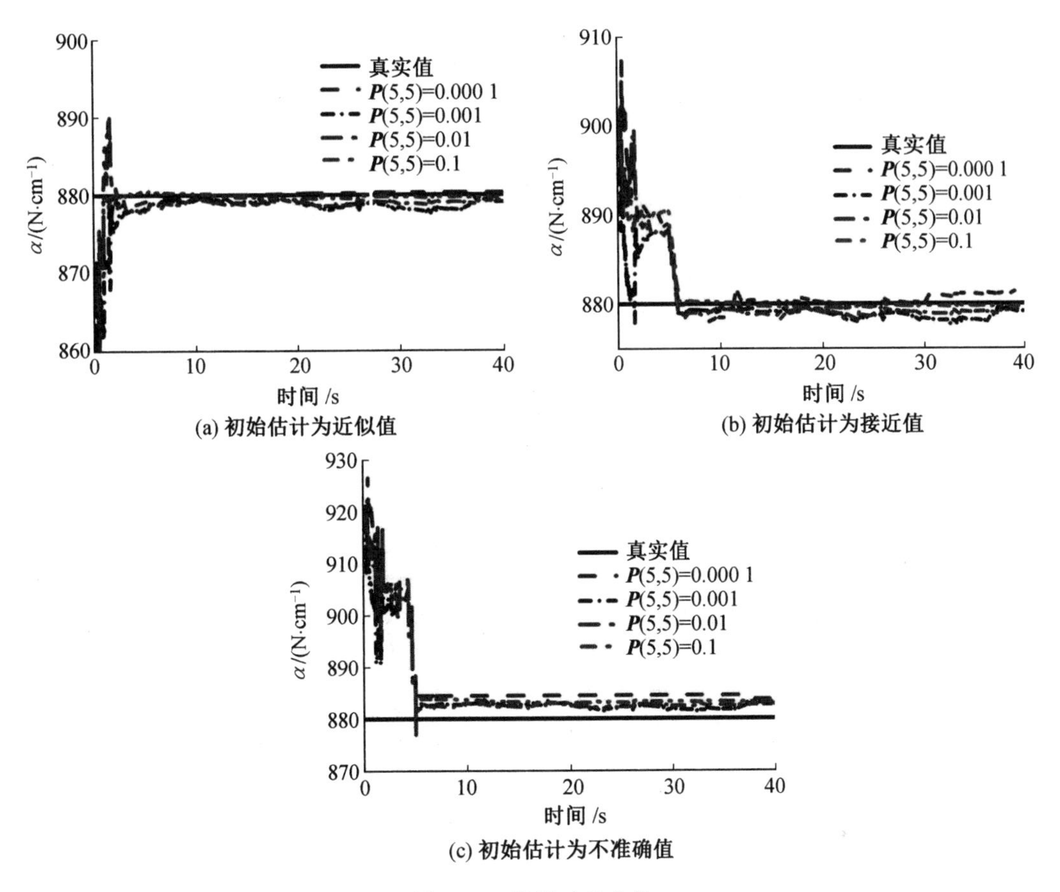

(a) 初始估计为近似值

(b) 初始估计为接近值

(c) 初始估计为不准确值

图 4.31　识别时程曲线

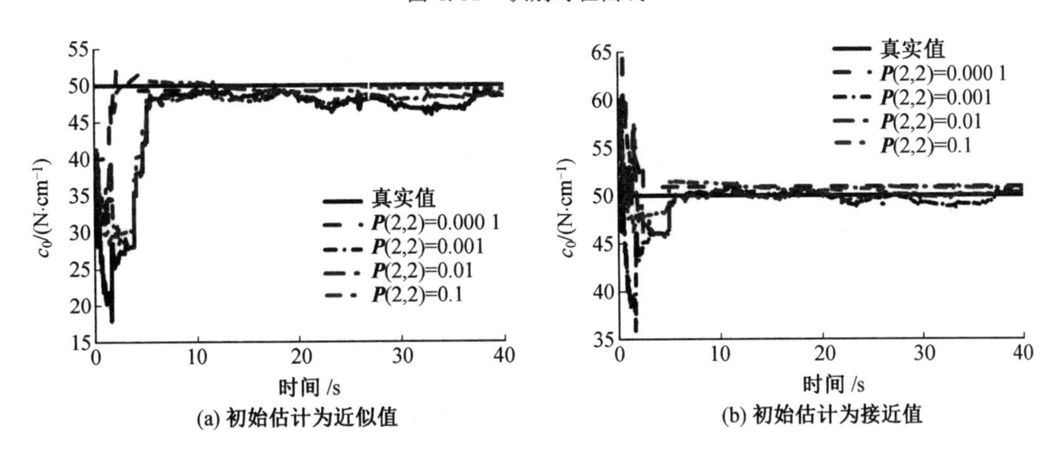

(a) 初始估计为近似值

(b) 初始估计为接近值

图 4.32　c_0 识别时程曲线

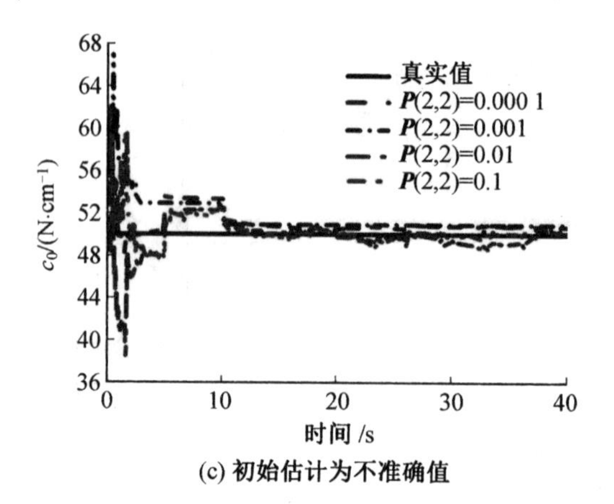

(c) 初始估计为不准确值

续图 4.32

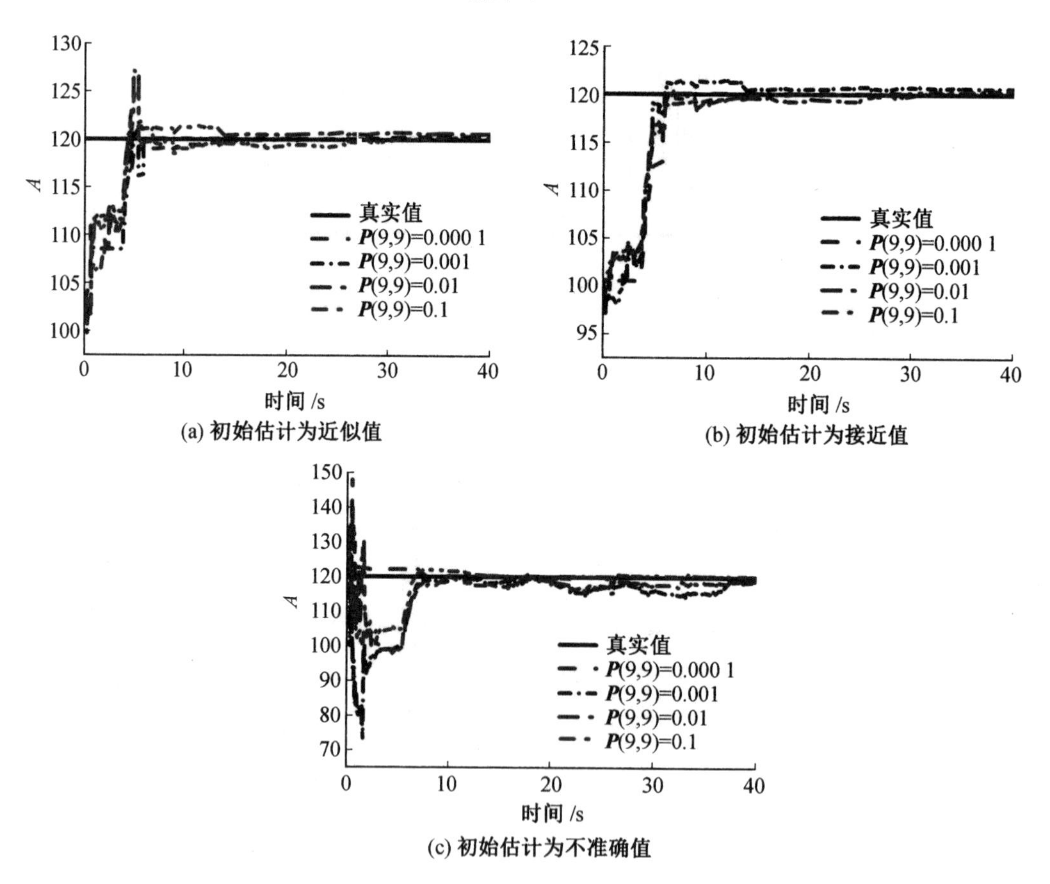

(a) 初始估计为近似值

(b) 初始估计为接近值

(c) 初始估计为不准确值

图 4.33　A 的识别时程曲线

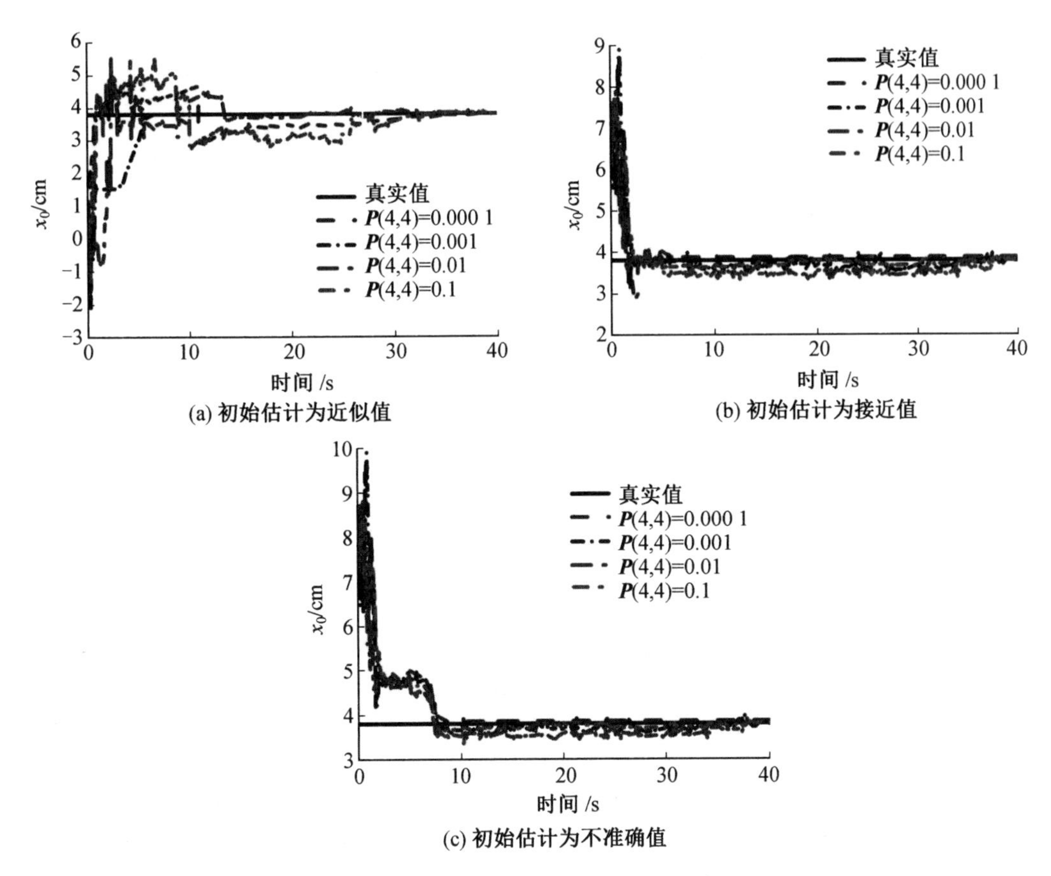

图 4.34　x_0 模型各参数在不同 $\boldsymbol{P}$ 下的识别时程曲线

为了研究初始协方差矩阵 **P** 取值的不同对识别效果的影响，本章分别采取了四组不同的 **P** 值横向比较，它们分别为 $\boldsymbol{P}=0.1$、$\boldsymbol{P}=0.01$、$\boldsymbol{P}=0.001$、$\boldsymbol{P}=0.0001$。对于同一组初始估计 **X** 值，通过不同的 **P** 值，可以了解到 **P** 对识别结果的影响规律。本章还分析了在不同初始估计 **X** 的情况下 **P** 的影响规律以进行纵向比较。不同的初始估计值取值见表4.6。结果表明，当 **X** 的初始估计为近似值时，不同的初始协方差矩阵 **P** 取值与 **X** 的初始估计为准确值时的收敛误差为[0.07，0.55，0.28，0.32]。当 **X** 的初始估计为接近值时，识别收敛的误差为[0.30，0.60，0.30，0.35]。当 **X** 的初始估计为不准确值时，识别收敛的误差为[0.38，0.66.0.39，0.43]。这表明，当无法得到初始估计的准确值时，采用越接近准确值的估计用于试验越好。接近于初始估计的值通常可以通过之前的试验或者结构系统的理论分析得到。

由图 4.27～4.34 以及表 4.7 可知，最后 **P** 的推荐取值为

$$\boldsymbol{P}=\mathrm{diag}(10^{-4}\ \ 10^{-3}\ \ 10^{-4}\ \ 10^{-4}\ \ 10^{-4}\ \ 10^{-4}\ \ 10^{-5}\ \ 10^{-4}\ \ 10^{-5}\ \ 10^{-2})$$

表 4.7　$\boldsymbol{P}$ 的取值对于识别效果的影响

Bouc-Wen 参数	对比结论
所有参数	识别结果与初始估计值(近似值、接近值、不准确值)以及初始协方差的取值无影响; 初始协方差 $\boldsymbol{P}$ 取值越大,收敛越快,但是当初始估计本来就比较接近真实值时,会很震荡; 越信任初始估计 $\boldsymbol{X}$,$\boldsymbol{P}$ 取值应该越小
k_0	考虑到收敛速度与精度,推荐取值为 $\boldsymbol{P}(3,3)=0.000\ 1$
β	根据对图的大致观察,可以得出 $\boldsymbol{P}(8,8)=0.000\ 1$,所以推荐取值为 $\boldsymbol{P}(8,8)=0.000\ 1$
γ	根据对图的大致观察,考虑到收敛速度与精度,推荐取值为 $\boldsymbol{P}(6,6)=0.000\ 1$
n	考虑到收敛速度与精度,推荐取值为 $\boldsymbol{P}(7,7)=0.000\ 01$
α	考虑到收敛速度与精度,推荐取值为 $\boldsymbol{P}(5,5)=0.000\ 1$
c_0	考虑到收敛速度与精度,推荐取值为 $\boldsymbol{P}(2,2)=0.001$
A	考虑到收敛速度与精度,推荐取值为 $\boldsymbol{P}(9,9)=0.000\ 1$
x_0	考虑到收敛速度与精度,推荐取值为 $\boldsymbol{P}(4,4)=0.000\ 1$

4.4.2　过程噪声协方差矩阵

UKF 系统模型的过程噪声协方差矩阵 $\boldsymbol{Q}$ 是一个 10×10 维的正方对角矩阵。每一个对角元素都代表着与其初始估计相对应的过程噪声。总体来说,某个参数若是常量,则其噪声为 0。相反地,若参数为变量,则其过程噪声为一个非零值且反映着参数的变化水平。在参数研究中,滞回位移 z 因其在每个时间步中计算得到,所以其为动态的变量。然而其余参数 c_0、k_0、x_0、α、β、γ、n、A 认为是不变的常量。这表明,过程噪声协方差矩阵的(1,1)维元素必为非 0 元素,同时,过程噪声协方差矩阵的(10,10)维元素为恢复力,所以也为非 0 元素,而其他维元素则为 0 元素。

UKF 识别时过程噪声矩阵 $\boldsymbol{Q}(1,1)$ 的影响通过表 4.6 的四种初始估计来对比。对于所有的数值模拟,最优的初始估计协方差矩阵 $\boldsymbol{P}$ 的取值在上部分已经确定。不考虑观测噪声,所以设观测噪声为 0。图 4.35～4.42 展示了在准确值、近似值以及不准确值的初始估计,过程噪声协方差矩阵从 10^{-21}～10^{-8} 之间变化的参数的识别曲线图。如果 $\boldsymbol{Q}(1,1)$ 小于图中的值,$\boldsymbol{P}$ 在迭代数步后会变成负值,UKF 程序会报错,这便意味着 $\boldsymbol{Q}$ 不能太小,太小不能反映 z 的变化,程序会报错。$\boldsymbol{Q}$ 值随着初始估计与准确值的差值改变而改变。综上所述,初始估计的误差越大,UKF 迭代中计算的过程噪声也就越大,过程噪声协方差矩阵 $\boldsymbol{Q}$ 值也就越大。本章采取初始估计 $\boldsymbol{X}$ 分别准确值、近似值、不准确值以进行纵向对比,过程噪声矩阵 $\boldsymbol{Q}$ 的取值分别为 10^{-21}、10^{-12}、10^{-9}、10^{-8} 以作横向对比,在不同

的过程噪声矩阵 $\boldsymbol{Q}$ 下，各参数的识别时程曲线如图 4.35～4.42 所示。其中，(a)(b)(c)分别代表初始估计为近似值、接近值、不准确值。

通常来说，$\boldsymbol{Q}(1,1)$ 的取值能够在较大范围内产生合理的参数识别收敛效果，表明 UKF 的鲁棒性。然而，通过观察得出，$\boldsymbol{Q}$ 越大，收敛速度与精度越低。另外，不准确的初始估计会导致收敛于错误的准确值。因此，为了保证试验的稳定性，需采用合理的初始参数估计值。观察近似初始估计的识别曲线，当 $\boldsymbol{Q}(1,1)=10^{-8}$ 时，能够很好地收敛且没有造成其他参数的过大震荡。

滞变位移 z 对应的过程噪声 $\boldsymbol{Q}(1,1)$ 的选择取决于单自由度系统以及其输入的激励。此处所确定的 $\boldsymbol{Q}$ 的最优值只适用于本单自由度系统，然而这种确定最优过程噪声 $\boldsymbol{Q}$ 取值的方法也同样适用于其他研究。

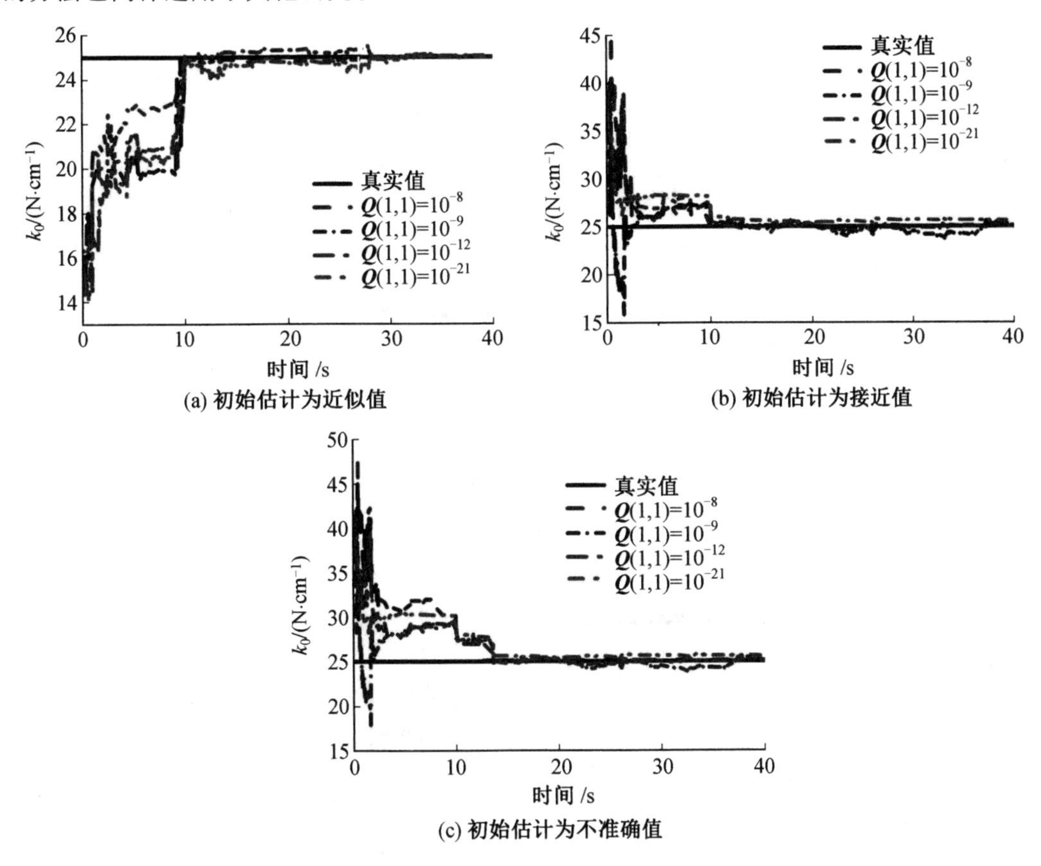

图 4.35　k_0 识别时程曲线

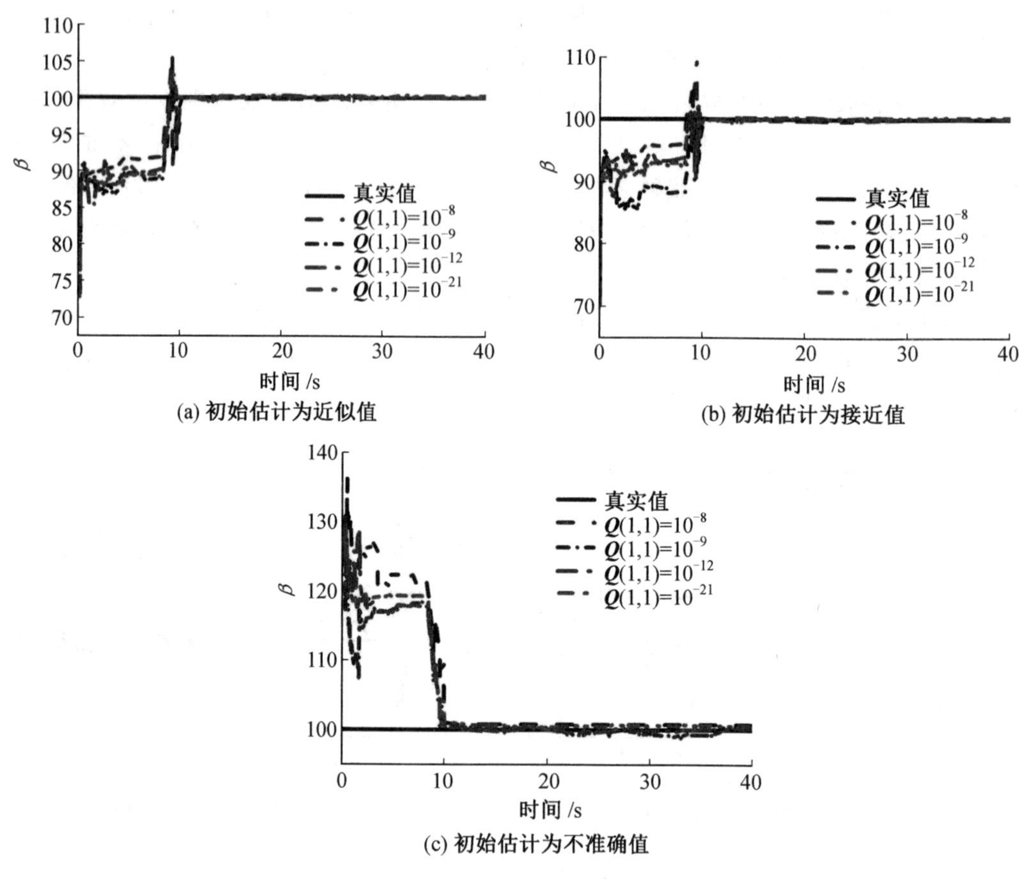

(a) 初始估计为近似值

(b) 初始估计为接近值

(c) 初始估计为不准确值

图 4.36　β识别时程曲线

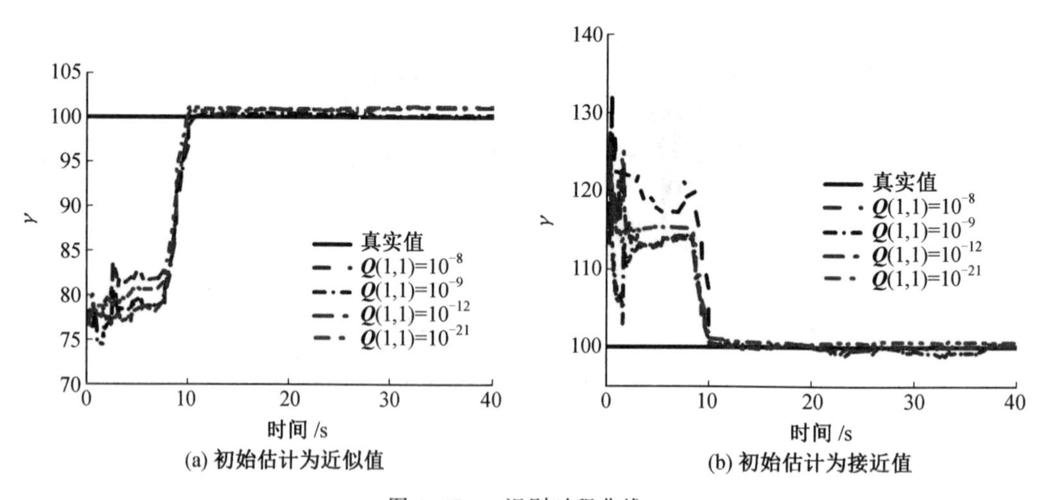

(a) 初始估计为近似值

(b) 初始估计为接近值

图 4.37　γ识别时程曲线

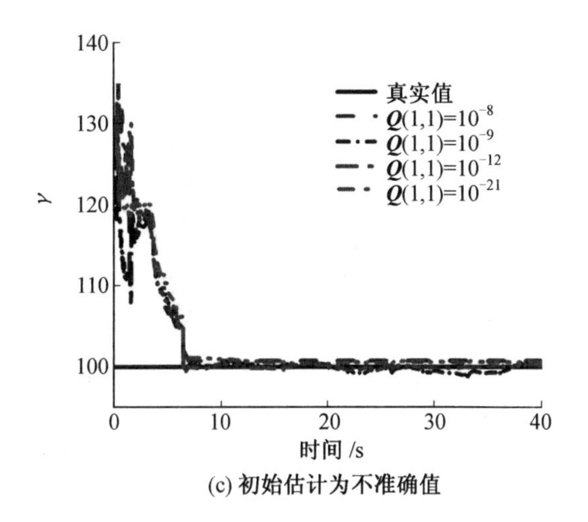

(c) 初始估计为不准确值

续图 4.37

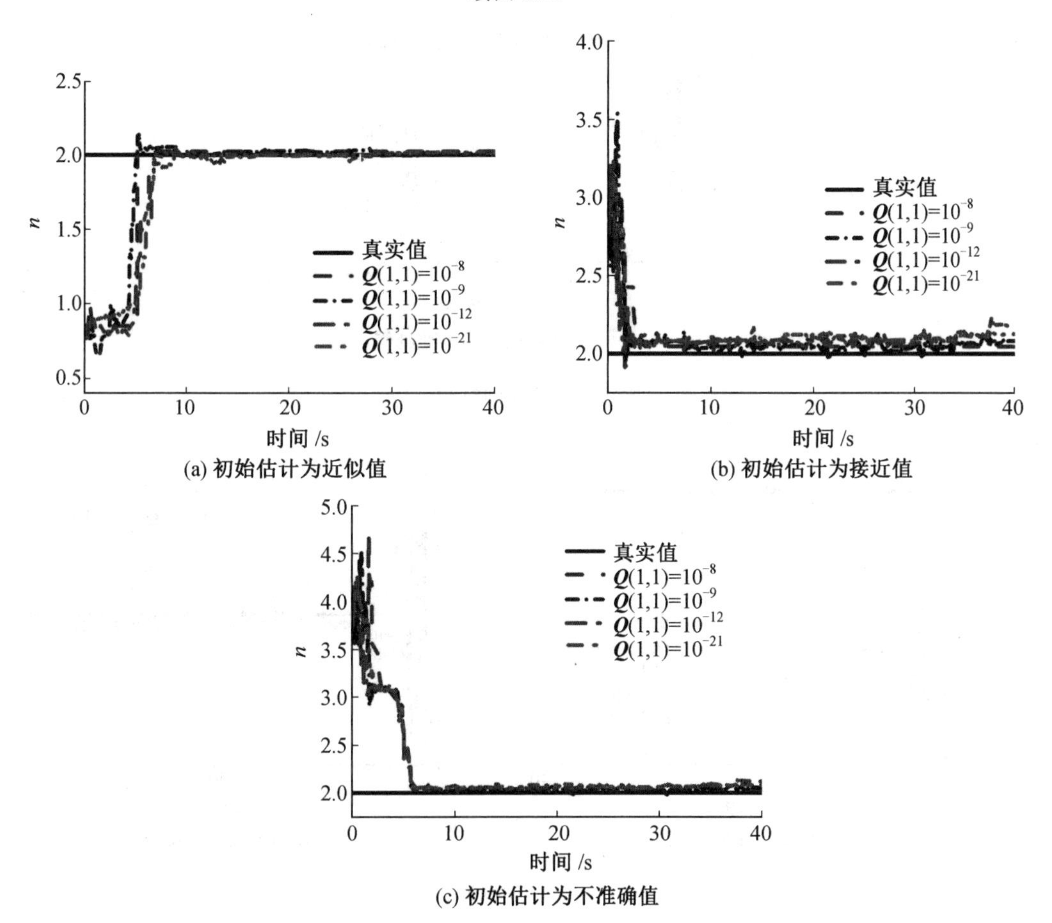

(a) 初始估计为近似值

(b) 初始估计为接近值

(c) 初始估计为不准确值

图 4.38　n 识别时程曲线

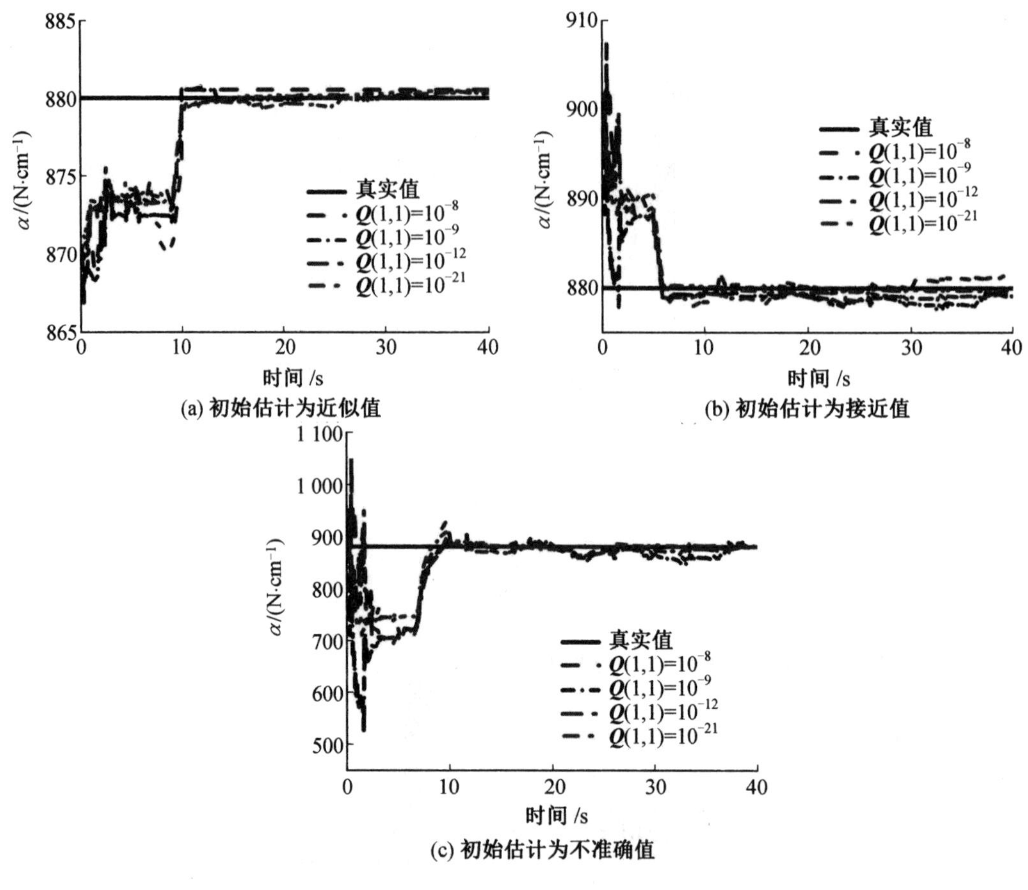

图 4.39　α 识别时程曲线

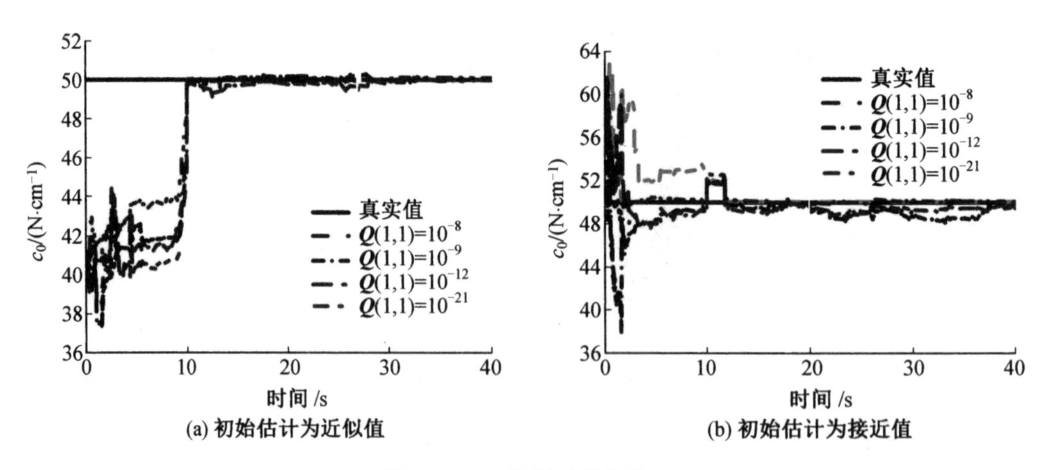

图 4.40　c_0 识别时程曲线

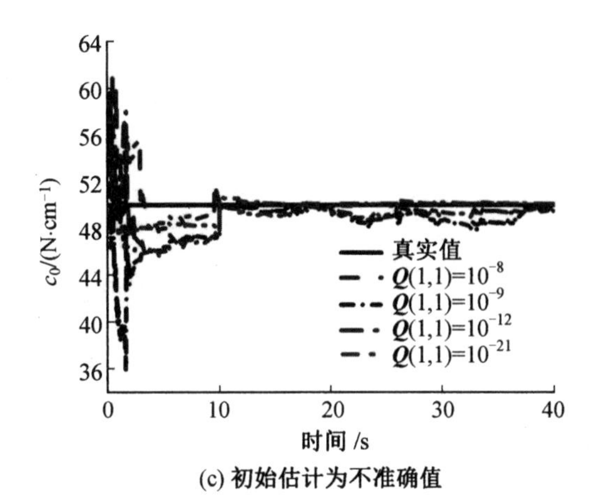

续图 4.40

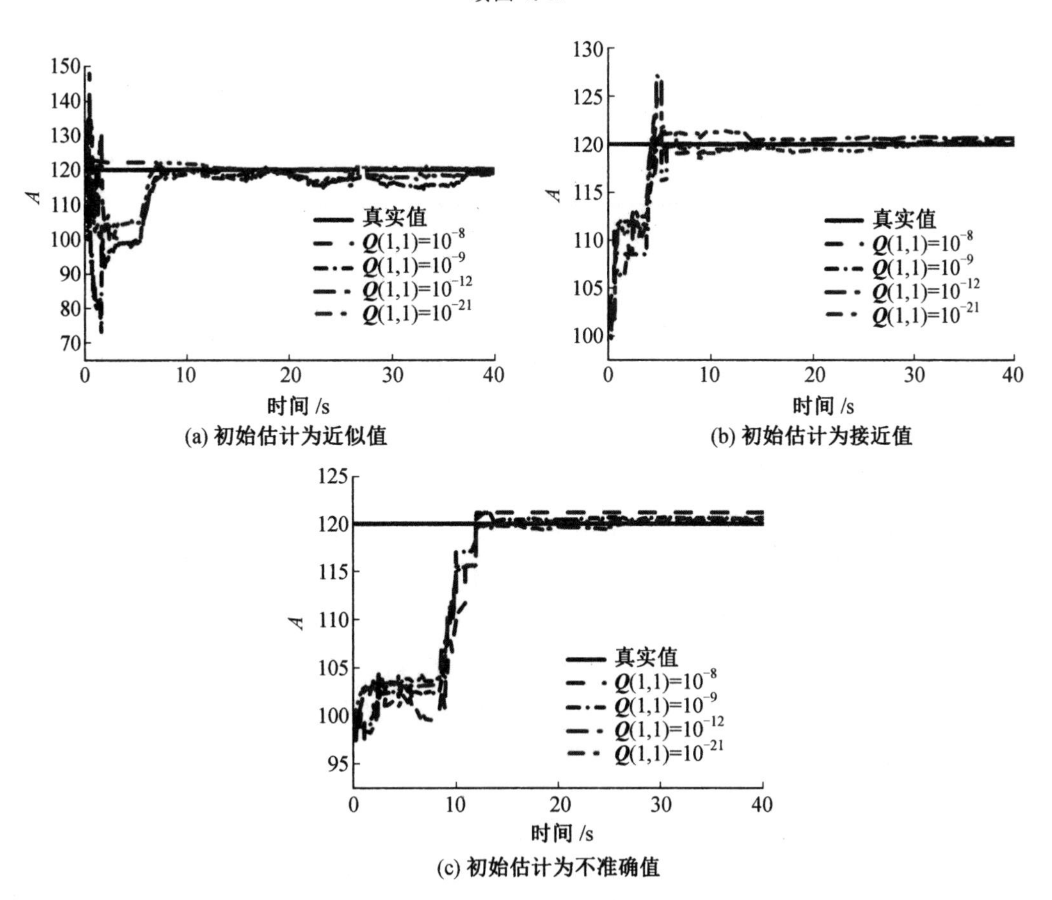

图 4.41　A 识别时程曲线

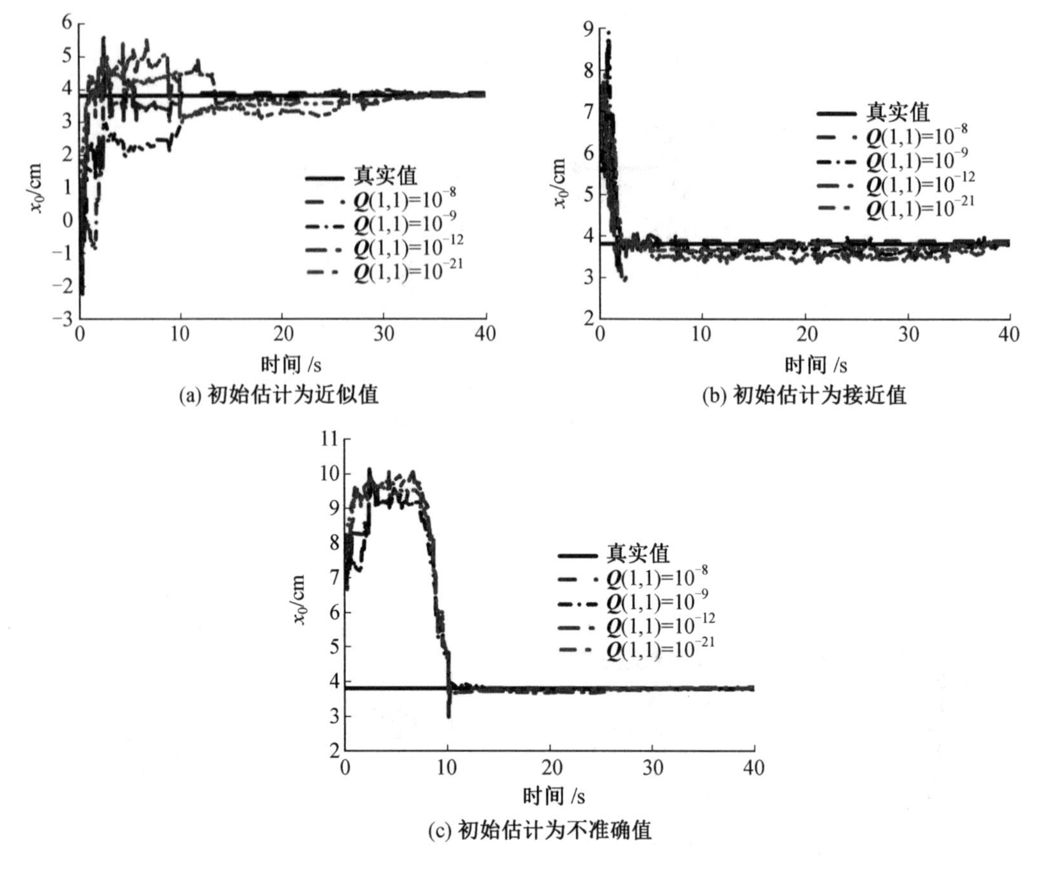

图 4.42　x_0 识别时程曲线

4.4.3　观测噪声协方差矩阵

本研究的单自由度系统磁流变阻尼器的 Bouc-Wen 滞回模型只有一个观测值，即恢复力。因此，观测噪声协方差矩阵也为 1×1 维矩阵。观测噪声协方差代表了恢复力测量值 f 的噪声水平。在实时混合试验中，恢复力的观测噪声取决于加载系统以及数据采集系统。因此，此部分的观测噪声的参数分析只期望得到的是观测噪声协方差矩阵 $\boldsymbol{R}$ 对识别收敛效果的影响。在 $\boldsymbol{R}=10^{-9}\sim10^{-3}$ 范围内改变观测噪声协方差来观察观测噪声协方差矩阵 $\boldsymbol{R}$ 的影响，其相应的最优初始协方差矩阵 $\boldsymbol{P}$ 以及过程噪声协方差矩阵 $\boldsymbol{Q}$ 都采用上文所讨论的值。

当采用初始估计的近似值时，每个参数的识别收敛时程如图 4.43 所示。总体来说，当观测噪声初始协方差矩阵采用真实噪声水平 10^{-5} 时，收敛识别效果最好。如果噪声协方差矩阵值过大($\boldsymbol{R}=10^{-3}$)，识别效果的影响很小。但是如果噪声协方差矩阵值过小($\boldsymbol{R}=10^{-9}$)，收敛的效果明显不好。另外，可以观察到，与样本刚度有关的两个参数 k、α 及 γ 基本没有被观测噪声的取值所影响，而是很快收敛于真实值。然而参数 β、n 对于观测噪声的估计值便较为敏感，如果过低地估计观测噪声水平，例如 $\boldsymbol{R}=10^{-9}$，它们便不能很好地收敛于真实值。因此，当不能可靠地准确估计观测噪声水平时，建议尽量采取较大的噪声水平估计值。对于本试验，$\boldsymbol{R}=10^{-3}$ 认为是最优的一个观测噪声的估计值。

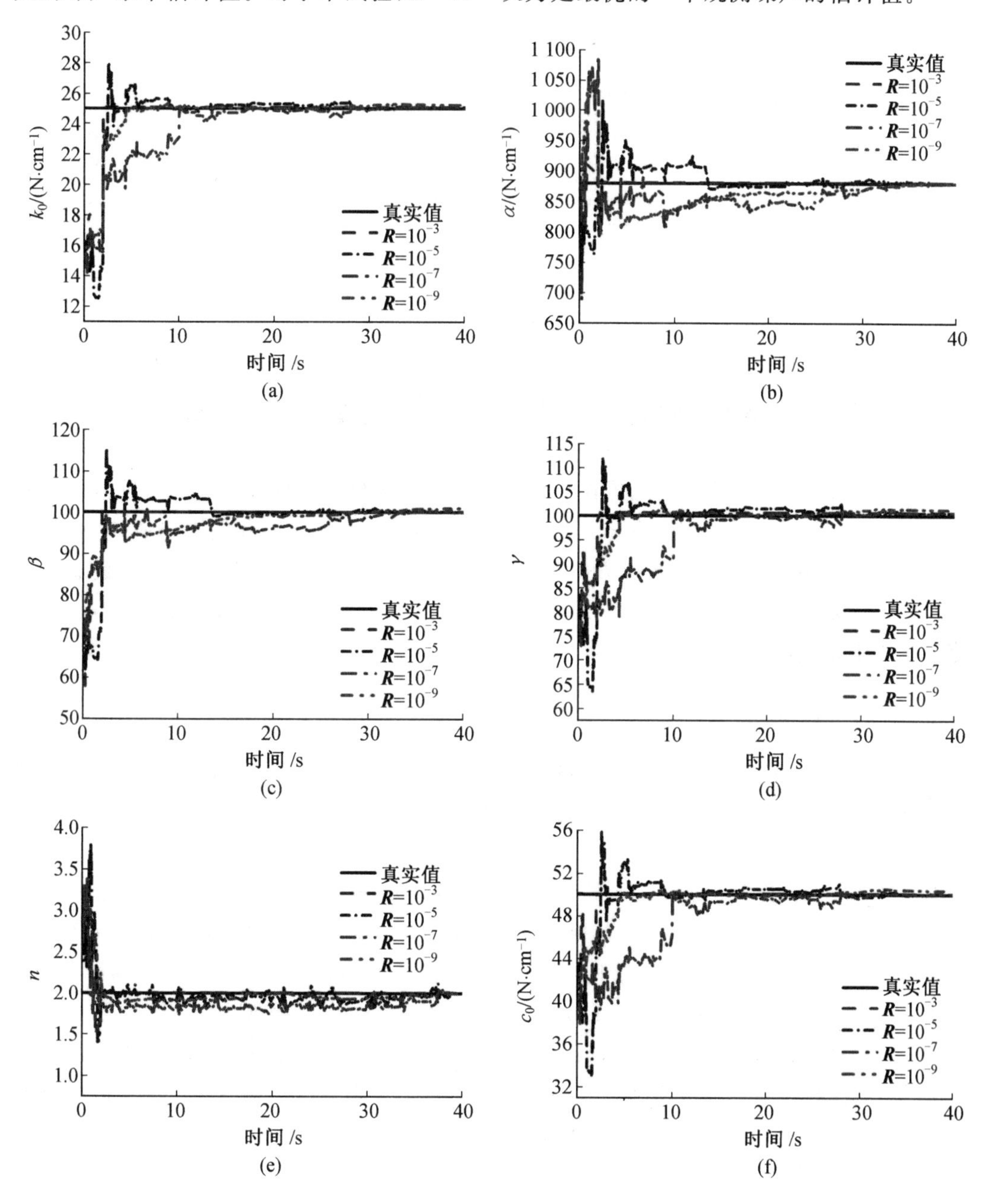

图 4.43　模型各参数在不同 $\boldsymbol{R}$ 下的识别时程曲线

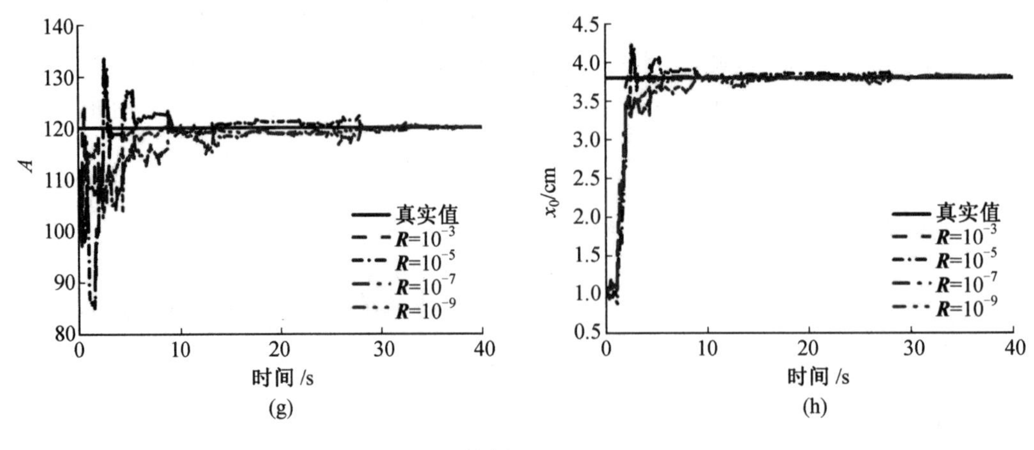

续图 4.43

4.5　基于 UKF 磁流变阻尼器模型更新混合试验数值仿真

本节基于 UKF 磁流变阻尼器在线模型更新混合试验研究装有磁流变阻尼器的结构在地震作用下的响应。在传统混合试验中，数值子结构的模型是事先假定的，存在模型参数误差。采用在线模型更新的方法便能够在实时混合试验进程中不断改善数值子结构的模型。基于磁流变阻尼器试验观测数据，采用 UKF 算法识别模型参数，然后更新数值子结构中阻尼器模型参数。

4.5.1　参数设置

以一个两层装有磁流变阻尼器的框架结构为对象，进行基于 UKF 的在线模型更新混合试验数值仿真。其中第一层为试验子结构，第二层为数值子结构，如图 4.44 所示。

假定主体框架结构在试验过程中仍处于线性状态，层间安装磁流变阻尼器，试验子结构为下层磁流变阻尼器，其余部分作为数值子结构进行模拟。模型方程采用式(4.14)。框架结构参数为 $M_{N1}=M_{N2}=1\ 800$ t，$K_{N1}=K_{N2}=70\ 000$ kN/cm，$C_{N1}=C_{N2}=1\ 500$ kN/(cm · s^{-1})。支撑的结构参数为 $k_0=25$ kN/cm，$\beta=100$，$\gamma=100$，$n=2$，$\alpha=880$ kN/cm，$c_0=50$ kN/cm，$A=120$ kN/cm，$x_0=3.8$ cm。模型输入为 El－Centro (1940，NS)地震记录。以四阶 Runge-Kutta 算法作为本次仿真的积分算法，积分步长为 0.01 s。支撑与楼面的夹角均为 30°。利用 UKF 模型更新算法识别试验子结构的模型的重要参数 k_0、β、γ、n、α、c_0、A、x_0。观测量选用试验子结构的恢复力。试验子结构的状态方程和观测方程如式(4.24)、式(4.25)所示。

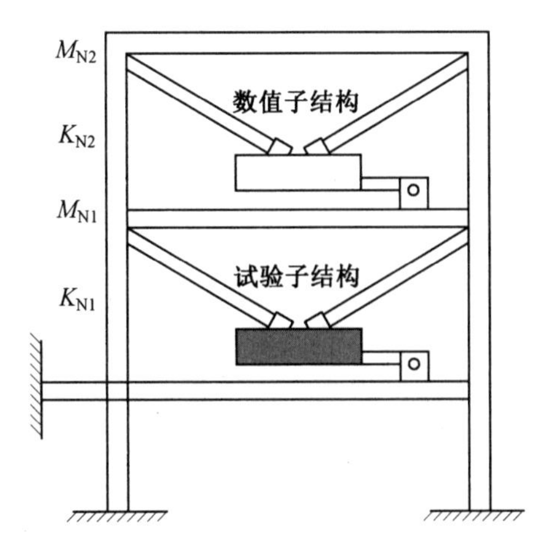

图 4.44　结构原型

$$\dot{\boldsymbol{X}}=\begin{bmatrix}\dot{x}_1\\ \dot{x}_2\\ \dot{x}_3\\ \dot{x}_4\\ \dot{x}_5\\ \dot{x}_6\\ \dot{x}_7\\ \dot{x}_8\\ \dot{x}_9\\ \dot{x}_{10}\end{bmatrix}=\begin{bmatrix}\dot{z}\\ \dot{c}_0\\ \dot{k}_0\\ \dot{x}_0\\ \dot{\alpha}\\ \dot{\gamma}\\ \dot{n}\\ \dot{\beta}\\ \dot{A}\\ \dot{R}\end{bmatrix}=\begin{bmatrix}-\gamma|\dot{u}|z\;|z|^{n-1}-\beta\dot{u}\;|z|^{n}+A\dot{u}\\ 0\\ 0\\ 0\\ 0\\ 0\\ 0\\ 0\\ 0\\ c_0\dot{u}+k_0(u-x_0)+\alpha z\end{bmatrix}$$

$$=\begin{bmatrix}-x_6|\dot{u}|x_1\;|x_1|^{x_7-1}-x_8\dot{u}\;|x_1|^{x_7}+x_9\dot{u}\\ 0\\ 0\\ 0\\ 0\\ 0\\ 0\\ 0\\ 0\\ x_2\dot{u}+x_3(u-x_4)+x_5x_1\end{bmatrix}\tag{4.24}$$

$$\boldsymbol{y}_{k+1}=R_{k+1}=h(x_{k+1},u_{k+1})+w_{k+1}=x_{2,k+1}\dot{u}_{k+1}+x_{3,k+1}(u_{k+1}-x_{4,k+1})+x_{5,k+1}x_{1,k+1}+w_{k+1} \tag{4.25}$$

初始协方差矩阵以及噪声矩阵的选取如式(4.26)～(4.28)所示。

$$\boldsymbol{P}^0=[10^{-4}\ \ 10^{-3}\ \ 10^{-4}\ \ 10^{-4}\ \ 10^{-4}\ \ 10^{-4}\ \ 10^{-5}\ \ 10^{-4}\ \ 10^{-5}\ \ 10^{-2}]\times\boldsymbol{I}_{10} \tag{4.26}$$

$$\boldsymbol{Q}^0=[10^{-8}\ \ 0\ \ 0\ \ 0\ \ 0\ \ 0\ \ 0\ \ 0\ \ 0\ \ 10^{-8}]^{\mathrm{T}} \tag{4.27}$$

$$\boldsymbol{R}=10^{-3}\times\boldsymbol{I}_{10} \tag{4.28}$$

在试验过程中,每个积分步长内都需要实现两个模型的更新,一是在参数识别算法中完成模型更新,这是采用在线递推识别算法决定的;二是同时要实时更新数值子结构模型,这也是模型更新混合试验中模型更新与传统模型更新的主要差别。

本章通过三种试验以验证基于 UKF 的磁流变阻尼器的模型试验方法的有效性。假定数值子结构和试验子结构的力学模型一样,都选定为磁流变阻尼器的 Bouc-Wen 模型。在三种类型的混合试验数值仿真中,试验子结构模型采用模型参数的真实值,以代表真实的物理试验。数值子结构模型参数的取值则各不相同,分别如下。

(1)真实混合试验:模型参数采用真实值,其数值模拟结果代表真实试验的试验结果,在结果分析的图中用“Exact”表示。

(2)传统混合试验:模型参数采用初始估计值,其数值模拟结果代表传统混合试验的试验结果,在结果分析的图中用“Conventional”表示。

(3)基于 UKF 的磁流变阻尼器在线模型更新数值模拟:模型参数将由 UKF 算法识别并在每个时间步中更新,其数值模拟结果代表本章提出的试验方法试验结果,在结果分析的图中用“UKF”表示。

4.5.2　结果分析

图 4.45(a)、图 4.45(b)分别为试验子结构和数值子结构的位移时程曲线,可以看到,传统混合试验在第 5 s 时开始出现偏移,与真实值有所出入,并且随着时间的增加并没有减弱的趋势;而采用基于 UKF 的在线实时更新混合试验数值仿真与真实混合试验的位移反应能够较好地吻合。

表 4.8 给出了试验子结构与数值子结构的位移时程误差分析。表中,$x_{1\max}$代表试验子结构的位移最大值,$x_{1\min}$代表试验子结构的位移最小值;$x_{2\max}$代表数值子结构的位移最大值,$x_{2\min}$代表数值子结构的位移最小值。从表 4.8 可以看到,传统混合试验不论是试验子结构还是数值子结构,最大值还是最小值的相对误差都远远超过了基于 UKF 的磁流变阻尼器的模型更新混合试验的误差值。基于 UKF 的磁流变阻尼器的模型更新混合试验的相对误差很小,基本都在 1%以内,较传统混合试验相对误差减小了 97%以上。

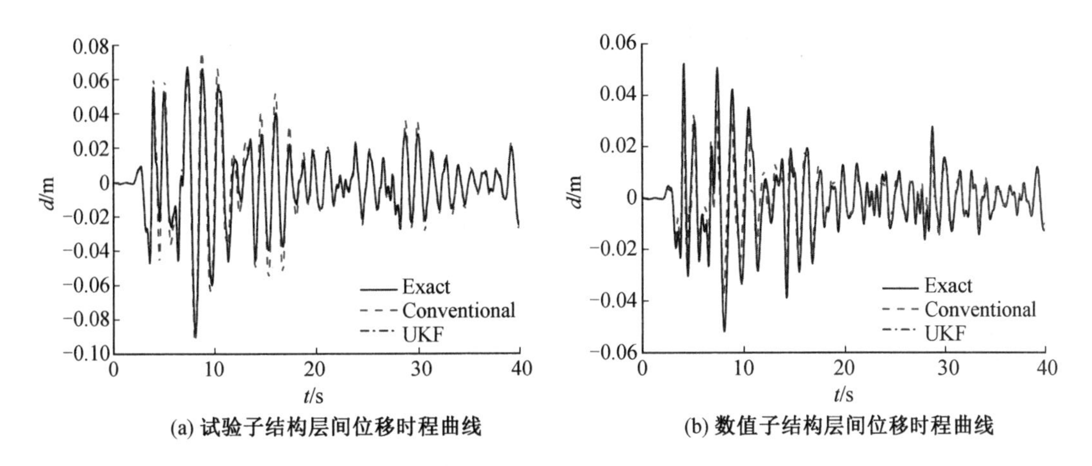

(a) 试验子结构层间位移时程曲线　(b) 数值子结构层间位移时程曲线

图 4.45　层间位移时程曲线

表 4.8　位移时程曲线误差分析

位移	真实值	传统混合试验	相对误差	基于 UKF 的混合试验	相对误差
$x_{1\max}$	0.067 3	0.076 1	12.9%	0.067 2	0.19%
$x_{1\min}$	−0.088 9	−0.093 1	4.64%	−0.090 0	0.11%
$x_{2\max}$	0.052 2	0.041 3	20.90%	0.052 4	0.50%
$x_{2\min}$	−0.052 0	−0.036 9	28.94%	−0.052 1	0.25%

图 4.46(a)、图 4.46(b)分别给出了试验子结构、数值子结构的滞回曲线，可以观察到，采用传统混合试验与真实混合试验的反应存在较大偏差，而采用基于 UKF 的在线实时更新混合试验与真实混合试验的位移反应能够较好地吻合。这说明采用基于 UKF 的在线实时更新混合试验，通过试验子结构的反馈实时更新数值子结构的模型是十分有效的试验方法，对磁流变阻尼器的吻合非常好，误差明显减小，提高了混合试验精度。

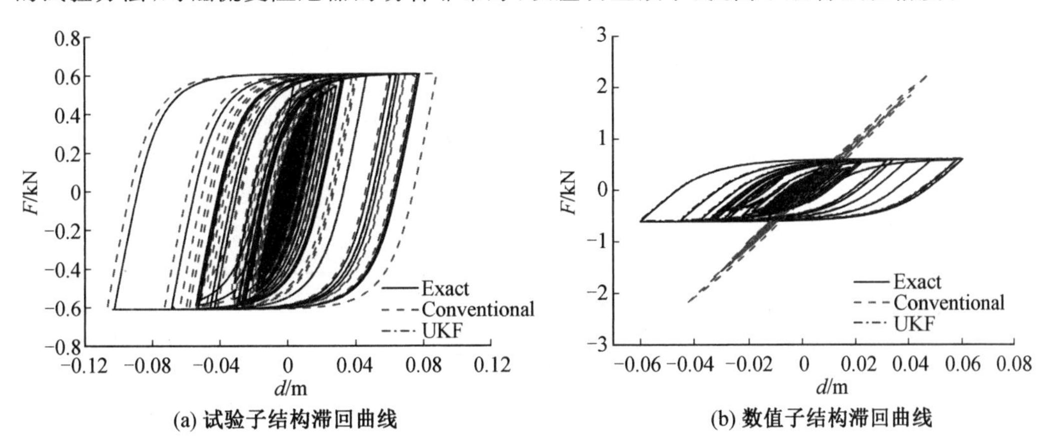

(a) 试验子结构滞回曲线　(b) 数值子结构滞回曲线

图 4.46　滞回曲线

图 4.47 分别给出了磁流变阻尼器的恢复力模型参数的识别时程曲线，可以观察到，采用基于 UKF 的在线实时更新混合试验能够在较短的时间内准确地识别出模型参数，也很快趋近于真实值。为了定量地观察识别的效果，表 4.9 给出了模型参数识别的误差分析。从表 4.9 中可以看到，其识别值与真实值的误差很小，进一步验证了本章提出的基于 UKF 的磁流变阻尼器在线模型更新混合试验的有效性。

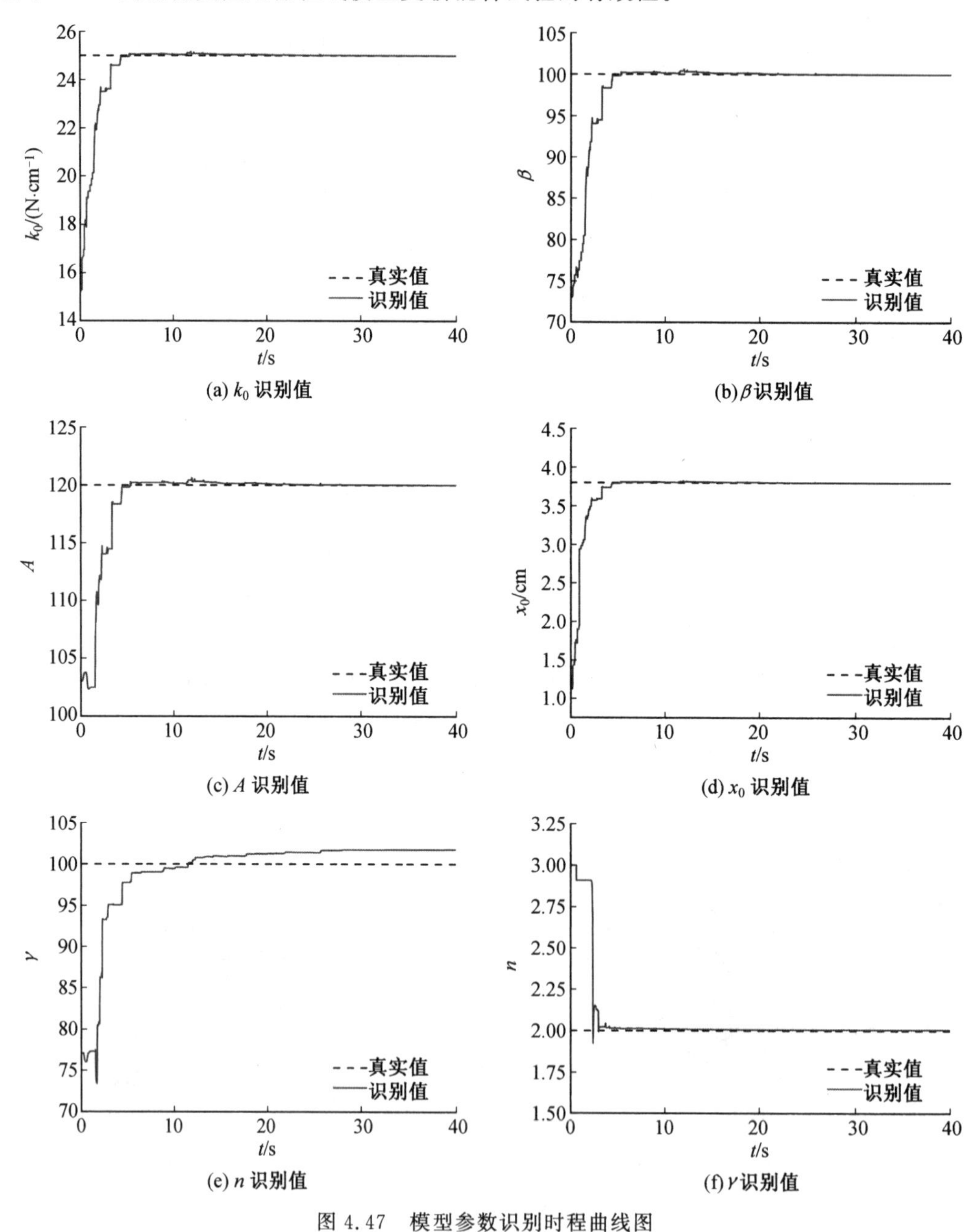

图 4.47　模型参数识别时程曲线图

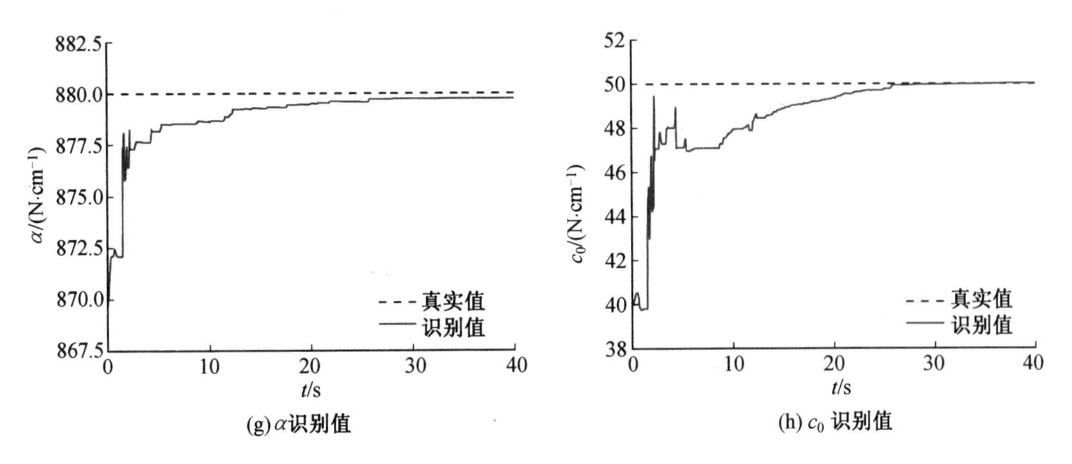

(g) α识别值　　(h) c_0 识别值

续图 4.47

表 4.9　参数识别曲线误差分析

参数	真实值	识别值	相对误差	参数	真实值	识别值	相对误差
$k_0/(\mathrm{N\cdot cm^{-1}})$	25	25.37	1.48%	γ	100	101.75	1.75%
β	100	100.14	0.14%	n	2	2.01	0.50%
A	120	120.16	0.13%	$\alpha/(\mathrm{N\cdot cm^{-1}})$	880	879.74	0.03%
x_0/cm	3.8	3.81	0.26%	$c_0/(\mathrm{N\cdot cm^{-1}})$	50	50.02	0.04%

为了定量地比较传统混合试验与采用UKF的在线模型更新混合试验与真实试验的恢复力误差大小，定义均方根误差

$$\mathrm{RMSE}=\sqrt{\frac{\sum_{i=1}^{M}(R_i'-R_i)^2}{M}} \tag{4.29}$$

式中，R_i 为第 i 步的恢复力真实值；R_i'为第 i 步的采取的试验计算得到的恢复力；M 为迭代总步数。

其中，传统混合试验的恢复力均方根误差RMSE为 4.60×10^{-4}，基于UKF方法得到的恢复力均方根误差RMSE为 5.69×10^{-5}。从中可以定量地了解到，基于UKF的磁流变阻尼器在线模型更新混合试验数值仿真相较于传统混合试验较大地提高了试验的精度。

磁流变阻尼器除了模型非线性的问题还需要面对实时加载的问题。因为磁流变阻尼器具有两个特性：一是模型非线性，二是加载实时性。于是，对UKF的识别计算效率进行分析，如图4.48所示。可以看到，识别时每步的用时基本在0.001 5 s左右，而地震记录每步的时间间隔，即积分步长为0.01 s。所以，本章采用的基于UKF的模型更新混合试验方法能够满足对磁流变阻尼器实时加载的要求。

基于UKF的磁流变阻尼器模型更新混合试验仿真耗时24.15 s，计算时间较短，可

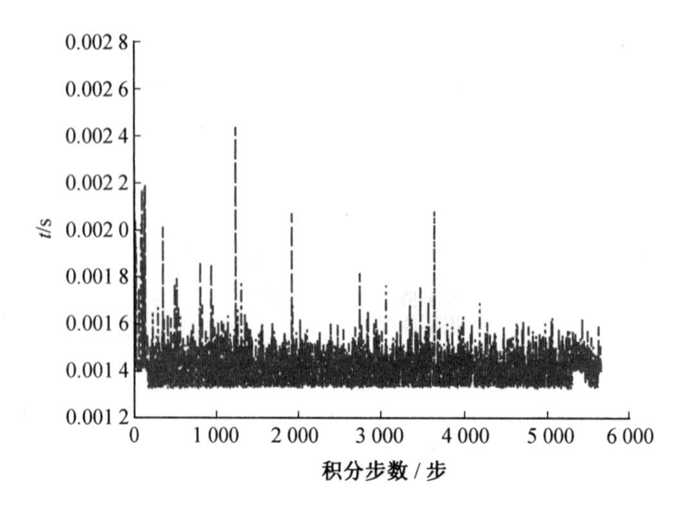

图 4.48 识别计算效率分析

以用于快速在线实时更新混合试验。从图 4.47、图 4.48 可以看出，采用基于 UKF 的模型更新在线数值模拟方法得到的结果与结构真实反应基本吻合，较传统混合试验能够更大程度地反映出真实的结构反应。

第5章　基于AUPF模型的参数更新方法

以卡尔曼滤波器为框架的一系列时域在线识别算法，无迹卡尔曼滤波、约束无迹卡尔曼滤波，应用于结构模型更新混合试验，以实现在线数值模型更新。然而，受到试验中可能存在的非高斯噪声和模型自身强非线性的影响，上述参数识别算法的精度和稳定性会明显降低，从而影响整体混合试验结果精度。

粒子滤波(Particle Filter，PF)算法是一种基于贝叶斯估计和蒙特卡洛方法的在线非线性识别算法，其本质是通过寻找一组在状态空间内传播的随机样本来近似状态概率密度函数，采用离散样本模拟连续函数，以样本均值代替积分运算，从而获得状态最小方差分布的过程，理论上具有比扩展卡尔曼滤波器和UKF算法更高的识别精度。目前，粒子滤波器在土木工程中的研究及应用仍非常有限，如何进一步提高PF算法的重要性采样精度并同时削弱粒子匮乏是提高算法性能的关键问题。

本章首先在标准的PF算法基础上提出一种改进的辅助无迹粒子滤波算法(Auxiliary Unscented Particle Filter，AUPF)，给出算法实现步骤，然后针对单自由度Bouc-Wen模型进行参数在线识别，并与传统的PF、EPF、UPF算法识别结果进行对比，验证改进算法的精度和计算效率，最后通过隔震支座拟静力试验验证采用AUPF算法在线识别Bouc-Wen模型参数方法的有效性。

5.1　AUPF算法原理

AUPF算法在标准粒子滤波算法的基础上主要进行了两方面改进：①采用UKF算法进行重要性采样，提高非线性系统粒子估计更新精度；②在重采样过程中引入辅助因子修改粒子权值，以增加粒子多样性、削弱粒子退化现象。AUPF算法继承了PF算法原理，可以应用于任意非线性模型参数识别。AUPF算法具体流程如图5.1所示，算法主要包括重要性采样、权值计算和辅助重采样三个主要环节。

首先，在重要性采样中，根据第$k-1$步粒子估计$\{\hat{x}_{k-1}^i,1/N\}_{i=1}^N$、系统状态方程、观测方程以及最新的观测信息，采用UKF方法得到第k步的粒子估计$\{\hat{x}_k^i,1/N\}_{i=1}^N$。其中，$\hat{x}_k^i$为第$k$步第$i$个粒子估计均值，$N$为粒子的个数。然后，在权值计算中，通过计算粒子似然概率密度函数来调整粒子权值$\{x_k^i,\omega_k^i\}_{i=1}^N$，以保证粒子分布可以更好地逼近真实状态概率密度函数。最后，在重采样过程中引入辅助因子λ，重新生成一批粒子$\{\hat{x}_k^i,1/N\}_{i=1}^N$，进一步丰富粒子多样性，在减小计算负荷的基础上提高算法计算精度。

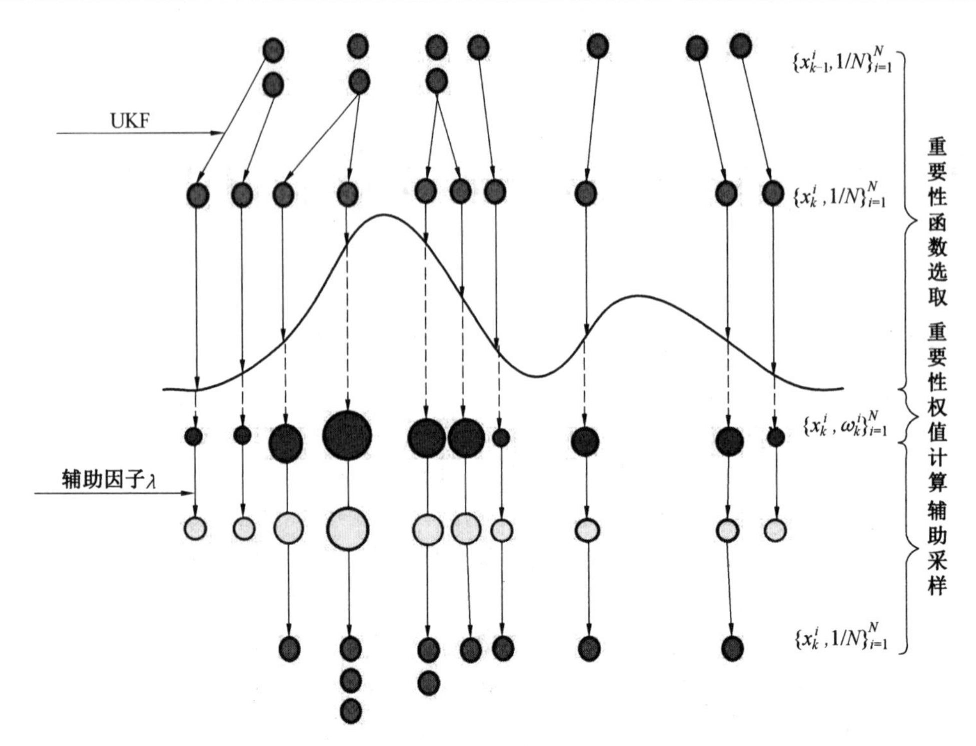

图 5.1 AUPF 算法示意图

AUPF 算法流程如图 5.2 所示。

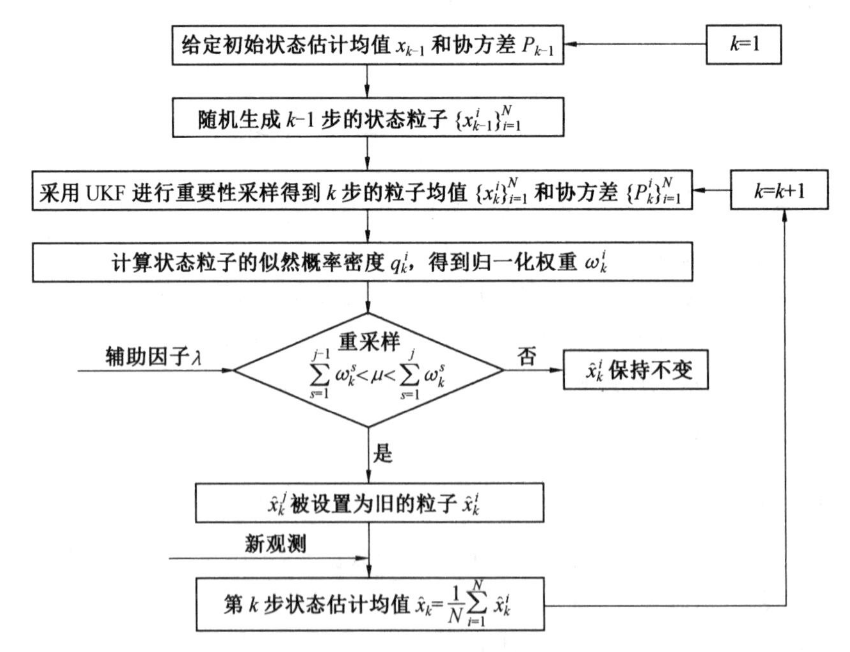

图 5.2 AUPF 算法流程

5.2　AUPF 算法实现步骤

对于任意一个非线性、非高斯动态系统，系统状态方程、观测方程分别定义为式(5.1)和式(5.2)：

$$x_k = f(x_{k-1}, u_{k-1}) + w_{k-1} \tag{5.1}$$

$$y_k = h(x_k) + v_k \tag{5.2}$$

式中，k 为递推步数；x_k 为系统的状态值，假设 x_k 具有一阶马尔可夫性质；$f(\cdot)$为系统的状态方程；u_{k-1} 为系统的输入；w_{k-1} 为系统的过程噪声；y_k 为系统的观测值；$h(\cdot)$为系统的观测方程；v_k 为系统的观测噪声。w_{k-1} 和 v_k 为两组相互独立、互不相关的噪声序列，假定已知其概率密度函数。过程噪声协方差矩阵和观测噪声协方差矩阵分别为 $\boldsymbol{Q}_k$、$\boldsymbol{R}_k$。

5.2.1　重要性函数的选取

根据 $k-1$ 步对应于第 i 个粒子 $\hat{x}_{k-1}^{i}$ 和误差协方差矩阵 $\boldsymbol{P}_{k-1}^{i}$，采用 UKF 算法分别对系统状态粒子进行 Sigma 点采样，如式(5.3)～(5.5)所示：

$$\hat{x}_{k-1}^{i[m]} = \hat{x}_{k-1}^{i} + \tilde{x}^{(i[m])} \quad (m=1,\cdots,2L) \tag{5.3}$$

$$\tilde{x}^{(i[m])} = \left(\sqrt{L\boldsymbol{P}_{k-1}^{i}}\right)_m^{\mathrm{T}} \quad (m=1,\cdots,L) \tag{5.4}$$

$$\tilde{x}^{(i[L+m])} = -\left(\sqrt{L\boldsymbol{P}_{k-1}^{i}}\right)_m^{\mathrm{T}} \quad (m=1,\cdots,L) \tag{5.5}$$

式中，$\hat{x}_{k-1}^{i[m]}$为第 $k-1$ 步第 i 个粒子所对应的第 m 个 Sigma 点；m 为样本点个数；L 为模型状态维数。

将 Sigma 点 $\hat{x}_{k-1}^{i[m]}$通过状态方程进行非线性变换，得到第 k 步第 i 个粒子所对应的第 m 个 Sigma 点 $\hat{x}_{k}^{i[m]}$：

$$\hat{x}_{k}^{i[m]} = f(\hat{x}_{k-1}^{i[m]}, u_k) \quad (i=1,\cdots,N;m=1,\cdots,2L) \tag{5.6}$$

通过加权统计，第 i 个粒子先验估计均值 $\hat{x}_{k|k-1}^{i}$为

$$\hat{x}_{k|k-1}^{i} = \sum_{m=1}^{2L} \omega_{\mathrm{g}}^{m} \hat{x}_{k}^{i[m]} \quad (i=1,\cdots,N;m=1,\cdots,2L) \tag{5.7}$$

先验估计误差协方差 $\boldsymbol{P}_{k|k-1}^{i}$为

$$\boldsymbol{P}_{k|k-1}^{i} = \sum_{m=1}^{2L} \omega_{\mathrm{c}}^{m} (\hat{x}_{k}^{i[m]} - \hat{x}_{k|k-1}^{i})(\hat{x}_{k}^{i[m]} - \hat{x}_{k|k-1}^{i})^{\mathrm{T}} + \boldsymbol{Q}_{k-1} \quad (i=1,\cdots,N;m=1,\cdots,2L) \tag{5.8}$$

式中，ω_{g}^{m} 和 ω_{c}^{m} 分别为第 m 个 Sigma 点的均值及协方差权值，即

$$\omega_{\mathrm{g}}^{m} = \omega_{\mathrm{c}}^{m} = \frac{1}{2L} \quad (m=1,2,\cdots,2L)$$

然后，将 Sigma 点 $\hat{x}_k^{i[m]}$ 通过观测方程进行观测更新，得到第 k 步第 i 个粒子所对应的第 m 个观测 Sigma 点 $\hat{y}_k^{i[m]}$：

$$\hat{y}_k^{i[m]}=h(\hat{x}_k^{i[m]}) \tag{5.9}$$

通过加权统计，第 i 个观测粒子估计均值 $\hat{y}_k^i$ 为

$$\hat{y}_k^i=\sum_{m=1}^{2L}\omega_g^m\hat{y}_k^{i[m]} \tag{5.10}$$

新息协方差 $\boldsymbol{P}_{k|k-1}^{yi}$ 为

$$\boldsymbol{P}_{k|k-1}^{yi}=\sum_{m=1}^{2L}\omega_c^m(\hat{y}_k^{i[m]}-\hat{y}_k^i)(\hat{y}_k^{i[m]}-\hat{y}_k^i)^{\mathrm{T}}+\boldsymbol{R}_k \tag{5.11}$$

交叉协方差 $\boldsymbol{P}_{k|k-1}^{xyi}$ 为

$$\boldsymbol{P}_{k|k-1}^{xyi}=\sum_{m=1}^{2L}\omega_c^m(\hat{x}_k^{i[m]}-x_{k|k-1}^i)(\hat{y}_k^{i[m]}-\hat{y}_k^{i[m]})^{\mathrm{T}} \tag{5.12}$$

卡尔曼增益 $\boldsymbol{K}_k^i$ 为

$$\boldsymbol{K}_k^i=\boldsymbol{P}_{k|k-1}^{xyi[m]}(\boldsymbol{P}_{k|k-1}^{yi})^{-1} \tag{5.13}$$

利用最新的观测 y_k，计算第 k 步第 i 个粒子估计的均值和协方差为

$$\hat{x}_k^i=\hat{x}_{k-1}^i+\boldsymbol{K}_k^i(y_k-\hat{y}_k^i) \tag{5.14}$$

$$\boldsymbol{P}_k^i=\boldsymbol{P}_{k-1}^i-\boldsymbol{K}_k^i\boldsymbol{P}_k^i(\boldsymbol{K}_k^i)^{\mathrm{T}} \tag{5.15}$$

从而，可得到由第 k 步第 i 个粒子估计均值 $\hat{x}_k^i$ 和协方差 $\boldsymbol{P}_k^i$ 所构成的 AUPF 算法重要性函数，然后从中进行粒子采样：

$$x_k^i\sim N(\hat{x}_k^i,\boldsymbol{P}_k^i) \tag{5.16}$$

在整个过程中，AUPF 通过 UKF 方法对非线性模型进行直接处理，得到算法的重要性函数，避免了烦琐的雅克比矩阵的求解，降低了计算复杂度，同时使得 AUPF 算法的重要性函数中包含最新的系统观测信息。

5.2.2 重要性权值的计算

当由式(5.14)计算得到第 k 步粒子的估计值后，需要通过调整每一个粒子重要性权值，并将每个粒子权值进行归一化，以更好地逼近状态后验概率密度函数。归一化后的重要性权值为

$$\tilde{\omega}_k^i=\frac{\omega_k^i}{\sum_{j=1}^{N}\omega_k^j} \tag{5.17}$$

式中，ω_k^i 为调整前粒子重要性权值，通过迭代计算得到：

$$\omega_k^i = \omega_{k-1}^i \frac{p(y_k \mid \hat{x}_k^i) p(\hat{x}_k^i \mid \hat{x}_{k-1}^i)}{q(\hat{x}_k^i \mid \hat{x}_{k-1}^i, y_{1:k})} \tag{5.18}$$

式中，$p(\hat{x}_k \mid \hat{x}_{k-1})$ 为一步转移概率密度函数；$q(\hat{x}_k \mid \hat{x}_{k-1}, y_{1:k})$ 为重要性函数；$p(y_k \mid \hat{x}_k)$ 为似然概率密度函数。对于多元正态分布，可由似然概率密度 q_k^i 近似代替粒子的重要性权值：

$$q_k^i \approx \frac{1}{(2\pi) \left| \boldsymbol{R}_k \right|^{1/2}} \exp\left(\frac{-[y_k - h(\hat{x}_k^i)]^{\mathrm{T}} \boldsymbol{R}_k^{-1} [y_k - h(\hat{x}_k^i)]}{2} \right) \tag{5.19}$$

5.2.3　辅助重采样

当得到新的粒子 $\hat{x}_k^i$ 后，为了减小计算负荷，需要进行粒子重采样。首先，根据基于第 k 步的新的粒子集合，对第 k 步的粒子集合在[0,1]的均匀分布上产生一个随机数 μ。然后，累加权值 ω_k^i，直到累加的总和大于 μ。当同时满足 $\sum_{s=1}^{j-1} \omega_k^s < \mu \leqslant \sum_{s=1}^{j} \omega_k^s$ 时，新的粒子 x_k^i 被设置为旧的粒子 x_k^i。最后，通过统计得到第 k 步状态估计均值为

$$\hat{x}_k = \frac{1}{N} \sum_{i=1}^{N} \hat{x}_k^i \tag{5.20}$$

在重采样过程中，为增加粒子多样性、减小权值较小粒子有效信息的丧失，通过引入辅助因子 λ，重新计算粒子的观测似然函数为

$$\tilde{q}_k^i = \frac{(\lambda - 1) q_k^i + \bar{q}_k}{\lambda} \tag{5.21}$$

式中，辅助因子 λ 代表调整度；$\bar{q}_k$ 为所有 q_k^i 的样本均值。

当 $\lambda \to +\infty$ 时，正则化的概率 $\tilde{q}_k^i$ 和标准概率 q_k^i 相等；当 $\lambda = 1$ 时，所有的 $\tilde{q}_k^i$ 均相等。式(5.21)表示，第 k 步的每一个粒子权值是在权值的样本均值的基础上都乘了一个小于 1 的系数，即与标准重采样相比，带有辅助因子的重采样使得算法的粒子权值变小，增大处于概率密度函数尾部的粒子被采样的机会。因此，理论上辅助重采样可以更准确地逼近系统状态的后验概率分布，丰富粒子多样性，减轻粒子退化问题。

5.3　AUPF 算法验证

5.3.1　数值模拟

以一单自由度 Bouc-Wen 模型为例，给出应用 AUPF 算法进行模型参数在线识别的具体实现过程。其结构运动方程为

$$\ddot{d} + 2\xi\omega_{\mathrm{n}} \dot{d} + \alpha\omega_{\mathrm{n}}^2 z = 0 \tag{5.22}$$

$$\dot{z}=\dot{d}-\gamma|\dot{d}||z|^{n-1}z-\beta\dot{d}|z|^{n} \tag{5.23}$$

$$R=kz \tag{5.24}$$

式中，d、$\dot{d}$和 $\ddot{d}$ 为质点位移、速度和加速度；ξ 为阻尼比，$\xi=c/(2\sqrt{k_0/m_0})$；ω_n 为系统自振频率，$\omega_n=k_0/m_0$，k_0为结构初始刚度、m_0为质点质量；z 为滞变位移；β、γ、n 为控制滞回曲线形状参数。

设 Bouc-Wen 模型参数真实取值为 $k_0=40$ kN/m，$\beta=20$，$\gamma=20$，$n=1.1$；对模型进行位移控制加载，输入位移激励选用 El－Centro(1940,NS)地震记录，积分得到位移时程，位移峰值调整为 10 cm，如图 5.3 所示，图中纵坐标 d 为位移。采用四阶 Runge-Kutta 数值积分方法计算 Bouc-Wen 系统恢复力，积分步长 $\Delta t=0.01$ s，积分步数为 4 000 步。

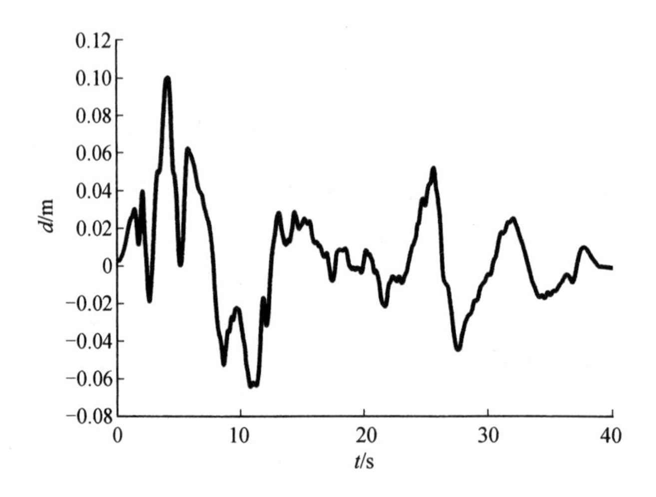

图 5.3　位移加载时程曲线

在结构加载过程中，基于当前及之前步结构真实反应和系统输入，采用 AUPF 算法在线识别 Bouc-Wen 模型参数，并与 PF 算法、EPF 算法和 UPF 算法的识别结果进行对比，验证 AUPF 算法参数识别精度。为体现改进算法对重要性采样及重采样的影响，假定以上四种算法均采用相同的状态及参数设置。设系统状态为 $\boldsymbol{x}=[x_1\ \ x_2\ \ x_3\ \ x_4\ \ x_5]^{\mathrm{T}}=[z\ \ k_0\ \ \beta\ \ \gamma\ \ n]^{\mathrm{T}}$；系统的观测为 $\boldsymbol{y}_k=R_k$，其中，下标 k 表示步数，R_k 为第 k 步的结构恢复力；假定系统过程噪声 v_k 和观测噪声 w_k 都服从高斯分布，即均值均为 0，协方差分别为 $\boldsymbol{Q}$、$\boldsymbol{W}$。AUPF 算法中辅助因子 λ 取 1.1。

假定状态估计初始值为 $\boldsymbol{x}_0=[0\ \ 50\ \ 15\ \ 15\ \ 2]^{\mathrm{T}}$，过程噪声协方差为 $\boldsymbol{Q}=\mathrm{diag}(10^{-8}\ \ 0.045^2\ \ 0.000\,09^2\ \ 0.000\,01^2\ \ 0.007^2)$，观测噪声协方差为 $W=0.015$ kN^2；状态估计误差初始协方差为

$$\boldsymbol{P}_0=\mathrm{diag}(10^{-6}\ \ 113.9\ \ 15.6\ \ 12.7\ \ 0.65)$$

系统状态方程为

$$\boldsymbol{X}\dot{=}f(x,d)=\begin{bmatrix}\dot{x}_1\\\dot{x}_2\\\dot{x}_3\\\dot{x}_4\\\dot{x}_5\end{bmatrix}=\begin{bmatrix}\dot{z}\\\dot{k}_0\\\dot{\beta}\\\dot{\gamma}\\\dot{n}\end{bmatrix}=\begin{bmatrix}\dot{d}-x_3|\dot{d}||x_1|^{x_5-1}x_1-x_4\dot{d}|x_1|^{x_5}\\0\\0\\0\\0\end{bmatrix}+v_k \tag{5.25}$$

式中，v_k 为过程噪声；$\dot{d}$ 为实际加载速度，通过对位移差分计算得到：

$$\begin{cases}\dot{d}_k=\dfrac{d_{k+1}-d_{k-1}}{2\Delta t} \quad (k=1,2,\cdots,N-1)\\ \dot{d}_k=\dfrac{d_1-d_0}{\Delta t} \quad (k=0)\end{cases}$$

设系统观测方程为

$$\boldsymbol{y}_k=F_k=x_{1,k}x_{2,k}+w_k \tag{5.26}$$

将基于 AUPF、UPF、EPF 和 PF 四种算法得到的 Bouc-Wen 模型在线参数识别结果进行对比，如图 5.4 所示。

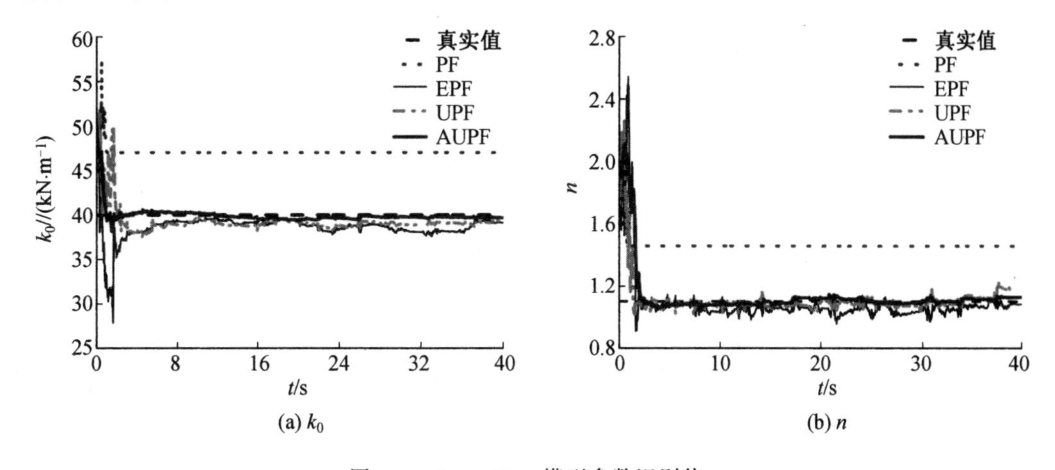

图 5.4　Bouc-Wen 模型参数识别值

由图 5.4 可以看出，四种算法对 k_0 和 n 两个参数的识别效果大致相同，基本都收敛到了真实值附近，且收敛速度相似，其中 AUPF 算法得到的识别值同真实值吻合度最好。PF、EPF、UPF、AUPF 算法得到的参数 β 识别终值相对误差分别为 22.34%、14.95%、3.33%、2.46%，参数 γ 识别终值相对误差分别为 20.41%、17.25%、14.03%、5.58%。与其他三种算法结果相比，AUPF 算法提高了模型参数的识别精度，同时显著减小了参数识别值收敛过程波动幅度。由于 Bouc-Wen 模型参数 β 和 γ 为控制滞回环形状参数，本身无物理意义。在相同的模型输入下，不同参数 β 和 γ 的组合可以得到相同的模型输出，因此导致在反问题求解中参数识别值可能不唯一，识别误差相对更大一些。AUPF 算法在重要性采样中具有更高的非线性变换精度，在重采样过程中丰富了粒子多样性，有效削弱了粒子退化。算法性能决定了算例识别结果的优劣，具有普遍意义。因此，当算例中的 Bouc-Wen 模型参数的真实值取值发生变化时，在相同的条件下，四种算法识别结果仍会有相同的规律。

为了能定量评价算法识别精度，定义一次独立仿真的均方根误差 RMSE 为

$$\mathrm{RMSE}=\sqrt{\frac{\sum_{k=1}^{M}\left(\theta_{k}-\hat{\theta}_{k}\right)^{2}}{M}} \tag{5.27}$$

式中，θ_k 为模型参数真实值；$\hat{\theta}_k$ 为由算法计算得到的参数识别值；M 为一次独立仿真的总步数。

PF 算法及其改进的 EPF、UPF 和 AUPF 算法本质上均为随机性参数识别算法，四种算法均基于蒙特卡洛随机采样方法，因此，即使在相同的参数初值条件下，每种算法在每一次仿真得到的参数识别值都是不同的，即参数识别结果具有随机性。为了检验算法识别结果的随机性，采用四种滤波算法分别进行了 10 次独立仿真，统计识别结果来对比分析不同算法的识别精度和收敛性，更具有说服性。在本算例中的 10 次独立仿真中，系统输入、Bouc-Wen 模型初始参数和算法初始参数均相同，随机性主要来自算法生产粒子的随机性。四种算法参数识别值的均方根误差与仿真次数的关系曲线如图 5.5 所示，图中的横坐标 NO 为仿真次数。

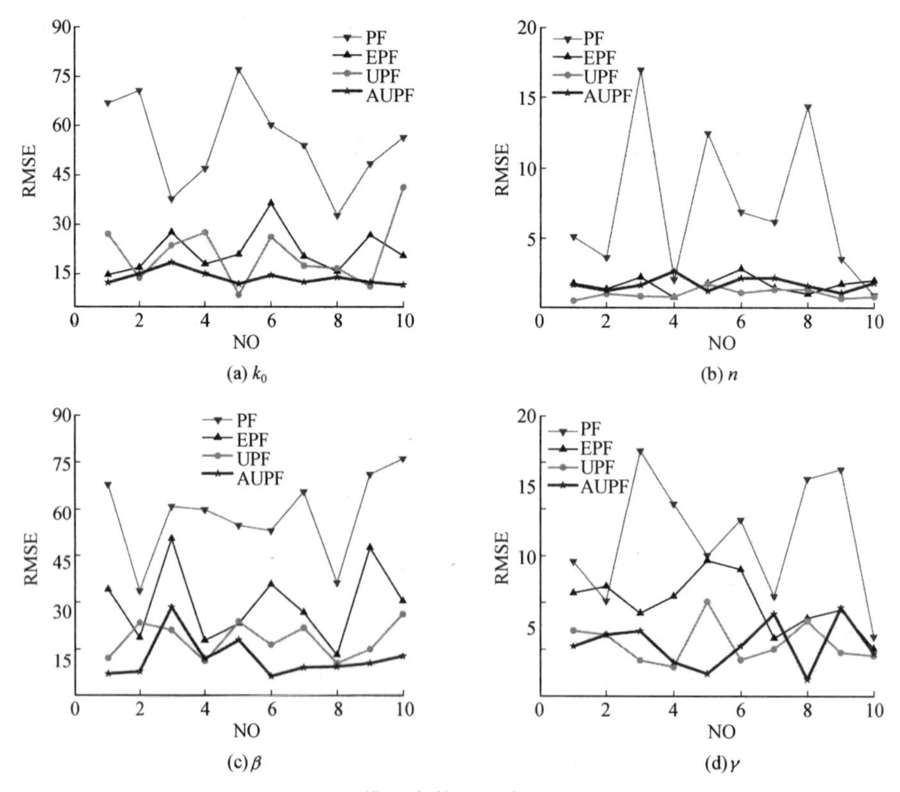

图 5.5　模型参数识别值均方根误差

从图 5.5 中可以看出，AUPF 的参数识别整体误差明显低于 PF、EPF 和 UPF，而且误差波动幅度显著降低。可见，由于 AUPF 利用最新观测信息修正粒子，同时通过引入辅助因子增加了粒子多样性。因此，AUPF 算法的识别精度明显高于 PF、EPF 和 UPF 算法。

统计 10 次独立仿真在线参数识别值的均方根误差 RMSE 均值、相对误差（Relative Error，RE）均值，如图 5.6 所示，10 次仿真四种算法的单步平均计算耗时如图5.7所示。

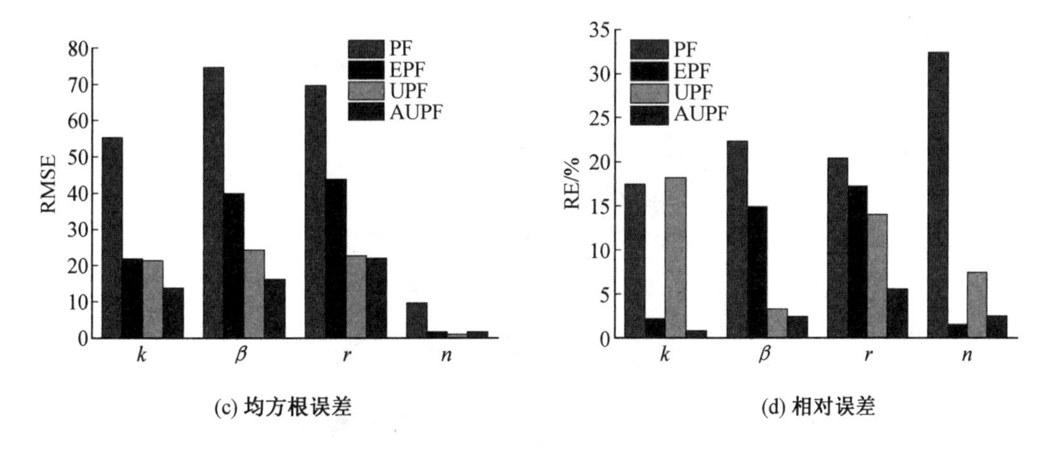

(c) 均方根误差　　(d) 相对误差

图 5.6　参数识别值均方根误差及相对误差均值

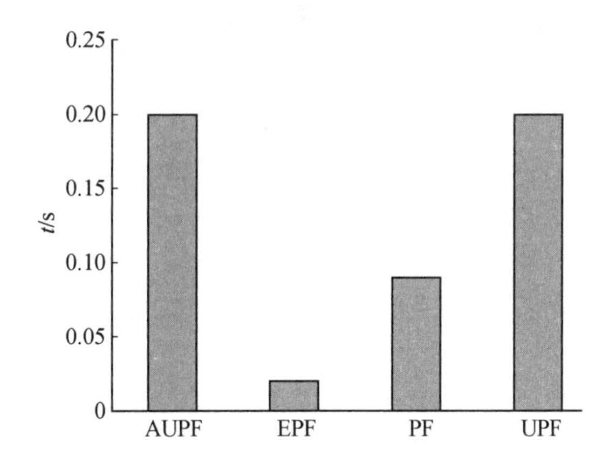

图 5.7　单步平均计算耗时

由图 5.6 可以明显看出：AUPF 算法的参数识别值均方根误差均值和相对误差均值整体上都要小于 PF、EPF 和 UPF 算法参数识别误差。AUPF 算法得到的四组参数识别值均方根误差整体上比 PF、EPF 和 UPF 算法结果误差减小了 81.5%、37.7%和8.0%，AUPF 算法得到的四组参数识别值相对误差整体上比 PF、EPF 和 UPF 算法结果误差减小了 87.3%、39.0%和 61.8%。可见，10 次仿真四组参数识别值的平均均方根误差和平均相对误差两种评价指标均表明 AUPF 算法精度高于其他三种算法。需要注意的是，算法在取得较高识别精度同时，需要更多计算耗时。

由图 5.7 可见，AUPF 算法与 UPF 算法的单步平均计算耗时几乎相同，均为 0.20 s，相当于标准粒子滤波算法耗时的 2 倍和 EPF 算法的 6 倍左右。其原因主要是 AUPF 算法和 UPF 在重要性采样时，对每一个粒子均值均需要采用 UKF 方法计算，这将显著增加算法的计算耗时。

5.3.2　试验验证

为了验证 AUPF 算法在真实物理试验中进行参数识别的有效性，采用铅芯橡胶隔震支座拟静力试验测得的水平剪力和位移数据，进行在线模型参数识别。LRB300 隔震支座如图 5.8 所示。

图 5.8　LRB300 隔震支座

拟静力试验对象为 LRB300 铅芯橡胶隔震支座，其质量为 81 kg。铅芯橡胶隔震支座的设计承载力为 566 kN，橡胶直径为 300 mm，橡胶总厚度为 48 mm，支座高度为 100 mm，一次形状系数为 9.375，二次形状系数为 6.250，水平等效刚度为 1.017 kN/mm，竖向刚度为 608 kN/mm。本试验在哈尔滨工业大学结构与力学试验中心完成，试验加载设备采用华龙 20 MN 动态压剪试验机，竖向最大加载压力为 2 000 t，行程为 ±100 mm，水平最大加载压力为 200 t，行程为 ±500 mm，试验机采样频率为 0.01 Hz。隔震支座在工作台上由两块挡板固定下连接板，当工作台移动到试验位置附近时，调节工作台使之居中，并固定上连接板。

参数识别时，假定隔震支座恢复力模型为 Bouc-Wen 模型。采用 AUPF 算法进行 Bouc-Wen 模型在线参数识别时，将真实物理试验中在当前步位移加载路径下的隔震支座位移测量值 d_k 和水平剪力 F_k 作为 AUPF 算法当前步的位移输入 d 和观测量 y_k。AUPF 算法在每一步的参数识别时，仅需要用到当前步及之前步的输入和观测数据，并不需要利用试验结束后全部的试验数据。

设系统状态为 $\boldsymbol{x}=[x_1\ \ x_2\ \ x_3\ \ x_4\ \ x_5]^{\mathrm{T}}=[z\ \ k_0\ \ \beta\ \ \gamma\ \ n]^{\mathrm{T}}$，状态方程和观测方程分别为式(5.25)和式(5.27)。状态初值为 $\boldsymbol{x}_0=[0\ \ 1\ \ 0.01\ \ 0.01\ \ 2]^{\mathrm{T}}$，过程噪声协方差为 $\boldsymbol{Q}=\mathrm{diag}(10^{-8}\ \ 10^{-8}\ \ 10^{-8}\ \ 10^{-8}\ \ 10^{-8})$，观测噪声协方差为 $W=0.015\ \mathrm{kN}^2$；状态估计误差初

始协方差为 $\boldsymbol{P}=\mathrm{diag}(10^{-6}\ \ 100\ \ 1\ \ 1\ \ 0.01)$。橡胶隔震支座 Bouc-Wen 模型参数识别时程曲线如图 5.9 所示。

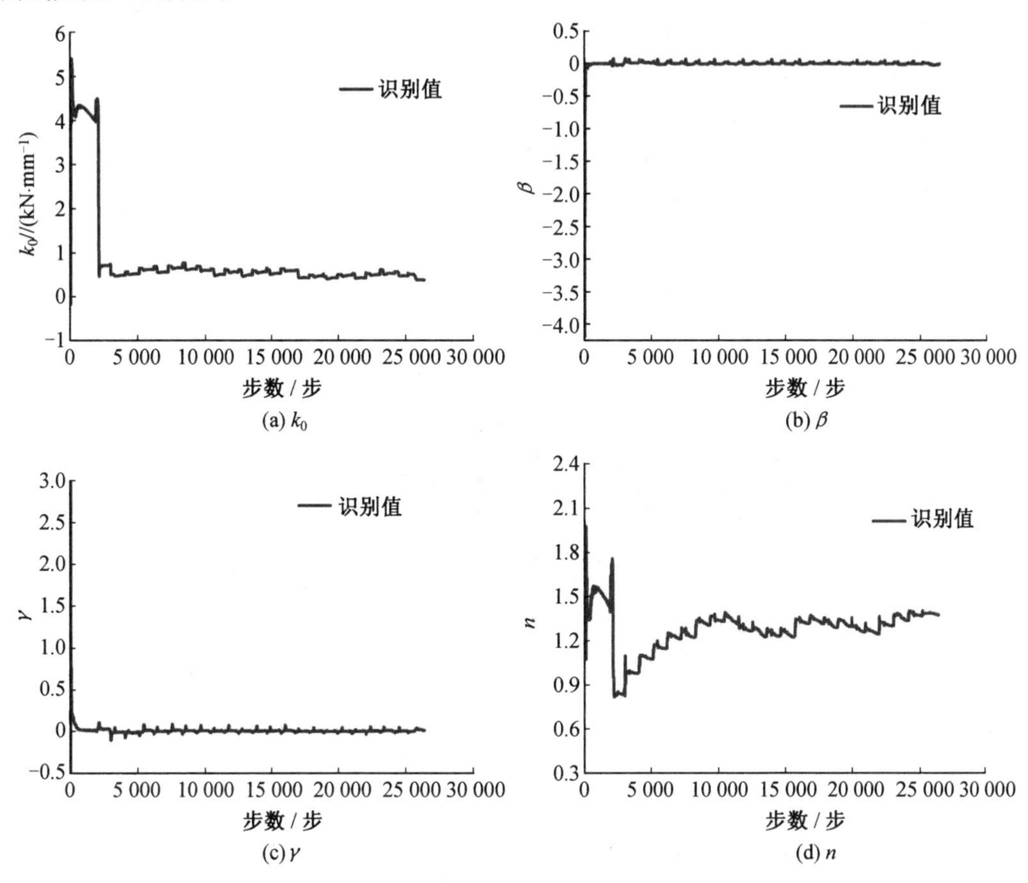

图 5.9　Bouc-Wen 模型参数识别值

由图 5.9 可以看出，当基于隔震支座真实试验数据采用 AUPF 算法进行在线参数识别时，除了 Bouc-Wen 模型参数 n 收敛较慢，模型参数 k_0、β 和 γ 均可以很快地收敛于稳定值。参数 n 识别值收敛较慢主要有两方面的原因：一是存在模型误差；二是模型具有强非线性。AUPF 算法是一种基于模型的参数识别算法，当假定模型与真实系统之间存在模型误差，就会降低算法识别精度。由图 5.4(b)可见，当识别算法中假定的系统模型和真实系统模型均为相同的 Bouc-Wen 模型时，即算法不存在模型误差时，模型参数 n 的识别值收敛较快，基本可以收敛到参数的真实值，可见算法对参数 n 具有较好的识别效果。由图 5.9(d)可见，模型参数 n 的识别值具有一定的波动性，并没有很快地收敛于稳定值，其主要原因是识别算法采用 Bouc-Wen 模型来近似模拟真实的隔震器的滞变关系仍存在一定模型误差，模型误差会降低识别算法的识别精度。另外，模型中的时变滞变位移 z 为参数 n 的指数函数，具有较高程度的非线性。以上原因导致参数 n 识别值具有时变性，以补偿模型误差的不利影响。

参数的识别终值为 $k_0=0.3828$ kN/mm、$\beta=-0.00773$、$\gamma=0.0096$ 和 $n=1.37437$。

由于 Bouc-Wen 模型参数没有明确的物理意义，很难确定隔震支座所对应的模型参数真实值，因此并不能直接评价参数识别值的精度。为了验证识别参数准确性，将识别参数在线计算得到的水平恢复力和试验测量得到的恢复力进行对比，如图 5.10 所示。可以看出，滞回曲线识别值和试验值吻合较好，表明采用 AUPF 算法在线识别 Bouc-Wen 模型参数具有较高的识别精度，同时也表明 Bouc-Wen 模型可以很好模拟铅芯橡胶隔震支座力学特性。

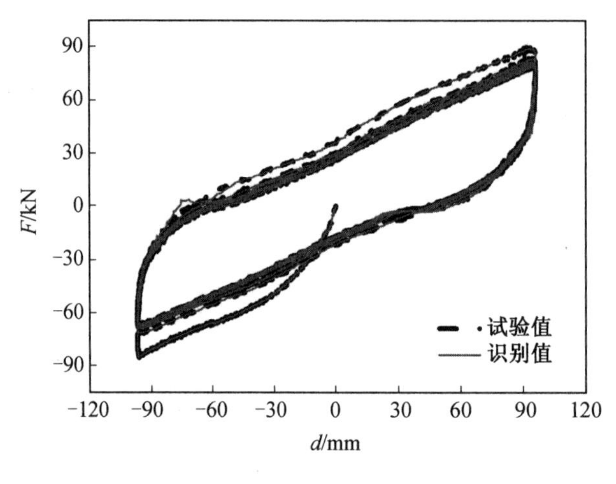

图 5.10　隔震支座滞回曲线

5.4　OpenSees 模型更新实现方法

OpenSees 全称是 Open System for Earthquake Engineering Simulation(地震工程模拟开源系统)，是结构工程和岩土工程地震反应分析的一个开源式模拟系统和软件开发框架。OpenSees 是一款源代码公开的有限元软件，用户可以通过编程手段为系统增加新的材料本构模型和单元类型。然而，在传统的结构混合试验中，构件的材料参数是不变的，为实现在线实时更新，王涛在其博士论文中提出将改进的约束无迹卡尔曼滤波应用到模型更新混合试验中，通过 MATLAB 计算更新和 OpenSees 有限元分析，验证模型更新混合试验的有效性。

以六层装有防屈曲支撑的一榀钢框架结构为例，利用辅助无迹粒子滤波(AUPF)算法进行参数识别更新，修正数值子结构恢复力模型，应用 OpenSees 进行非线性有限元分析。结果表明，采用 AUPF 算法的模型更新混合试验，收敛速度快且与 OpenSees 真实值分析结果吻合良好，提高了结构混合试验精度，为结构混合试验的应用提供了参考依据。

5.4.1 OpenSees 建模方法

采用有限元软件 OpenSees 进行结构模型的弹塑性整体时程分析。OpenSees 主要包括四个模块：模型建立（Model Builder）、域（Domain）、分析（Analysis）和记录（Recorder）。OpenSees 进行结构分析之前，首先要利用 Tcl 脚本语言定义单元及、材料类型及其参数等信息。在运行 OpenSees 可执行程序后，Tcl 脚本语言中定义的单元、材料模型及其参数等信息将存储于计算机内存中，即添加到域，然后进行每一步的分析，但单元的材料信息在分析的每一步中都是保持不变，最后将分析结果记录下来。

5.4.2 模型更新实现方法

一般数值子结构需要 2 个由 Tcl 语言编写的 OpenSees 模型文件，一个是包含节点、边界、单元和材料等模型参数与加载信息的初始模型文件，另一个是重启动文件，只包括加载信息。首先打开 OpenSees 运行初始模型文件，以后每一步都运行重启动文件，同时在程序运行时，还需要一个能保存当前步数、目标位移与对应的恢复力的数据文件。主程序运行之后，先利用数据文件保存当前步数及由预测模块所计算出的目标位移，再利用 OpenSees 运行模型文件。然后其通过读取数据文件中的数值实现加载，加载完成后，把所需要的反力值写到数据文件上，最终通过主程序中的修正模块读取数据文件中的反力值，并且计算对应的修正值。根据以上进程可知，试验模拟包括两个模型文件与一个数据文件，利用 OpenSees 的输入与输出接口，实现数据的写入与读取。

由于在分析过程中，单元材料信息保持不变，而在试验过程中材料的参数是随结构受力时刻发生变化的，不变的材料信息不符合实际试验情况，可见直接采用 OpenSees 来完成混合试验是不精确的。为实现 OpenSees 在线数值模型更新功能，采用修改 OpenSees 源代码的方式来解决这个问题，其主要修改思想如下：

(1)当运行 OpenSees 程序时，首先读取 Tcl 程序定义的信息，其中包含材料参数。这些材料参数将作为单元的成员变量被赋值给指定单元，包括想要更新的支撑单元，即 two Node Link 单元。因此，为了更新材料参数，关键是找到上述单元的成员变量。在 OpenSees 源代码中，此成员变量即为 the Material。

(2)为了接收来自 OpenSees 外部的更新参数，需要在待更新的单元即 two Node Link 单元中增加两个属性参数 update Material 和 update Data。前一个参数 update Material 标志该单元是否需要更新，后一个参数 update Data 接收更新的内容。如果需要更新，则通过 update Parameter 函数把 update Data 接收到的数据赋值给 the Material。

按照上述思路修改完源代码后，用户在 Tcl 建立单元时，需要在 two Node Link 单元原有的输入格式下增加 update Material 和 update Data 两个参数。表 5.1 给出了修改后的 Tcl 单元输入格式以及增加两个参数的使用说明。

在上述 Tcl 代码中，update Material 为模型更新标志，若无此参数则表示该单元无须更新；update Data 为待更新的材料参数。在实际应用中，外部传来的材料参数可能用来更新不同材料的单元，因此，对于指定单元所用到的参数可能仅为数据向量中的部分元素。在这种情况下，就必须指定 update Data 中要选取外部传来数据向量中哪些元素作为需要更新的参数。在上述 Tcl 代码中，用 $Data Num1、$Data Num2、…、$Data Numm 指定外部传来数据中单元所需要更新参数的编号。

表 5.1　材料参数修改命令

命令	说明
element two Node Link $ele Tag $i Node $j Node -mat $mat Tags -dir $dirs <-update Material> <-update Data $Data Num1 $Data Num2 … $Data Numm>	$ele Tag：单元号； $i Node $j Node：单元两端节点号； $mat Tags：已设定好的单轴材料模型； $dirs：材料方向：采用 1、2、3 分别表示局部坐标系下的 x、y、z 方向

在本章中，OpenSees 外部数据由 MATLAB 来传递。为此，分别在 MATLAB 和 OpenSees 程序中应用基于 TCP/IP 的 Socket 网络传输技术来实现数据发送、数据接收等功能，并分别在 MATLAB 程序中和 OpenSees 的 Tcl 程序中增加相应语句。

5.5　防屈曲支撑结构模型更新混合模拟仿真

本节以一榀六层四跨装有防屈曲支撑的抗弯钢框架结构为研究对象进行数值验证，通过对比 OpenSees 真实值结果、MATLAB 初始猜测值更新 OpenSees 结果、应用辅助无迹粒子滤波（AUPF）算法 MATLAB 识别值更新 OpenSees 结果来验证本章基于 OpenSees 的模型更新试验方法的可行性和有效性。为消除试验实测和数值模拟之间差异产生的干扰影响，采用虚拟的模型更新试验进行验证，即物理子结构也采用 OpenSees 程序来模拟其滞回特性，且和整体结构时程分析中的模拟完全一致。

5.5.1　结构有限元模型及参数

试验模型为一榀六层四跨装有防屈曲支撑的抗弯钢框架结构，如图 5.11 所示。

假定基础与地基刚接，防屈曲支撑与主体框架结构铰接，楼板在平面内为无限刚。防屈曲支撑构件截面尺寸及力学性质见表 5.2。所有梁、柱构件均用工字型钢，截面尺寸见表 5.3。

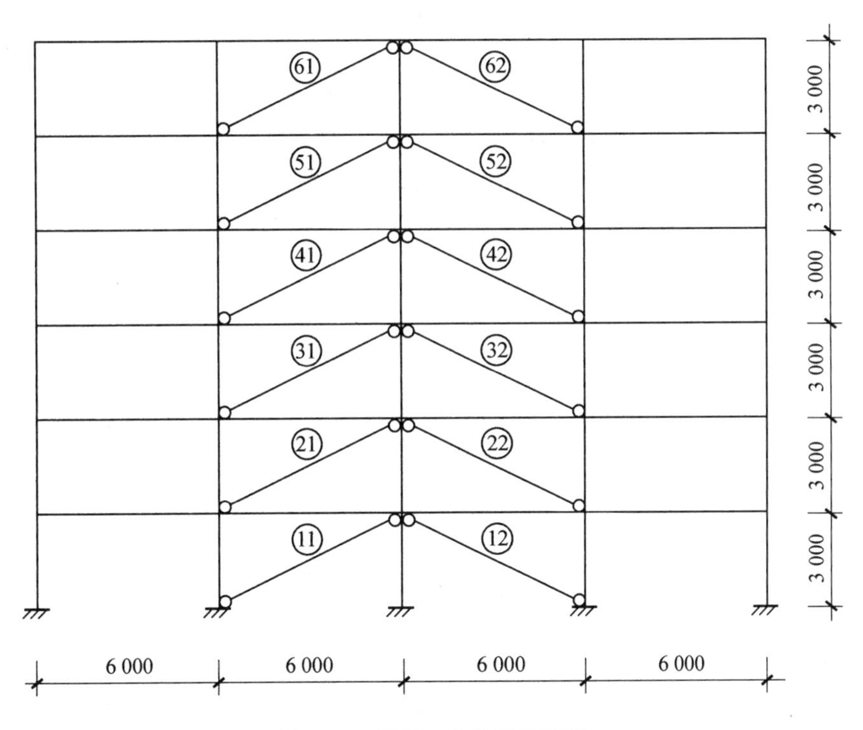

图 5.11　框架—支撑结构模型

表 5.2　防屈曲支撑构件截面尺寸及力学性质

楼层	截面面积 /mm²	弹性模量 /×10⁵ MPa	构件长度 /mm	轴向刚度 /(kN·mm⁻¹)	屈服强度 /MPa	屈服力 /kN	屈服位移/mm	第二刚度比
1～6	8 595	2.06	6 708.2	263.94	235	2019.825	7.652	0.02

表 5.3　梁、柱构件截面尺寸

楼层	柱截面				梁截面			
	截面高度 /mm	腹板厚度 /mm	翼缘宽度 /mm	翼缘厚度 /mm	截面高度 /mm	腹板厚度 /mm	翼缘宽度 /mm	翼缘厚度 /mm
1～2	350	12	350	18	300	12	200	18
3～4	300	9	300	18	250	9	200	18
5～6	270	9	270	14	250	9	200	18

在 OpenSees 分析中，梁和柱均采用非线性梁柱单元模拟，采用基于纤维截面的单轴材料模型 Steel02，截面上共划分 38 个纤维束。Steel02 模型参数见表 5.4。防屈曲支撑采用 two Node Link 单元模拟，忽略剪切和弯曲变形，仅考虑两个节点之间的轴向变形，采用 Bouc-Wen 模型作为单元轴向宏观恢复力模型，其模型参数设置见表 5.5。

表 5.4　Steel02 模型参数

参数	F_y/MPa	$E/\times10^5$ MPa	b	R_0	CR_1	CR_2	a_1	a_2	a_3	a_4
数值	345	2.06	0.01	20	0.925	0.15	0.000 5	0.01	0.000 5	0.01

表 5.5　Bouc-Wen 模型参数设置

参数	a	$k/(\mathrm{kN\cdot mm^{-1}})$	n	γ	β	A
数值	0.02	236.94	1.0	0.0654	0.0654	1

每层梁上均布荷载为 45 kN/m，计算水平方向惯性力时，中间节点集中质量分别为 96 428.57 kg，两边节点集中质量分别为 48 214.29 kg。结构采用瑞利阻尼，假定前两阶阵型阻尼比为 0.02，结构基本周期为 0.861 s。在结构地震反应分析之前，进行了 10 步重力分析。输入阪神地震 kobe 水平加速度记录，加速度峰值调整为 400 gal，数据时间间隔为 0.01 s。

5.5.2　防屈曲支撑结构混合模拟仿真

基于 OpenSees 模型更新的混合试验数值模拟框图如图 5.12 所示。在每一试验步中，MATLAB 需接收 OpenSees 中试验子结构的恢复力和位移数据，采用 AUPF 算法在线识别模型参数，并将参数识别值发送给 OpenSees；OpenSees 接收 MATLAB 传来新的参数识别值，进行指定数值子结构单元在线模型更新，然后求解结构下一步地震反应。

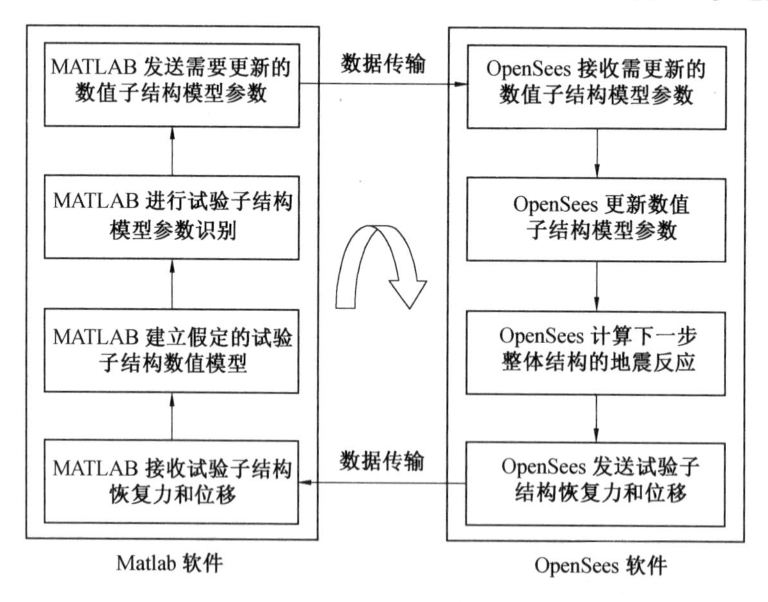

图 5.12　基于 OpenSees 模型更新的混合试验数值模拟框图

针对如图 5.11 所示的框架－支撑结构来验证在 OpenSees 中进行模型更新的混合

试验方法的有效性。设单元 11 支撑为试验子结构，框架为数值子结构，其余支撑单元为需要在线模型更新的数值子结构。假定试验支撑真实模型和数值支撑假定模型均采用 Bouc-Wen 模型，即无模型误差。试验子结构支撑的 Bouc-Wen 模型采用如表 5.5 所示的参数真实值。根据对数值子结构支撑的 Bouc-Wen 模型参数设置的不同，对比三种情况，分别如下：

(1)参考试验：数值子结构支撑的 Bouc-Wen 模型采用表 5.5 所示的参数真实值，将试验结果称为“真实值”。

(2)传统混合试验：数值子结构支撑的 Bouc-Wen 模型采用如表 5.6 所示的模型参数初始值，将试验结果称为“Bouc-Wen 模型初始值”。

(3)基于 AUPF 模型更新混合试验：在混合试验过程中，基于试验支撑的轴向恢复力和变形，采用 AUPF 方法在线识别 Bouc-Wen 模型的五个参数：k、β、γ、n、α，并瞬时更新 OpenSees 有限元程序中数值支撑 Bouc-Wen 模型的相应参数，将此试验结果称为“Bouc-Wen 模型更新值”。

5.5.3　结果及分析

在 AUPF 模型更新混合试验中，采用 AUPF 进行模型参数识别，同样假定系统模型为 Bouc-Wen 模型，即识别算法无模型误差。模型参数界限约束条件为：$k\geqslant 0$、$\beta\geqslant 0$、$\gamma\geqslant -\beta$、$n\geqslant 1$ 和 $0\leqslant\alpha\leqslant 1$。参数初始猜测值为：$z=0$、$k=230$ kN/mm、$\beta=0.015\,4$、$\gamma=0.001\,71$、$n=2$、$\alpha=0.01$；观测噪声协方差为 $R_{k+1}=0.062\,5$ kN^2，过程噪声协方差矩阵为 $\boldsymbol{Q}_k=\mathrm{diag}(10^{-7}\ \ 0.045^2\ \ 0.000\,09^2\ \ 0.000\,01^2\ \ 0.007^2\ \ 0.001^2)$；初始状态估计误差协方差为 $\boldsymbol{P}_0=\mathrm{diag}(10^{-6}\ \ 45\ \ 10^{-4}\ \ 10^{-4}\ \ 10^{-3}\ \ 10^{-3})$。

Bouc-Wen 模型参数识别终值及相对误差见表 5.7。Bouc-Wen 模型参数在线识别值如图 5.13 所示。参数识别值在 5 s 左右收敛到真实值，收敛速度很快。

表 5.6　Bouc-Wen 模型参数初始值

参数	a	$k/(\mathrm{kN\cdot mm^{-1}})$	n	γ	β	A
数值	0.01	250	2.0	0.0154	0.00171	1

表 5.7　Bouc-Wen 模型参数识别终值及相对误差

模型参数	a	$k/(\mathrm{kN\cdot mm^{-1}})$	n	γ	β
真实值	0.02	263.94	1.0	0.065 4	0.065 4
识别值	0.023 0	260.034 0	0.894 1	0.077 3	0.082 2
相对误差/%	15	1.48	10.59	18.20	25.69

注：相对误差(%)＝100×|识别值－真实值|/真实值。

结果表明：第一刚度相对识别值相对误差最小为 1.48%，β 识别值相对误差最大为

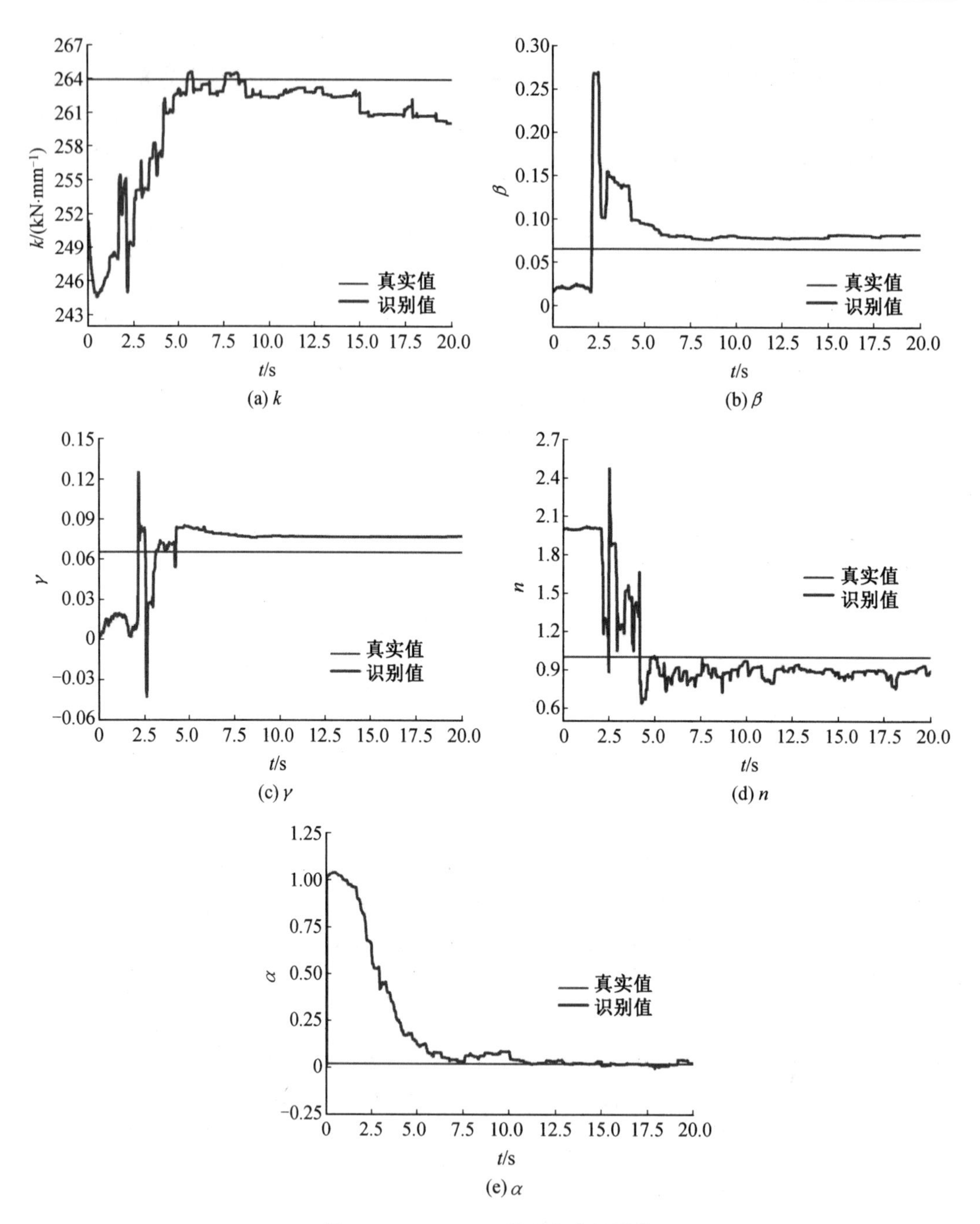

图 5.13　Bouc-Wen 模型参数识别值

25.69%，其余参数的最大识别值相对误差为 15%。可见，AUPF 在无模型误差的情况下具有较好的非线性模型参数识别精度。

试验支撑和数值支撑采用相同 Bouc-Wen 模型，即无模型误差下参考试验、传统混合试验、模型更新混合试验三种情况下所有支撑滞回曲线对比如图 5.14 所示。结果表明：与 Bouc-Wen 模型初始值相比，即使存在数值模型参数初始误差，Bouc-Wen 模型更新值与真实值吻合程度也更好。

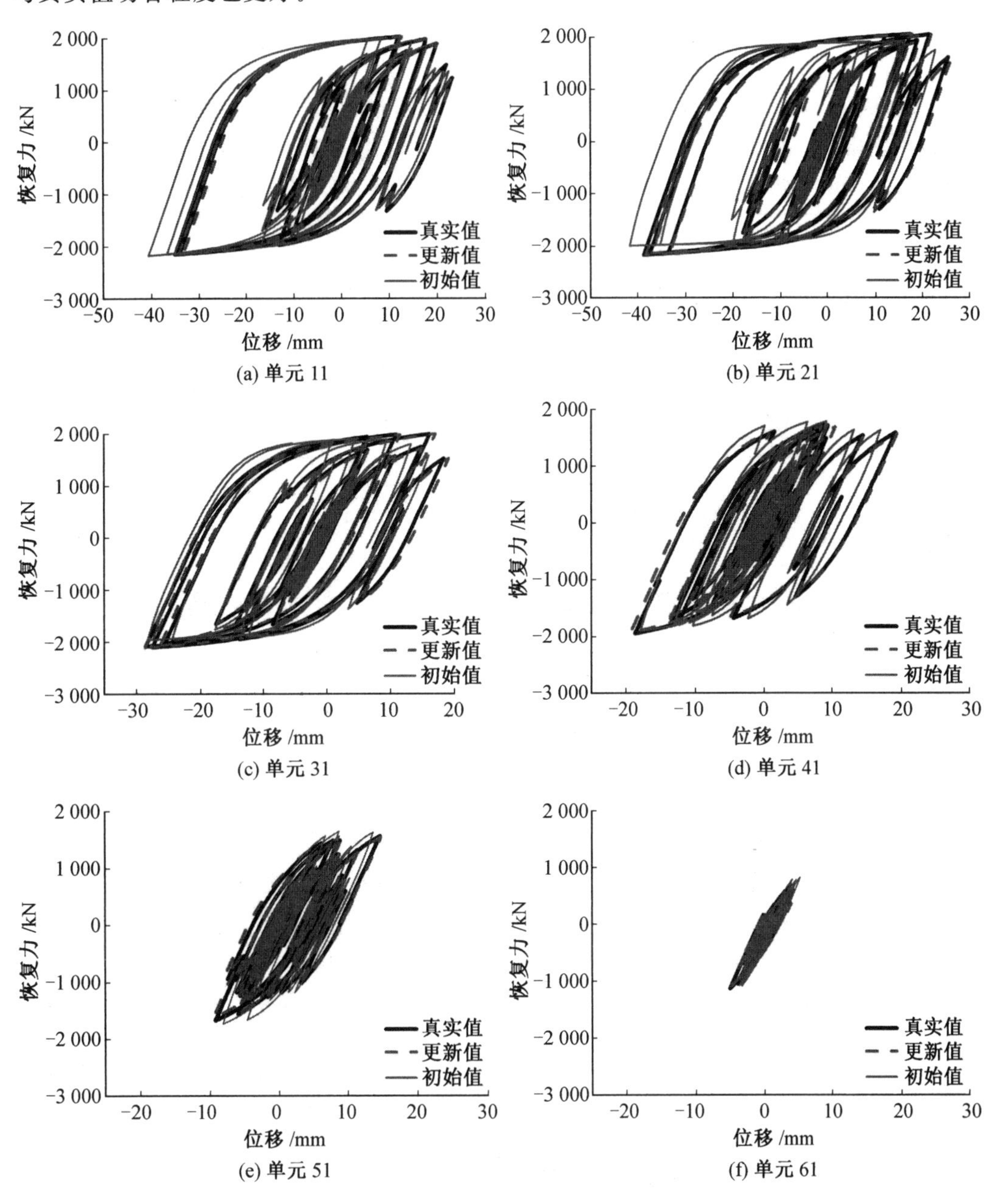

图 5.14　无模型误差情况下支撑轴向滞回曲线

5.6 三跨隔震桥梁结构模型更新混合模拟仿真

5.6.1 OpenSees 桥梁模型的建立与求解

本节研究对象为三跨连续桥梁结构，如图 5.15 所示，包括上部结构、连接支座、桥墩和桥台、基础等。桥长为 20 m+30 m+20 m，主梁为箱型截面，采用 C50 混凝土；桥墩为 2 m×1.2 m矩形截面，采用 C30 混凝土。桥墩和上部结构之间装有聚四氟乙烯滑板橡胶支座。

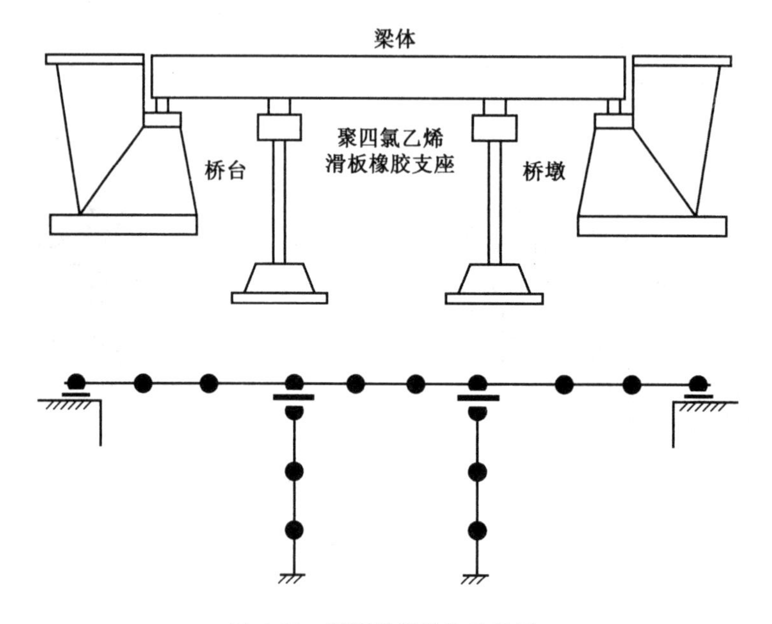

图 5.15 隔震桥梁结构示意图

采用 OpenSees 软件进行隔震桥梁结构地震反应分析，上部结构采用弹性梁单元模拟；桥墩单元采用基于柔度法的弹塑性纤维梁单元模拟，其中无约束混凝土及约束混凝土均采用基于 Kent-Park 单轴混凝土模型，纵向钢筋采用 Menegotto 和 Pinto 建议模型；桥台处支座简化为理想滑动支座，中间橡胶支座采用非线性弹簧单元模拟。不考虑基础及边界条件对桥梁抗震相互影响，墩底采用固定边界条件。

模型采用最常用的 Newmark－β 增量法求解结构动力学方程，积分参数取 $\alpha=1/2$、$\beta=1/4$。

5.6.2 模型更新在 OpenSees 中的实现方法

采用 OpenSees 有限元软件建立桥梁模型，在 Tcl 编程软件中定义桥梁结构的几何参数、节点坐标、约束边界条件、节点质量、材料截面属性参数及单元类型，然后定义输入地震动，设定输出节点和单元信息。采用改进的 OpenSees 程序，实现 OpenSees 数值子结构模型参数实时更新。OpenSees 模型更新实现方法如图 5.12 所示。在结构混合试验过程中，采用 MATLAB 编写 AUPF 算法，在线识别隔震支座模型参数，然后更新 OpenSees 数值模型中隔震支座模型参数，进行下一步分析计算。

本章桥梁结构模型设为三维模型，每个节点为 6 个自由度，利用 two Node Link 单元模拟桥梁模型中的滑板式橡胶支座，并实现 two Node Link 单元在线数值模型更新功能。隔震桥梁结构模型更新混合试验模拟方法示意图如图 5.16 所示。

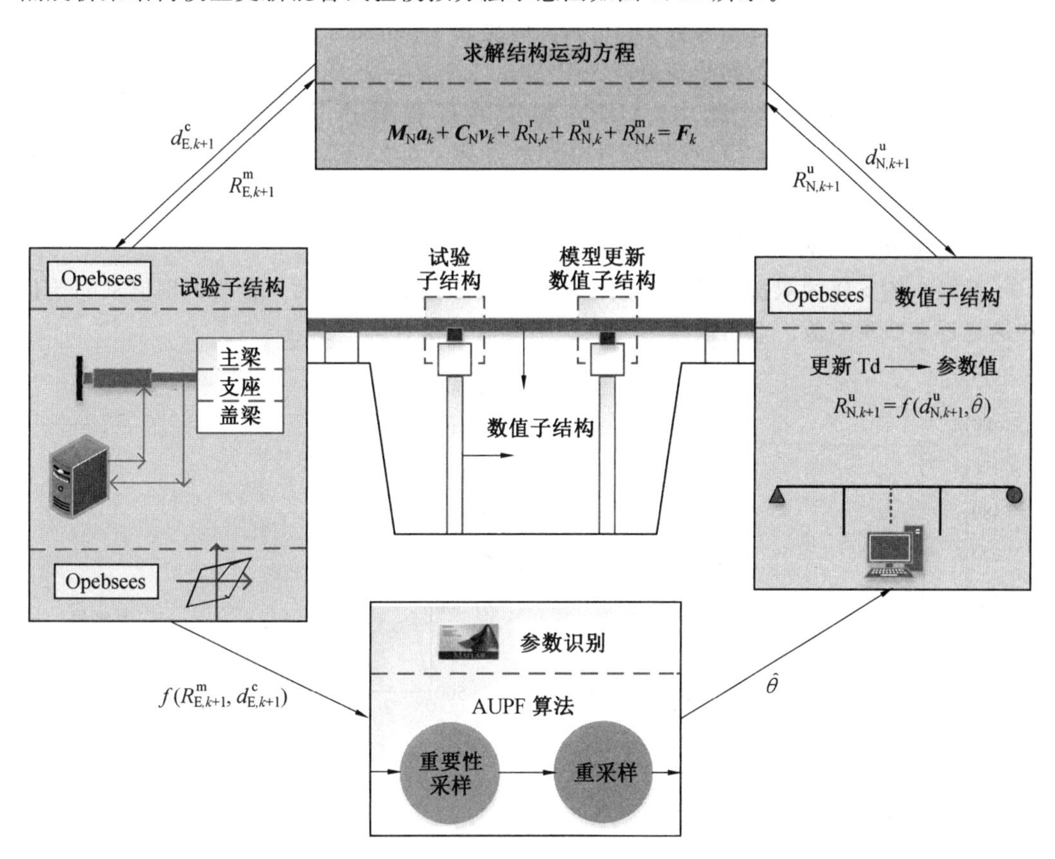

图 5.16　隔震桥梁结构模型更新混合试验数值模拟示意图

5.6.3　三跨隔震桥梁结构算例分析

1. 模型参数设置

以图 5.15 所示三跨连续梁桥结构为研究对象进行模型更新混合试验模拟，通过对比 OpenSees 真实值结果和模型更新混合试验仿真结果，验证基于 AUPF 算法的隔震桥梁模型更新混合试验方法的可行性和有效性，检验隔震桥梁抗震性能。

在混合试验仿真中，数值子结构和试验子结构均通过 Opensees 有限元软件进行数值模拟。支座在桥梁体系中起着重要作用，其本身力学性能复杂，因此，选取左侧支座作为试验子结构，右侧支座作为数值子结构。假定试验支座和数值支座采用相同的双折线模型，模型参数包括屈服力 F、第一刚度 k_1、第二刚度与第一刚度比值 α。根据对数值子结构支座的双折线模型参数设置的不同，进行以下两种工况试验模拟：

（1）参考试验模拟：左右两侧支座的双折线模型参数均采用真实值，$F=495$ kN、$k_1=74\ 000$ kN/m、$\alpha=10^{-4}$，试验结果称为“真实值”。

（2）基于 AUPF 模型更新混合试验模拟：左右两侧支座均采用双折线模型，左侧支座作为试验支座，采用参数真实值，基于试验支座的力和变形观测数据，采用 AUPF 算法在线识别试验支座双折线模型参数 F、k_1、α，同时更新 OpenSees 中数值支座的双折线模型参数。假定数值支座参数初始猜测值为 $F=450$ kN、$k_1=65\ 000$ kN/m、$\alpha=10^{-4}$，将此试验结果称为“更新值”。其中，AUPF 算法的过程噪声协方差矩阵为 $\boldsymbol{Q}=\mathrm{diag}(10^{-7}\quad 10^{-7}\quad 10^{-7}\quad 10^{-7})$，观测噪声协方差为 $\boldsymbol{W}=6.25\ \mathrm{kN}^2$；初始状态估计误差协方差为 $\boldsymbol{P}_0=\mathrm{diag}(10^{-4}\quad 10^{9}\quad 10^{-13}\quad 40)$。

2. 模型更新参数识别结果

桥梁右侧支座的双折线模型参数在线识别值如图 5.17 所示。参数识别值从初始值快速逼近参数真实值。双折线模型参数识别终值及相对误差见表 5.8。

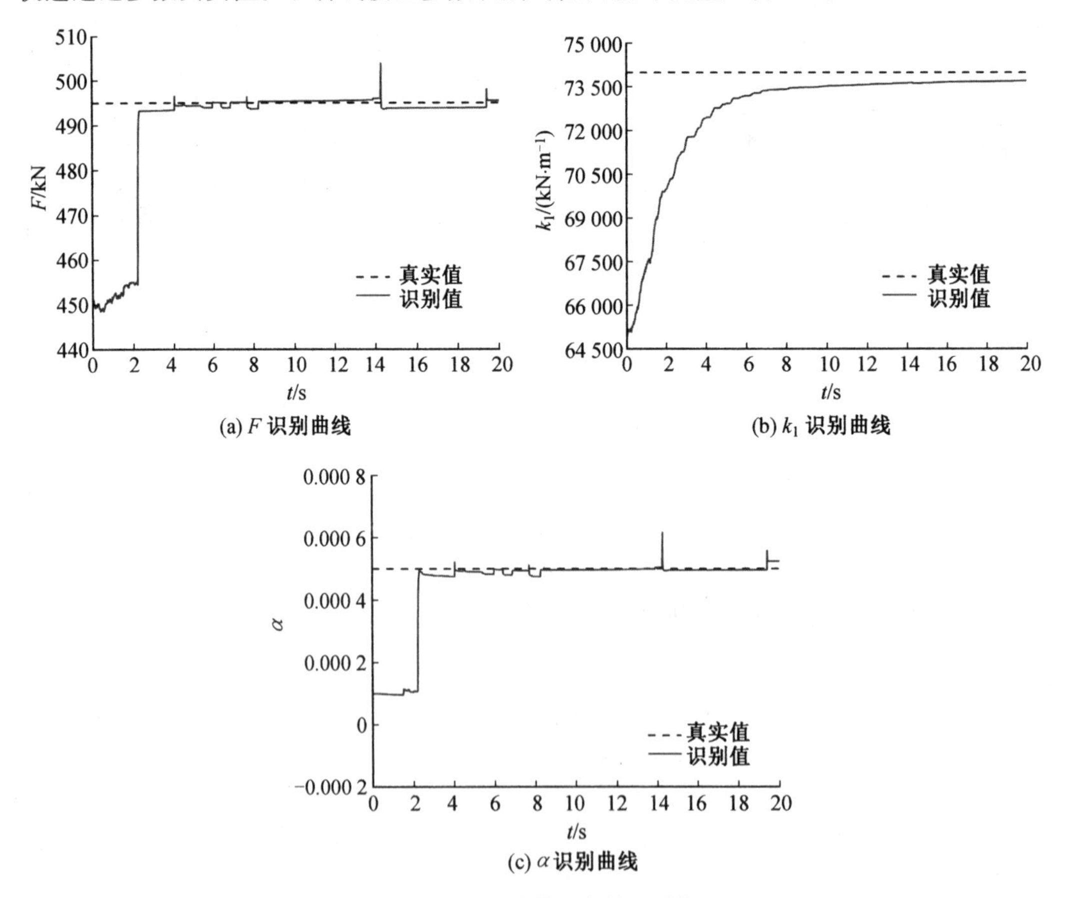

(a) F 识别曲线

(b) k_1 识别曲线

(c) α 识别曲线

图 5.17 双折线模型参数识别值

表 5.8　双折线模型参数识别终值及相对误差

模型参数	F/kN	k_1/(kN·m^{-1})	α
真实值	495	74 000	5×10^{-4}
识别值	495.51	73 703	5.24×10^{-4}
相对误差	0.1%	0.4%	4.8%

注:相对误差(%)=100×|识别值－真实值|/真实值。

结果表明:屈服力 F 识别值相对误差为 0.1%,第一刚度 k_1 识别值相对误差为 0.4%;第二刚度与第一刚度比值 α 识别值相对误差为 4.8%。可见,AUPF 算法在无模型误差的情况下具有良好的非线性模型参数识别精度。

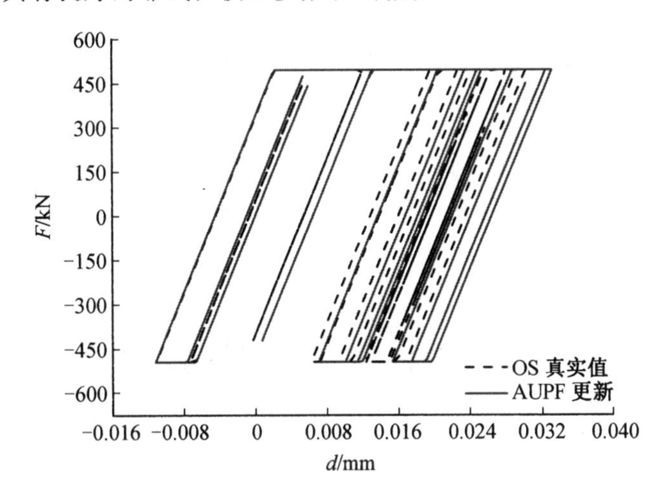

图 5.18　隔震支座滞回曲线

图 5.18 为上述三跨隔震桥梁模型隔震支座的滞回曲线对比图,本章中桥梁支座的滞回曲线为双折线模型。从试验结果可见,采用 AUPF 算法识别滞回曲线具有良好的双折线滞回特性,同真实值相比具有较高的相似度。

3. 桥梁地震响应分析结果

从地震灾害研究中可以发现,在地质软硬条件不同的工程场地上,结构即使在相同地震作用下发生损毁的情况也可能完全不同,所以通常在进行桥梁抗震分析时,不同场地类别也会得到不同的分析结果。本章选取了适应三类不同场地土特点的三条典型的强震加速度记录作为地震激励,其中包括适合Ⅰ类场地土的 Cape Mendocino 地震记录、适合Ⅱ类场地土的 Kobe 地震记录和Ⅲ类场地土的 Taft 地震记录,各地震记录的基本特性见表 5.9。

表 5.9　地震记录的基本特征

地震记录	发生时间	震级	PGA/(m · s^{-2})
Cape Mendocino(Ⅰ)	1992—4—25	7.2	10.19
Kobe(Ⅱ)	1995—1—16	6.9	0.590
Taft(Ⅲ)	1952—7—21	7.4	0.140

按照 9 度设防烈度,将地震记录的峰值加速度 PGA 调整到 0.40g。对建立的三跨隔震桥梁模型分别输入 Cape Mendocino 地震记录、Kobe 地震记录、Taft 地震记录并进行桥梁地震时程分析,在支座刚度取为 100 000 kN/mm 时,桥梁的墩顶位移时程曲线、支座位移时程曲线、墩底剪力时程曲线以及墩顶加速度时程曲线如图 5.19～5.21 所示。

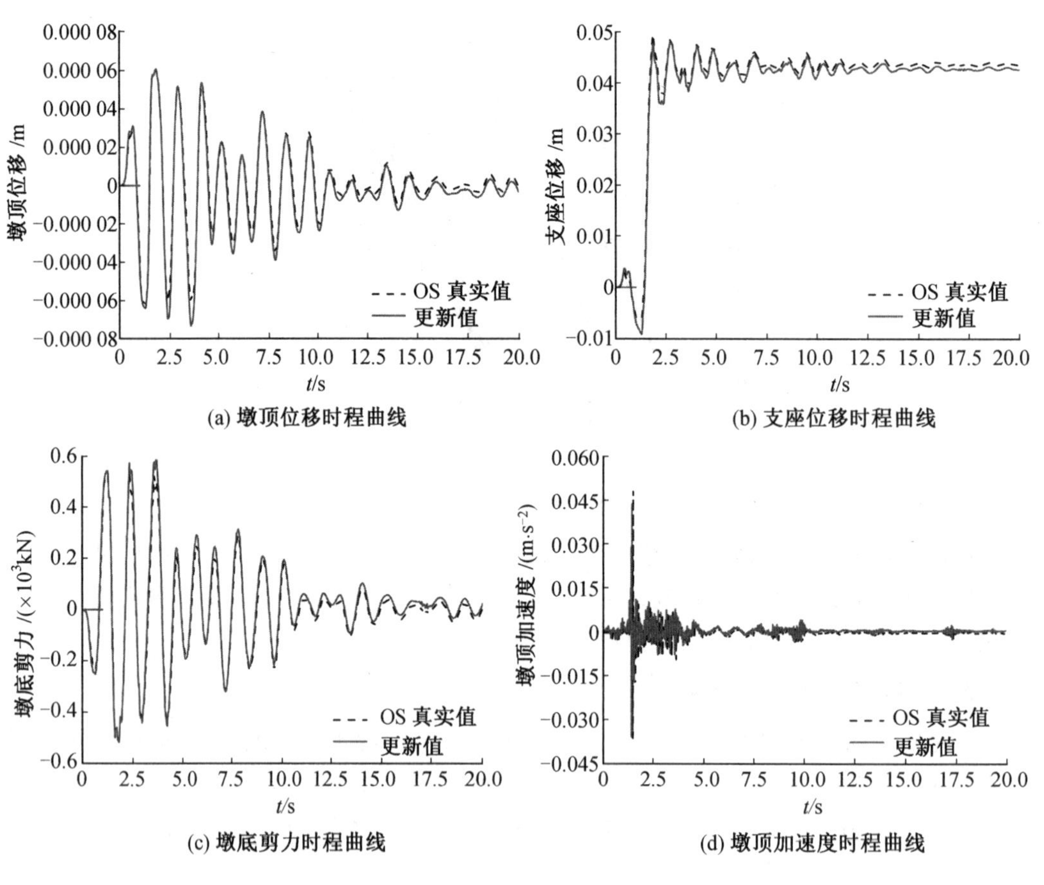

图 5.19　Cape Mendocino 激励下桥梁地震响应时程

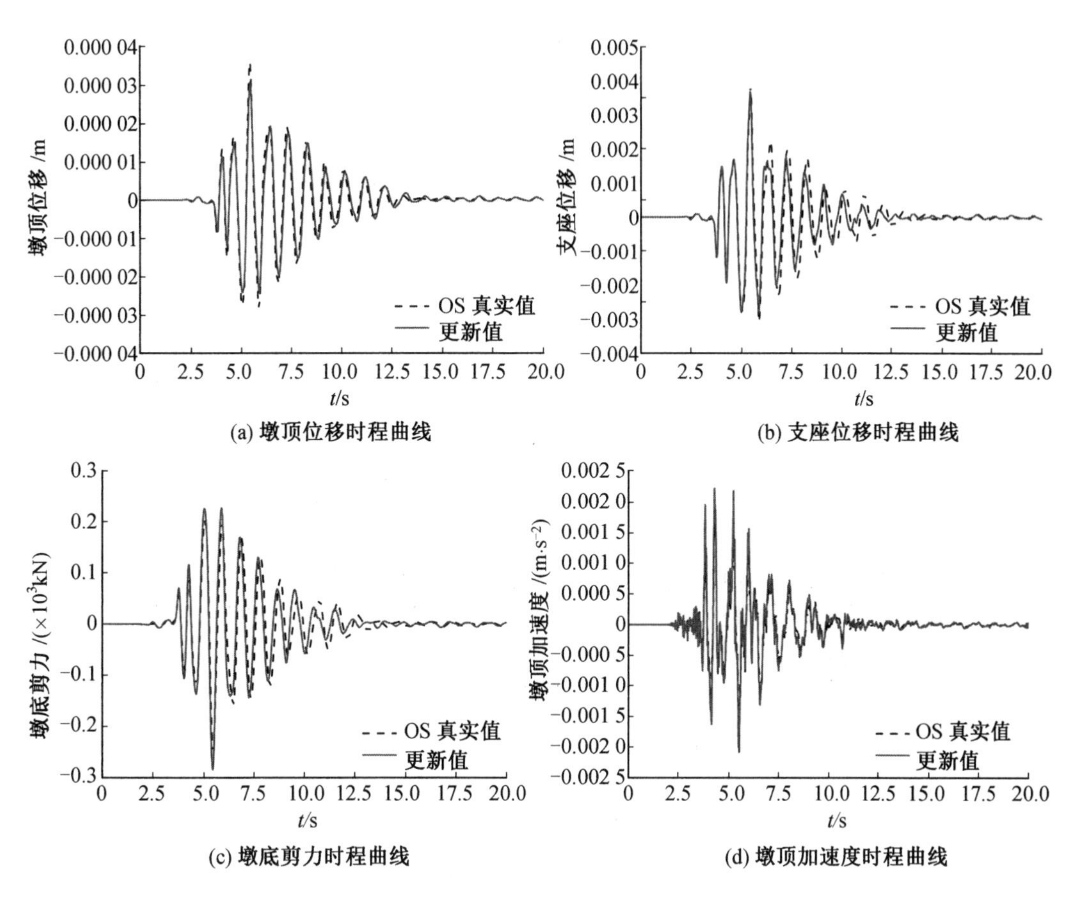

(a) 墩顶位移时程曲线　　(b) 支座位移时程曲线

(c) 墩底剪力时程曲线　　(d) 墩顶加速度时程曲线

图 5.20　Kobe 激励下桥梁地震响应时程

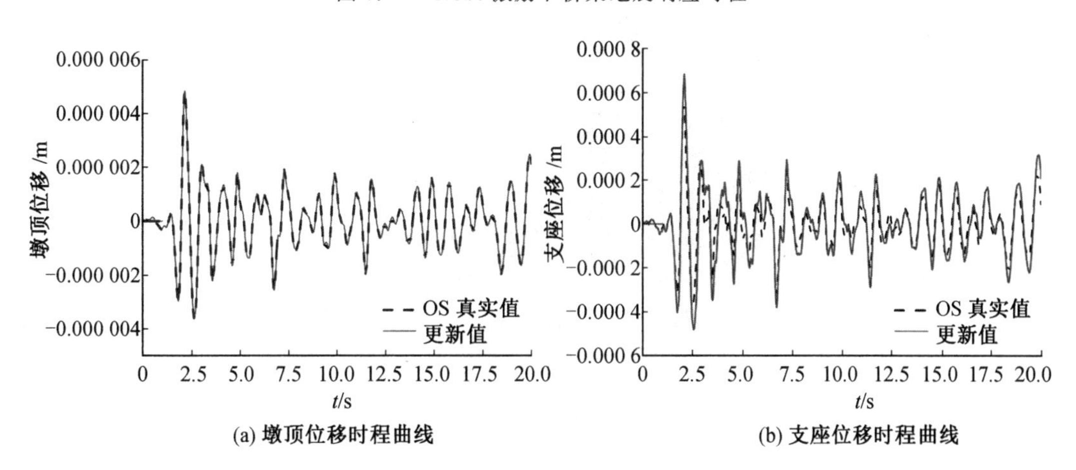

(a) 墩顶位移时程曲线　　(b) 支座位移时程曲线

图 5.21　Taft 激励下桥梁地震响应时程

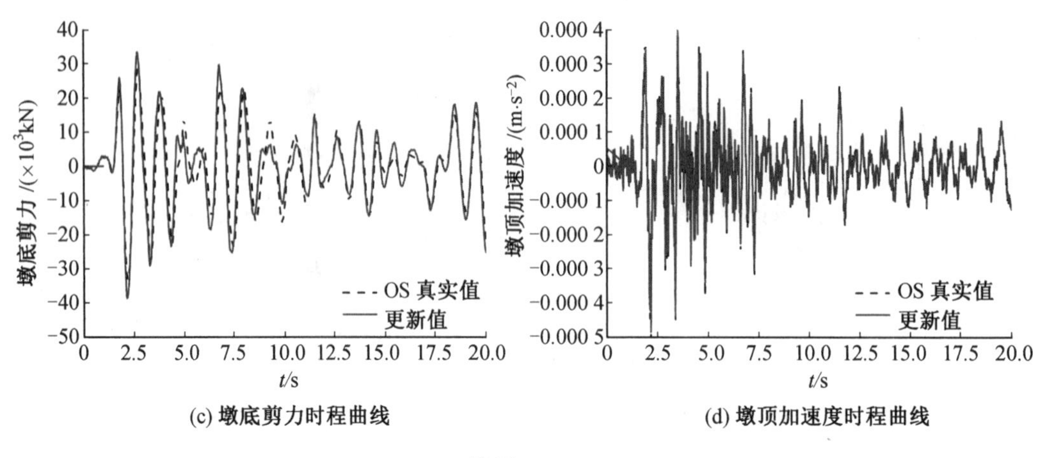

续图 5.21

由图 5.19～5.21 可以看出，在进行模型参数更新的结构地震响应同真实模拟吻合程度较高，说明模型更新混合试验模拟方法能够大大提高抗震试验的准确性，有效降低在传统抗震试验中存在的模型误差。其中墩顶加速度和墩底剪力可以明显看出，不同模型在抗震试验模拟存在着明显误差，这种表现在Ⅰ类场地土的模拟试验中尤其显著，所以在进行Ⅰ类场地土的抗震试验分析时尤其要注意减小模型误差。

图 5.22 所示为 Cape Mendocino 地震激励、Kobe 地震激励和 Taft 地震激励下隔震桥梁结构墩顶位移、墩顶加速度、墩底剪力和支座位移的均方根误差。

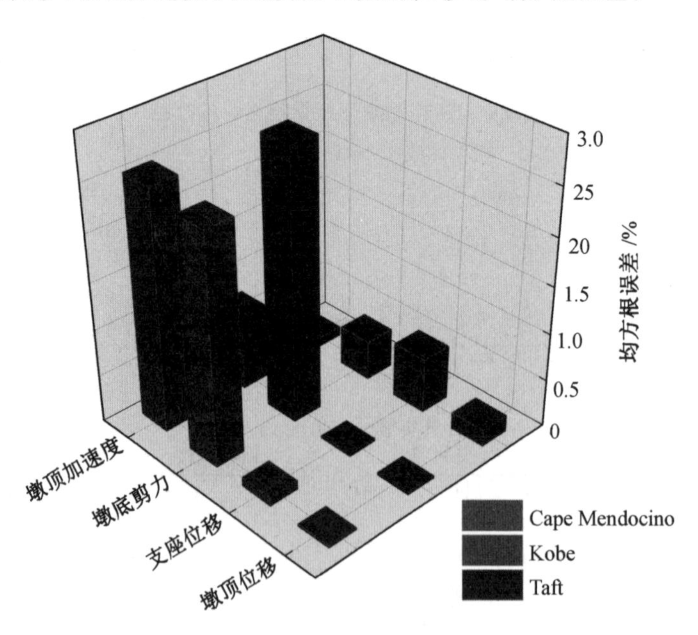

图 5.22　三种地震激励下桥梁地震响应时程误差分析

从图 5.22 中可以看出，在 Cape Mendocino、Kobe 地震激励下墩顶加速度和墩底剪力的均方根误差相对较大，在 Taft 地震激励下墩底剪力和支座位移的均方根误差相对较大，但最大误差也小于 2.5%，说明利用 AUPF 算法进行模型更新混合试验得到的模拟结果与采用 OpenSees 真实参数值进行整体时程分析的结果吻合良好。

第6章　基于模型更新的子结构拟静力混合试验方法

拟静力试验方法从强度、刚度、变形和耗能等方面判别和鉴定结构的抗震性能，为改进发展现有的抗震设计方法提供技术保障。然而随着新材料、新装置、新结构形式的出现，传统的拟静力试验暴露出许多问题，因受制于实验室设备加载能力很难对整体结构开展大比例尺或者足尺试验；部分结构及构件层次拟静力试验不能反映整体结构的抗震性能，不能考虑试验对象与结构其他部分之间的耦合作用影响；缩尺结构拟静力试验会产生“尺寸效应”，试验结果难以再现结构真实抗震性能等。如何在现有条件下完成整体结构的拟静力试验，以再现结构真实抗震性能，进而改进工程结构的抗震设计方法，已成为结构抗震试验研究所面临的新机遇、新挑战，同时对发展现有抗震试验理论具有重要意义。

本章以获取整体结构真实抗震性能为宗旨，提出一种基于模型更新的子结构拟静力混合试验方法。首先，以典型的土木工程结构为例，探讨新型拟静力试验方法的可行性；随后，为了降低参数识别过程中的随机性，弱化算法初始参数对识别结果的影响，提出一种基于统计的UKF模型更新方法；最后，为了将所提出的基于统计的UKF模型更新方法应用到新型拟静力试验中，避免进行多次重复试验，提出基于统计的UKF模型更新子结构拟静力混合试验数值模拟方法，并对方法的有效性进行验证。

6.1　基于模型更新的子结构拟静力混合试验方法

为了获得整体结构的真实抗震性能，本节将子结构概念与模型更新技术引入拟静力试验中，提出一种新型拟静力试验方法，称之为基于模型更新的子结构拟静力混合试验方法。首先，介绍基于模型更新的子结构拟静力混合试验方法的基本原理；之后，以钢结构框架为例，通过数值仿真验证所提出的子结构拟静力混合试验方法的可行性；最后，对比所提出的新型拟静力试验方法与传统拟静力试验方法的试验结果，探讨新型拟静力试验方法的优越性。

6.1.1　试验方法原理及实现方法

1. 试验方法基本原理

根据模型更新过程中模型参数的在线识别与离线识别、模型参数的在线更新与离线更新，可以将新型拟静力试验方法划分成多种类型。此处仅以最为基础的参数在线识别、在线更新的新型拟静力试验方法为例，阐述本章所提出的基于模型更新的子结构拟静力混合试验方法的原理，其他类型的新型拟静力试验方法仅需在此基础上进行轻微调整即可。

基于模型更新的子结构拟静力混合试验方法的基本思想是通过整体结构拟静力分析结果获得物理子结构准确加载命令，能够考虑试验对象与结构其他部分之间的耦合作用影响。物理子结构恢复力不返给整体结构拟静力分析，仅用于识别本构模型参数。通过对模型参数更新的整体结构模型进行拟静力分析得到结构反应，从而评价整体结构抗震性能。

本节提出的新型拟静力试验方法与传统拟静力试验最重要的区别在于：通过整体结构拟静力分析可以得到整体结构反应；通过整体分析结果获得物理子结构的准确加载命令，这样能够考虑试验对象与结构其他部分之间耦合作用的影响；将参数估计方法识别得到的本构模型参数用于对整体结构本构模型参数的更新，提高了拟静力分析中数值模型的精度。

基于模型更新的子结构拟静力混合试验方法的原理示意图如图 6.1 所示。该试验方法包括三个模块：整体结构有限元分析模块、物理子结构试验模块和本构参数识别模块。首先，根据试验条件确定物理子结构，通过作动器实现边界条件。采用 OpenSees 有限元软件进行整体结构拟静力分析，采用 MATLAB 软件进行参数识别，采用基于 TCP/IP 协议的 Socket 通信技术实现 OpenSees 有限元软件和 MATLAB 软件之间的数据通信。

在整体结构有限元分析模块中，首先建立整体结构数值模型，根据事先选定的加载制度进行整体结构拟静力分析，得到结构的整体反应，然后将物理子结构边界自由度上的位移发送给物理子结构试验模块。在物理子结构试验模块中，通过作动器实现物理子结构边界自由度上的目标加载位移，测得物理子结构恢复力，将试验测得的物理子结构位移和恢复力发送给本构参数识别模块。在本构参数识别模块中，基于物理子结构位移、恢复力测量值和假定的物理子结构数值模型，采用参数识别方法在线识别物理子结构本构参数，并将参数识别值发送给本构参数更新模块。在本构参数更新模块中，将接收到的本构参数识别值在线更新整体结构有限元模型，之后进行下一步的整体结构拟静力加载分析，如此往复进行至试验结束。基于模型更新的子结构拟静力混合试验方法的流程如图 6.2 所示。

基于模型更新的子结构拟静力混合试验方法的实施步骤如下：

(1)对于整体结构，将其在有限元分析软件中离散化为整体结构的数值模型，并选择用于提供模型参数更新部分的子结构。

(2)在加载反力设备上安装用于提供模型参数更新部分的子结构及其相关部分作为物理子结构。

(3)在物理子结构上布置位移传感器，并将位移传感器连接至力学测试系统控制器的外界输入通道。

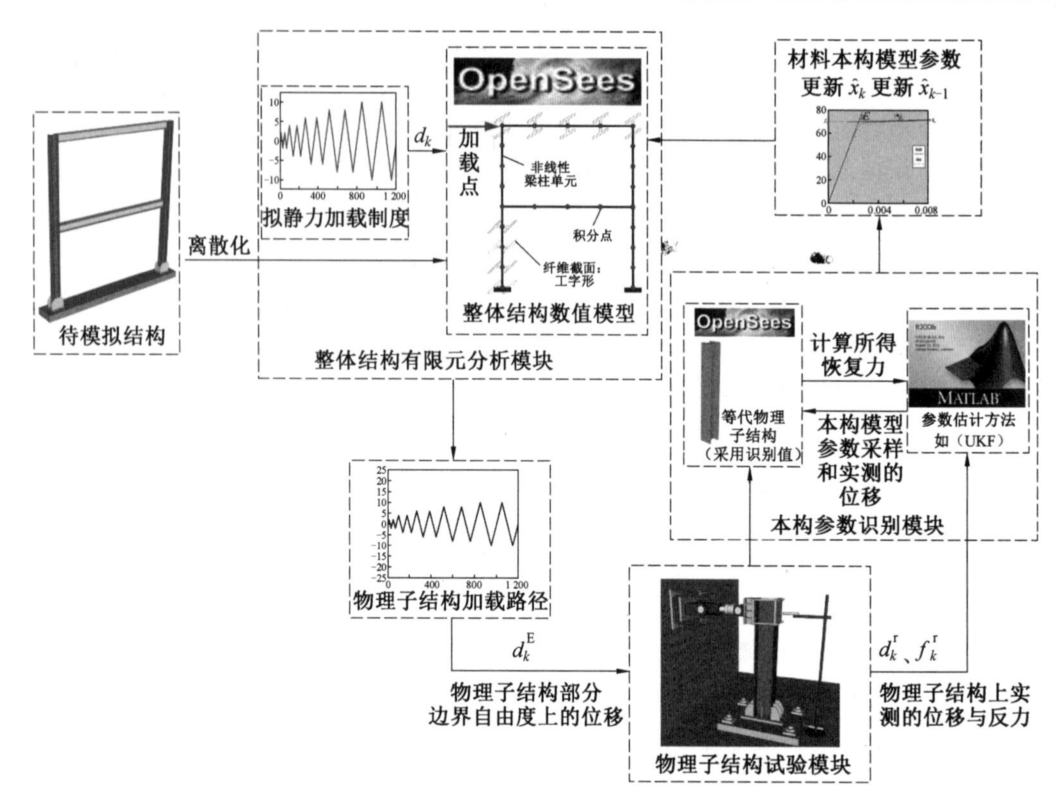

图 6.1　基于模型更新的子结构拟静力混合试验方法原理图

(4)用事先选定的拟静力加载制度向整体结构数值模型对应的自由度上发送第 k 步的位移 d_k，利用第 k 步的位移 d_k 和第 $k-1$ 步的本构模型参数 $\hat{x}_{k-1}$ 对整体结构有限元分析模块中的整体结构数值模型进行一次非线性分析。

(5)将在整体结构有限元分析模块中计算出的物理子结构边界自由度上的位移 d_k^{E} 发送给连接物理子结构的作动器。

(6)在物理子结构试验模块中，作动器按照有限元分析软件计算得到的物理子结构边界自由度上的位移 d_k^{E} 对试件进行真实加载，将实际测量得到的物理子结构边界自由度上的位移 d_k^{r} 和反力 f_k^{r} 发送到本构参数识别模块对本构模型参数进行在线识别。

(7)本构模型参数在线识别，此处以 UKF 为例进行说明，以第 $k-1$ 步的本构模型参数 $\hat{x}_{k-1}$ 为基础计算本构模型参数采样点 χ_{k-1}^{i}，将 χ_{k-1}^{i} 和实际测量得到的物理子结构边界自由度上的位移 d_k^{r} 发送到物理子结构的数值模型即等代物理子结构中，进行一次非线性静力分析。将有限元计算得到的恢复力 f_k^{i} 反馈至参数识别方法中，利用有限元计算得到的恢复力 f_k^{i}、实际测量得到的恢复力 f_k^{r} 和上一步的参数估计值 $\hat{x}_{k-1}$ 计算出新的本构模型参数 $\hat{x}_k$。

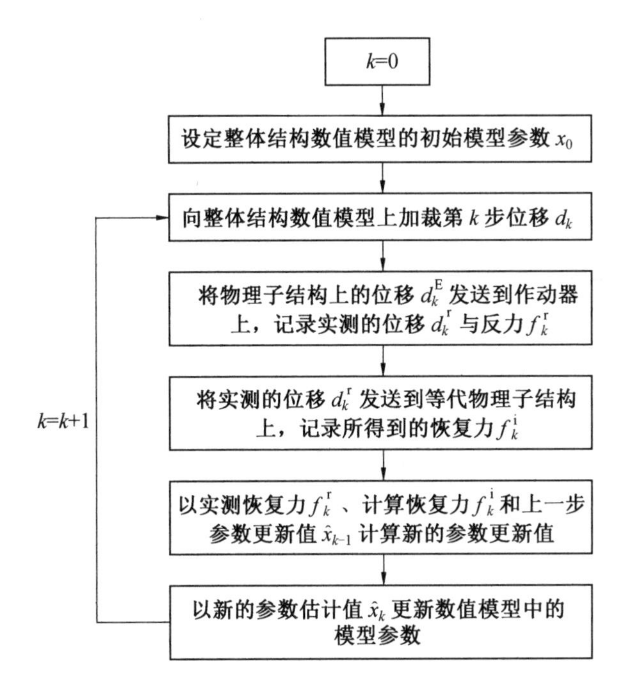

图 6.2　基于模型更新的子结构拟静力混合试验方法流程图

(8)以最新识别得到的本构模型参数 $\hat{x}_k$ 更新整体结构有限元分析模块中的整体结构数值模型的本构模型参数 $\hat{x}_{k-1}$。

(9)重复步骤(4)～(9),直至试验结束。

2. 试验模拟程序实现方法

从图 6.1 中可以看出,对于所提出的新型拟静力试验方法的数值模拟需要在不同的模块(软件)间进行数据交换,包括整体结构数值模型静力分析得到的位移、物理子结构计算得到的恢复力以及本构模型参数识别模块计算得到的本构模型参数。基于模型更新的子结构拟静力混合试验数值模拟中的整体结构有限元分析模块、本构参数识别模块及物理子结构试验模块是在不同的分析平台上完成,因此需要解决不同软件分析平台之间数据的交互问题,即解决不同分析平台的通信功能。

不同分析平台之间的数据交互示意图如图 6.3 所示。

为了实现不同分析平台之间的数据交互功能,即实现 MATLAB 和有限元分析软件 OpenSees 间的数据通信,本章采用基于 TCP/IP 协议的 Socket 通信技术实现这一目标。通常 Socket 通信技术的实现方法分为直接法和间接法:直接法需要在编写 Socket 通信协议将其编译成为一个可执行文件,实现难度较大;而间接法则是通过调动 MATLAB 和 OpenSees 的内部函数得以实现,实现难度较小。本节通过间接法实现 MATLAB 和有限元软件 OpenSees 之间数据的交互问题。

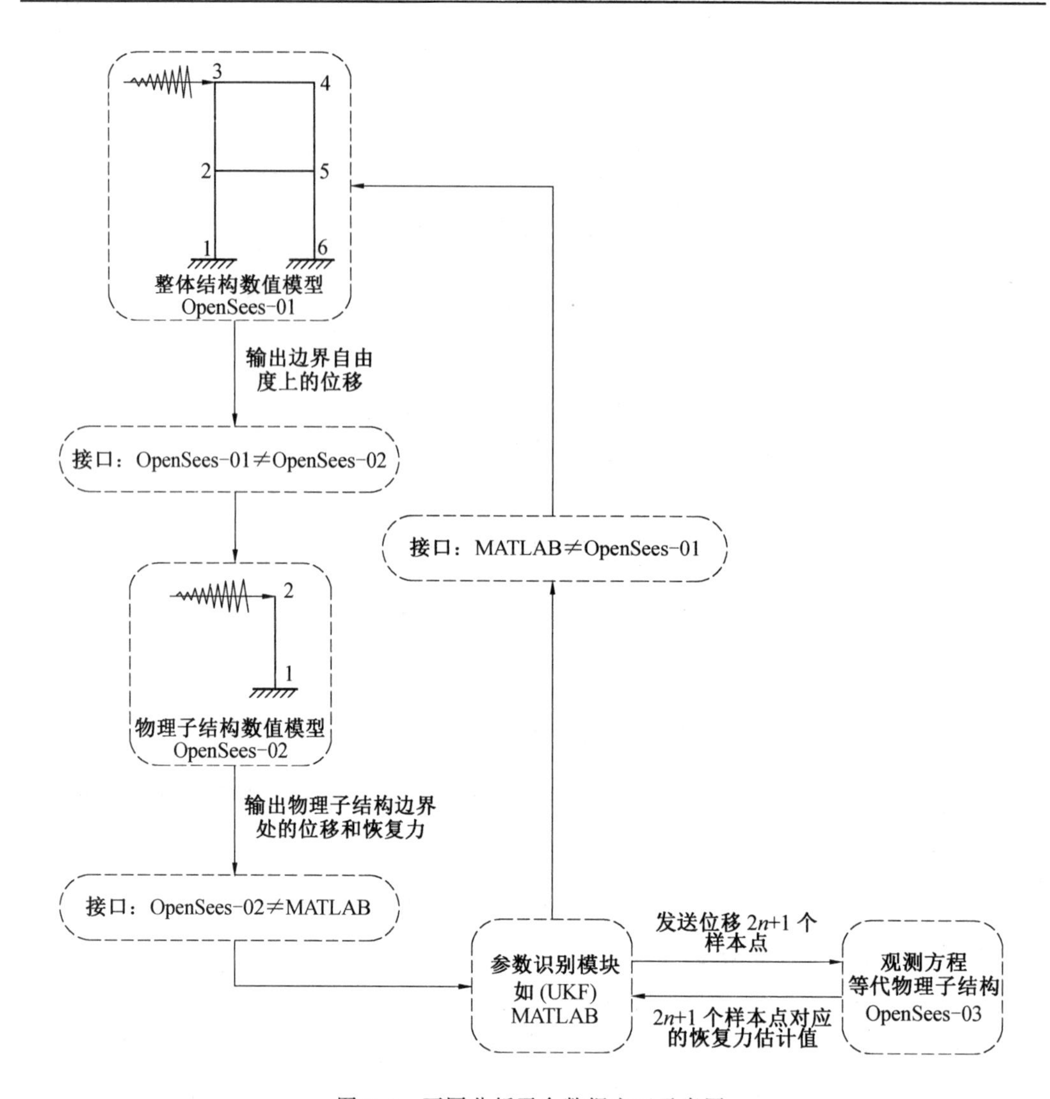

图 6.3　不同分析平台数据交互示意图

通过 CS(Client-Server)技术、利用 tcl 语言中已有的 Socket 相关命令，把 OpenSees 改造为计算服务器。客户端为一段简单的 tcl 命令，此小段命令可以集成到其他任何复杂的平台(例如 MATLAB)中。一方面便于集成，不再把整个有限元集成，只集成这一小段 tcl 代码；另一方面便于控制 OpenSees。算例中主要包括以下四个主要文件：服务器端文件 server. tcl、getTotalResisting. tcl、model. tcl 和客户端文件。集成和调用方法及步骤如图 6.4 所示。

在使用 UKF 进行参数识别时，将算法中计算 $2n+1$ 个采样点的过程在 OpenSees 中进行，算法要求在每一个采样点计算过程中均应以上一步的状态为起点，这样才能保证算法的准确性。这就意味着在算法的 $2n+1$ 次采样中，每一个采样点计算结束后需要 OpenSees 返回上一步的状态。官方版 OpenSees 无法完成这样的功能，为实现该功能需

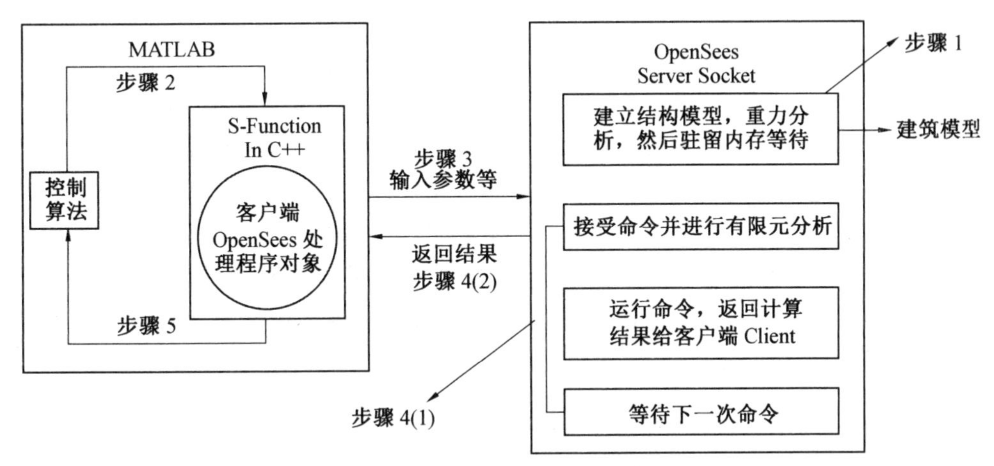

图 6.4　MATLAB 与 OpenSees 数据传输流程图

要对 OpenSees 静力分析框架进行了修改。宁西占对官方版 OpenSees 的静力分析模式、力边界、单轴本构模型参数进行了修改，完成了 OpenSees 的二次开发。本节所提出的基于模型更新的子结构拟静力混合试验方法中关于模型更新部分的 OpenSees 借助宁西占二次开发的 OpenSees 得以实现。

6.1.2　数值验证

1. 结构原型与计算模型

为了验证本节所提出的新型拟静力试验的可行性，针对一钢框架结构进行拟静力试验数值仿真，研究对象为一个两层的平面钢框架，框架底层柱与基础为刚接，该框架层高为 3.6 m，跨度为 6.0 m，钢框架计算模型如图 6.5 所示。

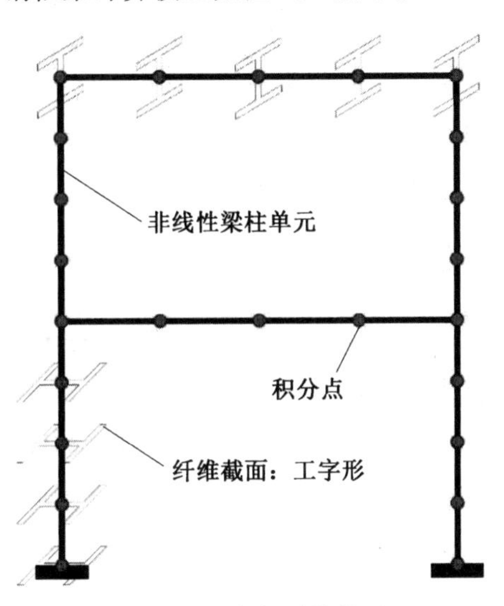

图 6.5　钢框架计算模型

为方便建模梁柱截面均采用热轧 H 型钢(HW300 mm×300 mm×10 mm×15 mm)。钢框架梁、柱构件均采用基于柔度的非线性梁柱单元(Element Nonlinear Beam Column),每个单元取 3 个 Gauss－Lobatto 积分点,截面为纤维截面。在对截面进行纤维单元定义时,为了保证试验精度且快速完成计算,分别沿局部坐标系的两个方向对截面进行划分,沿长度方向划分出 20 个子区域,沿宽度方向划分出 2 个子区域。钢材纤维的本构模型选择单轴 Giuffré－Menegotto－Pinto(Steel02)模型,待识别参数为钢材的材料本构模型参数:钢材的屈服强度 f_y、钢材的弹性模量 E 和钢材的硬化系数 b。待识别参数的真实值和初始值的取值见表 6.1(表中未列的材料本构模型参数在建模时采用 OpenSees 的推荐值)。

表 6.1　钢材的本构模型参数

	f_y/MPa	E/MPa	b
真实值	125.0	2.06×10^5	0.01
初始值	180.0	1.80×10^5	0.03

对于物理子结构的选取,在子结构试验中通常将子结构的边界建立在反弯点处(弯矩为零的点)以避免模拟转动自由度。因此在本节的数值仿真中将底层框架柱的一半作为物理子结构,物理子结构的截面形式、单元选择、截面划分等都与整体结构数值模型中的框架柱相同。

物理子结构采用 OpenSees 进行模拟,物理子结构的材料本构模型参数采用参数真实值。为验证本节所提出的新型拟静力试验方法的有效性,将模型参数采用真实值的全结构拟静力试验数值仿真,即采用真实值的 OpenSees 纯数值分析所得到的结果作为参考解来与在线模型更新拟静力试验数值仿真所得到的结果进行对比。在全结构在线模型更新拟静力试验数值仿真中所识别的参数为钢材的屈服强度 f_y、钢材的弹性模量 E 和钢材的硬化系数 b。对全结构拟静力试验数值仿真和全结构在线模型更新拟静力试验数值仿真均在钢框架顶点采用由位移控制的低周往复加载的方法对结构顶点进行水平位移加载,其加载制度如图 6.6 所示,往复位移加载幅值分别为层间位移角 0.01、0.02、0.03、0.04 每级位移往复加载两圈。

2. 结果与分析

为模拟真实的物理试验过程,采用均值为零的随机数作为物理子结构的观测噪声,对 UKF 算法中 UT 变换的采样点参数为 $\alpha=0.5$、$\beta=2$ 和 $\kappa=0$。初始状态协方差矩阵为 $\boldsymbol{P}_0=q^2(x_{\text{true}}-x_0)(x_{\text{true}}-x_0)^{\mathrm{T}}$,这里 x_{true} 和 x_0 分别为本构模型参数的真实值和初始值,参数 q 为调节初始状态协方差矩阵大小的自由参数,本节参数 q 取 0.02。观测噪声协方差矩阵 $\boldsymbol{R}=0.4$,协方差矩阵 $\boldsymbol{P}$ 和 $\boldsymbol{R}$ 的单位与 cm、kN 和 s 相一致。

(1)本构模型参数识别结果。

由于钢材弹性模量 E 和钢材硬化系数 b 的参数变化趋势与钢材屈服强度 f_y 的变化

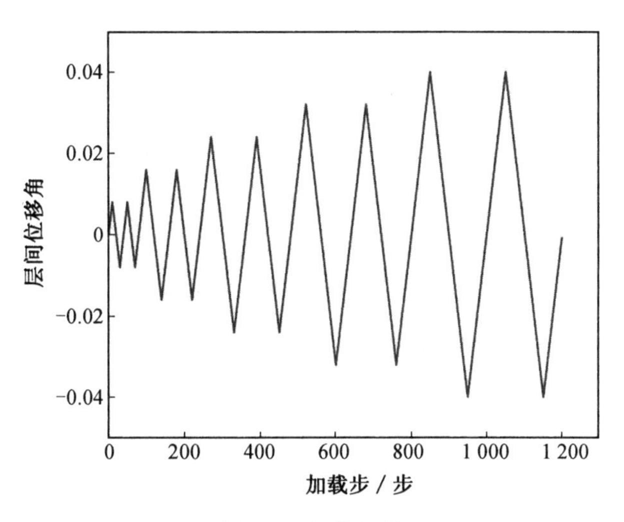

图 6.6　加载制度

趋势相似，因此本小节以钢材的屈服强度f_y为例说明参数估计值的变化过程。钢材屈服强度 f_y的参数识别结果如图 6.7 所示。从中可以看出在前 400 个加载步参数同初始值相比没有太大的变化，在第 500～650 加载步期间参数波动较为明显，在第 650 加载步后参数基本趋近于真实值，最终的稳态值为 13.1 MPa，几乎与真实值 12.5 MPa 完全吻合。需要注意的是，本构模型参数识别模块采用的 UKF 算法所得到的识别结果不仅依赖于算法初始参数的选取，由于每次运行的观测噪声是随机的，因此从本质上讲 UKF 算法是一种随机算法，每一次识别的结果都存在差异。最理想的识别结果与最不理想的识别结果之间差异较大，为保证客观性，图 6.7 所示的识别结果为一般性的识别结果，没有进行刻意挑选。

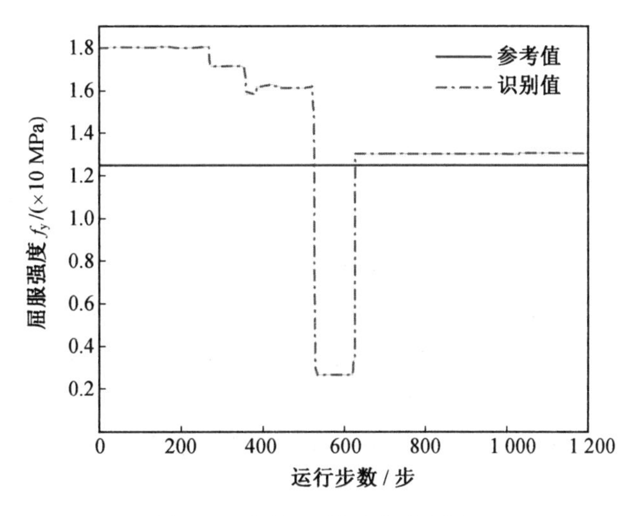

图 6.7　参数 f_y 识别值时程图

(2)恢复力响应。

图 6.8 给出了基于模型更新的子结构拟静力混合试验数值仿真的结构恢复力响应时程图,显而易见,本节所提出的基于模型更新的子结构拟静力混合试验方法与参考解吻合良好,除个别拐点外,其余部分几乎完全重合。在这里引入两个误差指标——最大相对误差(RE)和均方根误差(RMSE)对所提出方法的数值仿真结果与参考解的偏离程度进行定量的分析,其计算方法见式(6.1)、式(6.2)。

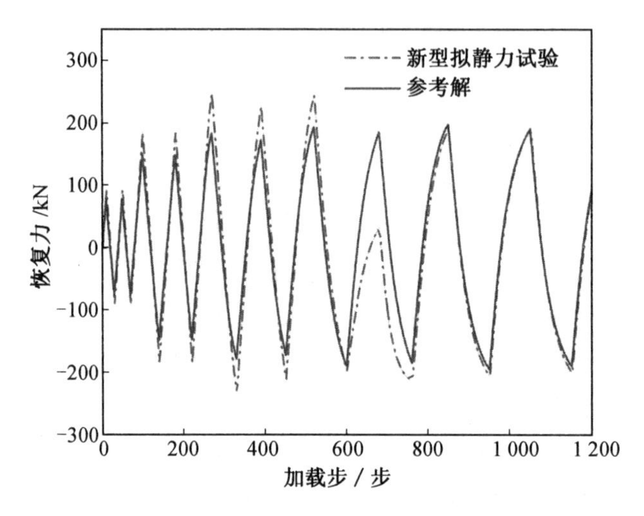

图 6.8 恢复力时程曲线对比图

$$\mathrm{RMSE}=\sqrt{\frac{\sum_{i=1}^{N}(x_{\mathrm{ref},i}-x_{\mathrm{sim},i})^2}{\sum_{i=1}^{N}(x_{\mathrm{ref},i})^2}}\times 100\% \tag{6.1}$$

$$\mathrm{RE}=\frac{|x_{\mathrm{sim,max}}-x_{\mathrm{ref,max}}|}{|x_{\mathrm{ref,max}}|}\times 100\% \tag{6.2}$$

式中,x_{ref}、x_{sim}分别为参考解和模拟结果。结构恢复力的 RMSE 为 15.94%,峰值 RE 为 17.42%,对于一般情况精度尚可。

(3)滞回曲线。

图 6.9 给出了采用初始值进行非线性分析得到的滞回曲线、基于模型更新的子结构拟静力混合试验数值仿真得到的滞回曲线,以及采用参数真实值进行非线性分析得到的滞回曲线的对比。从图 6.9 中可以看出,相比初始猜测值模拟得到的滞回曲线,基于模型更新的子结构拟静力混合试验数值仿真所得到的滞回曲线与采用参数真实值进行非线性分析得到的滞回曲线吻合更好。虽然在初期由于参数识别过程的波动导致基于模型更新的子结构拟静力混合试验数值仿真所得到的滞回曲线与采用参数真实值进行非线性分析得到的滞回曲线存在一定差异,这是因为任何参数识别方法在在线识别参数初期都会经历一定的波动才能逐渐收敛到一个稳态值,但随着参数识别过程逐渐收敛至一

个稳态值，二者之间的差异基本可以忽略不计。对于拟静力试验而言，研究者们更加关心结构的累积耗能，而在累积耗能中，最外圈滞回环所占的比重要大于初始的滞回环。

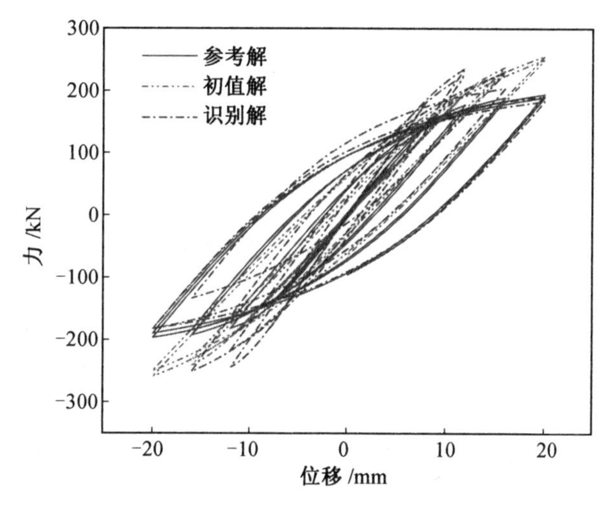

图 6.9　结构滞回曲线对比

图 6.10 给出了采用初始猜测值进行非线性分析得到的滞回曲线、基于模型更新的子结构拟静力混合试验数值仿真得到的滞回曲线，以及采用参数真实值进行非线性分析得到的滞回曲线最外侧滞回环的对比。

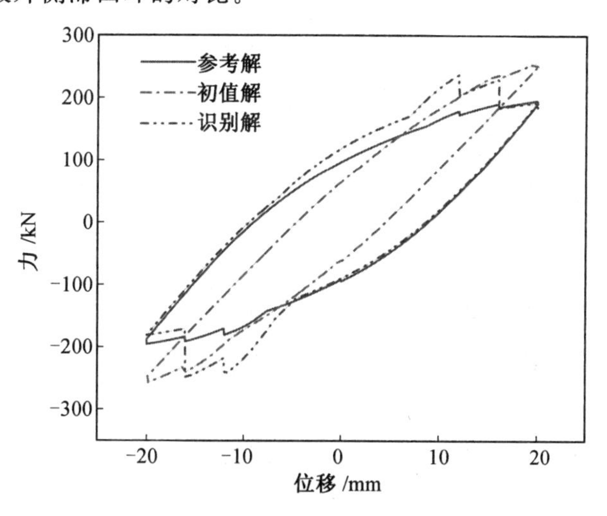

图 6.10　滞回包络对比

如图 6.10 所示，基于模型更新的子结构拟静力混合试验数值仿真所得到的滞回曲线以及采用参数真实值进行非线性分析得到的滞回曲线吻合较好，利用 MATLAB 计算得到三者所围成的几何形状之比分别为 3 421 kN · mm、6 263 kN · mm 和 5 213 kN · mm。以采用参数真实值进行非线性分析得到的滞回曲线所围成的图形面积作为参考值，采用参数初始猜测值进行非线性分析和基于模型更新的子结构拟静力混合试验数值仿真所得到的滞回曲线所围成的图形面积同参考值之间的相对误差分别为 34.38%、20.1%，同时对二者与参考值之间的 RMSE 分别为 38.54%、18.58%。可以看出基于模型更新的子结构拟静力混合试验数值仿真的结果与参考值吻合得比较好，误差指标要远优于采用材料初始猜测值进行非线性分析的结果。

综上所述，根据本构模型参数识别结果中稳态值与真实值吻合较好，表明 UKF 算法具有较高的估计精度。并且，在本节中基于模型更新的子结构拟静力混合试验采用未经刻意挑选的一般性参数识别结果进行试验，所得到的恢复力曲线与参考恢复力曲线吻合良好，二者间的 RMSE、RE 均处于较低水平，证明了所提出的基于模型更新的子结构拟静力混合试验方法的有效性，同时也说明即使未刻意挑选的一般性识别结果的试验精度也是有保障的。最后，对于拟静力试验极为关心的滞回曲线的对比也进一步表明了基于模型更新的子结构拟静力混合试验方法的可行性及工程应用价值。

6.2　基于统计的 UKF 模型更新方法

在第 6.1 节通过数值仿真探讨了所提出的基于 UKF 模型更新的子结构拟静力混合试验方法在检验结构整体抗震性能方面的可行性，然而试验结果的精度却并不令人满意，即使在算法参数相同的情况下任意两次的试验结果也不相同，理想的试验结果与不理想的试验结果离散性较大。

分析表明，造成基于模型更新的子结构拟静力混合试验的试验结果精度不足的原因在于所采用的参数估计方法 UKF 的使用上存在问题，由于 UKF 本质上是一种随机算法，是最小均方误差准则下的次优估计器，这意味着利用 UKF 进行参数估计的目标应当是在 n 次运行后，所识别得到的状态量均值收敛至真实值，均值与真实值之间的均方误差最小。采用 UKF 进行一次参数识别所得到的结果并不能代表整体的状态量均值，同时参数识别结果通常受制于算法初始参数如初始状态协方差矩阵、待识别参数初值、观测噪声协方差等因素的影响，通常这些因素在试验前仅能根据试验者的经验进行选择，并且常常需要多次试验才能确定比较理想的组合，因此仅通过单次试验所得到的参数识别结果的品质无法有效保证。为了解决目前 UKF 使用上存在的问题，从算法的本质出发提出一种基于统计的 UKF 模型更新方法，该方法并没有对 UKF 算法本身做出修改，而是通过改变 UKF 的使用方法提高参数识别结果的精度及试验结果的可靠性。基于统计的 UKF 模型更新方法通过对算法进行多次运行，将多次运行的结果进行统计得到参数的统计值，之后利用参数的最终统计值更新参数初始值，最后对整体结构进行一次分析得到最终的试验结果。

本节主要内容安排如下：首先，通过对比不同参数识别及更新策略对试验结果的影响，探讨参数识别及更新策略的选取问题；随后，以第 6.1 节钢结构框架为例，阐述所提出的基于统计的 UKF 模型更新方法原理并给出在使用基于统计的 UKF 模型更新方法后的试验结果；最后，通过对比考虑不同算法初始参数的试验结果，探讨所提出的基于统计的 UKF 模型更新方法在弱化算法初始参数对试验结果影响方面的优越性。

6.2.1　模型参数识别及更新策略分析

模型更新试验从本质上来讲其包含了两个方面：参数识别和参数更新。在试验的参数识别递推过程中，如果参数是由当前步及之前步的数据识别得到的即为在线参数识别，如果参数是在试验结束后通过所有步数据识别得到的即为离线参数识别。在试验过程中对每一步都实时更新为在线参数更新，在试验前统一进行更新为离线参数更新。所谓的在线和离线在参数识别和参数更新中都存在，之前研究者更多地将注意力放在了参数更新过程中，对于参数识别则是粗放的、实时的。但是在参数识别过程中参数存在一个收敛的过程，在这个过程中有时参数的波动比较大，尤其对于非线性较强又依赖之前加载路径的结构会导致整个结构反应的偏移。例如 6.1.2 节中所识别的本构模型参数在前期参数波动较大，导致滞回曲线后期吻合较好，前期的参数波动导致初期滞回曲线大大偏离了参考值。因此，在沿用 6.1.2 节的 UKF 作为参数识别方法的基础上，着重考虑两个问题：①用什么样的数值进行参数识别；②用什么方式进行参数更新。

为了对比不同参数识别与参数更新的组合策略对模型更新试验的影响，找到一种合适的参数识别与更新策略并将其应用到所提出的基于模型更新的子结构拟静力混合试验中，根据参数识别与参数更新方式的不同进行组合得到不同的参数识别与更新的策略。不同识别与更新策略的组合见表 6.2，表 6.2 中将不同的参数识别与更新的策略细分成以下三类：①参数在线识别与在线更新策略（策略Ⅰ）；②参数离线识别与离线更新策略（策略Ⅱ）；③参数在线识别与离线更新策略（策略Ⅲ）。

表 6.2　参数识别与更新策略

	在线更新	离线更新
在线识别	策略Ⅰ	策略Ⅲ
离线识别	无	策略Ⅱ

1. 在线识别与在线更新

本小节提出的参数在线识别与在线更新策略（策略Ⅰ）的原理与 6.1.2 节中的基于模型更新的子结构拟静力混合试验方法原理相同。由图 6.7、图 6.8 的试验结果可以发现，加载步数偏少会对识别结果会产生一定影响，因此本节中除增加 6.1.2 节中所使用的加载制度的最大循环幅值循环次数，使整个试验过程的加载步达到 3 200 步以外，余下部分如计算模型、本构模型参数真实值及算法初始参数等与表 6.1 相同。

由于钢材弹性模量 E 和钢材硬化系数 b 的参数变化趋势与钢材屈服强度 f_y 的变化趋势相似，因此本节以钢材的屈服强度 f_y 为例说明参数识别值的变化过程。待识别参数钢材屈服强度 f_y、钢材弹性模量 E 和钢材硬化系数 b 的识别结果见表 6.3，钢材屈服

强度 f_y 的参数识别值变化过程如图 6.11 所示。

表 6.3　策略Ⅰ参数识别结果

	f_y/MPa	E/MPa	b
真实值	125.0	2.06×10^5	0.01
收敛值	116.0	1.988×10^5	0.006 7
RMSE	17.579%	8.533%	7.990%

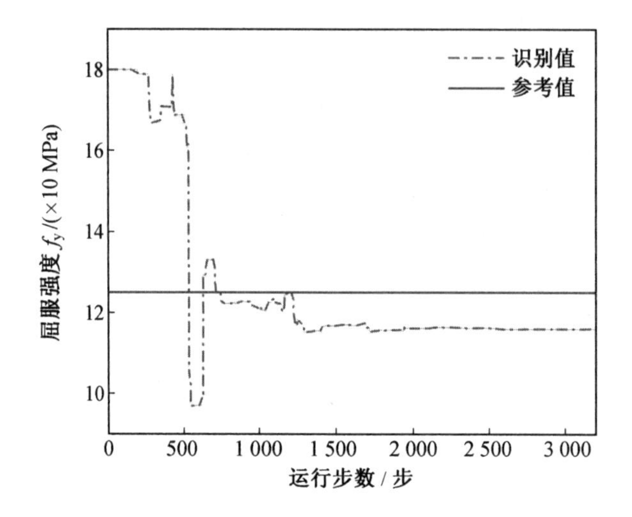

图 6.11　钢材屈服强度 f_y 识别值时程图

策略Ⅰ恢复力时程曲线与作为参考值的采用参数真实值进行非线性分析所得到的恢复力时程曲线对比如图 6.12 所示，策略Ⅰ的恢复力时程曲线与参考值恢复力时程曲线间的 RMSE 为 15.686%。

图 6.13 给出了策略Ⅰ与参考值的滞回曲线的对比，从中可以看出由于参数收敛过程前期的参数波动较大，导致滞回曲线的前几个滞回环与参考值偏离较大，后期参数逐渐收敛至稳态值后，二者滞回曲线间的偏离程度逐渐减小，吻合较好。

2. 离线识别与离线更新

本小节所提出的参数离线识别与离线更新策略（策略Ⅱ）的实施步骤如下：

（1）对于整体结构将其在有限元分析软件中离散化为整体结构的数值模型，同时在整体结构中选择用于提供模型参数更新部分的子结构。在建模过程中对于提供模型参数更新部分的子结构本构模型参数选用参数真实值，其余部分结构的本构模型参数选用参数初始猜测值。

（2）对整体结构数值模型进行一次拟静力非线性分析，记录物理子结构边界自由度上的恢复力和位移。

（3）建立等代物理子结构数值模型，初始本构模型参数采用与整体结构的数值模型

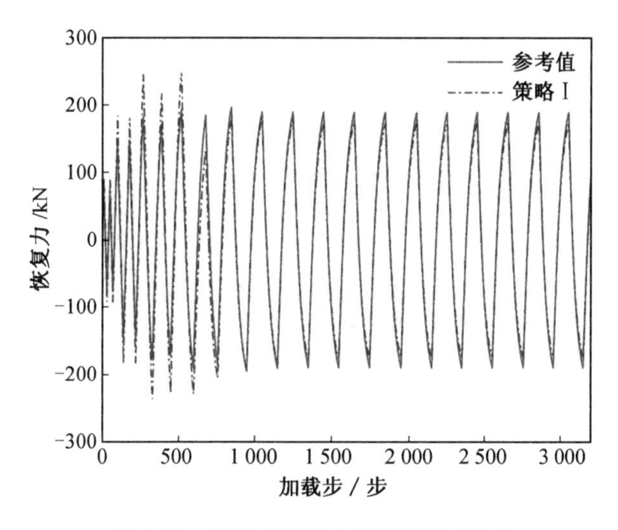

图 6.12　策略 I 恢复力时程曲线对比图

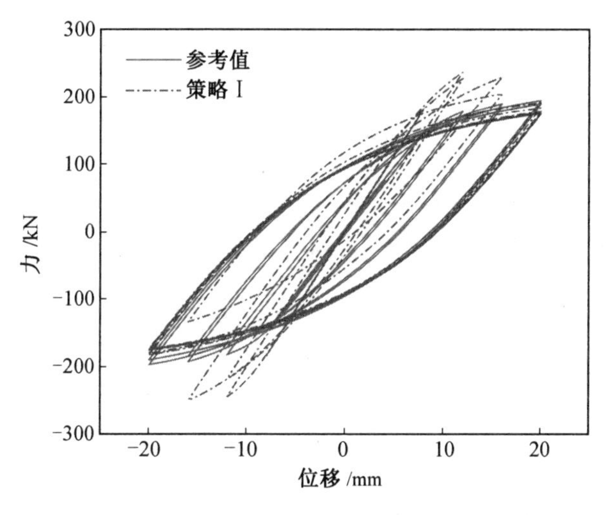

图 6.13　策略 I 滞回曲线对比图

相同的参数初始猜测值。利用所记录的物理子结构边界自由度上的恢复力和位移，采用 UKF 对等代物理子结构进行离线的参数识别，记录最终识别得到的本构模型参数。

(4)利用最终识别得到的本构模型参数更新整体结构数值模型中的所有单元的本构模型参数，使用原拟静力加载制度对整体结构进行非线性静力分析，记录结构响应。

参数离线识别与离线更新策略(策略Ⅱ)的原理如图 6.14 所示。

本节算例的加载制度、计算模型、本构模型参数真实值及算法初始参数等见图 6.6 及表 6.1。待识别参数钢材屈服强度 f_y、钢材弹性模量 E 和钢材硬化系数 b 的离线识别结果见表 6.4，由表 6.4 可以看出参数离线识别的识别效果要优于策略 I 中的参数在线识别效果。

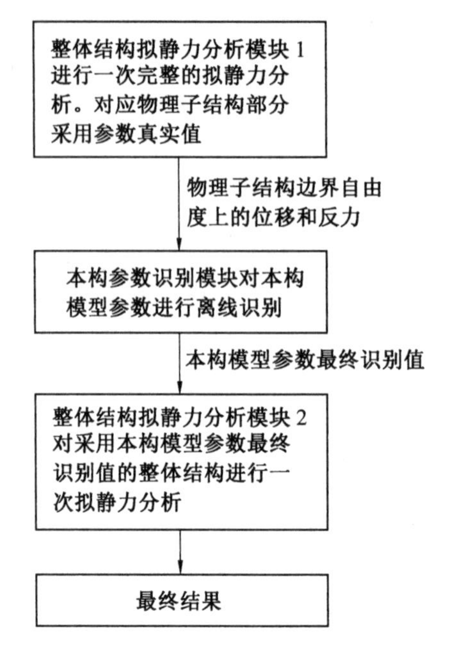

图 6.14　策略Ⅱ原理图

表 6.4　策略Ⅱ参数识别结果

	f_y/MPa	E/MPa	b
真实值	125.0	2.06×10^5	0.01
最终识别值	126.9	2.076×10^5	0.010 7
RE	1.52%	0.78%	7%

策略Ⅱ与参考值的恢复力时程曲线对比如图 6.15 所示，策略Ⅱ的恢复力时程曲线与参考值恢复力时程曲线间的 RMSE 为 1.39%，二者基本完全吻合。

策略Ⅱ和参考值的滞回曲线的对比如图 6.16 所示，从图中可以看出由于采用参数离线识别与离线更新策略完成模型更新拟静力试验，所以不存在在策略Ⅰ中参数识别前期过程中参数波动较大导致的滞回曲线最初几个滞回环同参考值偏离较大的情况。同时离线识别得到的材料本构模型参数比较准确，因此策略Ⅱ的滞回曲线与参考值十分吻合。

3. 在线识别与离线更新

本节所提出的参数在线识别与离线更新策略（策略Ⅲ）的实施步骤为：首先，通过运行一次参数在线识别与在线更新的策略Ⅰ型拟静力试验后，记录策略Ⅰ型拟静力试验所识别得到的材料本构模型参数的最终识别值；随后，利用记录到的材料本构模型参数的最终识别值更新整体结构数值模型的本构模型参数；最后，对整体结构数值模型再进行一次拟静力分析。

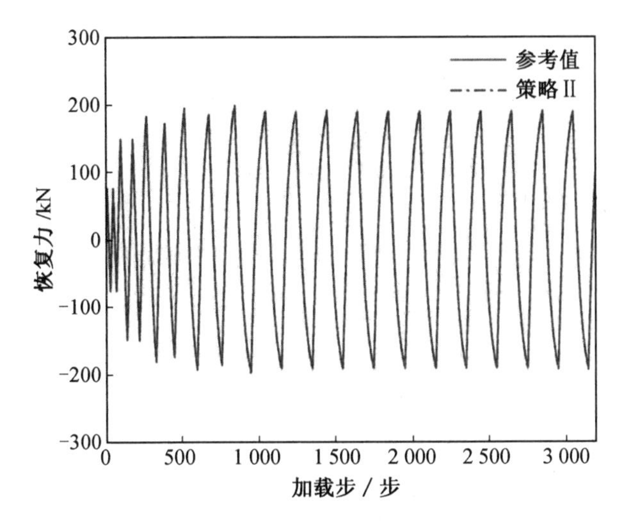

图 6.15　策略Ⅱ恢复力时程曲线对比图

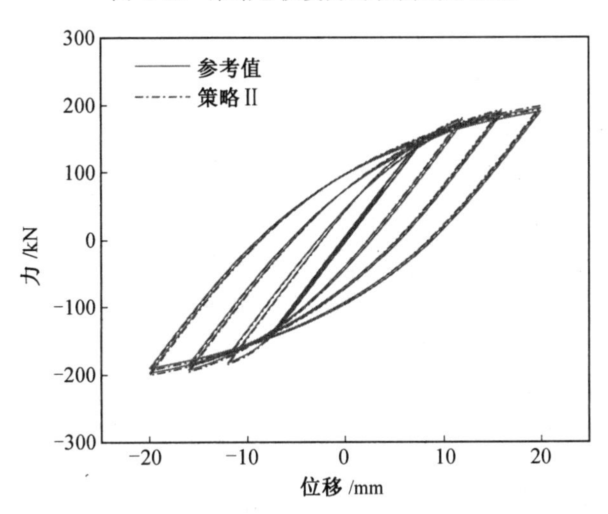

图 6.16　策略Ⅱ滞回曲线对比图

参数在线识别与离线更新策略(策略Ⅲ)的原理如图 6.17 所示。

本节算例的加载制度、计算模型、本构模型参数真实值及算法初始参数等见图 6.6 与表 6.1,所采用的材料本构模型参数的最终识别值与表 6.3 所列的收敛值相同。策略Ⅲ与参考值的恢复力时程曲线对比如图 6.18 所示,策略Ⅲ的恢复力时程曲线与参考值恢复力时程曲线间的 RMSE 为 6.73%,略高于策略Ⅱ的恢复力时程曲线的 RMSE 1.39%,低于在策略Ⅰ的恢复力时程曲线的 RMSE 15.69%。由此可见在参数识别方式相同的情况下,合理的选用参数更新方式能够较好地提高试验精度。

图 6.19 给出了策略Ⅲ和参考值的滞回曲线的对比,从图中可以看出策略Ⅲ所得到的滞回曲线同参考值吻合得比较好,但稍逊色于策略Ⅱ所获得的滞回曲线。

图 6.20 将本节所提出的三种不同类型识别更新策略的滞回曲线与参考值进行了对

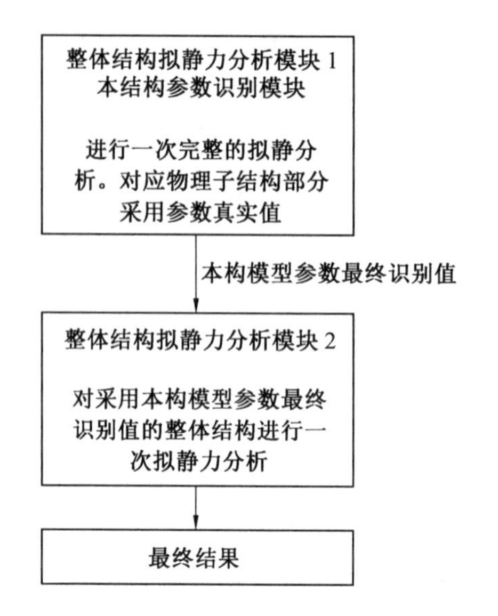

图 6.17　策略Ⅲ原理图

比，可以看出策略Ⅱ的滞回曲线与参考值吻合得最好，其次是策略Ⅲ。由于策略Ⅰ需要在线更新材料本构模型参数，然而参数收敛过程前期的参数波动较大导致其滞回曲线最初的几个滞回环和参考值相差较大，而策略Ⅲ本质上相当于策略Ⅰ的发展型，仅通过调整参数更新方式就使得试验结果有了较大改观，由此可见参数更新方式的选择对试验结果有着很大影响，在今后的模型更新试验中不仅需要探讨参数识别方式的选择，同时也要探讨参数更新方式的选择。通过比较策略Ⅱ和策略Ⅲ的结果发现选用参数离线识别所得到的材料本构模型参数，由于受历史加载路径影响较小、结构非线性影响小，因此更稳定，使用这样的参数识别值进行参数更新所得到的结果更加精确。图 6.21 为本节所提出的三种不同类型识别更新策略的恢复力时程曲线对比，结果同样支持上述结论。

6.2.2　基于统计的 UKF 模型更新方法

1. 方法原理

在模型更新试验中使用 UKF 进行参数识别时不能保证每一次的识别结果都很理想，甚至常常出现参数不收敛、识别所得到的结果与真实值偏差过大、参数收敛速度慢、参数识别过程中前期波动较大等问题。

图 6.22 给出了 6.2.1 第 1 小节中策略Ⅰ型拟静力试验算例中的一组理想的参数识别结果与一组不理想的参数识别结果对比图，通过二者的对比可以看出，即使是同一对象结构加载制度、计算模型、本构模型参数真实值及算法初始参数等均相同的情况下，任意两次的识别结果也可能出现较大的偏差。

在 6.2.1 第 1 小节中策略Ⅰ型拟静力试验算例中物理子结构的材料本构模型与整体结构数值模型的材料本构模型相同，均使用 OpenSees 中的 Steel02 模型进行模拟。这

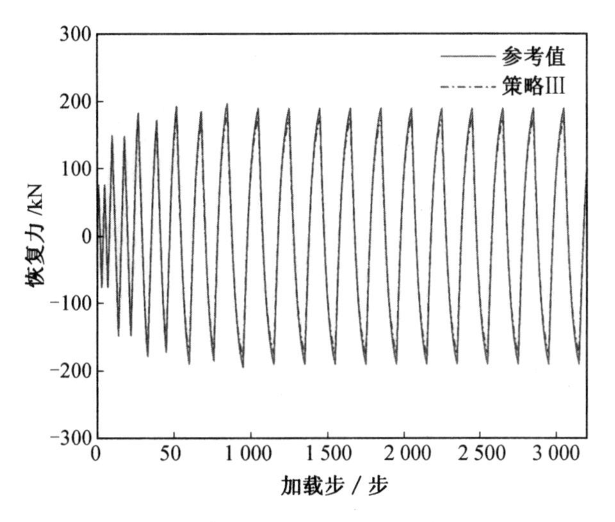

图 6.18 策略Ⅲ恢复力时程曲线对比图

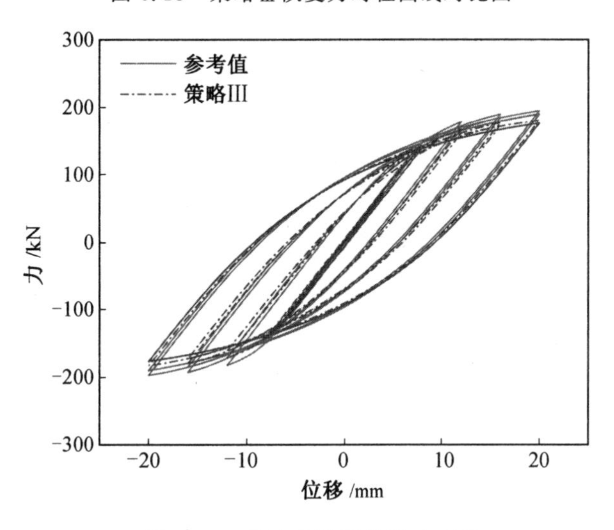

图 6.19 策略Ⅲ滞回曲线对比图

就带来了一个问题,在数值仿真中物理子结构、等代物理子结构、整体结构数值模型之间不存在模型误差,而且在算法初始参数相同的前提下参数识别的结果却是时好时坏,不能确保每一次的参数识别结果都是理想的状态。从理论上可以对这个问题给出一个合理的解释,将 UKF 原理递推公式所得到的后验状态估计 $\hat{\boldsymbol{x}}_{i+1}^{+}$ 和后验状态方差 $\hat{\boldsymbol{P}}_{xx,i+1}^{+}$ 改写为一般形式,如式(6.3)、式(6.4)所示。

$$\hat{\boldsymbol{x}}_{i+1}^{+}=\hat{\boldsymbol{x}}_{i+1}^{-}+\boldsymbol{P}_{xy,i+1}(\boldsymbol{P}_{yy,i+1}+R_{i+1})^{-1}(\boldsymbol{y}_{i+1}-\hat{\boldsymbol{y}}_{i+1}) \tag{6.3}$$

$$\hat{\boldsymbol{P}}_{xx,i+1}^{+}=\hat{\boldsymbol{P}}_{xx,i}^{-}+[\boldsymbol{P}_{xy,i}(\boldsymbol{P}_{yy,i}+\boldsymbol{R}_i)^{-1}]\cdot\hat{\boldsymbol{P}}_{yy,i}\cdot[\boldsymbol{P}_{xy,i}(\boldsymbol{P}_{yy,i}+\boldsymbol{R}_i)^{-1}]^{\mathrm{T}} \tag{6.4}$$

由式(6.3)、式(6.4)可以看出当前步的后验状态估计 $\hat{\boldsymbol{x}}_{i+1}^{+}$ 和后验状态方差 $\hat{\boldsymbol{P}}_{xx,i+1}^{+}$ 中均包

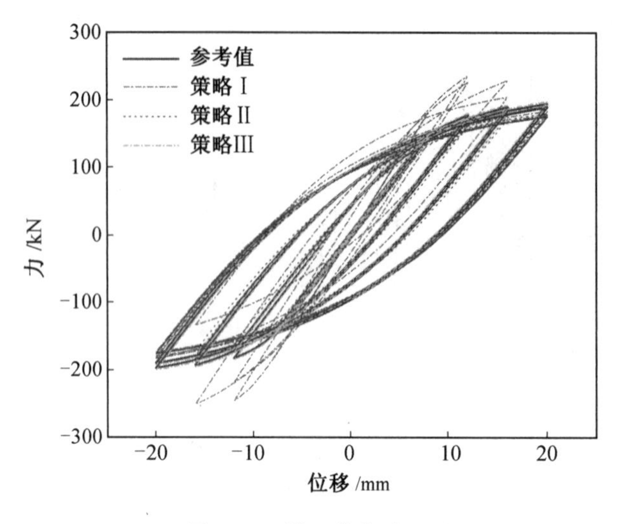

图 6.20　滞回曲线对比图

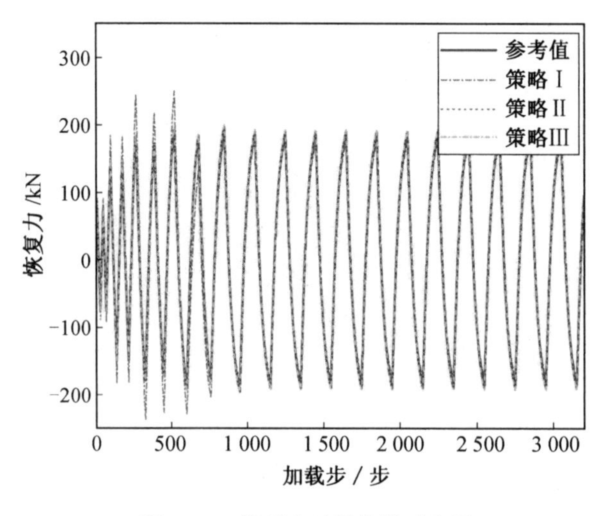

图 6.21　恢复力时程曲线对比图

含当前步或上一步的观测噪声协方差 $\boldsymbol{R}$，这意味着所得到的当前步的后验状态估计 $\hat{\boldsymbol{x}}_{i+1}^{+}$ 和后验状态方差 $\hat{\boldsymbol{P}}_{xx,i+1}^{+}$ 在算法任意两次运行时都不会完全相同，所得到结果的优劣依赖于观测噪声协方差的大小。然而观测噪声是一个随机变量，因此从本质上讲 UKF 算法是一种随机算法。每一次运行得到的结果不论优劣与否都是在某组观测噪声条件下一次样本的结果，因此 UKF 算法的精度指的并不是某组观测噪声条件下一次样本的精度，而是指结果统计层面上的精度。

与此同时不同算法初始参数的选择也会对参数识别结果造成较大的影响，一般情况下参数的识别结果主要受到初始状态协方差矩阵、待识别参数初值、观测噪声协方差等因素的影响，然而这些因素在试验前无法有效确定，主要依赖于试验者的相关经验进行

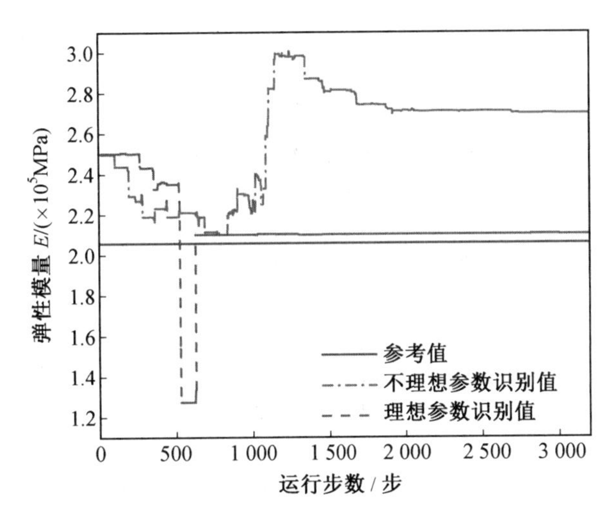

图 6.22　理想的参数识别结果与不理想的参数识别结果对比图

粗略的估计。因此在实际操作中，往往需要进行多次试验或模拟才能确定一组比较理想的参数组合，来确保在下一次试验或模拟中获得尽可能理想的识别结果。正是由于以上问题的存在，制约了以 UKF 作为参数识别方法的模型更新试验在工程领域的广泛应用。UKF 的缺点在于其参数的选择问题尚没有得到完全解决，而且其滤波效果与 EKF 一样也受到滤波初值的影响。目前在 UKF 的使用上存在着相同算法参数条件下每次的识别结果时好时坏随机性较大，算法参数难以确定的问题。在一定程度上动摇了研究者们对模型更新方法的信心。

但是当我们回归到算法本身会发现，UKF 在处理非线性滤波问题时不需要在估计点处做泰勒展开，而是在估计点附近做 UT 变换，确保所得到的采样点的均值和协方差与原状态分布的均值和协方差相同。之后将这些采样点代入到非线性函数当中求得变换后的采样点，利用这些采样点可以求得变换后的均值和协方差近似得到了状态的概率密度函数，这种近似的本质是一种统计学意义上的近似而不是解。总而言之，UKF 本质上是一种随机算法，是最小均方误差准则下的次优估计器。这意味着利用 UKF 进行参数估计的目标应当是在 n 次运行后，所识别得到的状态量均值收敛至真实值，均值与真实值之间的均方误差最小。但是在之前的应用中使用者往往仅用其中的一个样本来代替整个均值，而这样做是违背了算法的原理。理论上来讲，经过 n 次运行后每一步的状态量均值都会与真实值之间的均方误差最小。

因此，为了解决目前 UKF 使用上存在的问题，从算法的本质出发提出一种基于统计的 UKF 模型更新方法。所提出的基于统计的 UKF 模型更新方法并没有对 UKF 算法本身进行修改，而是通过改变 UKF 的使用方法提高参数识别结果的精度及试验结果的可靠性。基于统计的 UKF 模型更新方法通过对算法进行多次运行，将多次运行的结果进行统计得到参数的统计值，之后利用参数的最终统计值更新参数初始猜测值，最后对整体结构再进行一次分析得到最终的试验结果。

所提出的基于统计的 UKF 模型更新方法思想可以用式(6.5)表示。

$$S_{sta}=\frac{1}{n}\left(\sum_{i=1}^{n}S_{sam,i}\right) \tag{6.5}$$

式中,n 为统计次数;S_{sam} 为单次样本的效应;S_{sta} 为经过 n 次统计后所得到的效应。

所提出的基于统计的 UKF 模型更新方法可以直观地表示为图 6.23。

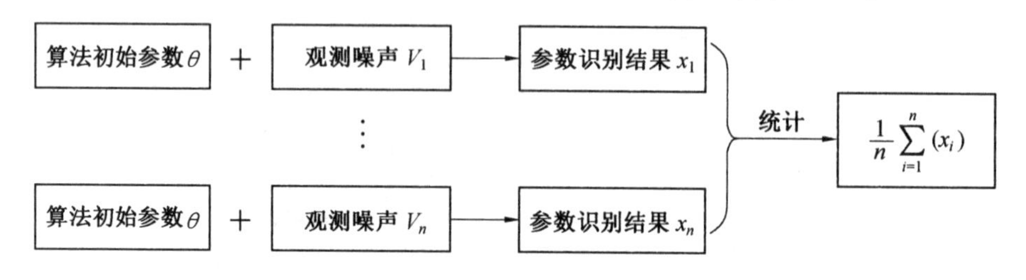

图 6.23　基于统计的 UKF 模型更新方法原理图

2. 数值验证

下面以 6.2.1 第 1 小节中的钢框架为例展示在使用基于统计的 UKF 模型更新方法后参数的识别结果及拟静力试验结果。本节算例中除将算法初始参数中调整初始状态协方差矩阵 $\boldsymbol{P}_0$ 的自由参数 q 由 0.02 改为 0.069 外,其他诸如加载制度、计算模型、本构模型参数真实值及除调整初始状态协方差矩阵 $\boldsymbol{P}_0$ 的自由参数 q 以外的算法初始参数等均与6.2.1第 1 小节相同。

需要说明的是,由于钢材弹性模量 E 和钢材硬化系数 b 的参数变化趋势与钢材屈服强度 f_y 的变化趋势相似,因此本节以钢材的屈服强度 f_y 为例说明参数识别值的变化过程。钢材屈服强度 f_y 的参数识别结果如图 6.24 所示。在经过 50 次运行并将每一次的结果进行统计后,即将 50 次的识别结果进行平均后同真实值相比,在经历过短暂的初始值向真实值波动收敛的过程后,最终二者基本吻合。图 6.24 中背景为这 50 次的运行结果,从这 50 次的运行结果中可以看到如果取其中某一次的样本作为最终的识别结果,那么会导致识别结果同真实值之间存在较大的误差。待识别参数钢材屈服强度 f_y、钢材弹性模量 E 和钢材硬化系数 b 的最终统计值识别结果见表 6.5。

表 6.5　q=0.069 最终统计值识别结果

	f_y/MPa	E/MPa	b
真实值	125.0	2.06×10^5	0.01
初始猜测值	180.0	2.50×10^5	0.03
统计值	117.0	2.00×10^5	0.0072
RE	6.4%	2.9%	28%
RMSE	14.5%	7.1%	65%

由表 6.5 可以看出基于统计的模型更新方法的参数识别结果同参数真实值之间的

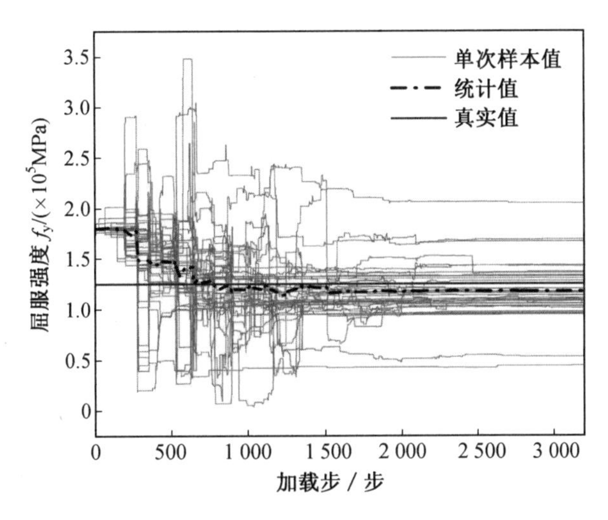

图 6.24　$q=0.069$ 时参数 f_y 统计值变化图

误差较单次样本的误差有了较大的提高。同时也可以发现相较于其他的两个待识别参数，钢材硬化系数 b 的识别效果比较一般，这是由于识别效果与真实值与初始猜测值之间的初始误差有关。待识别的三个参数钢材屈服强度 f_y、钢材弹性模量 E 和钢材硬化系数 b 的真实值与初始猜测值之间的初始误差分别为 44%、21%、200%，钢材硬化系数 b 的初始误差同另外两个待识别参数相比要高出许多，因此参数识别所得到的结果相较于初始误差而言已非常接近真实值。这样设置初始猜测值的原因是钢材屈服强度 f_y 和钢材弹性模量 E 主要控制材料弹性阶段的本构关系，人们对其认识更为深刻，并且本身数值较大更容易设置到一个同参数真实值比较相近的初始猜测值。而人们对于控制材料弹塑性阶段的本构模型参数如钢材硬化系数 b 的先验认识比较少并且其本身的数值较小，在设置初始猜测值时容易引入较大的误差。

基于统计的 UKF 模型更新方法的各个待识别参数的识别结果同参数真实值之间的相对误差 RE 变化过程如图 6.25 所示，可以看出各个识别参数同参数真实值之间的相对误差 RE 随运行步数的增加而大幅度下降。

基于不同运行次数的参数 f_y 统计值变化过程如图 6.26 所示，从图中可以发现，随着统计次数的增加最终的统计值逐渐逼近参数的真实值，说明随着统计次数的增加最终的参数识别结果将会无限趋近于真实值。

将运行 50 次后参数识别结果进行统计，将统计后所得到的参数统计值作为最终识别值更新 6.2.1 第 2 小节中的参数离线识别与离线更新的策略Ⅱ型拟静力试验算例中的参数初始值，采用参数统计值的策略Ⅱ型拟静力试验非线性分析所得到的恢复力时程曲线与参考值的恢复力时程曲线对比如图 6.27 所示，采用参数统计值的策略Ⅱ型拟静力试验的恢复力时程曲线与参考值恢复力时程曲线之间的 RMSE 为 5.79%。

图 6.28 给出了采用参数统计值的策略Ⅱ型拟静力试验非线性分析所得到的滞回曲线与参考值的滞回曲线对比，从图中可以看出二者吻合较好，除滞回曲线边缘处稍有差

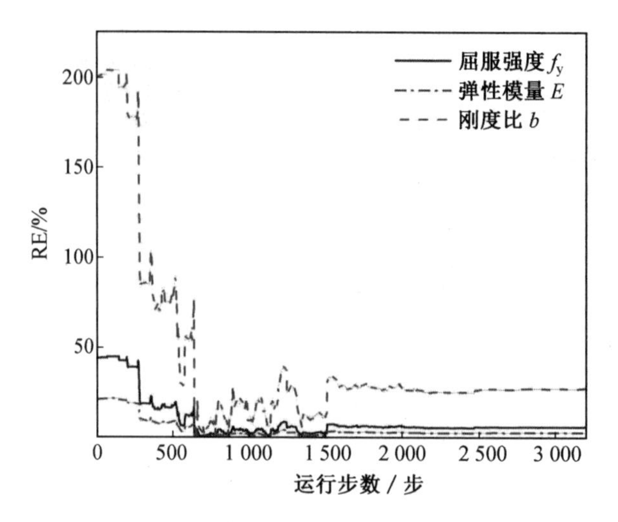

图 6.25　参数识别值相对误差变化图

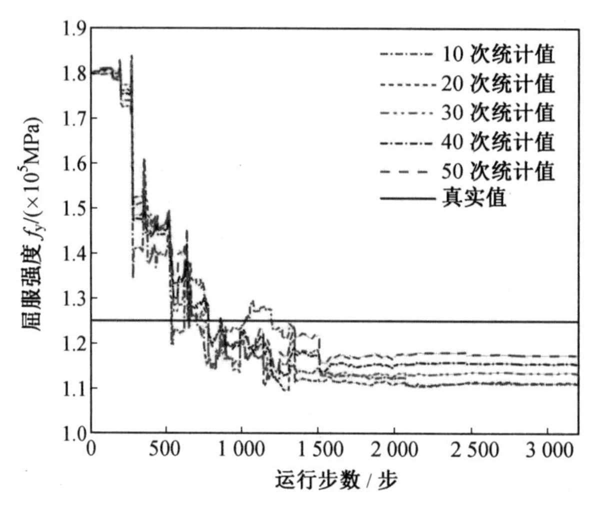

图 6.26　不同运行次数下参数 f_y 统计值变化过程

异外，其余部分几乎完全吻合。

通过图 6.27 和图 6.28 说明采用基于统计的 UKF 模型更新方法所得到的参数最终统计值和参数真实值之间吻合较好，利用参数最终统计值离线更新参数初始猜测值所得到的试验结果精度更高，可靠性更好，摆脱了之前使用 UKF 进行参数识别时识别结果随机性较大对试验结果的不利影响。

6.2.3　基于统计 UKF 模型更新方法参数鲁棒性分析

UKF 算法以贝叶斯理论和 UT 变换为基础能够比较好地处理非线性估计问题，具有广泛的应用前景和较高的工程应用价值。与 EKF 算法一样，UKF 算法的滤波效果也受到滤波初值的影响，然而 UKF 算法的参数选择问题尚没有得到完全解决，这也是

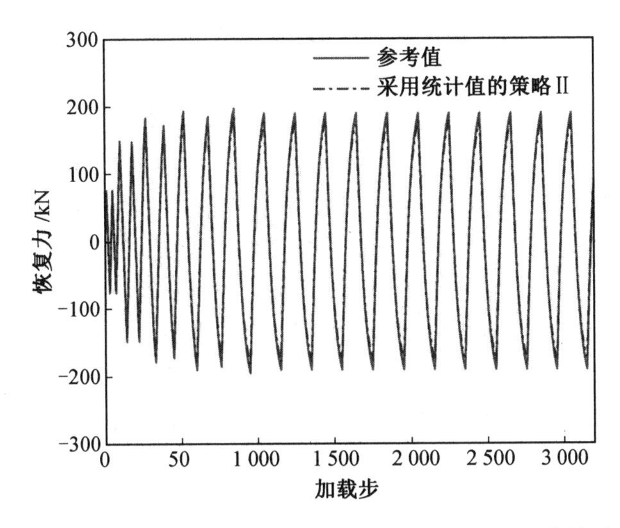

图 6.27　采用统计值的策略Ⅱ型拟静力试验恢复力时程曲线对比图

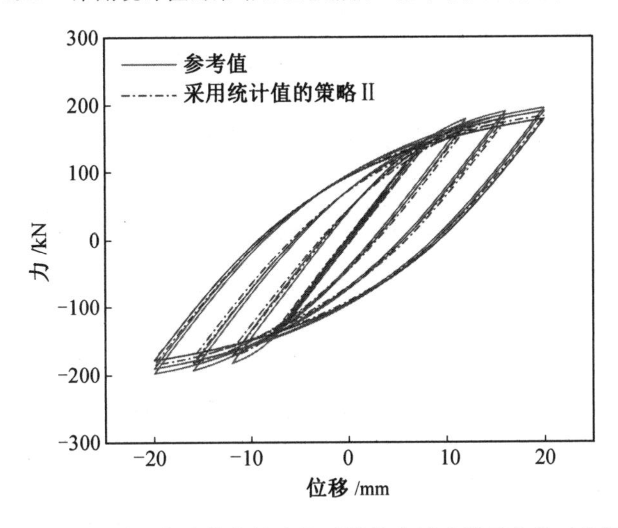

图 6.28　采用统计值的策略Ⅱ型拟静力试验滞回曲线对比图

UKF 算法的缺点。在应用 UKF 算法进行参数估计时需要给定三个初始参数，分别是初始状态协方差矩阵 $\boldsymbol{P}_0$、待估计参数的初始值 $\boldsymbol{x}_0$ 以及观测噪声协方差 $\boldsymbol{R}$。

UKF 算法的滤波效果受到算法初始参数的影响，但一般情况下的 UKF 算法初始参数选取原则仅是对初始参数的选取做了定性的要求，对于具体的取值主要依靠使用者的主观判断很难确定最优的初始参数。因此本节通过探讨不同初始参数选取对试验结果的影响分析，验证基于统计的 UKF 模型更新方法可以弱化不同初始参数选择对试验结果的影响，提高算法精度，对算法参数的选择具有更强的鲁棒性。

1. 初始状态协方差矩阵

在 UKF 算法中初始状态协方差矩阵 $\boldsymbol{P}_0$ 代表参数初始值的准确程度，$\boldsymbol{P}_0$ 越大代表对参数初始猜测值越不信任。然而在实际使用过程中缺乏一个量化的标准来说明 $\boldsymbol{P}_0$ 的大小对参数初始猜测值的不信任程度，利用本节所提出的基于统计的 UKF 模型更新方法来解决在使用 UKF 算法进行参数识别时初始状态协方差矩阵 $\boldsymbol{P}_0$ 难以有效确定对于识别结果的不利影响。

下面仍以 6.2.1 第 1 小节中的钢框架为例，说明选择不同的初始状态协方差矩阵 $\boldsymbol{P}_0$ 对参数识别结果的影响，初始状态协方差矩阵为 $\boldsymbol{P}_0=q^2(\boldsymbol{x}_{\text{true}}-\boldsymbol{x}_0)(\boldsymbol{x}_{\text{true}}-\boldsymbol{x}_0)^{\text{T}}$，这里 $\boldsymbol{x}_{\text{true}}$ 和 $\boldsymbol{x}_0$ 分别为本构模型参数的真值和初始值，参数 q 为调节状态初始协方差矩阵大小的自由参数。因此在 $\boldsymbol{x}_{\text{true}}$ 和 $\boldsymbol{x}_0$ 不发生变化的情况下，调整参数 q 就可以对初始状态协方差矩阵 $\boldsymbol{P}_0$ 的大小进行调节。为说明在使用基于统计的 UKF 模型更新方法后可以弱化不同的初始状态协方差矩阵 $\boldsymbol{P}_0$ 对识别结果的影响，本部分选用 $q=0.060$ 及 $q=0.086$ 作为算法的初始参数进行试验验证。当 $q=0.060$ 和 $q=0.086$ 时，50 次参数识别结果的统计值时程图如图 6.29 所示。

在 q 的不同取值情况下待识别参数钢材屈服强度 f_y、钢材弹性模量 E 和钢材硬化系数 b 的最终统计值识别结果见表 6.6，不同 q 取值情况下待识别参数的统计值变化过程如图 6.30 所示。

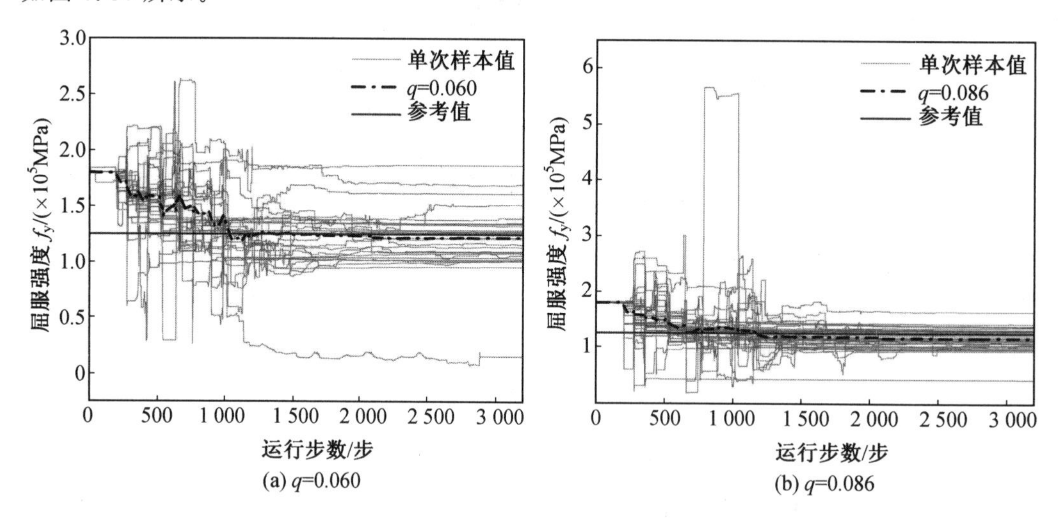

图 6.29 不同 q 情况下参数识别结果统计值时程图

从表 6.6 以及图 6.26 可以看到在 q 分别取 0.060 及 0.086 时参数的识别结果，识别精度同 6.2.2 第 2 小节中 q 取 0.069 的情况基本一致，说明本节所提出的基于统计的 UKF 模型更新方法通过统计多次的参数识别结果能够避免单次参数识别结果随机性较大的情况，提高了算法初始参数选择的鲁棒性。并且对影响初始状态协方差矩阵为 $\boldsymbol{P}_0$ 的自由参数 q 取了 3 个不同数值，各组情况均运行了 50 次并对运行结果进行了统计，发现统计后的参数识别结果基本处于相同水平。

表 6.6　不同 q 取值情况下的参数识别结果

	f_y/MPa	E/MPa	b
真实值	125.0	2.06×10^5	0.01
初始值	180.0	2.50×10^5	0.03
q=0.069	117.0	2.00×10^5	0.007 2
RE	6.4%	2.9%	28%
q=0.060	121.9	2.04×10^5	0.008 9
RE	2.5%	0.97%	11%
q=0.086	116.7	1.99×10^5	0.006 9
RE	6.6%	0.5%	31%

为了增加说服力，额外增加了四组自由参数 q 不同取值的工况，并且由图 6.26 发现统计运行 20 次的参数识别结果基本能够体现统计特性，因此增加的 4 种工况仅对 20 次运行结果进行统计分析。不同工况下的参数识别结果统计值见表 6.7。注意，以下结果分析中 q=0.060、q=0.069、q=0.086 的三种工况进行过 50 次运行，为与额外增加的四种工况的运行次数保持一致，q=0.060、q=0.069、q=0.086 的三种工况采用前 20 次运行结果的统计值，表 6.7 为七种不同工况下的参数识别结果。

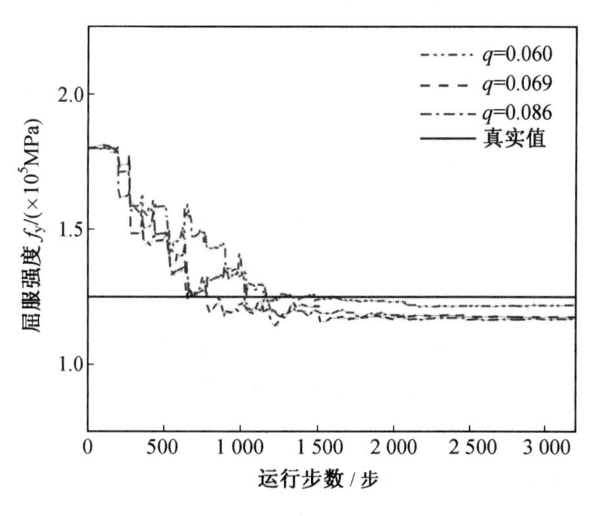

图 6.30　不同 q 取值情况下参数识别结果对比图

表 6.7　工况 1～7 参数识别结果统计值

	f_y/MPa	E/MPa	b
真实值	125.0	2.060×10^5	0.010
初始值	180.0	2.500×10^5	0.030
工况 1 q=0.033	125.7	2.066×10^5	0.010
工况 2 q=0.042	126.3	2.071×10^5	0.011
工况 3 q=0.051	130.9	2.108×10^5	0.012
工况 4 q=0.060	123.7	2.049×10^5	0.0095
工况 5 q=0.069	111.1	1.949×10^5	0.005
工况 6 q=0.078	117.8	1.993×10^5	0.007
工况 7 q=0.086	116.6	1.993×10^5	0.007

2. 参数初始值

在 UKF 算法中待估计参数的初始值 $\boldsymbol{x}_0$ 通常是由使用者根据已有的认识确定或在试验前进行材料试验，取材料试验的均值。然而根据使用者已有的先验认识确定的待估计参数的初始值难免掺杂使用者的主观因素，不具备推广的可能性。另外通过在试验前进行材料试验，将材料试验所获得的材料本构参数均值作为待估计参数的初始值在某种程度上讲也是不妥的，因为材料试验的试验环境同模型更新子结构试验的试验环境相比仍然存在着一定的差距，材料的某些待估计参数需要在接近真实边界条件下的环境中测得。

图 6.31 给出了不同工况下结构二层恢复力时程图，从图中可以看到在应用基于统计的 UKF 模型更新方法后的不同工况所得到的结构二层恢复力时程曲线基本完全一致。

待估计参数的初始值的选取对最终的参数识别结果有着重要的影响，当待估计参数的初始值过于偏离待估计参数的真实值时，通过 UKF 算法识别到的参数值将同待估计参数的真实值间存在较大的误差对试验结果造成不利的影响。

为检验本节所提出的基于统计的 UKF 模型更新方法对弱化待估计参数的不同初始值对试验结果的影响，在 6.2.1 第 1 小节的基础上通过人为设定待估计参数初始值的波动范围，利用 MATLAB 在参数波动范围内随机生成七组试验工况，对七组试验工况每组进行 10 次分析后统计最终的参数识别结果。表 6.8 为随机生成的七组试验工况的参数设置。

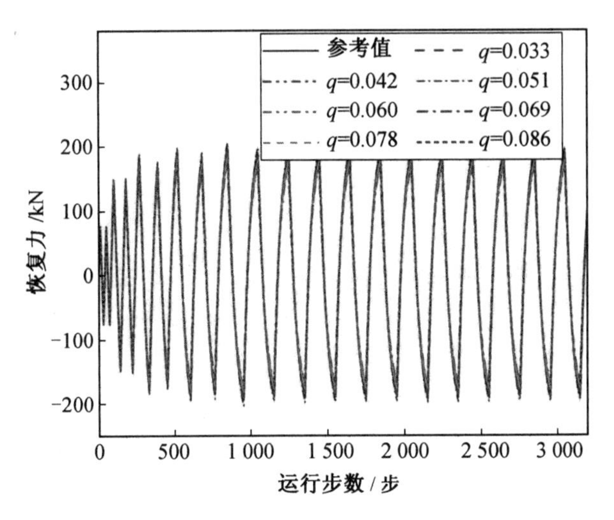

图 6.31　工况 1～7 恢复力时程曲线对比图

表 6.8　工况 1～7 待估计参数初值

	f_y/MPa	E/MPa	b
真实值	125.0	2.06×10^5	0.015
工况 1	123.0	2.32×10^5	0.016 6
工况 2	163.0	1.30×10^5	0.022 4
工况 3	80.0	2.64×10^5	0.0118
工况 4	115.0	2.78×10^5	0.023 5
工况 5	177.0	2.36×10^5	0.014 6
工况 6	162.0	2.49×10^5	0.014 1
工况 7	182.0	2.46×10^5	0.025 1

工况 1～7 的各参数识别结果统计值及工况 1～7 最终统计值的变化过程如图 6.32 所示，从图中可以看到不同工况下的参数识别过程同真实值相比都存在一定的偏离，但当把不同工况下的参数识别过程进行统计后可以发现，参数统计值的识别过程整体比较平缓，没有出现参数波动。可以推论，当工况及运行次数足够多时，统计得到的参数识别过程将同真实值之间完美吻合。

七种不同工况下的参数识别结果见表 6.9。表中所列的 RMSE 及 RE 均为工况 1～7 最终统计值的误差指标，可以看到经过统计后所得到的参数收敛值与真实值之间偏离较小，吻合较好。

通过七种不同工况下的参数识别结果说明：在应用基于统计的 UKF 模型更新方法时可以通过人为设定参数初始猜测值的波动范围，利用 MATLAB 在参数波动范围内随机生成多组参数初始猜测值进行分析，对分析结果进行统计得到最终的参数识别结果统

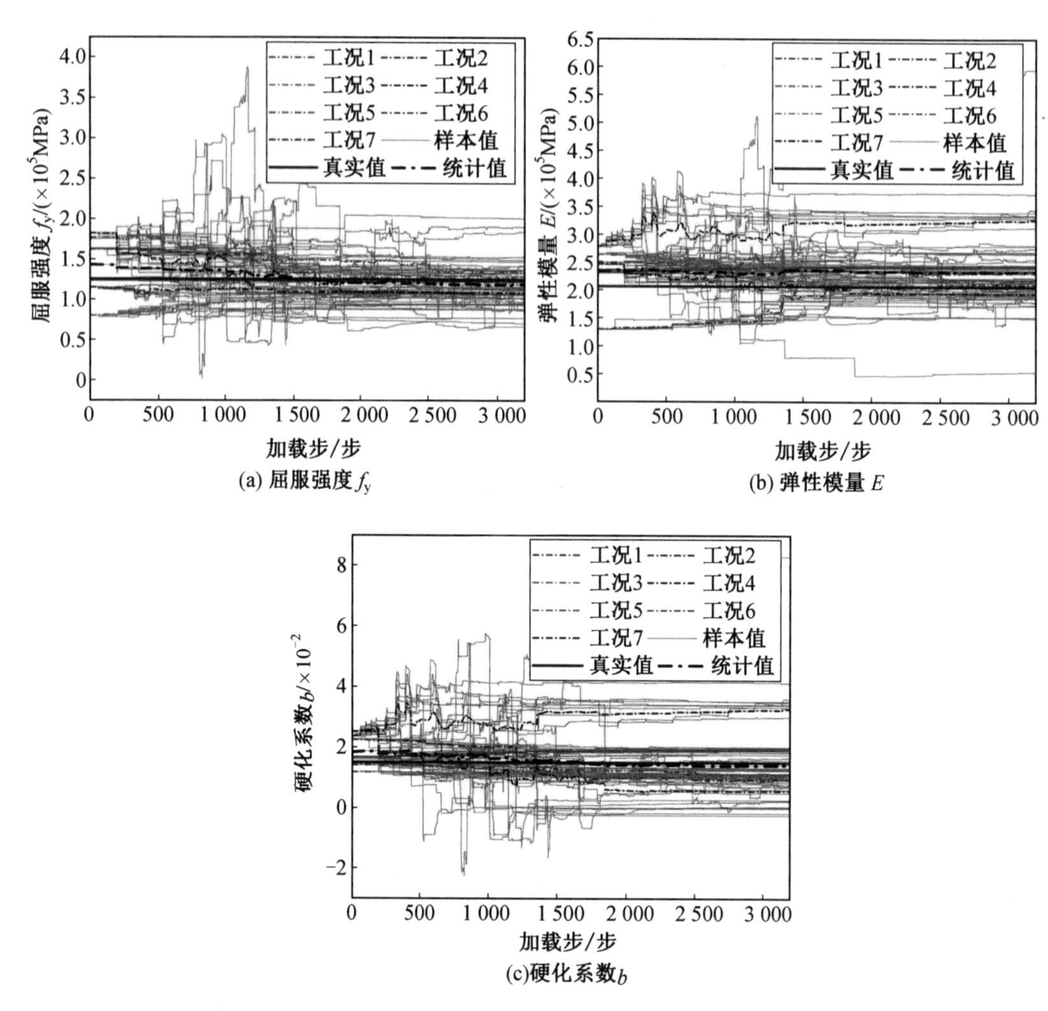

图 6.32　工况 1—7 各参数统计值及最终统计值时程图

计值的方法来减轻参数初始猜测值对参数最终识别结果的影响。

表 6.9　工况 1～7 待估计参数识别结果

	f_y/MPa	E/MPa	b
工况 1	122.2	2.43×10^5	0.019 3
工况 2	123.1	2.10×10^5	0.009 4
工况 3	106.0	2.31×10^5	0.010 8
工况 4	108.3	3.27×10^5	0.032 6
工况 5	128.6	2.08×10^5	0.010 3
工况 6	135.3	2.18×10^5	0.011 1

续表6.9

	f_y/MPa	E/MPa	b
工况 7	108.6	1.95×10^5	0.005 7
统计值	118.9	2.33×10^5	0.014 2
真实值	125.0	2.06×10^5	0.015
RE	4.88%	13.11%	5.33%
RMSE	6.90%	13.07%	11.31%

需要注意的是，参数最终的参数识别结果统计值的精度同随机生成的参数初始猜测值的组数以及每组参数初始猜测值的运行次数呈正相关。最终得到的参数识别结果统计值可以直接应用到模型更新试验中，例如可以将本节所得到的参数识别结果统计值应用到策略Ⅱ型拟静力试验中，所得到的结构反应与真实值吻合良好，如图 6.33 所示。

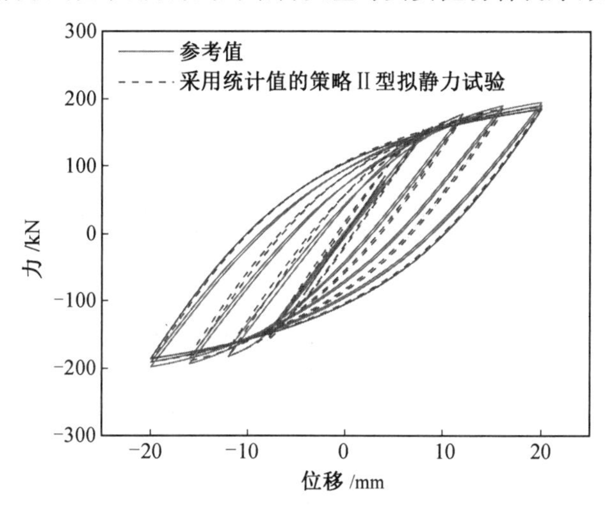

图 6.33　采用参数统计值的策略Ⅱ型拟静力试验滞回曲线对比图

3. 观测噪声协方差

观测噪声协方差 $\boldsymbol{R}$ 是一个统计学意义上的参数，可以理解为：对量测系统长期测量所得到的数据进行统计所得到的测量方差。观测噪声协方差 $\boldsymbol{R}$ 表明对每次观测值的信任程度，该值越大表明估计值越依赖于预估值，观测值所占比重降低。在实际应用中观测噪声同传感器测量精度密切相关，根据已掌握的信息可以大致知道所用传感器的测量噪声大小。但是这样获得的观测噪声是很粗糙的，只是一个经验值，将其所得到的观测噪声协方差 $\boldsymbol{R}$ 应用到算法中会对参数的识别结果造成不利影响。然而精确地得到观测噪声协方差 $\boldsymbol{R}$ 是十分困难的，因此如何在算法中降低观测噪声协方差 $\boldsymbol{R}$ 对试验结果的影响是十分有意义的。

利用基于统计的 UKF 模型更新方法进行 10 次试验以期降低观测噪声协方差 $\boldsymbol{R}$ 的

不准确对试验结果的影响，以不同观测噪声协方差 **R** 为控制参数设置的七组试验工况如表 6.10 所示。

表 6.10　观测噪声协方差 R 参数设置

工况	1	2	3	4	5	6	7
R	3.0×10^{-3}	7.0×10^{-3}	1.0×10^{-2}	2.0×10^{-2}	3.0×10^{-2}	7.0×10^{-2}	1.0×10^{-1}

待估计参数 f_y 的识别值变化过程如图 6.34 所示，从中可以看出对工况 1～7 进行统计后的参数最终统计值在经过短暂的波动后很快收敛到一个稳态值，该稳态值与真实值之间差距较小。需要说明的是，未列出来的另外两个参数的估计值变化过程与参数 f_y 的变化过程相似。

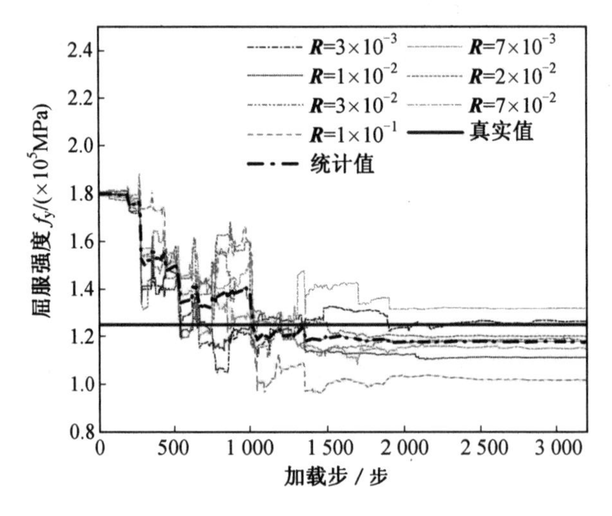

图 6.34　参数 f_y 识别值时程图

七种不同工况下的参数识别结果见表 6.11。由表 6.11 可以看出，在应用了基于统计的模型更新方法后所得到的工况 1～7 统计后的参数最终统计值同不同工况下的参数识别值相比要更加稳定，鲁棒性更好。

表 6.11　七种不同工况下的参数识别结果

	f_y/MPa	E/MPa	b
真实值	125.0	2.060×10^{5}	0.010
初始值	180.0	2.500×10^{5}	0.030
工况 1	126.4	2.071×10^{5}	0.011
工况 2	131.8	2.115×10^{5}	0.013
工况 3	111.2	1.949×10^{5}	0.005
工况 4	120.1	2.021×10^{5}	0.008

续表6.11

	f_y/MPa	E/MPa	b
工况 5	119.3	2.067×10^5	0.007
工况 6	114.7	1.978×10^5	0.006
工况 7	101.5	1.872×10^5	0.015
统计值	117.8	2.010×10^5	0.007

6.3　模型更新子结构拟静力混合试验数值模拟

基于统计的 UKF 模型更新方法能够弱化算法初始参数对识别结果的影响，提高算法精度，对算法参数选择具有更强的鲁棒性。因此应用基于统计的 UKF 模型更新方法后，拓宽了 UKF 模型更新子结构试验在工程领域的应用。

由于土木工程领域的结构试验普遍需要结构或构件进入弹塑性状态，而基于统计的 UKF 模型更新方法需要对同样的结构或试件进行多次重复试验，这就意味着所试验的结构或者构件不能进入弹塑性状态，否则将无法进行下一次试验。如果按照传统的思路来使用基于统计的 UKF 模型更新方法要求所试验的结构或者构件是可重复加载的，例如各类阻尼器和不要求进入弹塑性变形的机械类构件，或者准备多组试验结构或构件。但目前在土木工程领域的结构试验中针对阻尼器的试验所占比重较小，并且如果准备多组试验结构或构件那么会消耗巨大的人力与物力，同模型更新子结构试验的初衷将背道而驰。

本节提出一种基于统计的 UKF 模型更新方法在子结构拟静力混合试验中的实现方法。探讨所提出方法的可行性，并分析在应用所提出的实现方法后新型拟静力试验的试验结果精度。

6.3.1　模型更新实现方法及验证

1. 实现方法

在土木工程领域的结构试验中，由于受到加载设备加载精度的影响所得到的试验结果中都包含有观测噪声，而并非结构反应的“真实值”。理论上对同一试验结构或构件进行 n 次试验所得到的试验结果就相当于结构反应的“真实值”与 n 组观测噪声协方差 $\boldsymbol{R}$ 相同的观测噪声的组合，从而可以说准备多组试验结构或构件进行多次试验加载的目的就是为了得到真实的 n 组含观测噪声的样本。因此，准备多组试验结构或构件进行多次试验的问题得到了转化，将需要做多次试验的问题转化为如何得到真实的 n 组含观测噪声的样本。

本节所提出的一种基于统计的 UKF 模型更新方法在子结构拟静力混合试验中的实

现方法是通过人为施加观测噪声模拟多次试验识别值，从而避免对多组试验结构或构件进行多次物理试验。在物理试验之前可以通过统计的办法得到加载系统的噪声水平，这是容易做到的，因为一般加载系统的噪声分布都是高斯分布，并且在知道加载系统的噪声分布后就可以利用计算软件生成多组观测噪声。最后利用结构反应的“真实值”与人为生成的 n 组观测噪声进行组合，进而得到 n 组含观测噪声的样本。最后利用所得到的 n 组含观测噪声的样本作为系统输入，利用 UKF 算法进行参数识别进而完成基于模型更新的子结构拟静力混合试验。

2. 数值验证

为了验证基于统计的 UKF 模型更新方法应用在基于模型更新的子结构拟静力混合试验中的可行性，针对一钢材悬臂柱进行拟静力试验数值仿真，该悬臂柱高 1.8 m，柱截面采用热轧 H 型钢(HW300 mm×300 mm×10 mm×15 mm)，柱底与基础为刚接。柱构件采用基于柔度的非线性梁柱单元(Element Nonlinear Beam Column)，单元上共取 3 个 Gauss－Lobatto 积分点，截面为纤维截面分别沿局部坐标系的两个方向对截面进行划分，沿长度方向划分出 20 个子区域，沿宽度方向划分出 2 个子区域。其余部分如加载制度及参数初始值及真实值的设定与表 6.1 和图 6.6 相同。

在结构试验当中，由于受到加载设备加载精度的影响所得到的试验结果中都包含有观测噪声，通过传感器所记录下来的结构反应并非结构反应的“真实值”，结构反应的“真实值”是难以准确获得的。一般情况下由于试验加载设备加载精度不足带来的观测噪声在由传感器量测得到的结构反应“量测值”中所占的比例比较小。因此，本节对基于统计 UKF 模型更新方法在子结构拟静力混合试验中的实现方法是利用结构反应的“真实值”与人为生成的 n 组观测噪声进行组合，进而得到 n 组含观测噪声的样本，将难以准确获得的“真实值”替换为更容易获得的“量测值”。为了检验利用“量测值”替换“真实值”后所提出的实现方法的可行性，本节设置了以下三种工况，对不同试验工况的试验结果进行对比分析。

(1)工况 1。结构反应(恢复力)由采用参数真实值进行的非线性静力分析所得到，即采用结构反应“真实值”，仅在参数识别过程中引入观测噪声，每次观测噪声随机选取。

(2)工况 2。利用工况 1 中所得到的结构反应(恢复力)同人为生成的 n 组观测噪声进行组合得到 n 组含观测噪声的样本模拟多次试验情况，在参数识别过程中引入观测噪声，每次观测噪声随机选取。

(3)工况 3。利用工况 1 中所得到的结构反应(恢复力)同人为生成的 n 组观测噪声进行组合得到 n 组含观测噪声的样本模拟多次试验情况，在参数识别过程中引入观测噪声，每次观测噪声与工况 1 中对应次观测噪声相同。

对以上三种工况进行 12 次重复运行，统计其最终的参数识别结果。由于钢材弹性模量 E 和钢材硬化系数 b 的参数变化趋势与钢材屈服强度 f_y 的变化趋势相似，因此本节以钢材的屈服强度 f_y 为例说明参数识别值的变化过程。工况 1、工况 2、工况 3 的参数

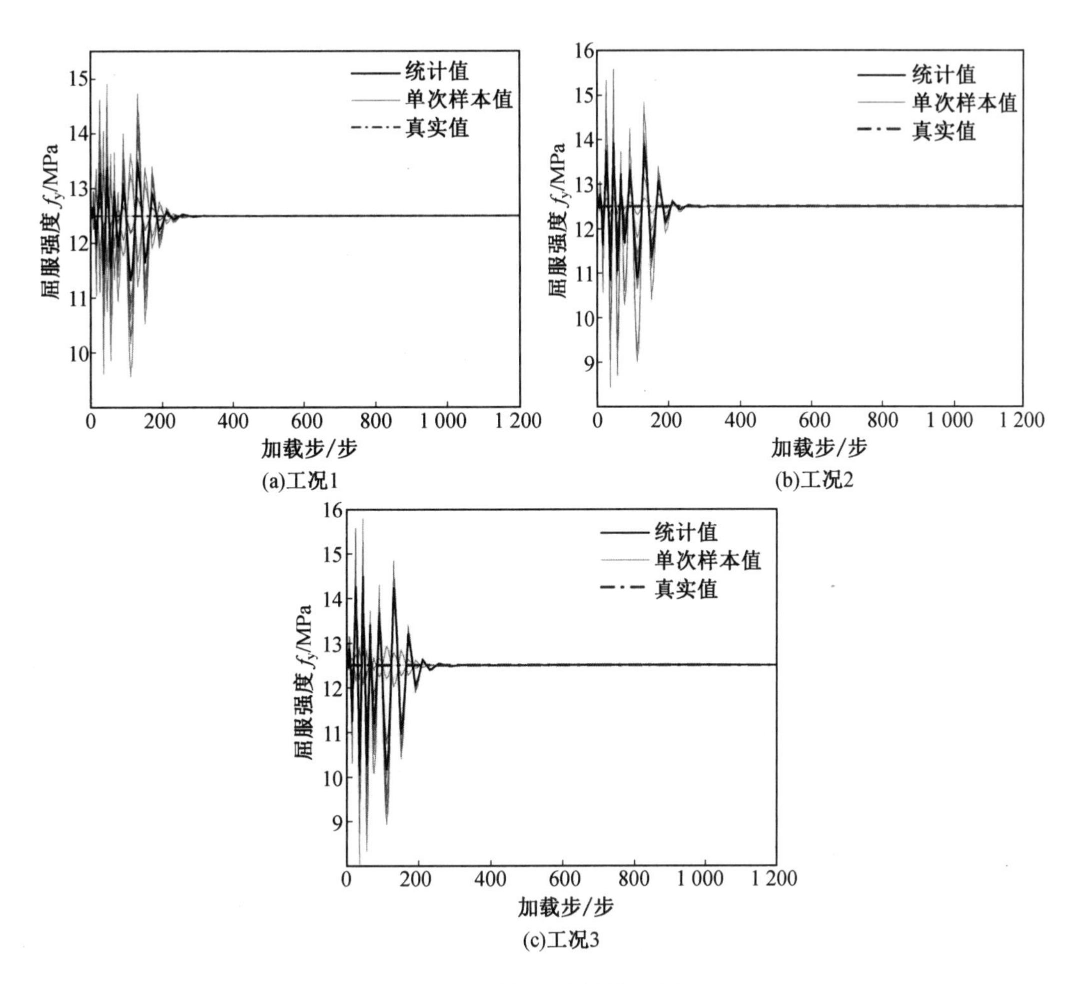

图 6.35　参数 f_y 估计值时程图

识别值变化过程如图 6.35(a)～(c)所示。从图 6.35 中可以看出，参数在最初的 200 步出现较为明显的波动后迅速收敛至一个稳态值，该稳态值基本与参数真实值完全吻合。

为了检验利用“量测值”替换“真实值”后所提出的应用方法的可行性，以工况 1 所得到的参数识别结果为参考解，所得到的工况 2、工况 3 的参数识别误差直方图如图 6.36 所示。

由图 6.36 可以看出，工况 2 和工况 3 所识别得到的参数同工况 1 相比差别很小，所有参数识别值最大 RMSE 小于 2.5%，同工况 1 所识别得到的参数吻合较好。因此由工况 2 和工况 3 的参数识别结果及与工况 1 的参数识别误差可以看出，利用“量测值”替换“真实值”后，同 n 组观测噪声组合模拟真实的 n 组含观测噪声的样本的方法是可行的。同时说明将基于统计的 UKF 模型更新方法同本节所提出的利用“量测值”替换“真实值”增加噪声模拟多次真实试验的方法应用在基于模型更新的子结构拟静力混合试验中所得到的参数识别结果精度较高，稳定性较好不易发散，具有较高的工程应用价值。

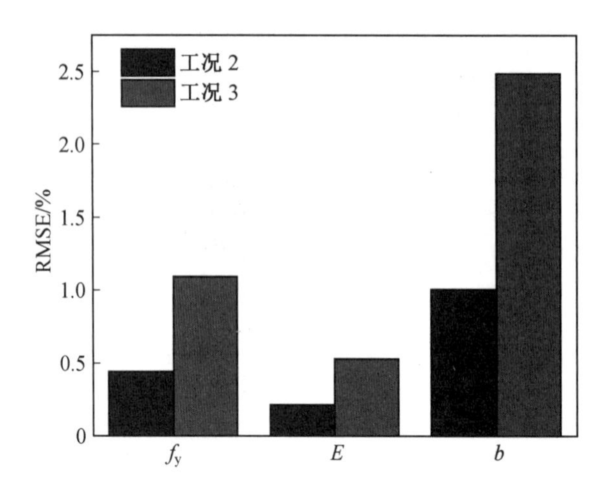

图 6.36　工况 2 和工况 3 参数识别误差直方图

6.3.2　模型更新混合试验数值模拟

为了获得整体结构的真实抗震性能，在本章的第 6.1 节提出了一种基于模型更新的子结构拟静力混合试验方法，所提出的新型拟静力试验方法采用 UKF 作为参数识别算法。在参数识别过程中 UKF 的识别结果并不是每一次都很理想，甚至常常出现参数不收敛、识别所得到的结果与真实值偏差过大、参数收敛速度慢、参数识别过程中前期波动较大等问题。并且参数识别结果通常受制于初始协方差矩阵、待识别参数初值、观测噪声协方差等因素影响。这些因素在试验前仅能根据试验者的经验进行选择，并且常常需要多次试验才能确定比较理想的组合。

为了在模型更新试验的参数识别过程中降低初始协方差矩阵、待识别参数初值、观测噪声协方差等因素的影响，使每一次的参数识别结果都是比较理想的，本章的第 6.2 节提出一种基于统计的 UKF 模型更新方法。在使用基于统计的 UKF 模型更新方法时需要对算法进行多次运行，然而由于土木工程领域的结构试验普遍需要结构或构件进入弹塑性状态，这就意味着所试验的结构或者构件不能进入弹塑性状态否则将无法进行下一次试验。

本节提出一种基于统计的 UKF 模型更新方法在子结构拟静力混合试验中的实现方法，能够将所提出的基于统计的 UKF 模型更新方法应用到基于模型更新的子结构拟静力混合试验当中，该实现方法利用结构反应的“量测值”与人为生成的 n 组观测噪声进行组合，进而得到 n 组含观测噪声的样本。最后利用所得到的 n 组含观测噪声的样本作为系统输入，利用 UKF 算法进行参数识别进而完成模型更新子结构试验。在 6.3.1 节中证明了基于统计的 UKF 模型更新方法应用在子结构拟静力混合试验中的实现方法的可行性，因此本节将其应用到基于模型更新的子结构拟静力混合试验方法当中以避免 UKF 算法识别结果不理想的问题，弱化算法初始参数对结果的影响，同时利用“量测值”

与观测噪声进行组合的办法能够避免进行多次物理试验的问题。

1. 数值模拟原理

本节以 6.1.2 节中的基于模型更新的子结构拟静力混合试验为例，说明基于统计 UKF 模型更新方法在子结构拟静力混合试验中的实现方法。利用“量测值”替换“真实值”同多组人为噪声进行组合以模拟多组真实试验，以该方法实现了基于统计的 UKF 模型更新方法在子结构拟静力混合试验中的应用，采用该方法的新型拟静力试验原理示意图如图 6.37 所示。6.1.2 节中的参数在线识别与在线更新的子结构拟静力混合试验方法不同的是，本节中的应用基于统计的 UKF 模型更新方法的子结构拟静力混合试验方法将 6.1.2 节中的物理子结构试验模块更换为恢复力“量测值”同观测噪声的组合，将物理子结构试验模块向本构参数识别模块发送实测恢复力的过程转变为向本构参数识别模块发送利用事先得到的恢复力“量测值”和随机生成的观测噪声组合。

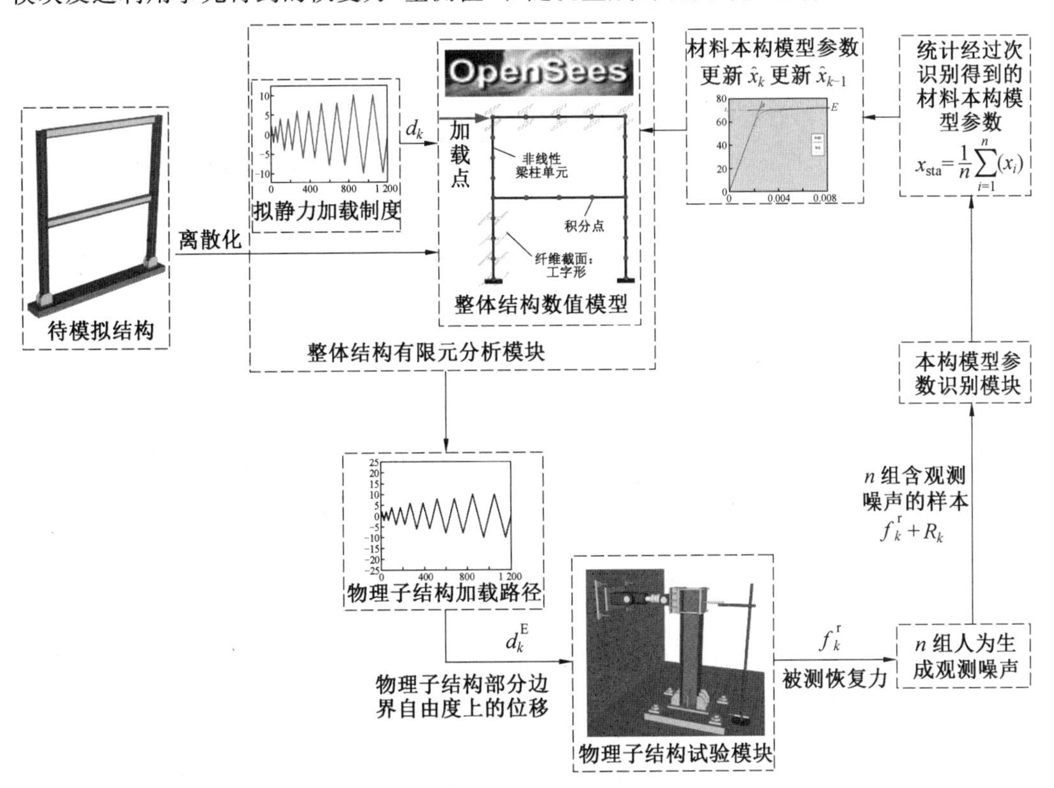

图 6.37　应用基于统计的 UKF 模型更新方法的子结构拟静力混合试验方法原理图

与此同时，在进行多次算法运行后，对参数识别结果进行统计得到参数识别结果统计值，将参数识别结果统计值发送到整体结构有限元分析模块当中更新整体结构数值模型当中的本构模型参数，对更新后的整体结构数值模型进行一次拟静力分析，记录本次分析结果作为最终的试验结果。而其余部分同 6.1.2 节中的在线参数识别与在线参数更新的子结构拟静力混合试验相比没有发生变化。所增加的多组人为噪声，其噪声协方差水平与获取恢复力“量测值”时的观测噪声协方差水平相同。

为了检验应用基于统计的UKF模型更新方法的子结构拟静力混合试验方法对整体结构抗震性能的准确性的评估，本节设置了以下两种工况，对不同试验工况的试验结果进行对比分析。

(1)工况1。结构反应(恢复力)由采用参数真实值进行的非线性静力分析所得到，即采用结构反应“真实值”，仅在参数识别过程中引入观测噪声，每次观测噪声随机选取。

(2)工况2。利用工况1中所得到的结构反应(恢复力)同人为生成的n组观测噪声进行组合得到n组含观测噪声的样本模拟多次试验情况，在参数识别过程中引入观测噪声，每次观测噪声随机选取。

2. 模拟结果及分析

工况1为统计后的参数在线识别与在线更新的子结构拟静力混合试验，工况2为利用“量测值”替换“真实值”增加噪声模拟多次真实试验的应用基于统计的UKF模型更新方法的新型拟静力试验，工况1和工况2统计次数均为10次。由于工况1所代表的参数在线识别与在线更新的子结构拟静力混合试验的10次参数识别结果统计值在图6.15中有所体现，因此下面仅对工况2的参数识别结果统计值进行展示。因为钢材弹性模量E和钢材硬化系数b的参数变化趋势与钢材屈服强度f_y的变化趋势相似，所以本节以钢材的屈服强度f_y为例说明参数识别值的变化过程。工况2的参数识别结果的统计值时程图如图6.38所示。

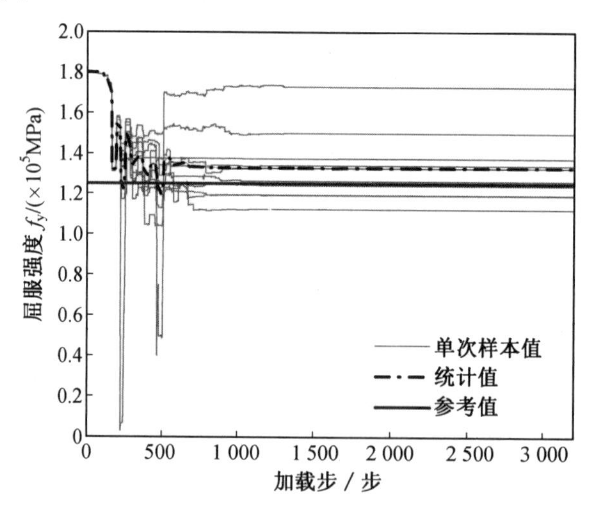

图6.38　工况2参数f_y估计值时程图

由图6.38可以看出，利用“量测值”替换“真实值”增加噪声模拟多次真实的基于统计的UKF模型更新子结构拟静力混合试验，所得到的参数识别结果在经历初期的波动后，迅速收敛至一个稳态值，该稳态值比较接近真实值。

图6.39给出了工况1、工况2与采用参数真实值进行非线性分析所得到的滞回曲线

的对比，从图中可以看出工况 1、工况 2 二者吻合较好，几乎完全吻合。说明利用“量测值”替换“真实值”增加噪声模拟多次真实试验的基于统计的 UKF 模型更新方法的子结构拟静力混合试验和统计后的参数在线识别与在线更新的子结构拟静力混合试验对获得整体结构真实抗震性能方面的能力基本相同。

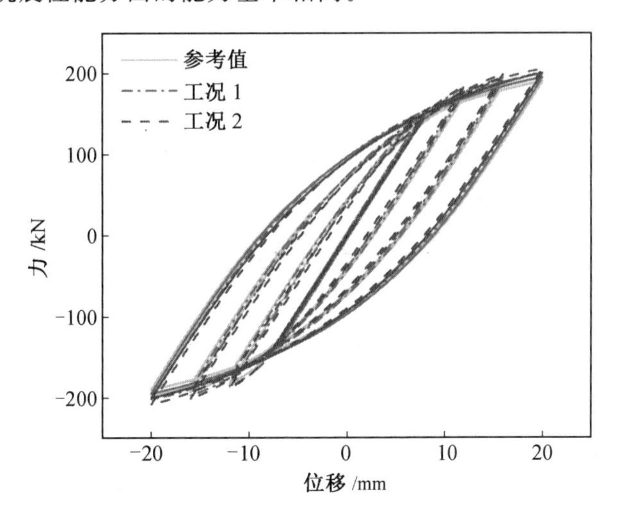

图 6.39　不同工况滞回曲线对比图

可以看出利用“量测值”替换“真实值”增加噪声模拟多次真实试验的方法能够避免进行多组真实试验的问题，对参数的识别效果与进行多次试验的参数在线识别与在线更新的拟静力试验基本相当。将该方法应用于基于统计的模型更新子结构拟静力混合试验中能够获得与参考值吻合良好的试验结果，因此可以得出基于统计的 UKF 模型更新方法应用在基于模型更新的子结构拟静力混合试验方法中能够有效获得整体结构的结构反应，评价整体结构的抗震性能。

第7章　基于多尺度模型更新的混合试验方法

从试验的角度来看，数值模型的精度主要取决于两个方面：一方面是数值模型本身的精度；另一方面是模型更新算法精度。此外，当原型结构由多种材料所构成，如配备有耗能减震构件的新型结构，在以往的混合试验中仅对主要结构进行材料本构模型参数识别更新，从而忽略其他不同材料所构成的重要构件的模型参数识别更新，这样处理势必会导致在试验过程中数值子结构的反应与原型结构的真实反应存在较大差异，利用本构参数存在较大误差的数值子结构将难以准确地模拟原型结构在地震作用下的结构响应，同时也难以为物理子结构提供准确的边界条件。因此，完成大型复杂结构多尺度模型更新混合试验对发展现有混合试验方法具有重要意义。

7.1　CKF 模型更新方法

为增强数值模型识别精度，提出 CKF 模型更新方法。以 Bouc-Wen 模型为例，对比分析以 CKF 与 UKF 为模型更新算法的识别精度；以两层防屈曲支撑框架为例，选用 Bouc-Wen 模型作为层间支撑恢复力模型，开展模型更新混合试验虚拟仿真，对比分析 CKF 及 UKF 的识别结果。

7.1.1　CKF 算法

2009 年，CKF 首次被提出，CKF 基于三阶球面径向容积规则，以较为严谨的数学理论基础，精准确定 $2n$ 个无限逼近于非线性系统状态和协方差的容积点，进而提高模型识别精度及稳定性。

1. 算法原理

在笛卡尔坐标系下，考虑如下形式的积分方程：

$$I(f)=\int_{R^n} f(x)\exp(-\boldsymbol{x}^{\mathrm{T}}x)\mathrm{d}x \tag{7.1}$$

式中，$I(f)$为所求积分方程；R^n为 n 维积分域；$f(x)$为非线性函数；$\boldsymbol{x}$ 为状态向量；T 为向量的转置；exp 为以 e 为底的指数函数；d 为微分。

将向量 $\boldsymbol{x}\in R^n$ 记为半径 r，方向向量记为 $\boldsymbol{y}$，令 $\boldsymbol{x}=r\boldsymbol{y}$，$\boldsymbol{y}^{\mathrm{T}}\boldsymbol{y}=1$，$r\in[0,+\infty]$，所以 $\boldsymbol{x}^{\mathrm{T}}\boldsymbol{x}=r^2$，式(7.1)可以表示为

$$I(f)=\int_0^{\infty}\int_{U_n} f(r\boldsymbol{y})r^{n-1}\exp(-r^2)\mathrm{d}\sigma(\boldsymbol{y})\mathrm{d}r \tag{7.2}$$

式中，$\sigma(\cdot)$为积分域U_n的微元；U_n为球体表面，U_n表达式如式(7.3)所示：

$$U_{\mathrm{n}}=\{\boldsymbol{y}\in R^n \mid \boldsymbol{y}^{\mathrm{T}}\boldsymbol{y}=1\} \tag{7.3}$$

式(7.2)可以改写成如下形式：

$$I=\int_0^{+\infty} S(r)r^{n-1}\exp(-r^2)\mathrm{d}r \tag{7.4}$$

式中，$S(r)$为权重函数 $w(\boldsymbol{y})=1$ 球面积分定义，具体形式如式(7.5)所示：

$$S(r)=\int_{U_n} f(r\boldsymbol{y})\mathrm{d}\sigma(\boldsymbol{y}) \tag{7.5}$$

假设径向积分由 m_r点高斯积分准则进行数值计算得到，具体形式如式(7.6)所示：

$$\int_0^{+\infty} S(r)r^{n-1}\exp(-r^2)\mathrm{d}r=\sum_{i=1}^{m} a_i S(r_i) \tag{7.6}$$

假设球面积分是由 m_s 点球面进行数值计算可得

$$\int_{U_n} f(r\boldsymbol{y})\mathrm{d}\sigma(\boldsymbol{y})=\sum_{j=1}^{m} b_j f(r\boldsymbol{y}_j) \tag{7.7}$$

根据式(7.6)及式(7.7)可以得到$(m_r\times m_s)$点的球面径向容积点为

$$I(f)=\int_{R^n} f(\boldsymbol{x})\exp(-\boldsymbol{x}^{\mathrm{T}}\boldsymbol{x})\mathrm{d}\boldsymbol{x}\approx\sum_{j=1}^{m_s}\sum_{i=1}^{m_r} a_i b_j f(r_i\boldsymbol{y}_j) \tag{7.8}$$

设定 $m_r=1$，$m_s=2n$，共有 $2n$ 个容积点，所以可以式(7.8)演变为式(7.9)计算高斯加权积分：

$$I_N(f)=\int_{R^n} f(\boldsymbol{x})N(\boldsymbol{x};0,I)\mathrm{d}\boldsymbol{x}\approx\sum_{i=1}^{m}\omega_i f(\zeta_i) \tag{7.9}$$

式中，ζ_i 为容积点集，其表达式为

$$\zeta_i=\sqrt{\frac{m}{2}}[e]_i \tag{7.10}$$

ω_i 为每个容积点所对应的权重，该参数为保证算法正定性的关键，其表达式为

$$\omega_i=\frac{1}{m} \tag{7.11}$$

m 为容积点个数；$[e]_i$为第 i 个容积点，其表达式为

$$[e]_i=\left[\begin{pmatrix}1\\0\\\vdots\\0\end{pmatrix},\begin{pmatrix}0\\1\\\vdots\\0\end{pmatrix},\cdots,\begin{pmatrix}0\\0\\\vdots\\1\end{pmatrix},\begin{pmatrix}-1\\0\\\vdots\\0\end{pmatrix},\begin{pmatrix}0\\-1\\\vdots\\0\end{pmatrix},\cdots,\begin{pmatrix}0\\0\\\vdots\\-1\end{pmatrix}\right] \tag{7.12}$$

2. 算法步骤

对三阶球面径向容积规则有了初步了解后，下面介绍 CKF 的实现步骤，首先，设定系统的状态及观测方程：

$$\boldsymbol{X}_k=f(\boldsymbol{X}_{k-1},\boldsymbol{u}_{k-1})+\boldsymbol{V}_{k-1} \tag{7.13}$$

$$\boldsymbol{Y}_k=h(\boldsymbol{X}_k,\boldsymbol{u}_k)+\boldsymbol{W}_k \tag{7.14}$$

式中，$f(x)$为系统状态方程；$h(x)$为系统观测方程；$\boldsymbol{u}$ 为输入向量；$\boldsymbol{V}$ 为过程噪声向量；$\boldsymbol{W}$

为观测噪声向量;$\boldsymbol{X}$ 为系统状态向量;$\boldsymbol{Y}$ 为系统观测向量;k 为算法运行步数。

规定算法总运行步数为 k 步,初始状态协方差为 $\hat{\boldsymbol{P}}_0$,状态量为 $\hat{\boldsymbol{X}}_0$。

计算运行算法在第 $k-1$ 步容积点为

$$\chi_{k-1}^i=\boldsymbol{S}_{k-1}\zeta+\hat{\boldsymbol{X}}_{k-1} \tag{7.15}$$

式中,i 为容积点个数,$i=1,2,\cdots,2n$;n 为状态的维数;$\boldsymbol{S}_{k-1}$ 为第 $k-1$ 步协方差矩阵 $\hat{\boldsymbol{P}}_{k-1}$ Cholesky 分解得到的下三角矩阵,其表达式如式(7.16)所示

$$\hat{\boldsymbol{P}}_{k-1}=\boldsymbol{S}_{k-1}\boldsymbol{S}_{k-1}^{\mathrm{T}} \tag{7.16}$$

式中,χ_{k-1}^i 为运行算法在第 $k-1$ 步产生的容积点。ζ 为容积点集,其表达式为

$$\zeta=\begin{cases}\sqrt{n}[e]_i & (i=1,2,\cdots,n)\\ -\sqrt{n}[e]_i & (i=n+1,n+2,\cdots,2n)\end{cases} \tag{7.17}$$

将容积点 χ_{k-1}^i 通过状态方程 $f(\chi_{k-1}^i,\boldsymbol{u}_{k-1})$ 传播得到传播后的先验容积点 $\chi_{k|k-1}^i$,$\boldsymbol{u}_{k-1}$ 为系统初始输入。传播后的容积点计算公式为

$$\chi_{k|k-1}^i=f(\chi_{k-1}^i,\boldsymbol{u}_{k-1}) \tag{7.18}$$

求出传播后的容积点 $\chi_{k|k-1}^i$,计算得出算法运行后先验状态量的预测值:

$$\hat{\boldsymbol{X}}_{k|k-1}=w\sum_{i=1}^{2n}\chi_{k|k-1}^i \tag{7.19}$$

式中,w 为各个容积点的权重,$w=\frac{1}{2n}$;$\hat{\boldsymbol{X}}_{k|k-1}$ 为算法先验状态量的预测值。

求出传播后的容积点 $\chi_{k|k-1}^i$、先验状态量的预测值 $\hat{\boldsymbol{X}}_{k|k-1}$,并同过程噪声 $\boldsymbol{V}$ 计算算法的误差协方差预测值 $\hat{\boldsymbol{P}}_{k|k-1}$:

$$\hat{\boldsymbol{P}}_{k|k-1}=w\sum_{i=1}^{2n}\chi_{k|k-1}^i\chi_{k|k-1}^{i\,\mathrm{T}}-\hat{\boldsymbol{X}}_{k|k-1}\hat{\boldsymbol{X}}_{k|k-1}^{\mathrm{T}}+\boldsymbol{V} \tag{7.20}$$

求出的误差协方差预测值 $\hat{\boldsymbol{P}}_{k|k-1}$ 通过 Cholesky 分解:

$$\hat{\boldsymbol{P}}_{k|k-1}=\boldsymbol{S}_{k|k-1}\boldsymbol{S}_{k|k-1}^{\mathrm{T}} \tag{7.21}$$

重采样

$$\boldsymbol{X}_{k|k-1}^{is}=\boldsymbol{S}_{k|k-1}^{s}\zeta+\hat{\boldsymbol{X}}_{k|k-1}^{s} \tag{7.22}$$

将求得的容积点集通过观测方程 $h(\boldsymbol{X}_{k|k-1}^i,\boldsymbol{u}_k)$ 传播,得到观测方程传播后的容积点

$$\boldsymbol{Y}_k^i=h(\boldsymbol{X}_{k|k-1}^i,\boldsymbol{u}_k) \tag{7.23}$$

式中,$\boldsymbol{Y}_k^i$ 为传播后的容积点。

计算算法在第 k 步观测预测值 $\hat{\boldsymbol{Y}}_k$、自相关协方差矩阵 $\boldsymbol{P}_k^Y$ 和互相关协方差矩阵 $\boldsymbol{P}_k^{XY}$:

$$\hat{\boldsymbol{Y}}_k = w\sum_{i=1}^{2n}\boldsymbol{Y}_k^i \tag{7.24}$$

$$\boldsymbol{P}_k^Y = w\sum_{i=1}^{2n}\boldsymbol{Y}_k^i\boldsymbol{Y}_k^{i^{\mathrm{T}}} - \hat{\boldsymbol{Y}}_k\hat{\boldsymbol{Y}}_k^{\mathrm{T}} + \boldsymbol{W} \tag{7.25}$$

$$\boldsymbol{P}_k^{XY} = w\sum_{i=1}^{2n}\boldsymbol{X}_k^i\boldsymbol{Y}_k^{i^{\mathrm{T}}} - \hat{\boldsymbol{X}}_k\hat{\boldsymbol{Y}}_k \tag{7.26}$$

由式(7.25)和式(7.26)求出的自相关协方差矩阵 $\boldsymbol{P}_k^Y$、互相关协方差矩阵 $\boldsymbol{P}_k^{XY}$，计算第 k 步卡尔曼增益：

$$\boldsymbol{K}_k = \boldsymbol{P}_k^{XY}\,(\boldsymbol{P}_k^Y)^{-1} \tag{7.27}$$

式中，$\boldsymbol{K}_k$ 为运行算法第 k 步卡尔曼增益。

校正状态量：

$$\hat{\boldsymbol{X}}_k = \hat{\boldsymbol{X}}_{k|k-1} + \boldsymbol{K}_k(\boldsymbol{y}_k - \hat{\boldsymbol{Y}}_{k|k-1}) \tag{7.28}$$

式中，$\boldsymbol{y}_k$ 为第 k 步的试验观测值。

校正协方差矩阵：

$$\hat{\boldsymbol{P}}_k = \hat{\boldsymbol{P}}_{k|k-1} - \boldsymbol{K}_k\boldsymbol{P}_k^Y\boldsymbol{K}_k^{\mathrm{T}} \tag{7.29}$$

与经典卡尔曼滤波相似，使用 CKF 算法识别参数整个过程分为预测步和校正步两个部分，CKF 算法流程图如图 7.1 所示。

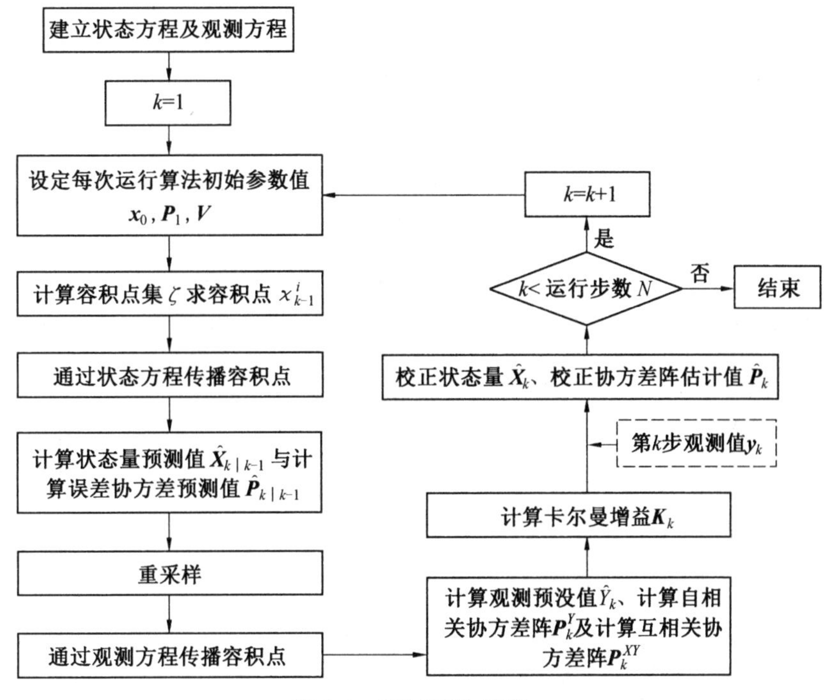

图 7.1　CKF 算法流程

7.1.2　Bouc-Wen 模型在线参数识别

1. 参数识别方法

为了得到 UKF 和 CKF 对于 Bouc-Wen 模型参数的识别精度和运行效率，分别采用两种算法识别 Bouc-Wen 模型参数，模型方程如式(7.30)所示。本章 Bouc-Wen 模型基本参数真实值设定为 k=40 000 kN/m、β=60、γ=40、n=1.1。设置参数预估值 k=50 000 kN/m，β=40、γ=50、n=2。位移峰值为 0.14 m，仿真步数为 4 000 步，位移加载时程曲线如图 7.2 所示。

$$\begin{cases}\dot{z}=\dot{x}-\beta|\dot{x}||z|^{n-1}z-\gamma\dot{x}|z|^{n} \\ R=kz\end{cases} \tag{7.30}$$

式中，z 为滞回位移；x 为位移；R 为恢复力，kN；k 为结构初始刚度；β、γ、n 分别为决定模型滞回曲线形状的参数。

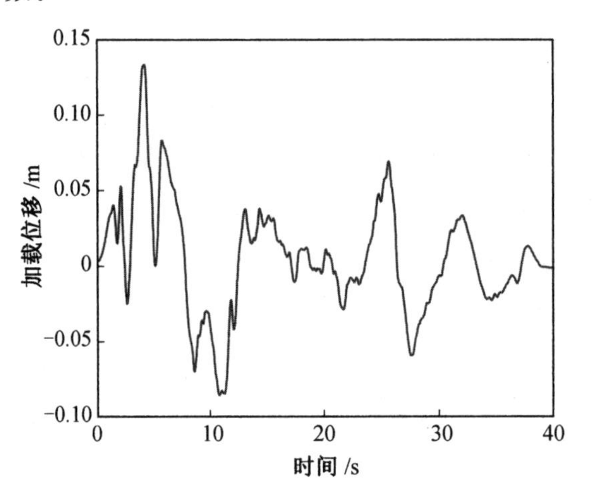

图 7.2　加载位移

假设状态估计初始值为 $\boldsymbol{X}_0=[0\ \ 50\ \ 40\ \ 50\ \ 2\ \ 0]^{\mathrm{T}}$，状态及观测方程分别为式(7.31)和式(7.32)所示。

$$\begin{bmatrix}\dot{X}_1\\ \dot{X}_2\\ \dot{X}_3\\ \dot{X}_4\\ \dot{X}_5\\ \dot{X}_6\end{bmatrix}=\begin{bmatrix}\dot{z}\\ \dot{k}\\ \dot{\beta}\\ \dot{\gamma}\\ \dot{n}\\ \dot{R}\end{bmatrix}=\begin{bmatrix}\dot{x}'-X_3|\dot{x}'||X_1|^{X_5-1}X_1-X_4\dot{x}'|X_1|^{X_5}\\ 0\\ 0\\ 0\\ 0\\ X_2(\dot{x}'-X_3|\dot{x}'||X_1|^{X_5-1}X_1-X_4\dot{x}'|X_1|^{X_5})\end{bmatrix} \tag{7.31}$$

$$\boldsymbol{y}=\boldsymbol{R}=\boldsymbol{X}_6+\boldsymbol{W}_{\mathrm{R}} \tag{7.32}$$

式中，$\boldsymbol{W}_R$ 为观测噪声。

试验加载速度通过位移中心差分确定，详细过程如式(7.33)所示：

$$\begin{cases} x_i' = \dfrac{x_{i+1} - x_{i-1}}{2 \times \mathrm{d}t} & (i=1,2,\cdots) \\ x_0' = \dfrac{x_1 - x_0}{\mathrm{d}t} & (i=0) \end{cases} \tag{7.33}$$

式中，x' 为试验加载速度。

设初始协方差矩阵为 $\boldsymbol{P}_0$，其表达式如式(7.34)所示：

$$\boldsymbol{P}_0 = \begin{bmatrix} 10^{-6} & 0 & 0 & 0 & 0 & 0 \\ 0 & 0.13 & 0 & 0 & 0 & 0 \\ 0 & 0 & 1.7 & 0 & 0 & 0 \\ 0 & 0 & 0 & 0.48 & 0 & 0 \\ 0 & 0 & 0 & 0 & 0.01 & 0 \\ 0 & 0 & 0 & 0 & 0 & 10^{-3} \end{bmatrix} \tag{7.34}$$

2. 参数识别结果分析

在 MATLAB2018b 仿真环境下，采用四阶 Runge-Kutta 方法对式(7.31)进行积分离散化，计算支撑在加载过程中的反应，积分步长为 0.01 s，所得的滞回曲线如图 7.3 所示。

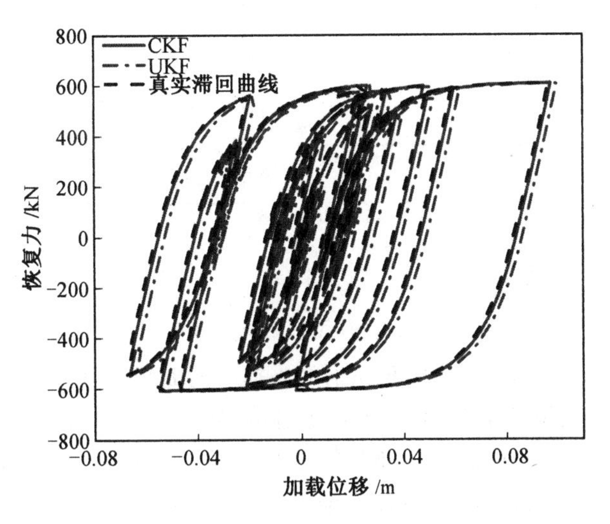

图 7.3　支撑滞回曲线

图 7.3 中 CKF 代表使用 CKF 模型更新算法得到的滞回曲线，UKF 代表使用 UKF 模型更新算法得到的滞回曲线。可以发现使用两种算法得到的模型滞回曲线均与真实滞回曲线吻合程度较高。从耗能的角度分析，CKF 所得到的模型滞回曲线耗能相对误差为 4.37%，而 UKF 得到的模型滞回曲线耗能相对误差为 5.64%，CKF 所得到的模型滞回曲线比使用 UKF 时相对误差降低了 1.27%。结果显示，使用两种算法得到的模型滞

回曲线，CKF 得到的滞回曲线更接近真实值，说明 CKF 算法具有较高的识别精度。此外，通过使用两种算法对模型参数识别结果如图 7.4 所示。

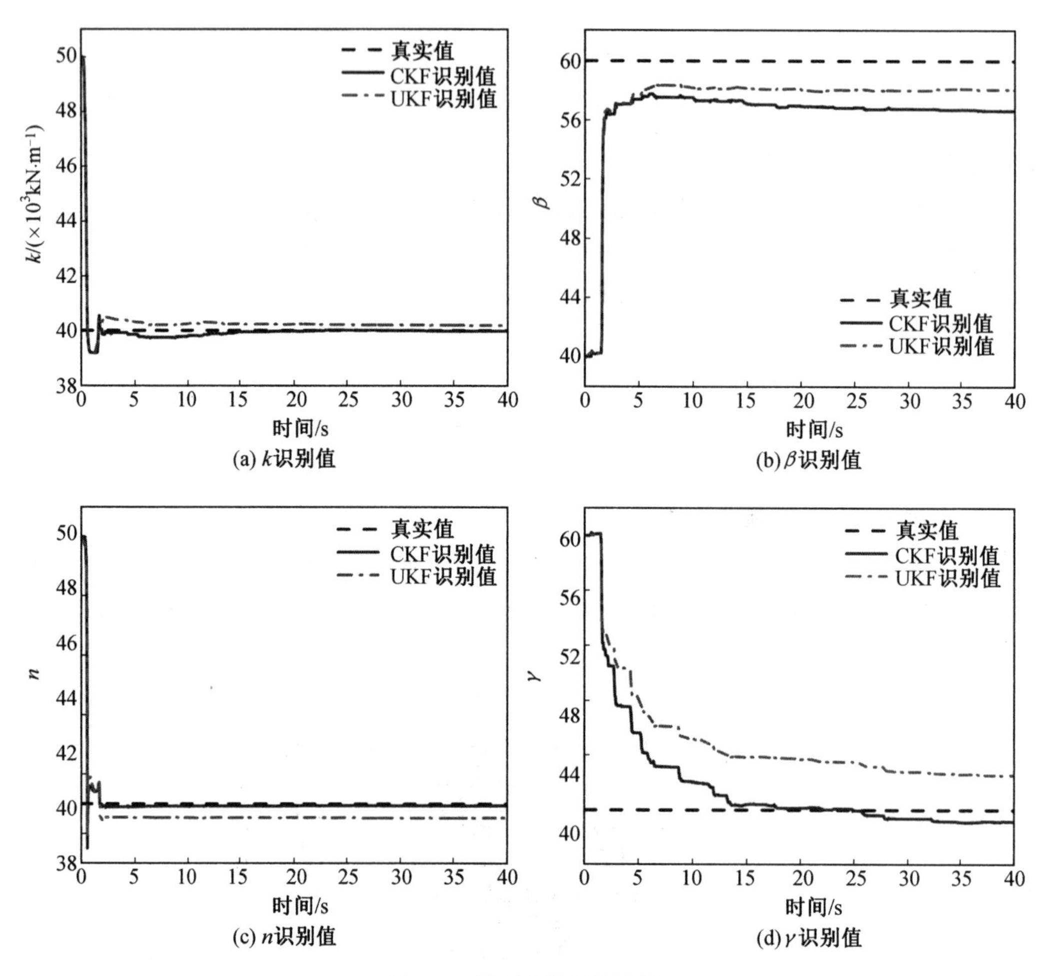

图 7.4　模型参数识别结果

由图 7.4 可以看出，CKF 和 UKF 识别的支撑滞回曲线与真实值较为接近，两种非线性滤波算法都能精确、快速的识别单自由度 Bouc-Wen 模型参数，两次仿真 UKF 耗时 3.49 s，CKF 用时 2.54 s，在耗时上 CKF 优于 UKF。这是因为 UKF 在 Sigma 点的选取采用无迹变换，没有经过数学的严格理论推导，在权值和 Sigma 点的选取上具有一定的随机性，而且 UKF 的误差协方差矩阵会出现非正定情况，算法初值选择不当也会导致识别精度下降，甚至无法计算。

在权重的设定上，CKF 相比于 UKF 不受系统状态维数的制约，使每个容积点的权重都相等，在复杂程度上，CKF 大大简化了权重的计算过程，从而保证了系统运行的可靠性和精度，非常适合用于非线性模型的估算。

为了能更充分获得算法对于模型参数的识别精度，定义参数识别结果的相对误差 e_r

如式(7.35)所示。

$$e_{\mathrm{r}}=\frac{|\theta-\hat{\theta}|}{\theta} \tag{7.35}$$

式中,θ 为模型参数真实值;$\hat{\theta}$ 为模型参数识别值。

通过式(7.35)可以得到 CKF 算法和 UKF 算法识别 Bouc-Wen 模型参数相对误差,参数识别值相对误差如图 7.5 所示。

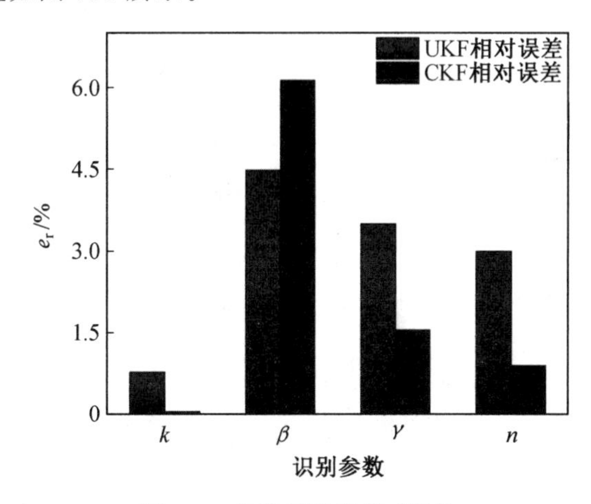

图 7.5　参数识别值相对误差

由图 7.5 可以看出,CKF 算法的识别精度明显高于 UKF 算法,参数识别值相对误差更小。UKF 对于模型参数 k 的平均识别值为 40.31×10^3 kN/m,相对误差为 0.78%,CKF 对于模型参数 k 的平均识别值为 40.02×10^3 kN/m,相对误差为 0.05%。UKF 对于模型参数 β 的平均识别值为 57.31,相对误差为 4.48%,CKF 对于模型参数 β 的平均识别值为 56.32,相对误差为 6.13%。UKF 对于模型参数 γ 的平均识别值为 41.4,相对误差为 3.5%,CKF 对于模型参数 γ 的平均识别值为 40.62,相对误差为 1.55%。UKF 对于模型参数 n 的平均识别值为 1.067,相对误差为 3%,CKF 对于模型参数 n 的平均识别值为 1.11,相对误差为 0.9%。CKF 的参数识别值相对误差除对参数 β 的识别不如 UKF,其余参数识别值相对误差均优于 UKF,更接近真实值。这是因为模型参数识别从试验的角度来看是一种反问题,评价算法识别参数的好坏往往要通过整体结构响应得出。综上,可以得出 CKF 的参数识别结果相比 UKF 具有更高的精度。

7.1.3　基于 CKF 的模型更新混合试验虚拟仿真

1. 虚拟仿真原理

为了验证 CKF 模型更新方法的可行性,开展基于 CKF 模型更新混合试验虚拟仿真。以二层防屈曲支撑框架为研究对象,选取二层结构底层框架支撑为物理子结构,其余部分作为数值子结构。虚拟仿真示意图如图 7.6 所示。

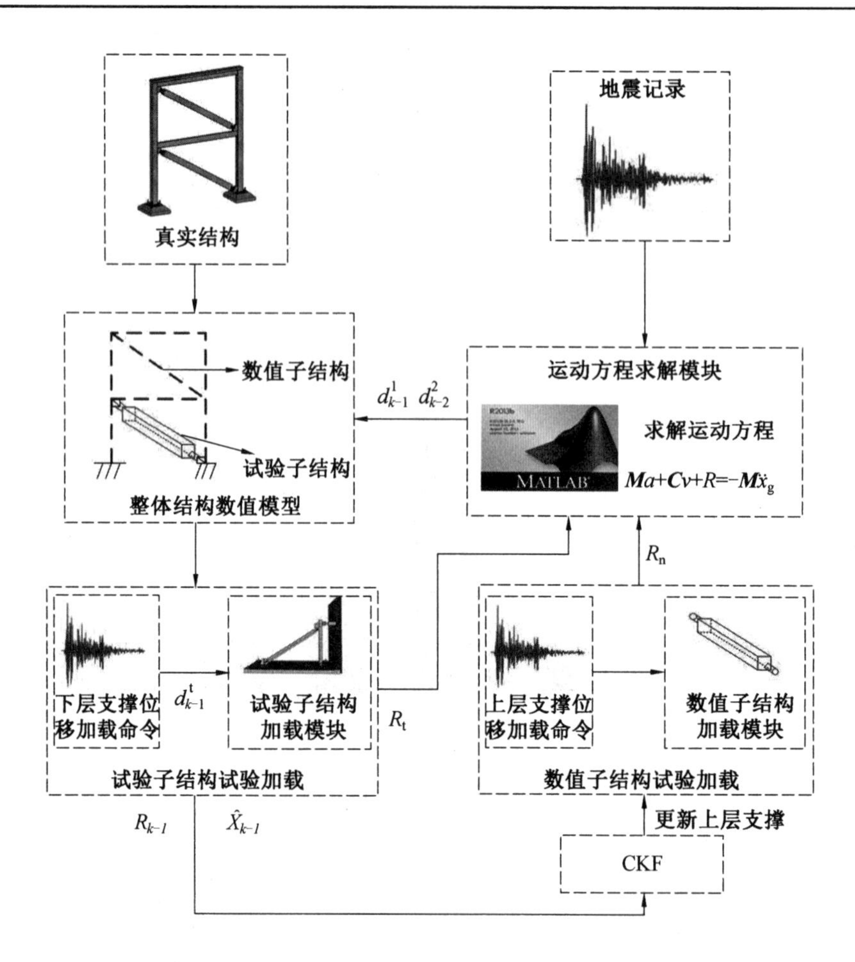

图 7.6　模型更新混合试验虚拟仿真示意图

2. 虚拟仿真步骤

基于 CKF 的模型更新混合试验虚拟仿真采用 CKF 作为本次虚拟仿真的模型更新算法，虚拟仿真步骤如下：

(1)对于整体二层框架结构，通过 MATLAB 进行建模。同时，在整体结构中选择下层支撑作为本次虚拟仿真的物理子结构。

(2)将地震记录发送给运动方程求解模块，进行运动方程求解，从而分别得到二层结构的层间加载位移 d_{k-1}^1、d_{k-1}^2。

(3)通过层间加载位移 d_{k-1}^1、d_{k-1}^2 对二层结构进行层间位移加载。

(4)利用层间位移对结构进行加载，得到物理子结构的加载位移命令 d_{k-1}^t。

(5)对物理子结构进行加载，获得物理子结构的观测值 R_{k-1}、$\hat{X}_{k-1}$。

(6)应用模型更新算法识别模型参数。

(7)利用识别好的参数更新数值子结构参数。

(8)最后,将物理子结构及数值子结构的恢复力 R_t、R_n 发送给运动方程求解模块。

(9)重复步骤(2)～(8),直至仿真结束。

3. 参数识别方法

设定层间支撑模型采用单自由度 Bouc-Wen 模型,该模型表达式如式(7.30)所示。Bouc-Wen 模型参数真实值为:k=40 000 kN/m,β=60,γ=40,n=1.1。设置参数预估值 k=55 000 kN/m,β=35,γ=55,n=3。框架结构参数设置为:每层框架结构质量为 $M_{n_1}=M_{n_2}$=2 000 t,框架结构的层间水平刚度为 $K_{n_1}=K_{n_2}$=80 000 kN/m,框架结构的层间阻尼系数为 $C_{n_1}=C_{n_2}$=1 550 kN/(m·s^{-1}),其中 n_1、n_2 分别代表了数值子结构的一层和二层,层间支撑与水平楼面夹角均为 28.81°。地震作用选用 EI－Centro(1940,NS)地震波,地震波记录如图 7.7 所示。

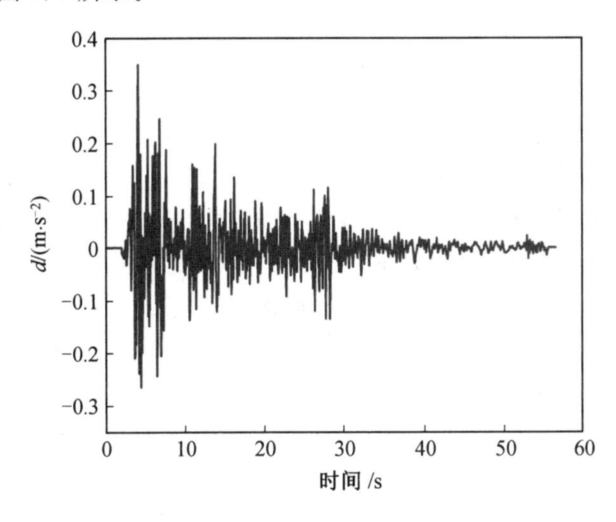

图 7.7　EI－Centro 地震记录

4. 参数识别结果与分析

本次虚拟仿真利用 CKF 识别 Bouc-Wen 模型刚度 k 及影响模型滞回形状的模型参数 β、γ、n,观测量为 Bouc-Wen 模型恢复力,状态量为下层模型滞变位移 d、下层模型加载位移 d_j、模型刚度 k、β、γ、n、下层模型恢复力 F_t,系统的状态方程和观测方程如式(7.31)～(7.32)所示。

假设初始参数预估值为 $\hat{\boldsymbol{x}}_0=[0\ \ 55\ \ 35\ \ 55\ \ 3\ \ 0]^T$,过程噪声和观测噪声的协方差矩阵分别为 $\boldsymbol{R}$、$\boldsymbol{Q}$,具体表达方式如式(7.36)～式(7.37)所示。

$$\boldsymbol{R}=10^{-8}\times\boldsymbol{I}_6 \tag{7.36}$$

式中,$\boldsymbol{I}_6$ 为 6×6 的单位矩阵。

$$\boldsymbol{Q}=10^{-5}\times\boldsymbol{I}_1 \tag{7.37}$$

式中,$\boldsymbol{I}_1$ 为 1×1 的单位矩阵。

试验加载速度 $\dot{x}$ 通过位移中心差分方法确定，求解试验加载速度 $\dot{x}$ 方法如式(7.33)所示。

初始协方差矩阵为 $\hat{\boldsymbol{P}}_0$ 为 6×6 矩阵，具体表达方式如式(7.38)所示。

$$\hat{\boldsymbol{P}}_0=\begin{bmatrix}10^{-6} & 0 & 0 & 0 & 0 & 0\\ 0 & 0.13 & 0 & 0 & 0 & 0\\ 0 & 0 & 1.4 & 0 & 0 & 0\\ 0 & 0 & 0 & 0.25 & 0 & 0\\ 0 & 0 & 0 & 0 & 0.01 & 0\\ 0 & 0 & 0 & 0 & 0 & 10^{-3}\end{bmatrix} \tag{7.38}$$

为了对比 CKF 与 UKF 两种算法在模型更新混合试验虚拟仿真中的识别精度，选择两种算法进行在线虚拟仿真，分析两种算法的参数识别结果。通过对比两种算法得到的仿真结果，判断所提出方法的可行性。

本小节应用四阶 Runge-Kutta 积分算法对式(7.31)进行积分离散化，计算支撑在加载过程中的反应，数值积分步长 0.01 s。通过虚拟仿真，使用两种不同非线性滤波器算法得到的 Bouc-Wen 模型参数识别结果及模型滞回曲线如图 7.8 所示，图中 CKF 表示使用 CKF 算法得到的参数识别结果，UKF 表示使用 UKF 算法得到的参数识别结果。

通过开展虚拟仿真可以得到，UKF 虚拟仿真耗时 6.81 s，而使用 CKF 仿真耗时 1.95 s，这是由于 CKF 采用三阶球面径向容积规则获取 $2n$ 个采样点，相比 UKF 获取采用点更少，效率更加明显。从图 7.8(c)～(f)中可以看出，使用相同的初始参数条件，UKF 识别模型参数值结果与真实值存在较大差异，收敛至真实值的速度较慢。CKF 识别模型参数值结果与真实结果吻合程度高，且收敛至真实值的速度较快。通过图 7.8(g)和图 7.8(h)可以看出，CKF 识别得到的下层支撑模型恢复力与真实值接近，得到的模型

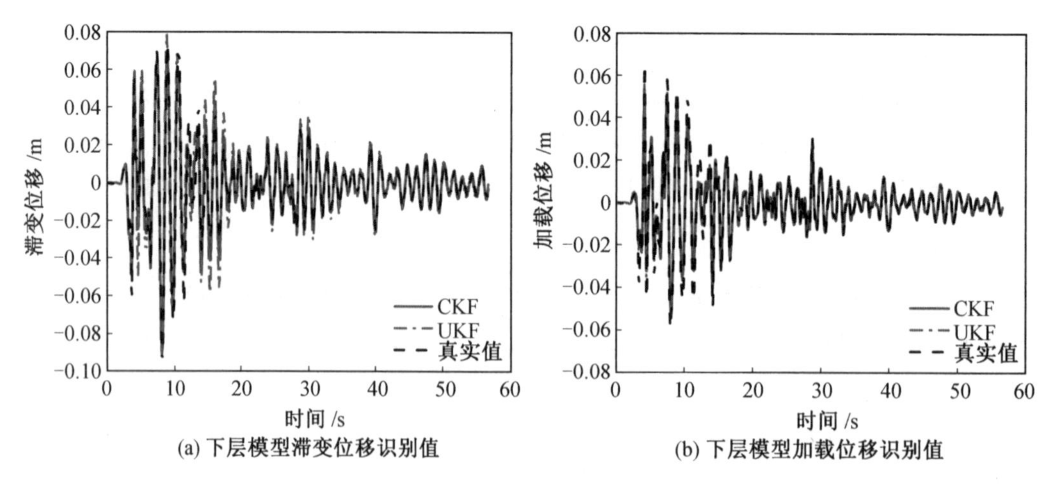

(a) 下层模型滞变位移识别值　　(b) 下层模型加载位移识别值

图 7.8　虚拟仿真结果

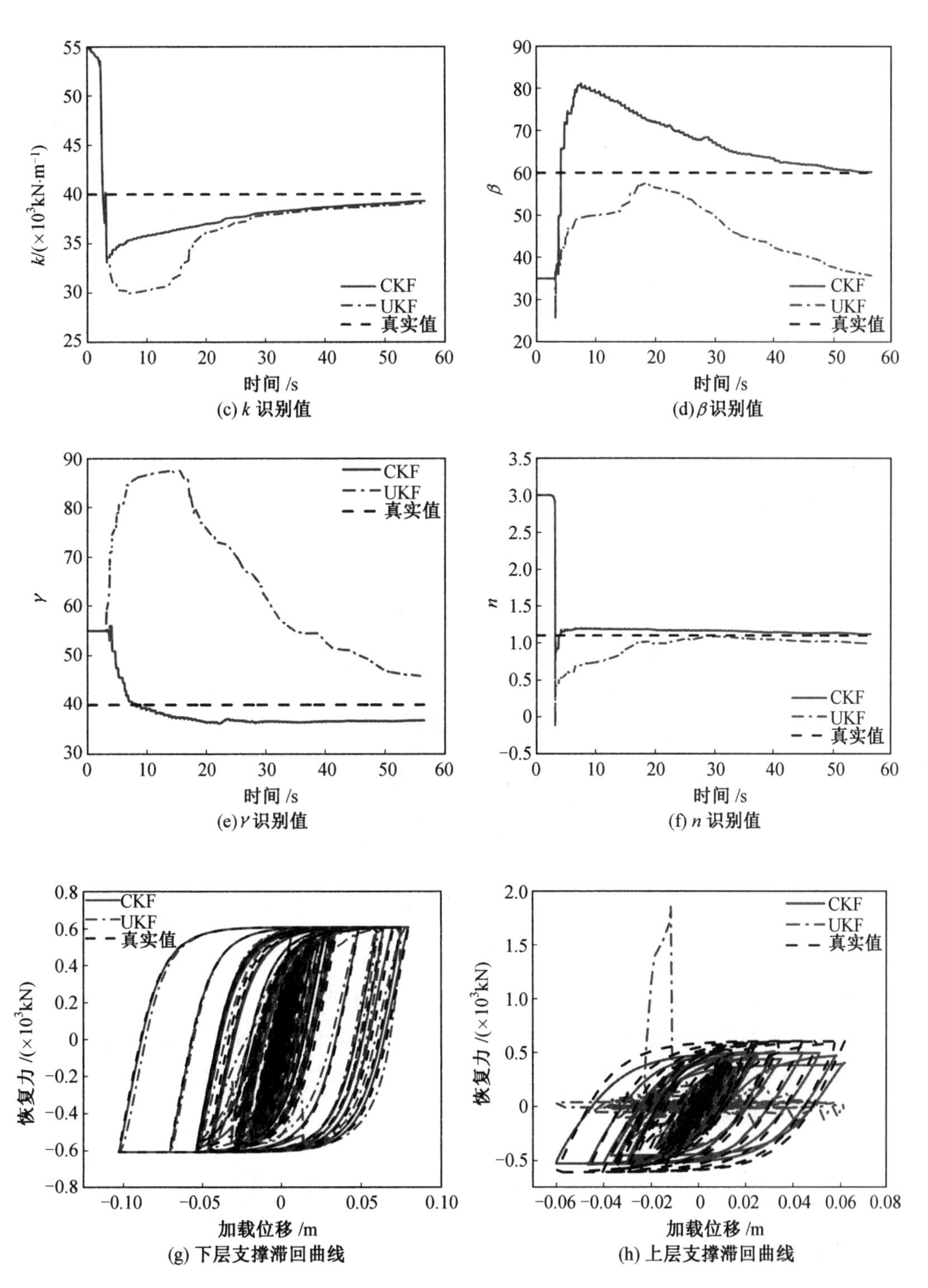

(c) k 识别值

(d) β 识别值

(e) γ 识别值

(f) n 识别值

(g) 下层支撑滞回曲线

(h) 上层支撑滞回曲线

续图 7.8

滞回曲线可以有效地反映模型真实滞回性能。而 UKF 得到的上层支撑模型滞回曲线，与真实值差异较大。从耗能的角度分析，使用 UKF 得到的下层支撑模型滞回曲线耗能值较真实滞回曲线耗能值相对误差为 27.74%，CKF 得到的下层支撑模型滞回曲线耗能值较真实滞回曲线耗能值相对误差为 6.57%，耗能值相对误差结果降低 21.17%。使用 UKF 得到的上层支撑模型滞回曲线耗能值较真实滞回曲线耗能值相对误差为 86.54%，CKF 得到的上层支撑模型滞回曲线耗能值较真实滞回曲线耗能值相对误差为 21.22%，耗能值相对误差结果降低 65.32%。

为了能定量评价统计 CKF 算法识别精度，定义均方根误差(RMSE)为

$$\mathrm{RMSE}=\sqrt{\frac{\sum_{i=1}^{N}\left(x_{\mathrm{ref},i}-x_{\mathrm{sim},i}\right)^{2}}{\sum_{i=1}^{N}\left(x_{\mathrm{ref},i}\right)^{2}}}\times 100\% \tag{7.39}$$

式中，x_{ref}为模型参数真实值；x_{sim}为模型参数识别值。

模型参数识别值的 RMSE 如图 7.9 所示。

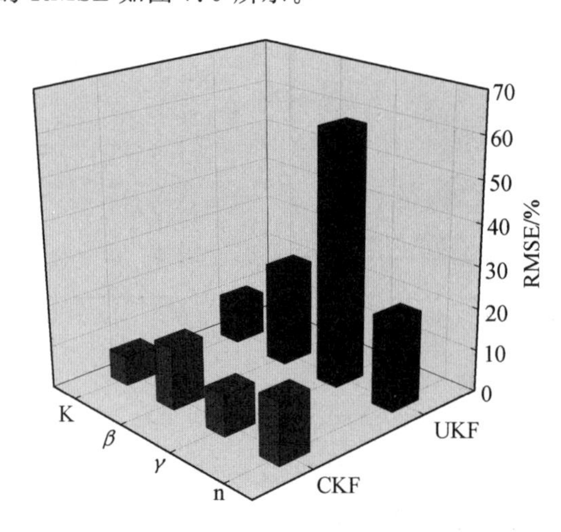

图 7.9　模型参数识别值 RMSE 图

通过 RMSE 分析可以看出，相对 UKF 算法识别模型参数值 k、β、γ、n 的 RMSE，CKF 算法识别得到的模型参数 k、β、γ、n 识别值 RMSE 分别降低了 3.55%、8.58%、50.66%、7.02%。CKF 算法较 UKF 算法识别模型参数识别值结果 RMSE 更低，更能有效地反映结构加载后的真实性能，具有较强的可行性。

7.2　统计 CKF 模型更新方法

在模型更新混合试验中，加载对象在极端加载条件下可能表现出新的非线性响应，模型更新算法在更新过程中捕获这些响应是很重要的。所以，在进行模型更新混合试验

中，所选的模型更新算法必须具有足够的适应性，以便它能够捕获所需的特征。CKF 作为卡尔曼滤波器的一种扩展形式，是一种采样型滤波算法，具有收敛速度快和高稳定性等特点。然而，CKF 识别精度往往依赖于初始参数选择，算法的初始参数在试验前仅能根据试验者的经验进行选择，CKF 对初始变量的选择很敏感，容易受到测量噪声的影响，常常需要多次试验才能确定比较理想的组合，因此 CKF 在混合试验模型更新过程中存在一定的局限性。

提出统计 CKF 模型更新方法，解决模型更新对识别算法初始参数的鲁棒性问题。新方法采用统计的思想降低参数识别结果的随机性，在混合试验一个数值积分步长内对物理子结构进行多次模型参数识别，将参数识别值样本统计均值作为最终结果并更新；给出统计 CKF 模型更新算法原理及流程，编制混合试验虚拟仿真程序，采用虚拟仿真验证统计 CKF 模型更新方法的有效性；进行 SCED 恢复力模型参数敏感性分析，给出支撑模型参数取值建议；建立基于统计 CKF 的自复位耗能支撑模型参数识别方法，探究算法参数及观测噪声对模型参数识别精度及鲁棒性影响规律，验证统计 CKF 模型更新方法的有效性。

7.2.1 统计 CKF 模型更新算法

应用 CKF 进行参数识别时，需人为假定算法初始参数，初始参数的选择对参数识别结果有很大影响。目前，没有方法确定合理初始参数值，为此，提出统计 CKF 模型更新算法，减小初始参数对算法的影响。

1. 统计 CKF 算法

首先，设定系统的状态及观测方程，如式(7.40)和式(7.41)所示。

$$\boldsymbol{X}_k = f(\boldsymbol{X}_{k-1}, \boldsymbol{u}_{k-1}) + \boldsymbol{V}_{k-1} \tag{7.40}$$

$$\boldsymbol{Y}_k = h(\boldsymbol{X}_k, \boldsymbol{u}_k) + \boldsymbol{W}_k \tag{7.41}$$

式中，$f(x)$为系统状态方程；$h(x)$为系统观测方程；$\boldsymbol{u}$ 为输入向量；$\boldsymbol{V}$ 为过程噪声向量；$\boldsymbol{W}$ 为观测噪声向量；$\boldsymbol{X}$ 为系统状态向量；$\boldsymbol{Y}$ 为系统观测向量；k 为算法运行步数，$k=1, 2, \cdots, N$。

规定算法总运行步数为 N 步，统计过程共运行算法 M 次，对 M 次运行结果样本进行统计，将统计后的状态样本均值作为最终识别结果。假设第 s 次运行算法初始时刻误差协方差为 $\hat{\boldsymbol{P}}_0^s$，状态量为 $\hat{\boldsymbol{X}}_0^s$，过程噪声和观测噪声分别为 $\boldsymbol{V}^s$ 和 $\boldsymbol{W}^s$。

第 s 次运行算法在第 $k-1$ 步容积点为

$$\chi_{k-1}^{is} = \boldsymbol{S}_{k-1}^s \zeta + \hat{\boldsymbol{X}}_{k-1}^s \tag{7.42}$$

式中，s 为算法运行次数，$s=1,2,\cdots,M$；i 为容积点个数，$i=1,2,\cdots,2n$；n 为状态的维数。

$\boldsymbol{S}_{k-1}^s$ 为第 s 次运行算法过程中在第 $k-1$ 步误差协方差 $\hat{\boldsymbol{P}}_{k-1}^s$ 分解的一个下三角矩阵，其表达式为

$$\hat{\boldsymbol{P}}_{k-1}^{s}=\boldsymbol{S}_{k-1}^{s}(\boldsymbol{S}_{k-1}^{s})^{\mathrm{T}} \tag{7.43}$$

式中，χ_{k-1}^{is}为第 s 次运行算法在第 $k-1$ 步产生的容积点。

ζ为容积点集，其表达式为

$$\zeta=\begin{cases}\sqrt{n}[e]_i & (i=1,2,\cdots,n)\\ -\sqrt{n}[e]_i & (i=n+1,n+2,\cdots,2n)\end{cases} \tag{7.44}$$

$$[e]_i=\left[\begin{pmatrix}1\\0\\\vdots\\0\end{pmatrix},\begin{pmatrix}0\\1\\\vdots\\0\end{pmatrix},\cdots,\begin{pmatrix}0\\0\\\vdots\\1\end{pmatrix},\begin{pmatrix}-1\\0\\\vdots\\0\end{pmatrix},\begin{pmatrix}0\\-1\\\vdots\\0\end{pmatrix},\cdots,\begin{pmatrix}0\\0\\\vdots\\-1\end{pmatrix}\right] \tag{7.45}$$

式中，$[e]_i$为第 i 个容积点。

将式(7.42)求出的容积点 χ_{k-1}^{is}通过状态方程 $f(\chi_{k-1}^{is},\boldsymbol{u}_{k-1})$传播得到传播后的先验容积点$\chi_{k|k-1}^{is}$，$u_{k-1}$为系统初始输入。

传播后的容积点计算公式为

$$\chi_{k|k-1}^{is}=f(\chi_{k-1}^{is},\boldsymbol{u}_{k-1}) \tag{7.46}$$

通过式(7.46)求出传播后的容积点$\chi_{k|k-1}^{is}$，计算出算法第 s 次运行后先验状态量的预测值为

$$\hat{\boldsymbol{X}}_{k|k-1}^{s}=w\sum_{i=1}^{2n}\chi_{k|k-1}^{is} \tag{7.47}$$

式中，w 为各个容积点的权重，$w=\dfrac{1}{2n}$；$\hat{\boldsymbol{X}}_{k|k-1}^{s}$为算法运行第 s 次先验状态量的预测值。

由式(7.46)和式(7.47)求出传播后的容积点$\chi_{k|k-1}^{is}$、先验状态量的预测值$\hat{\boldsymbol{X}}_{k|k-1}^{s}$并同过程噪声 $\boldsymbol{V}^{s}$ 计算算法运行 s 次的误差协方差预测值$\hat{\boldsymbol{P}}_{k|k-1}^{s}$：

$$\hat{\boldsymbol{P}}_{k|k-1}^{s}=w\sum_{i=1}^{2n}\chi_{k|k-1}^{is}\chi_{k|k-1}^{is\,\mathrm{T}}-\hat{\boldsymbol{X}}_{k|k-1}^{s}\hat{\boldsymbol{X}}_{k|k-1}^{s\,\mathrm{T}}+\boldsymbol{V}^{s} \tag{7.48}$$

将式(7.48)求出的误差协方差预测值$\hat{\boldsymbol{P}}_{k|k-1}^{s}$通过 Cholesky 分解：

$$\hat{\boldsymbol{P}}_{k|k-1}^{s}=\boldsymbol{S}_{k|k-1}^{s}\boldsymbol{S}_{k|k-1}^{s\mathrm{T}} \tag{7.49}$$

重采样：

$$\boldsymbol{X}_{k|k-1}^{is}=\boldsymbol{S}_{k|k-1}^{s}\zeta+\hat{\boldsymbol{X}}_{k|k-1}^{s} \tag{7.50}$$

求得的容积点集通过观测方程 $h(\boldsymbol{X}_{k|k-1}^{i},\boldsymbol{u}_k)$传播，得到传播后的容积点：

$$\boldsymbol{Y}_{k}^{is}=h(\boldsymbol{X}_{k|k-1}^{i},\boldsymbol{u}_k) \tag{7.51}$$

式中，$\boldsymbol{Y}_{k}^{is}$ 为传播后的容积点。

分别计算运行第 s 次的算法在第 k 步观测预测值 $\hat{\boldsymbol{Y}}_{k}^{s}$、自相关协方差矩阵 $\boldsymbol{P}_{k}^{Ys}$ 和互相

关协方差矩阵 $\boldsymbol{P}_k^{XYs}$：

$$\hat{\boldsymbol{Y}}_k^s = w\sum_{i=1}^{2n}\boldsymbol{Y}_k^{is} \tag{7.52}$$

$$\boldsymbol{P}_k^{XYs} = w\sum_{i=1}^{2n}\boldsymbol{X}_k^{is}{\boldsymbol{Y}_k^{is}}^{\mathrm{T}} - \hat{\boldsymbol{X}}_k^s\hat{\boldsymbol{Y}}_k^s \tag{7.53}$$

$$\boldsymbol{P}_k^{Ys} = w\sum_{i=1}^{2n}\boldsymbol{Y}_k^{is}{\boldsymbol{Y}_k^{is}}^{\mathrm{T}} - \hat{\boldsymbol{Y}}_k^s{\hat{\boldsymbol{Y}}_k^s}{}^{\mathrm{T}} + \boldsymbol{W}^s \tag{7.54}$$

通过式(7.53)和式(7.54)求出自相关协方差矩阵 $\boldsymbol{P}_k^{Ys}$、互相关协方差矩阵 $\boldsymbol{P}_k^{XYs}$，得出算法运行 s 次在第 k 步卡尔曼增益

$$\boldsymbol{K}_k^s = \boldsymbol{P}_k^{XYs}\ (\boldsymbol{P}_k^{Ys})^{-1} \tag{7.55}$$

式中，$\boldsymbol{K}_k^s$ 为运行算法第 s 次在第 k 步卡尔曼增益。

校正状态量：

$$\hat{\boldsymbol{X}}_k^s = \hat{\boldsymbol{X}}_{k|k-1}^s + \boldsymbol{K}_k^s(\boldsymbol{y}_k - \hat{\boldsymbol{Y}}_{k|k-1}^s) \tag{7.56}$$

式中，y_k 为第 k 步的试验观测值。

校正协方差矩阵：

$$\hat{\boldsymbol{P}}_k^s = \hat{\boldsymbol{P}}_{k|k-1}^s - \boldsymbol{K}_k^s\boldsymbol{P}_k^{Ys}{\boldsymbol{K}^s}_k^{\mathrm{T}} \tag{7.57}$$

对算法运行 M 次的状态量识别值进行统计，将统计后的状态量识别值均值作为最终识别结果：

$$\hat{\boldsymbol{X}}_k^* = \frac{1}{M}(\sum_{s=1}^{M}\hat{\boldsymbol{X}}_k^s) \tag{7.58}$$

式中，$\hat{\boldsymbol{X}}_k^s$ 为使用 s 次算法状态量的识别值；$\hat{\boldsymbol{X}}_k^*$ 为统计后的最终状态量识别值，用于当前步在线更新应用。

2. 模型更新算法流程

统计 CKF 算法采用传统 CKF 算法多次识别模型参数，将统计后的参数识别值样本均值作为最终的识别结果，以提高算法对初始参数选择的鲁棒性。每次使用 CKF 算法识别参数整个过程分为预测步和校正步两个部分，统计 CKF 模型更新算法流程图如图 7.10所示。

7.2.2　MFS 模型参数识别

1. MFS 模型

SCED 支撑作为一种耗能构件，具有良好的耗能效果和结构残余位移控制等优点。其中，经改进的旗形模型(Modified Flag－Shaped Model，MFS)模型可以准确描述 SCED 支撑滞回特性，MFS 模型滞回曲线与 SCED 支撑滞回曲线吻合程度较高，更接近 SCED 支撑的滞回现象，有效扩展耗能构件在抗震领域的应用。本章以 SCED 为研究对象，采

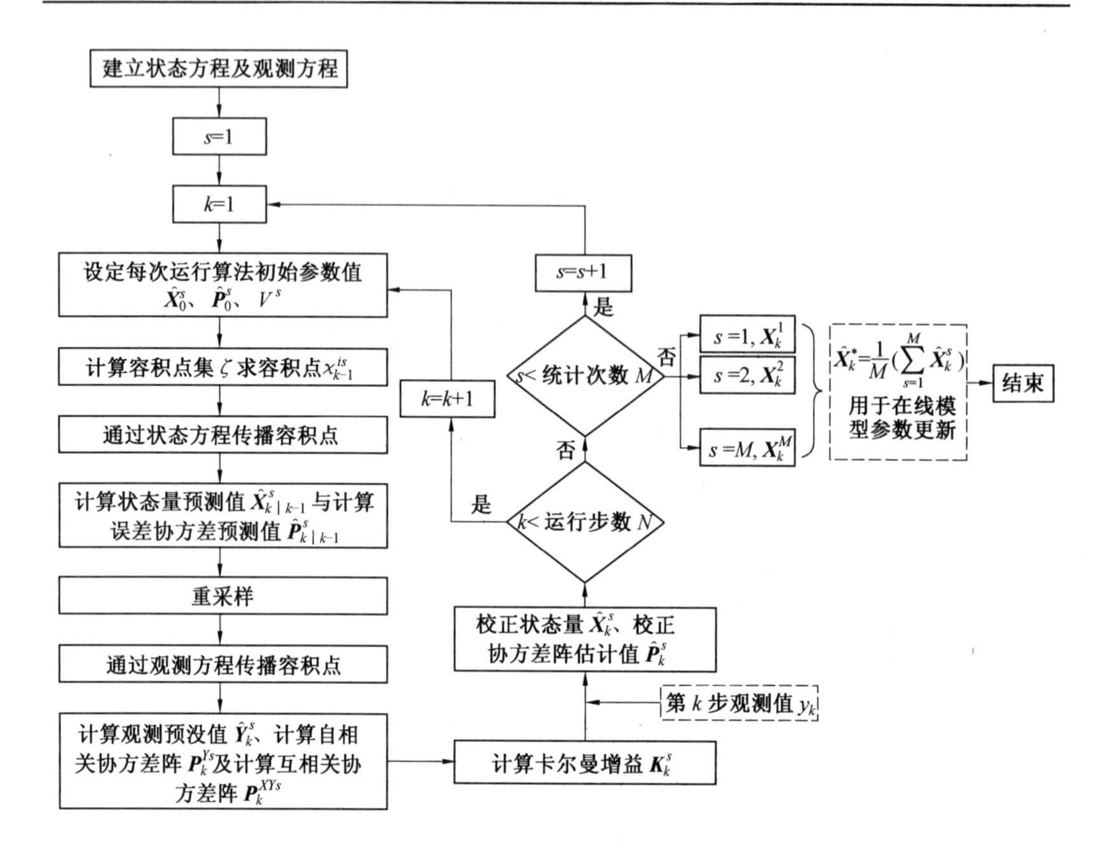

图 7.10　统计 CKF 模型更新算法流程图

用 MFS 模型模拟 SCED 支撑的地震响应，对 MFS 模型进行模型参数在线识别。

本章 MFS 模型由线性部分、双线性弹性部分、具有可滑移弹塑性部分组成。MFS 模型初始阶段刚度 K 为线性部分刚度 K_1、双线性部分刚度 K_2、具有可滑移弹塑性部分刚度 K_3的刚度之和，即 $K=K_1+K_2+K_3$，摩擦装置启动后预应力筋刚度等于 K_1，支撑卸载初始阶段时刚度为 K_1+K_3。因此，在 MFS 模型中不存在完全的弹性阶段，更接近于真实的地震响应。自复位摩擦耗能支撑构造图如图 7.11 所示，机理图如图 7.12 所示。

MFS 模型恢复力 F 可表达为

$$F=K_1x+K_2R(x)+K_3z \tag{7.59}$$

式中，$R(x)$为由双线性弹性模型提供的恢复力；$R(x)$具体表达式可由式(7.60)给出：

$$R(x)=x[1-H(x-b)-H(-x-b)]+b[H(x-b)-H(-x-b)] \tag{7.60}$$

式中，$H(x)$为海维赛德阶跃函数；b 为激活位移；z 为模型滞变位移。

z 微分表达式由式(7.61)给出：

$$\dot{z}=\frac{\partial z}{\partial x}\dot{x}=\dot{x}[1-H(z-b)H(\dot{x})-H(-z-b)H(-\dot{x})-$$

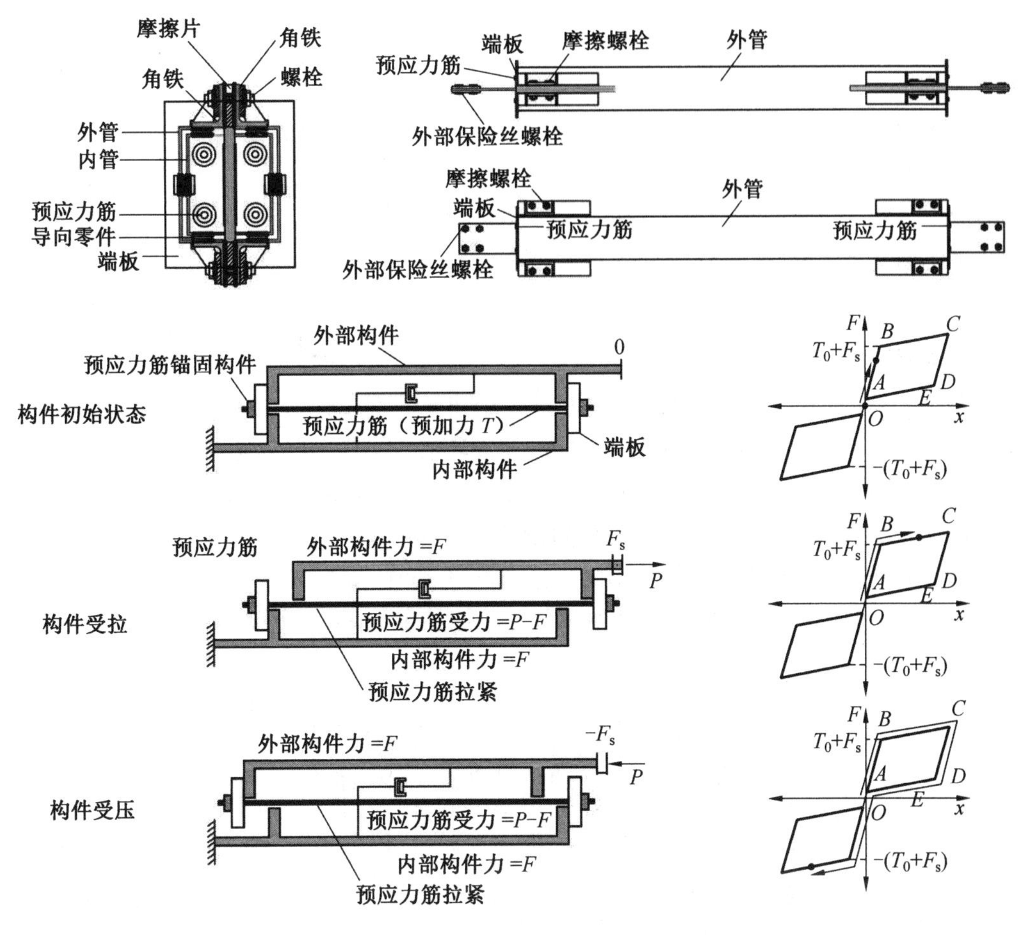

图 7.11　自复位摩擦耗能支撑构造图

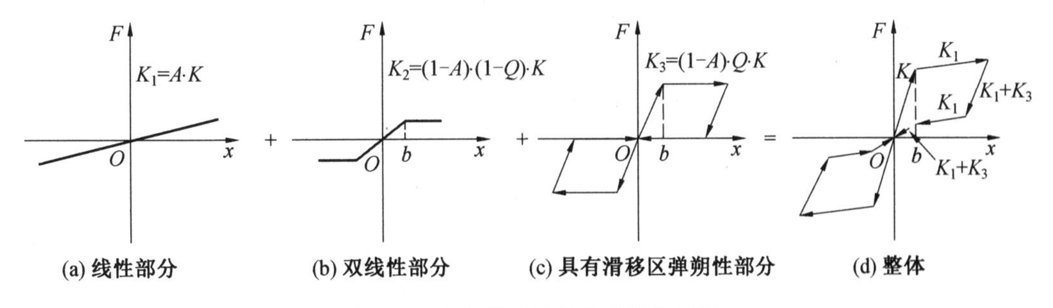

图 7.12　自复位摩擦耗能支撑机理图

$$H(x)H(-\dot{x})H(-z)-H(-x)H(\dot{x})H(z)] \tag{7.61}$$

K_1、K_2、K_3由式(7.62)～式(7.64)给出：

$$K_1=AK \tag{7.62}$$

$$K_2=(1-A)(1-Q)K \tag{7.63}$$

$$K_3=(1-A)QK \tag{7.64}$$

式中,A 为激活刚度比,其表达式为

$$A=(1-Q)b \tag{7.65}$$

Q 为耗能率,是能量耗散的指标,当自复位系统中不包含能量耗散装置时,系统滞回模型可简化为双线性弹性模型,即 $Q=0$。耗能率 Q 的表达式为

$$Q=K_3/(K_2+K_3) \tag{7.66}$$

当摩擦装置启动后,支撑刚度减小至预应力筋刚度 K_1,卸载初始阶段的卸载刚度等于 K_1+K_3,当力到达激活点 b 时,刚度变为 K_1+K_2。

2. 模型验证

为验证模拟 MFS 模型在 MATLAB 软件中建模的准确性,以 MFS 模型作为研究对象,对 MFS 模型采用低周期往复位移加载,加载峰值为 10 mm,加载步数为 3 200 步,模型加载制度如图 7.13 所示。MFS 模型真实参数依次设置为:激活刚度比 $A=0.015$、耗能率 $Q=0.9$、激活位移 $b=1.4$ mm、初始刚度 $K=300$ kN/mm。MFS 模型的滞回位移利用四阶 Runge-Kutta 积分算法得出,计算步长为 0.01 s。模拟 MFS 模型线性部分、双折线部分、具有滑移区弹塑性部分及整体部分模拟结果如图 7.14 所示。

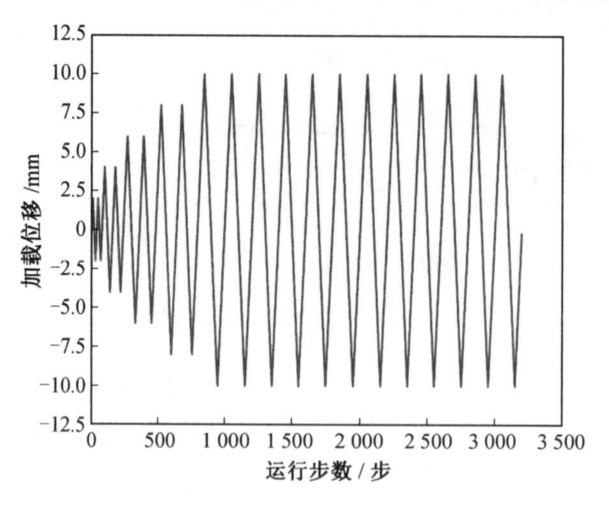

图 7.13　加载制度

由图 7.14 可以看出,MFS 线性部分为一条斜直线、双线性部分为双折线、具有滑移区弹塑性部分及整体滞回曲线可以产生一个旗形滞回曲线,得出的计算结果可以反映 MFS 模型滞回特点,验证了所建立 MFS 模型的有效性。

3. 模型参数敏感性分析

在验证 MFS 模型的有效性的基础上,分别选取 MFS 模型参数激活点 b、初始刚度 K、模型耗能率 Q、模型激活后刚度比 A 四个参数作为分析对象,以 7.2.2 第 2 小节参数值作为参数基值,通过 MFS 模型低周期往复加载分别对四个参数分别进行敏感性分析,

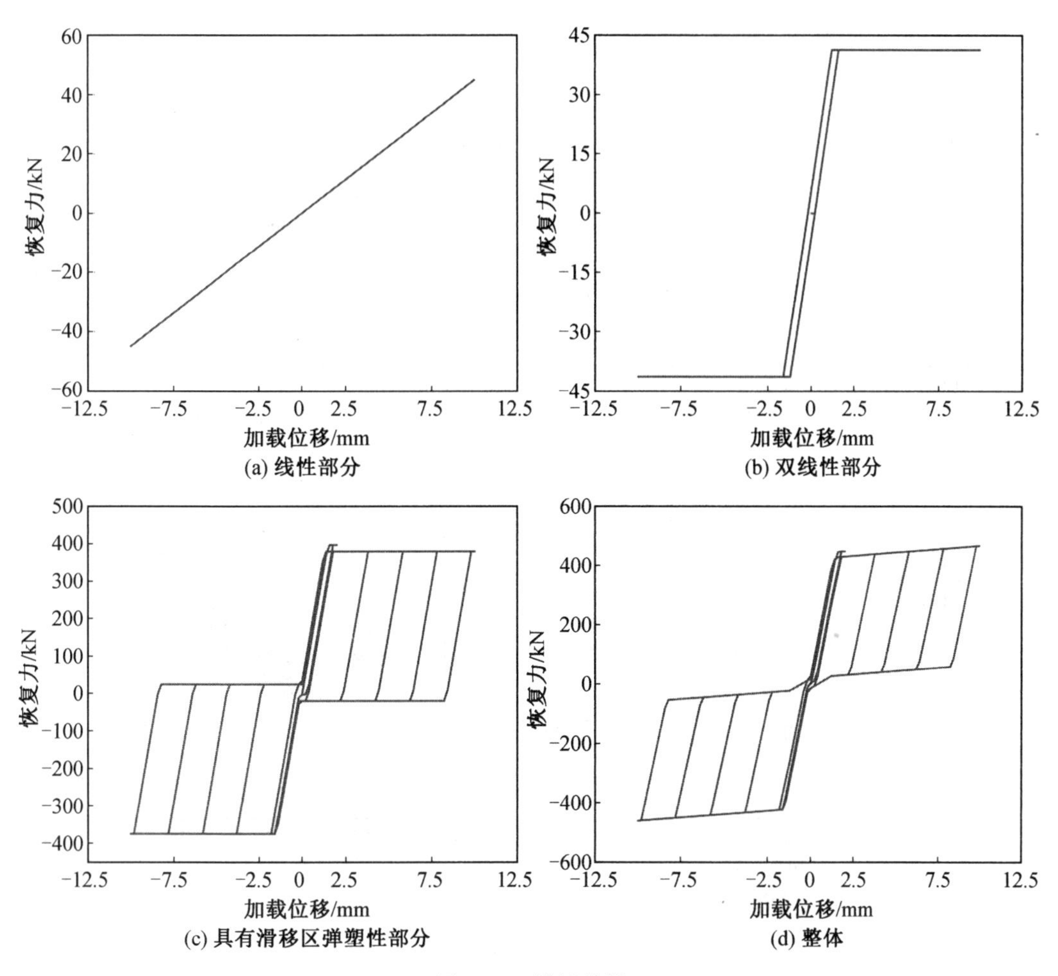

图 7.14　模拟结果

分析结果如图 7.15、图 7.16 所示。

(1)模型参数激活点 b 敏感性分析。

针对激活点 b 进行敏感性分析。以 $b=1.4$ mm 为基值，单一调整参数 b 值大小，b 的取值范围为 0～3.5 mm，分别研究 MFS 模型线性部分、双线性部分、具有滑移区弹塑性部分、整体部分恢复力随 b 值变化规律，结果如图 7.15 所示。

从图 7.15 可以看出，单一对激活点 b 进行参数敏感性分析，随着激活点 b 值的增加，MFS 模型线性部分没有影响，MFS 模型双线性部分、MFS 模型具有滑移区弹塑性部分、MFS 模型整体的轴向恢复力不断增大。此外，随着激活点 b 值的增大，MFS 模型具有滑移区弹塑性部分，激活位移、激活力逐渐增大；当 $b=0$ 时，MFS 模型整体部分滞回曲线近似为线性，耗能几乎为 0；当 $b=3.5$ mm 时，推迟了 MFS 模型进入耗能阶段，导致 MFS 模型滞回环与真实滞回环卸载路径产生明显差异。因此，建议 b 的取值范围为 0 mm$<b<$3.5 mm。

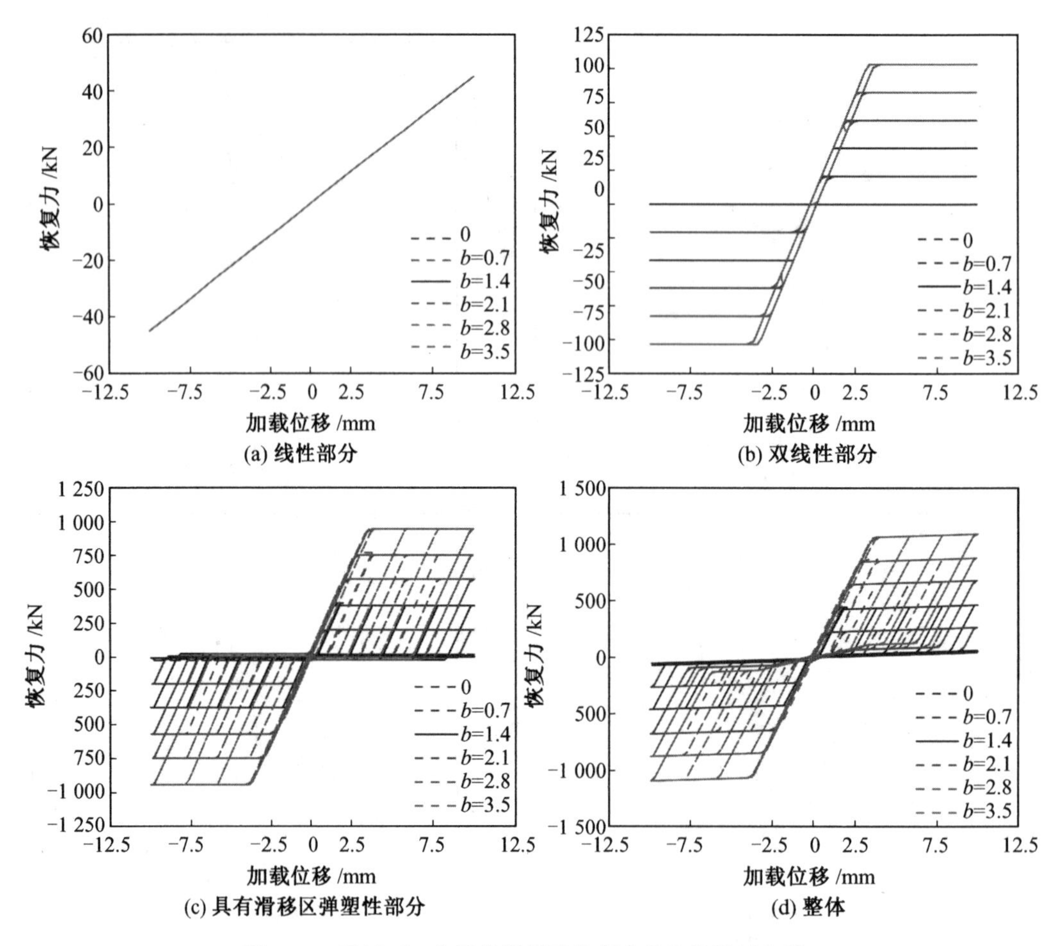

图 7.15　通过对 b 定量分析模型各部分及整体滞回曲线

(2)模型参数初始刚度 K 敏感性分析。

针对初始刚度 K 进行敏感性分析。以 $K=300$ kN/mm 为基值，通过单一调整参数 K 值大小分析 MFS 模型各部分变化规律。K 的取值范围为 0～750 kN/mm，分别研究 MFS 模型线性部分、双线性部分、具有滑移区弹塑性部分、整体部分恢复力随 K 值变化规律，结果如图 7.16 所示。

从图 7.16 可以看出，单一对 MFS 模型参数初始刚度 K 值进行参数敏感性分析，随着初始刚度 K 值的增加，MFS 模型线性部分的图像斜率增大，MFS 模型双线性部分、MFS 模型具有滑移区弹塑性部分、MFS 模型整体的轴向恢复力不断增大，初始刚度 K 与 MFS 模型轴向力存在正相关关系，MFS 模型整体部分滞回耗能不断增加；当 $K=0$ 时，MFS 模型整体部分滞回曲线近似为线性，耗能几乎为 0。因此，建议 K 的取值范围为 $K>0$。

(3)模型参数耗能率 Q 敏感性分析。

针对耗能率 Q 进行敏感性分析。以耗能率 $Q=0.9$ 为基值，通过单一调整参数 Q 值

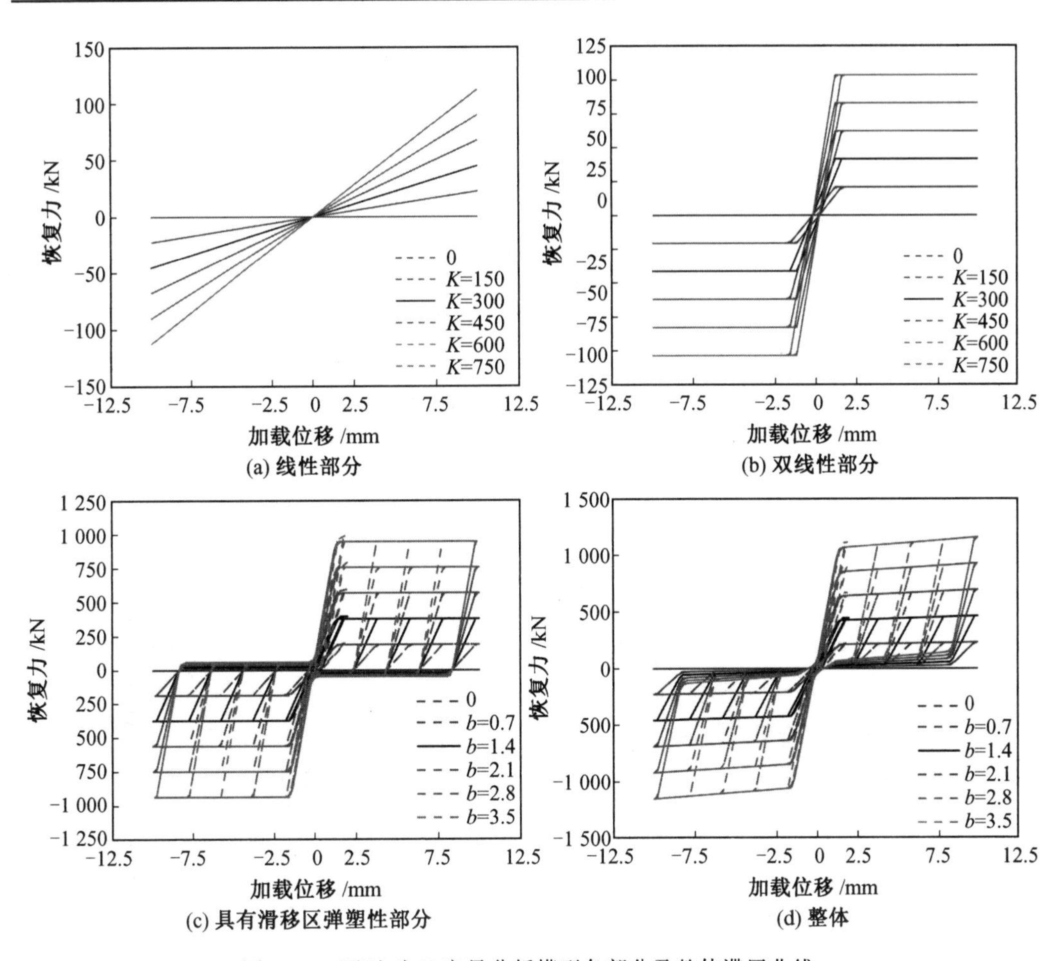

图 7.16　通过对 K 定量分析模型各部分及整体滞回曲线

大小分析 MFS 模型各部分变化规律，以获得耗能率 Q 的合理取值范围。定义耗能率 Q 的取值范围为 0～1，分别研究 MFS 模型线性部分、双线性部分、具有滑移区弹塑性部分、整体部分恢复力随耗能率 Q 值变化规律，模拟结果如图 7.17 所示。

从图 7.17 中可以看出，单一对 MFS 模型参数耗能率 Q 值进行参数敏感性分析，随着耗能率 Q 值的增加，MFS 模型线性部分没有影响，图像为一条斜直线，MFS 模型双线性部分、具有滑移区弹塑性部分、整体的轴向恢复力不断增大；当耗能率 Q 增加至 1 时，MFS 模型整体部分滞回曲线耗能值不断增加，滞回曲线出现在二、四象限，导致模型没有意义。因此，建议耗能率 Q 的合理取值范围为 $0<Q<1$。

(4)模型参数激活刚度比 A 敏感性分析。

针对激活刚度比 A 进行参数敏感性分析。以 MFS 模型激活刚度比 $A=0.015$ 为基值，单一调整参数激活刚度比 A 值大小，以获得激活刚度比 A 的合理取值范围。定义 MFS 模型激活刚度比 A 的取值范围为 0～1，分别研究 MFS 模型线性部分、双线性部分、具有滑移区弹塑性部分、整体部分恢复力随 A 值变化规律，结果如图 7.18 所示。

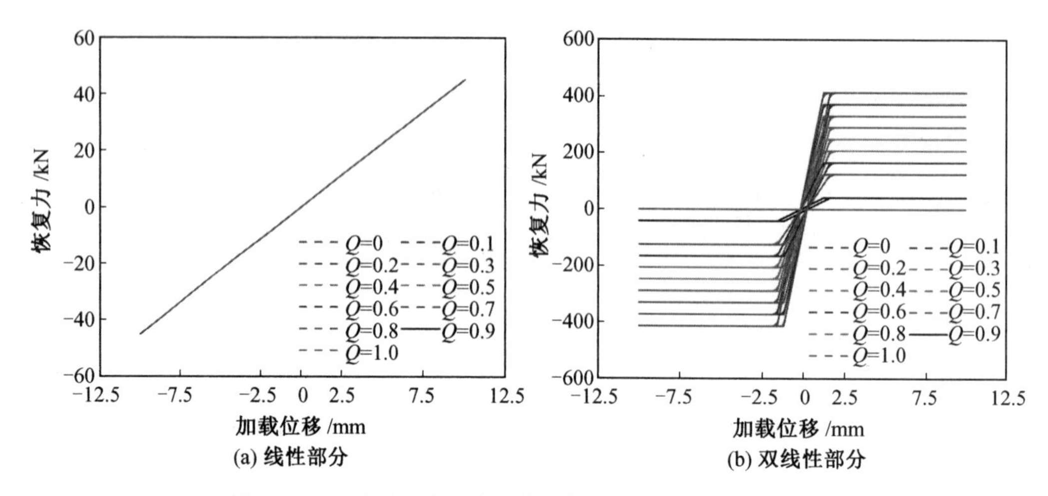

图 7.17　通过对 Q 定量分析模型各部分及整体滞回曲线

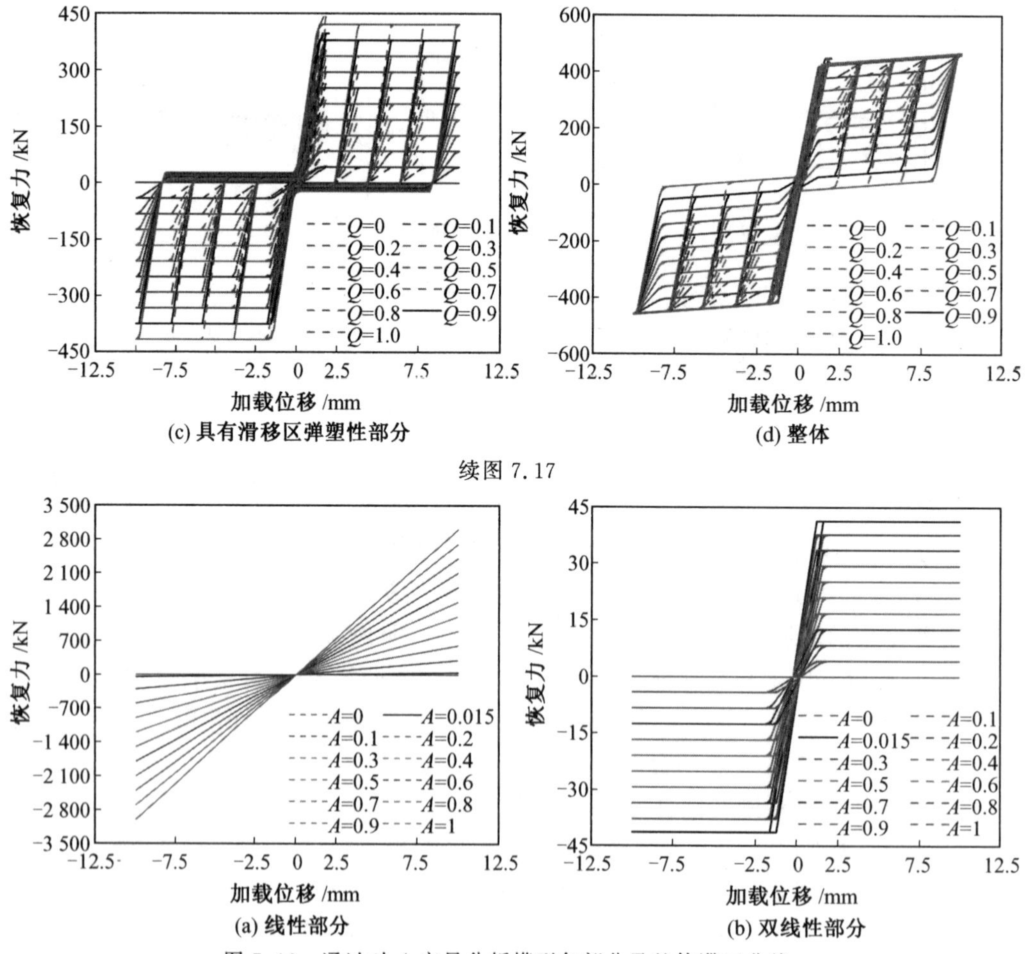

图 7.18　通过对 A 定量分析模型各部分及整体滞回曲线

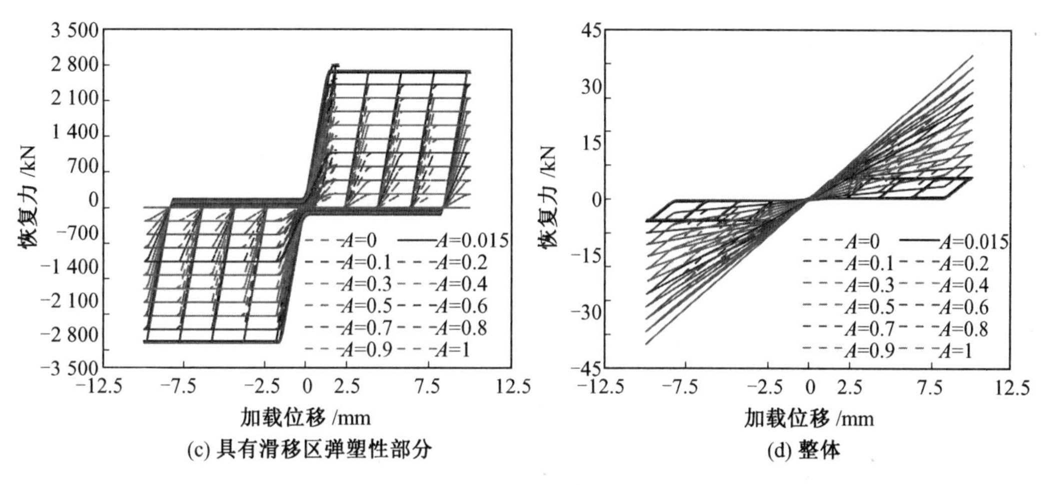

(c) 具有滑移区弹塑性部分　　(d) 整体

续图 7.18

从图 7.18 中可以看出单一对 MFS 模型参数激活刚度比 A 值进行参数敏感性分析，随着激活刚度比 A 值的增加，MFS 模型线性部分的图像斜率增加，MFS 模型双线性部分、具有滑移区弹塑性部分、整体的轴向恢复力不断增大；MFS 模型双线性部分、具有滑移区弹塑性部分、整体的轴向力会随着激活刚度比 A 值的增加而增加，当激活刚度比 A 增加至 1 时，滞回曲线变成一条直线，$A>1$ 时，导致模型没有意义。因此，建议 MFS 模型激活刚度比 A 值取值范围为：$0<A<1$。

综上所述，设定 MFS 模型各参数取值为：耗能率 $Q=0.9$，激活位移 $b=1.4$ mm，初始刚度 $K=300$ kN/mm，激活刚度比 $A=0.9$。

4. 统计 CKF 算法初始参数设置

首先，假定状态量为 MFS 模型滞变位移 z、加载位移 x 及模型参数 b、K、Q，观测量为 MFS 模型恢复力，并根据式(7.59)、式(7.61)建立状态方程及观测方程，状态方程和观测方程如式(7.67)和式(7.68)所示。

$$\begin{bmatrix}\dot{x}_1\\ \dot{x}_2\\ \dot{x}_3\\ \dot{x}_4\\ \dot{x}_5\end{bmatrix}=\begin{bmatrix}\dot{z}\\ \dot{x}\\ \dot{b}\\ \dot{K}\\ \dot{Q}\end{bmatrix}=\begin{bmatrix}\dot{x}[1-H(x_1-x_3)H(\dot{x})-H(-x_1-x_3)H(-\dot{x})-\\ H(x_2)H(\dot{x})H(-x_1)-H(-x_2)H(\dot{x})H(x_1)]\\ \dot{x}\\ 0\\ 0\\ 0\end{bmatrix} \tag{7.67}$$

式中，x 为加载位移。

$$\boldsymbol{y}=x_4xA+(1-A)(1-x_5)x_4R(x)+(1-A)x_5x_4x_1+\boldsymbol{W}^s \tag{7.68}$$

在数值积分法得到的状态方程的离散形式中，过程及观测噪声的协方差矩阵分别为 $\boldsymbol{R}^s$、$\boldsymbol{Q}^s$，具体表达方式如式(7.69)和式(7.70)所示。

$$\boldsymbol{R}^s=10^{-25}\times\boldsymbol{I}_5 \tag{7.69}$$

式中，$\boldsymbol{I}_5$ 为 5×5 的单位矩阵。

$$\boldsymbol{Q}^s=10^{-8}\times\boldsymbol{I}_1 \tag{7.70}$$

式中，$\boldsymbol{I}_1$ 为 1×1 的单位矩阵。

试验加载速度 $\dot{x}$ 由位移中心差分方法确定，具体表达方式如式(7.71)所示。

$$\begin{cases}\dot{x}_i=\dfrac{x_{i+1}-x_{i-1}}{2\times \mathrm{d}t} & (i=1,2,\cdots)\\ \dot{x}_0=\dfrac{x_1-x_0}{\mathrm{d}t} & (i=0)\end{cases} \tag{7.71}$$

式中，dt 为数值积分步长。

算法初始参数预估值分别设定为：滞变位移 $\hat{z}=0$，加载位移 $\hat{x}=0$，激活位移预估值 $\hat{b}=2$ mm，初始刚度预估值 $\hat{K}=293$ kN/mm，耗能率预估值 $\hat{Q}=0.5$。初始预估状态量为 $\hat{\boldsymbol{x}}_0^s$，其表达方式如式(7.72)所示。

$$\hat{\boldsymbol{x}}_0^s=[0\quad 0\quad 2\quad 293\quad 0.5] \tag{7.72}$$

初始预估协方差矩阵为 $\hat{\boldsymbol{P}}_0^s$，具体表达方式如式(7.73)所示。

$$\hat{\boldsymbol{P}}_0^s=\begin{bmatrix}10^{-2.12} & 0 & 0 & 0 & 0\\ 0 & 10^{-2.12} & 0 & 0 & 0\\ 0 & 0 & 16\times10^{-4} & 0 & 0\\ 0 & 0 & 0 & 98\times10^{-3} & 0\\ 0 & 0 & 0 & 0 & 25\times10^{-3}\end{bmatrix} \tag{7.73}$$

7.2.3　初始参数对统计 CKF 参数识别影响分析

CKF 算法识别模型参数的可靠程度往往受制于算法初始参数影响，针对这一问题，本小节以 MFS 模型为例，研究模型使用不同初始参数条件下的模型参数识别结果，不同初始参数条件包括不同初始协方差矩阵、初始参数预估值以及观测噪声，以验证统计 CKF 模型更新算法的识别精度。

1. 初始协方差矩阵

初始协方差矩阵 $\hat{\boldsymbol{P}}_0^s$ 影响着算法识别精度及正定性，有时会导致混合试验失败，限制模型更新混合试验的工程应用。本次模拟单纯使用不同初始协方差矩阵研究其参数识别精度，初始协方差矩阵 $\hat{\boldsymbol{P}}_0^s$ 选用式(7.73)乘以随机系数，识别参数过程中模型更新算法初始预估值、观测噪声不变。模型参数识别结果如图 7.19 所示。其中，单次识别值为单次使用 CKF 算法识别结果，统计识别值为 CKF 算法运行 30 次得到的参数识别值均值。

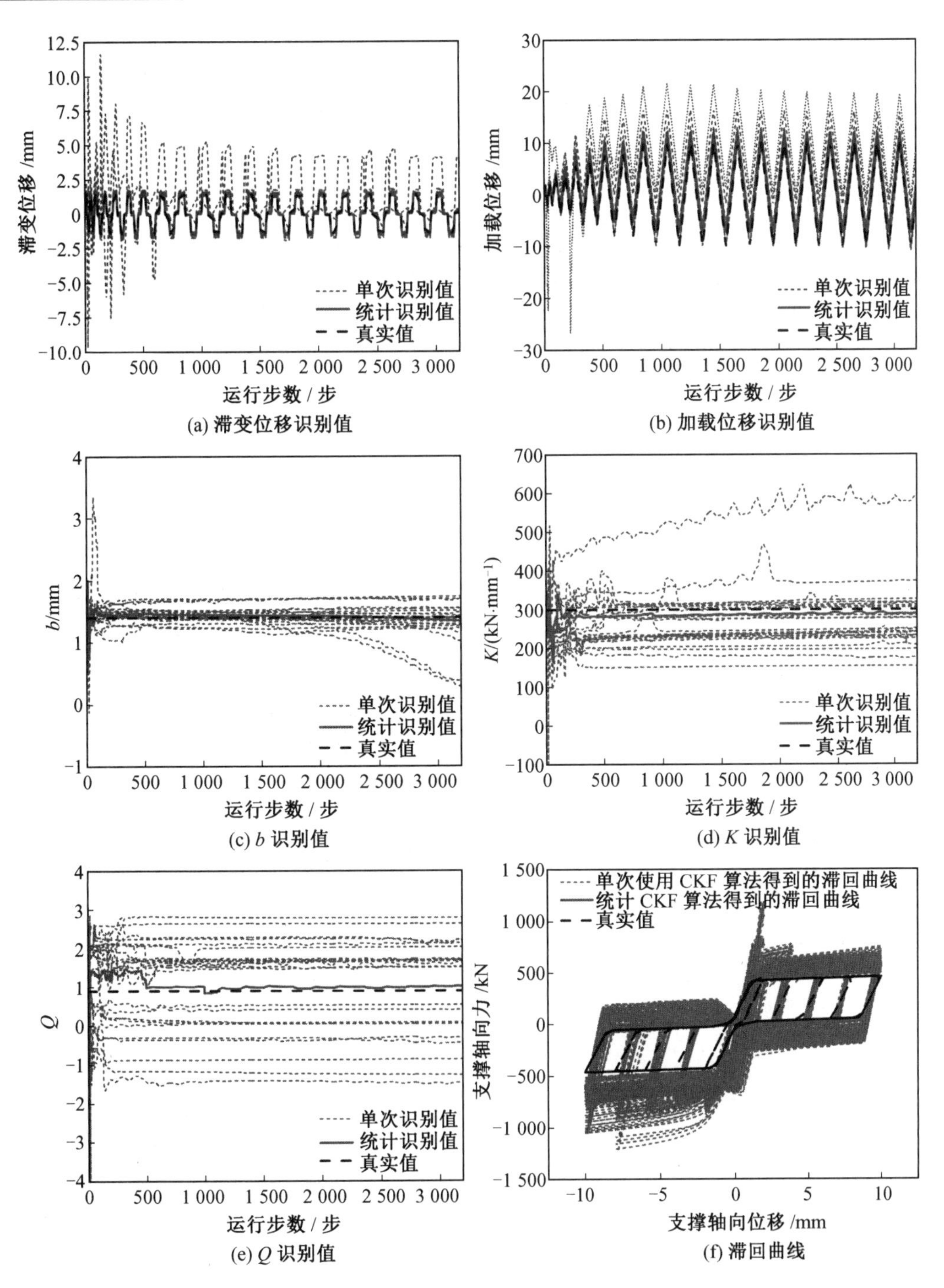

图 7.19　不同初始协方差矩阵的参数识别值结果

本次识别过程中，CKF 单次识别平均耗时 4.01 s，使用统计 CKF 算法总耗时 119.52 s。由图 7.19(a)～(e)可以看出，使用不同的初始协方差矩阵导致每次运行 CKF 算法识别参数的结果并不唯一，与模型真实参数值差异较大。由图 7.19(f)可以看出，单次使用 CKF 算法得到的滞回曲线不能反映模型的真实性能，甚至没有意义。采用统计 CKF 算法识别模型参数精度接近真实值，收敛性较好，参数识别效果得到改善，恢复力预测精度明显提高。此外，从耗能的角度分析，单次使用 CKF 算法得到的模型滞回曲线最大耗能值与真实耗能值相对误差为 86.26%，统计 CKF 算法得到的模型滞回曲线耗能值与真实耗能值相对误差 15.41%，耗能值相对误差结果降低 70.85%；单次使用 CKF 算法得到的模型滞回曲线最小耗能值与真实耗能值的相对误差为 10.12%，相比使用统计方法得到的耗能值相对误差降低了 5.29%。虽然单次使用 CKF 算法得到的最小耗能值相对误差更低，但是考虑到 CKF 是一种随机算法，每次应用算法得到的结果均存在随机性，相比滞回曲线最大耗能值相对误差，统计得到的模型滞回曲线有明显改善，统计后的结果更具有可靠性，通过统计生成的滞回曲线与真实值差异较小，可以证实所提出方法的有效性。

为了能够定量地评价统计 CKF 算法识别精度，采用式(7.39)定义的 RMSE 值来评价统计 CKF 算法的识别精度。单纯考虑使用不同初始协方差矩阵的 RMSE，模型参数识别值的 RMSE 如图 7.20 所示。图 7.20 中，CKF 表示单次使用 CKF 算法识别参数 RMSE 值，统计表示 CKF 算法运行 30 次得到参数识别值均值的 RMSE 值。

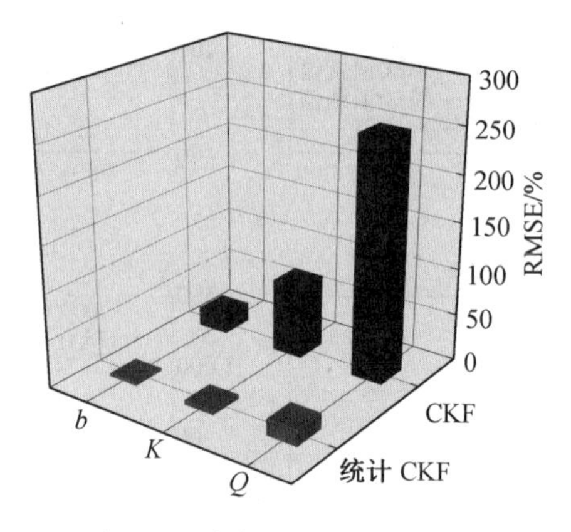

图 7.20　参数识别值 RMSE 图

通过图 7.20 参数识别值 RMSE 图可以看出，统计 CKF 算法得到的模型参数识别值 RMSE，较单独使用 CKF 算法所得到的最大 RMSE 分别降低了 18.51%、73.78%、237.64%，识别精度较高。当初始误差协方差矩阵不同时，单次使用 CKF 算法得到的模型参数识别结果与真实值 RMSE 差异较大，统计 CKF 算法识别模型参数识别值结果 RMSE 更低，而且改善效果明显，更能有效地反映结构加载后的真实性能，具有较强的鲁棒性。在不同统计次数下，得到的 MFS 模型滞回曲线结果如图 7.21 所示。

为了检验统计次数对模型更新精度影响，分别对比统计 10～50 次得到的模型滞回曲线，如图 7.21(a)所示。由图 7.21(a)可以看出，随着统计次数的增加，MFS 模型滞回

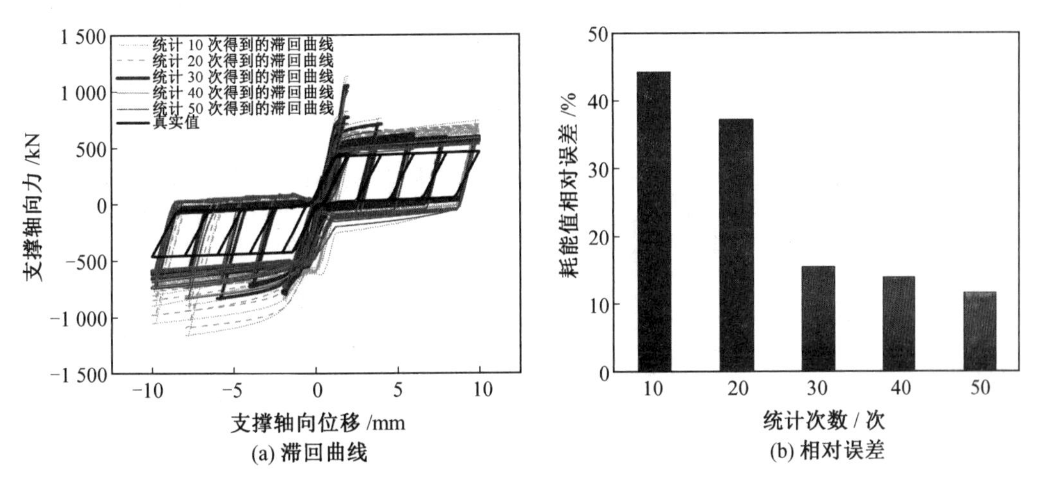

图 7.21　不同统计次数得到的模型滞回曲线及相对误差图

曲线逐渐逼近真实值，并且统计 50 次得到的模型滞回曲线较统计 10～40 次得到的模型滞回曲线更接近模型真实滞回形状。由图 7.21(b)可以看出，从耗能的角度分析，统计 50 次得到的模型滞回曲线耗能值与真实耗能值相对误差为 11.56%，相比统计 10～40 次得到的滞回曲线耗能值相对误差结果分别降低了 32.67%、25.63%、3.85%、2.32%，统计 50 次得到的模型滞回曲线较统计 10～40 次得到的模型滞回曲线的耗能值更接近模型真实耗能值。此外，可以发现当统计次数为 30 次时，改善效果最明显。充分说明统计方法得到的参数识别结果可以提高算法鲁棒性，优化算法随机误差。

2. 初始参数预估值

初始参数预估值$\hat{\boldsymbol{x}}_0^s$ 的选取通常是由试验者根据已有的知识或在试验前进行材料试验确定，往往在选取过程中掺杂试验者的主观因素，导致试验结果存在较大误差，不具备推广的可能性。为研究不同初始参数预估值对 CKF 算法识别模型参数的精度影响，本次仿真设定初始误差协方差矩阵、观测噪声不变，单纯考虑初始参数预估值对虚拟仿真结果的影响。仿真过程中初始参数预估值$\hat{\boldsymbol{x}}_0^s$ 选用式(7.72)乘随机系数，参数识别结果如图 7.22 所示。图 7.22 中，单次识别值为单次使用 CKF 算法识别结果，统计识别值为 CKF 算法运行 30 次得到的参数识别值均值。

本次识别过程中，CKF 单次识别平均耗时 3.95 s，使用统计 CKF 算法总耗时 118.24 s。从图 7.22(a)～(e)看出，当初始参数预估值随机时，单次运行 CKF 算法得到的参数识别结果与真实值具有很大差异，统计 CKF 算法识别模型参数结果更逼近真实值。从耗能的角度分析，单次使用 CKF 识别滞回曲线最大耗能值与真实耗能值最大相对误差为 132.37%，而统计后的滞回曲线耗能值与真实耗能值相对误差 14.76%，耗能值相对误差结果降低 117.61%。单次使用 CKF 算法得到的模型滞回曲线最小耗能值与真实耗能值相对误差为 10.45%，相比使用统计 CKF 算法降低 4.31%，模型参数识别值的 RMSE 如

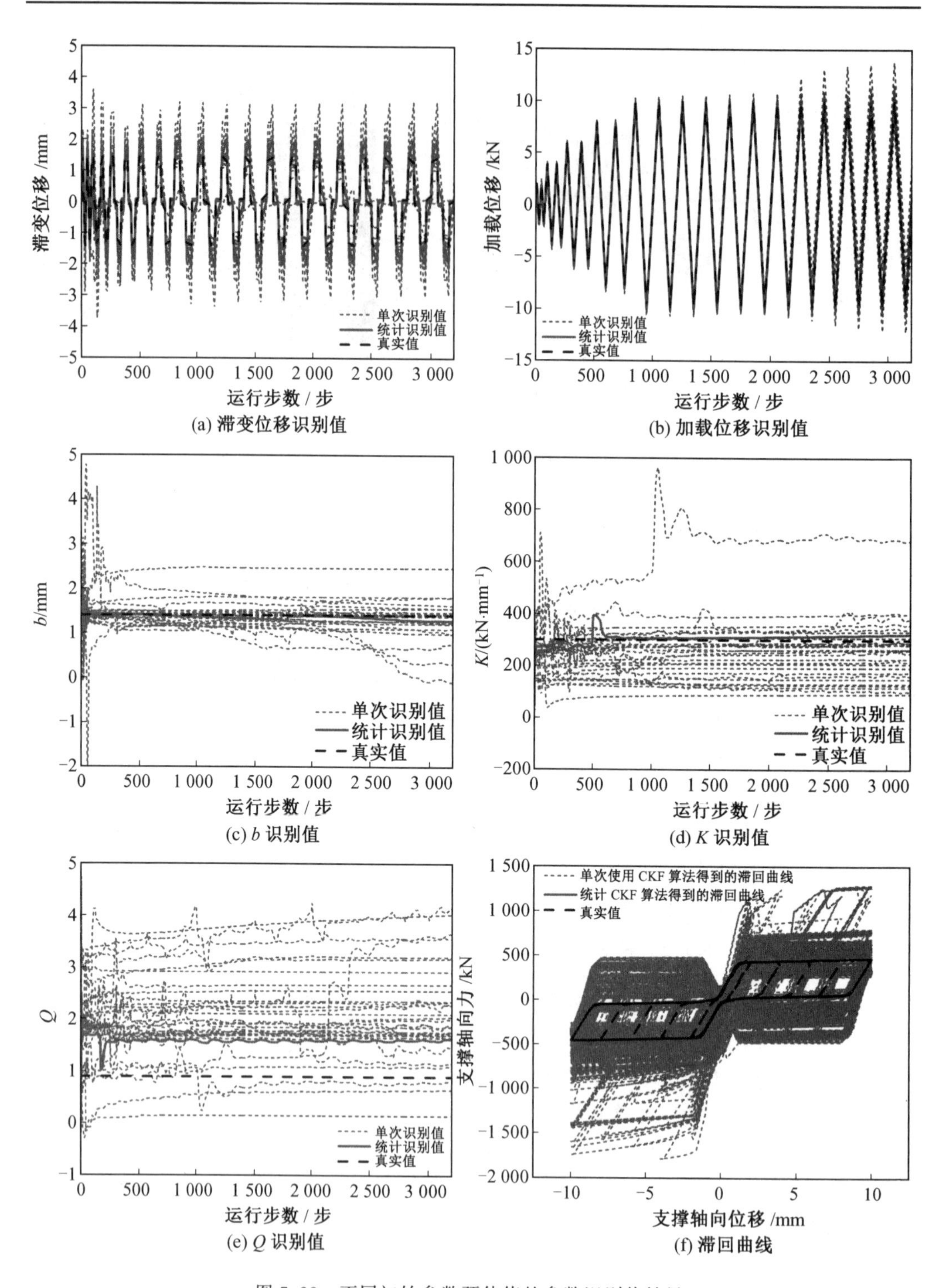

图 7.22　不同初始参数预估值的参数识别值结果

图 7.23 所示。

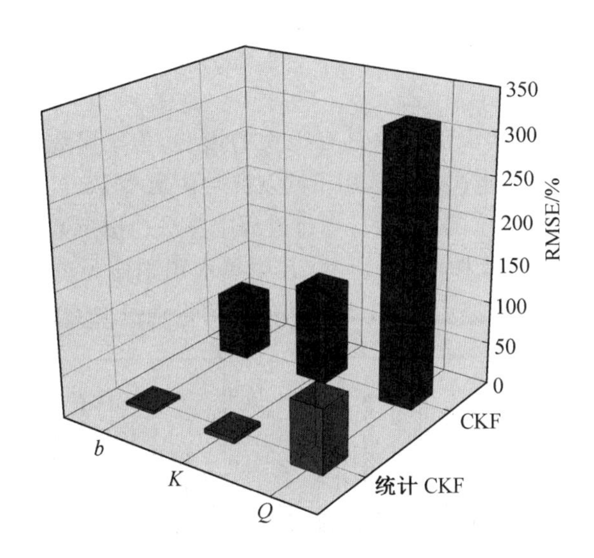

图 7.23　参数识别值 RMSE 图

通过 RMSE 分析可以得出，当使用不同初始参数预估值时，相比单次使用 CKF 算法识别模型参数最大 RMSE，统计 CKF 算法识别模型参数值 RMSE 分别降低了 69.68%、107.09%、244.91%，有效提高了算法识别精度。不同统计次数下，得到的模型滞回曲线结果如图 7.24 所示。

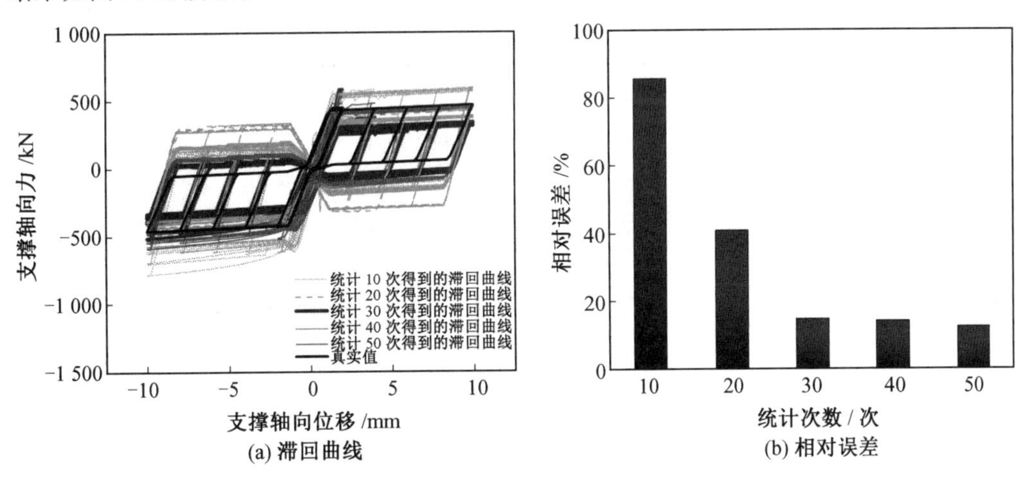

图 7.24　不同统计次数得到的模型滞回曲线及相对误差图

为了检验统计次数对模型更新精度影响，分别对比统计 10～50 次模型滞回曲线，如图 7.24(a)所示。由图 7.24(a)可以看出，随着统计次数的增加，统计 50 次得到的模型滞回曲线较统计 10～40 次得到的模型滞回曲线更接近模型真实滞回曲线。分析图 7.24(b)的相对误差，统计 50 次得到的模型滞回曲线耗能值与真实耗能值相对误差为 12.44%，相比统计 10～40 次得到的滞回曲线耗能值相对误差结果分别降低了 73.29%、

28.55%、2.32%、1.77%。充分证明统计方法得到的模型滞回曲线更接近真实值，可以更好地模拟结构的真实反应。

3. 观测噪声

观测噪声对模型参数的识别结果具有很大的影响，为了研究不同观测噪声对 CKF 算法识别模型参数的影响，本次模拟选用不同观测噪声对 MFS 模型参数进行识别，观测噪声 $\boldsymbol{W}^s$ 选用仿真观测噪声乘随机系数，运行过程中算法初始参数预估值、初始状态协方差矩阵不变，参数识别结果如图 7.25 所示，其中单次识别值为单次使用 CKF 算法识别结果，统计识别值为 CKF 算法运行 30 次得到的参数识别值均值。

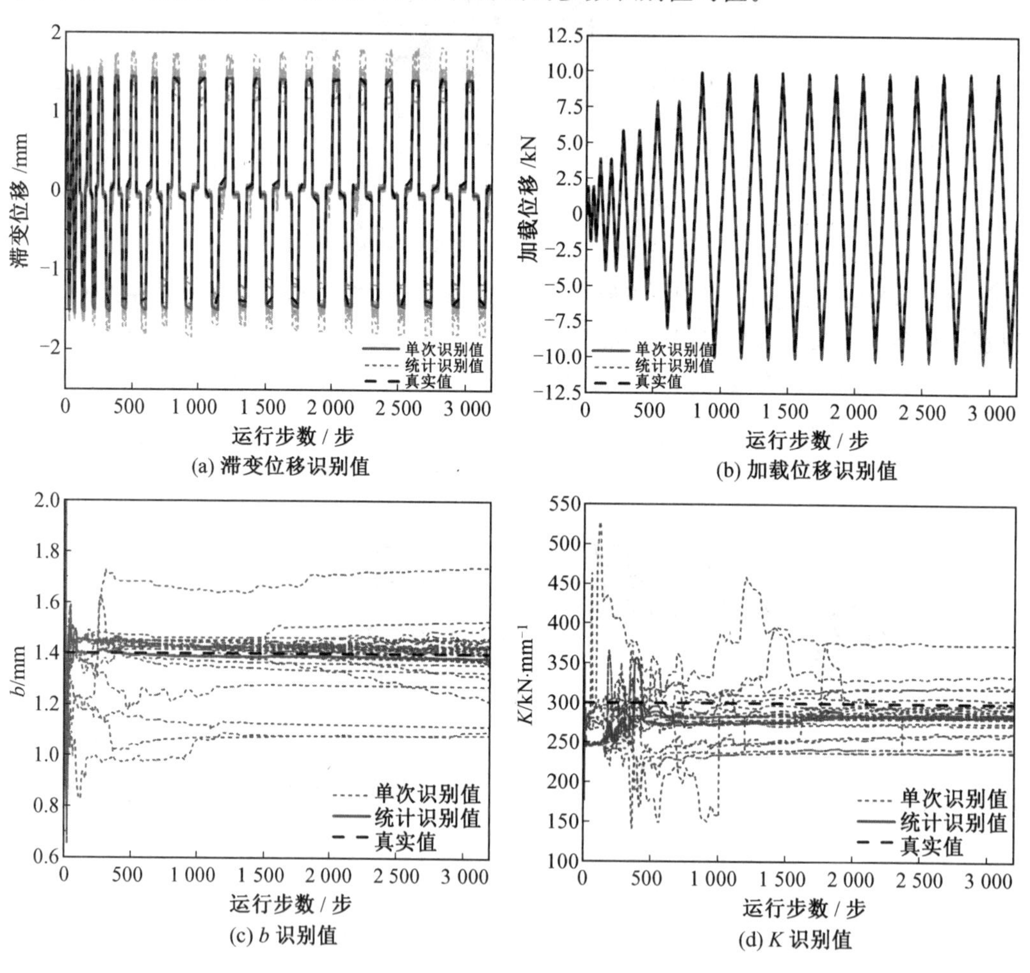

图 7.25　不同观测噪声的参数识别值结果

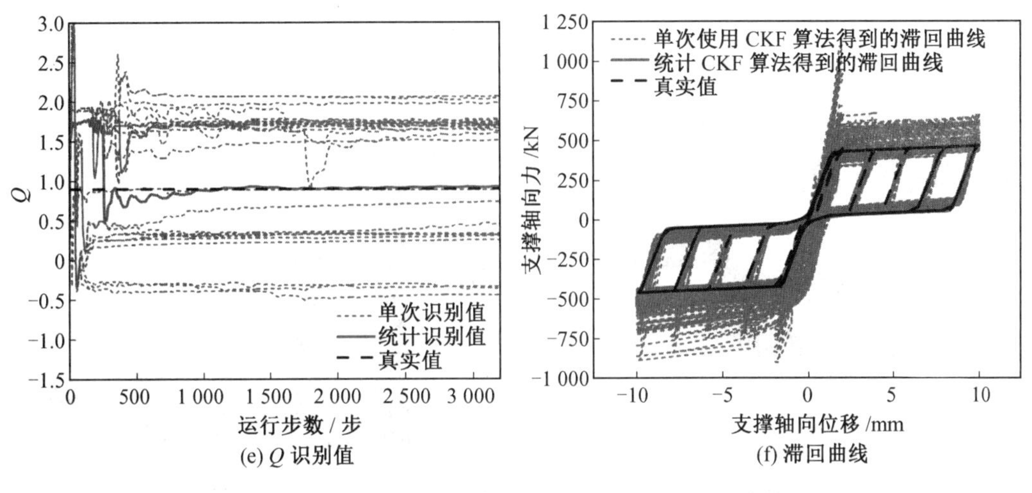

续图 7.25

本次识别过程中，CKF 单次识别平均耗时 3.87 s，使用统计 CKF 算法总耗时 120.35 s。从图 7.25 中可以发现，使用不同观测噪声时，单次运行 CKF 算法识别模型参数的结果并不唯一，较模型参数真实值存在很大差异。从耗能的角度出发，单次使用 CKF 算法识别模型滞回曲线最大耗能与真实耗能值相对误差为 77.96%，而统计得到的滞回曲线耗能与真实耗能值相对误差 16.52%，耗能值相对误差结果降低 61.44%，单次使用 CKF 算法得到的模型滞回曲线最小耗能值与真实耗能值相对误差为 14.72%，相比使用统计 CKF 算法降低 1.8%。经过统计后的参数识别值与真实值相比明显误差更小，吻合程度更好、稳定性高。使用不同观测噪声，模型参数识别值的 RMSE 如图 7.26 所示。

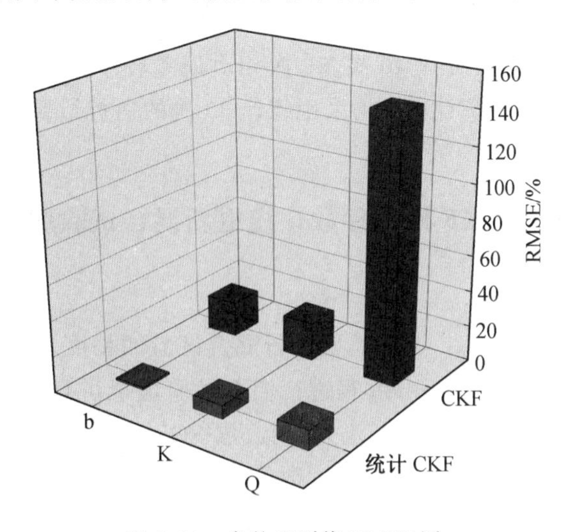

图 7.26　参数识别值 RMSE 图

通过误差分析可以得出，相比单次使用 CKF 算法识别模型参数最大 RMSE，统计 CKF 算法 RMSE 分别降低了 18.39%、14.03%、136.05%。充分证明了当使用不同的观测噪声时，统计 CKF 方法识别参数可以有效降低观测噪声对试验的影响，从而保证了试验的鲁棒性。不同统计次数下，得到的模型滞回曲线如图 7.27 所示。

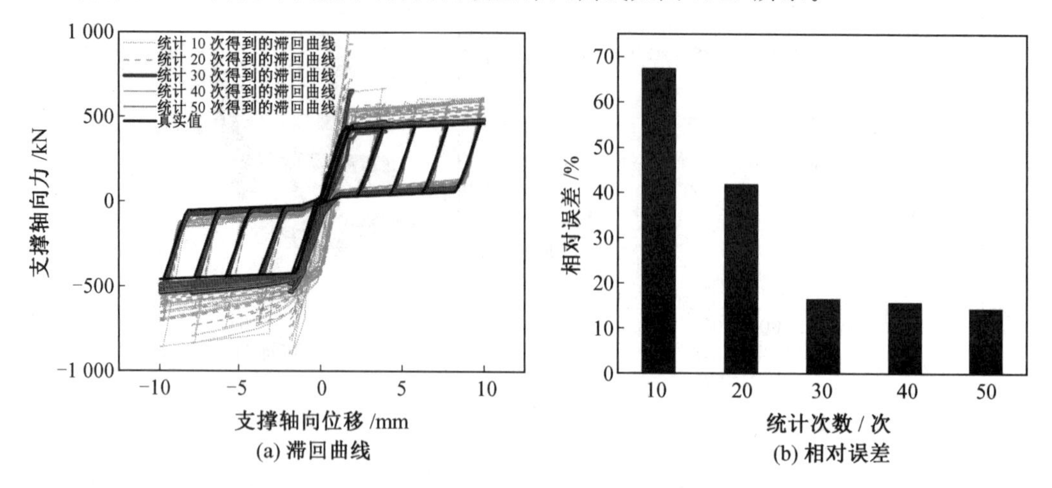

图 7.27　不同统计次数得到的模型滞回曲线及相对误差图

为了检验统计次数对模型更新精度影响，分别对比统计 10～50 次模型滞回曲线，如图 7.27(a)所示。由图 7.27(a)可以看出，随着统计次数的增加，统计 50 次得到的模型滞回曲线比统计 10～40 次得到的模型滞回曲线更能反映模型的真实滞回现象。由图 7.27(b)可以看出，从耗能的角度分析，统计 50 次得到的模型滞回曲线耗能值与真实耗能值相对误差为 14.26%，相比统计 10～40 次得到的滞回曲线耗能值相对误差结果分别降低了 53.22%、27.54%、2.16%、1.36%，证明统计方法得到的模型滞回曲线与真实滞回曲线更为接近，可以更好地模拟结构的真实反应。

可以发现，统计 30 次较统计 40 次、50 次相对误差较小，可以得到相对较满意的结果，因此后文虚拟仿真部分统计次数均采用统计 30 次的运行结果，以验证统计方法的有效性。

7.2.4　基于统计 CKF 模型参数在线更新混合试验虚拟仿真

1. 虚拟仿真原理

为了进一步检验统计 CKF 方法模型更新混合试验的精度及鲁棒性，以 SCED 构件为研究对象，采用 MATLAB2018b 编程进行混合试验虚拟仿真。本次虚拟仿真假定物理子结构与数值子结构均采用相同模型，选用底层 SCED 支撑作为本次虚拟仿真物理子结构，顶层 SCED 支撑为数值子结构，通过数值积分算法求解运动方程，获得第 $k-1$ 步结构的层间位移 d_{k-1}，求出下层支撑位移加载命令 d_{k-1}^{t} 并实时对下层支撑进行试验加载，利用下层支撑试验观测数据 $\boldsymbol{R}_{k-1}^{s}$、$\hat{\boldsymbol{X}}_{k-1}^{s}$，使用统计 CKF 方法识别下层 MFS 模型参数，并实现对上层 MFS 模型参数更新，试验及数值子结构的恢复力 R_{t}、R_{n} 发送给运动方程求解模块。基于统计 CKF 模型更新混合试验虚拟仿真方法示意图如图 7.28 所示，统计 CKF 模块中涉及的参数由本章 7.2.2 第 4 小节给出。

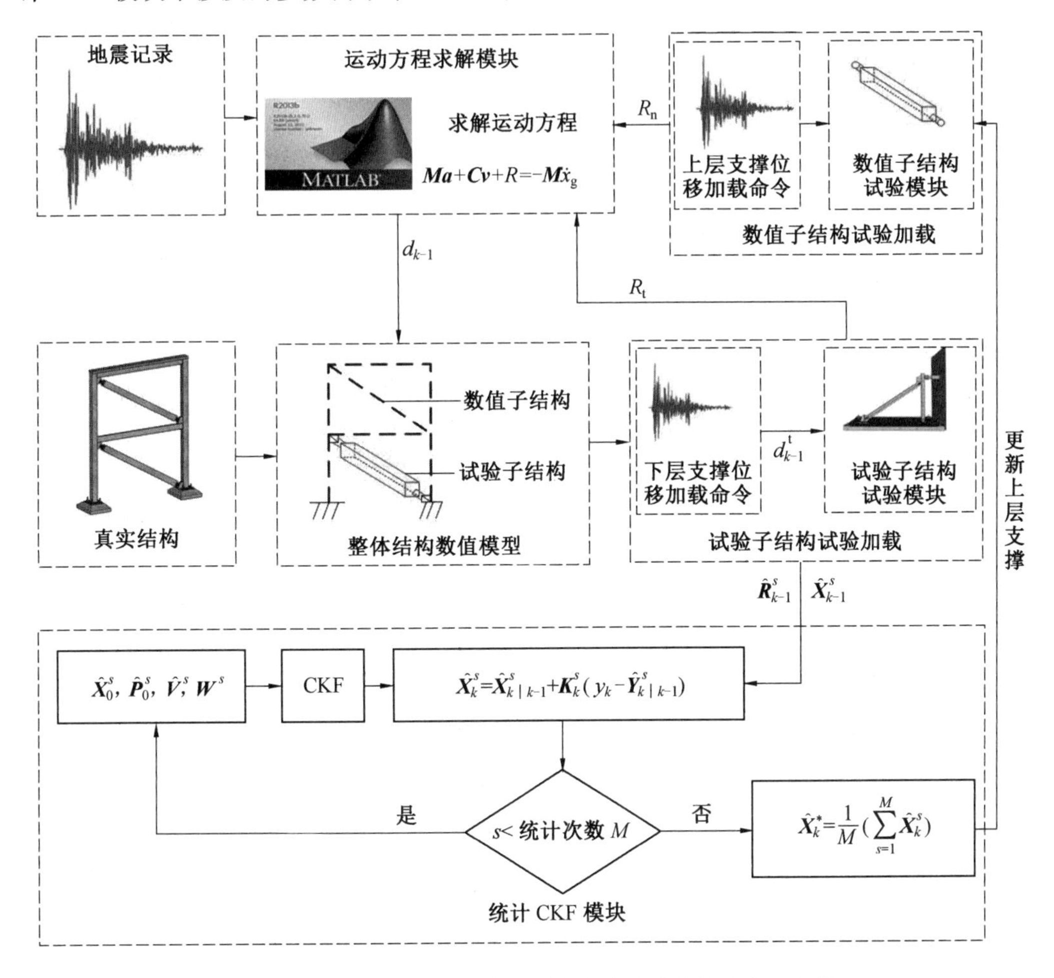

图 7.28　基于统计 CKF 模型更新混合试验虚拟仿真示意图

2. 参数设置

本次虚拟仿真设定每层支撑恢复力模型均采用本章 7.2.2 第 1 小节 MFS 模型，本次虚拟仿真 MFS 真实模型参数分别设定为：激活位移 $b=0.001\ 4$ m、初始刚度 $K=300\ 000$ kN/m、耗能率 $Q=0.9$、激活刚度比 $A=0.015$。虚拟仿真过程中假定主体结构处于线性状态，框架结构模型参数设置为：每层结构质量 $M_{n_1}=M_{n_2}=2\ 000$ t，框架结构的层间水平刚度刚度 $K_{n_1}=K_{n_2}=80\ 000$ kN/m，框架结构的层间阻尼系数 $C_{n_1}=C_{n_2}=1\ 550$ kN/(m · s^{-1})，其中 n_1、n_2 分别代表了数值子结构的一层和二层，框架层间支撑与楼面夹角均为 28.81°。地震作用选取 EI－Centro(1940，NS)地震记录，地震记录如图 7.7 所示。支撑滞变位移利用四阶 Runge-Kutta 积分算法得出。

假定状态量为 MFS 模型滞变位移 z、加载位移 x 及模型参数 b、K、Q，观测量为 MFS 模型恢复力。系统的状态方程和观测方程同式(7.67)和式(7.68)所示，试验结构加载速度采用式(7.71)位移差分方法确定。过程及观测噪声的协方差矩阵分别为 $\boldsymbol{R}^s$、$\boldsymbol{Q}^s$，具体表达如式(7.74)和式(7.75)所示。

$$\boldsymbol{R}^s = 10^{-26} \times \boldsymbol{I}_5 \tag{7.74}$$

$$\boldsymbol{Q}^s = 10^{-10} \times \boldsymbol{I}_1 \tag{7.75}$$

MFS 模型初始参数预估值分别为：滞变位移 $\hat{z}=0$、加载位移 $\hat{x}=0$、激活位移预估值 $\hat{b}=0.002$ m、初始刚度预估值 $\hat{K}=360\ 000$ kN/m、耗能率预估值 $\hat{Q}=0.5$。初始预估状态量、初始误差协方差矩阵分别为 $\hat{\boldsymbol{x}}_0^s$、$\hat{\boldsymbol{P}}_0^s$，具体如式(7.76)和式(7.77)所示。

$$\hat{\boldsymbol{x}}_0^s = [0\quad 0\quad 2\times10^{-3}\quad 360\times10^3\quad 0.5] \tag{7.76}$$

$$\hat{\boldsymbol{P}}_0^s = \begin{bmatrix} 10^{-6.9} & 0 & 0 & 0 & 0 \\ 0 & 10^{-6.9} & 0 & 0 & 0 \\ 0 & 0 & 2\times10^{-6} & 0 & 0 \\ 0 & 0 & 0 & 0.509 & 0 \\ 0 & 0 & 0 & 0 & 0.02 \end{bmatrix} \tag{7.77}$$

3. 自复位摩擦耗能支撑框架模型更新混合试验虚拟仿真

与初始参数预估值和观测噪声相比，初始协方差矩阵更加难以确定，初始协方差矩阵会影响数值计算的稳定性，本小节仅将初始协方差矩阵作为初始参数最不利因素进行虚拟仿真。初始协方差矩阵 $\hat{\boldsymbol{P}}_0^s$ 的取值随机选用式(7.77)乘随机系数，每次运行算法时初始参数预估值、观测噪声保持不变，识别结果如图 7.29 所示。

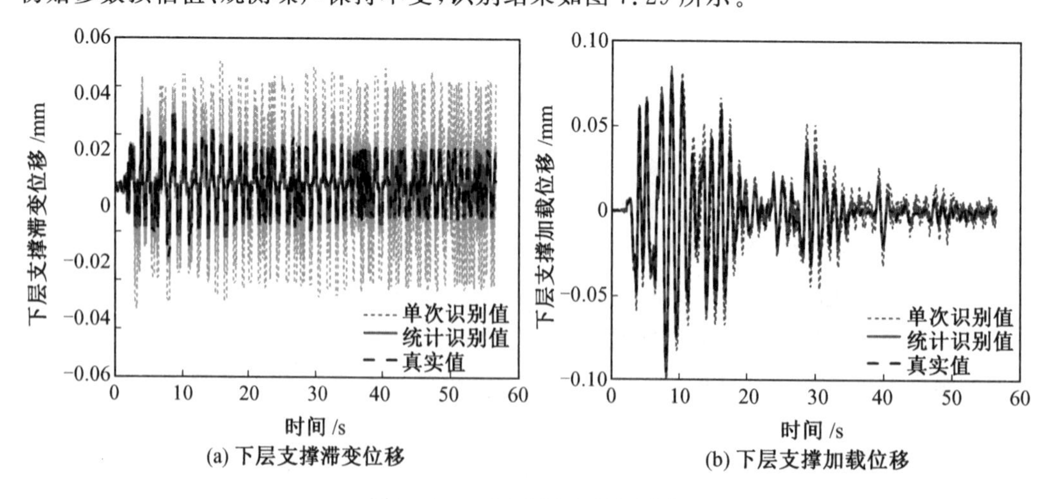

(a) 下层支撑滞变位移　　(b) 下层支撑加载位移

图 7.29　MFS 模型参数识别值

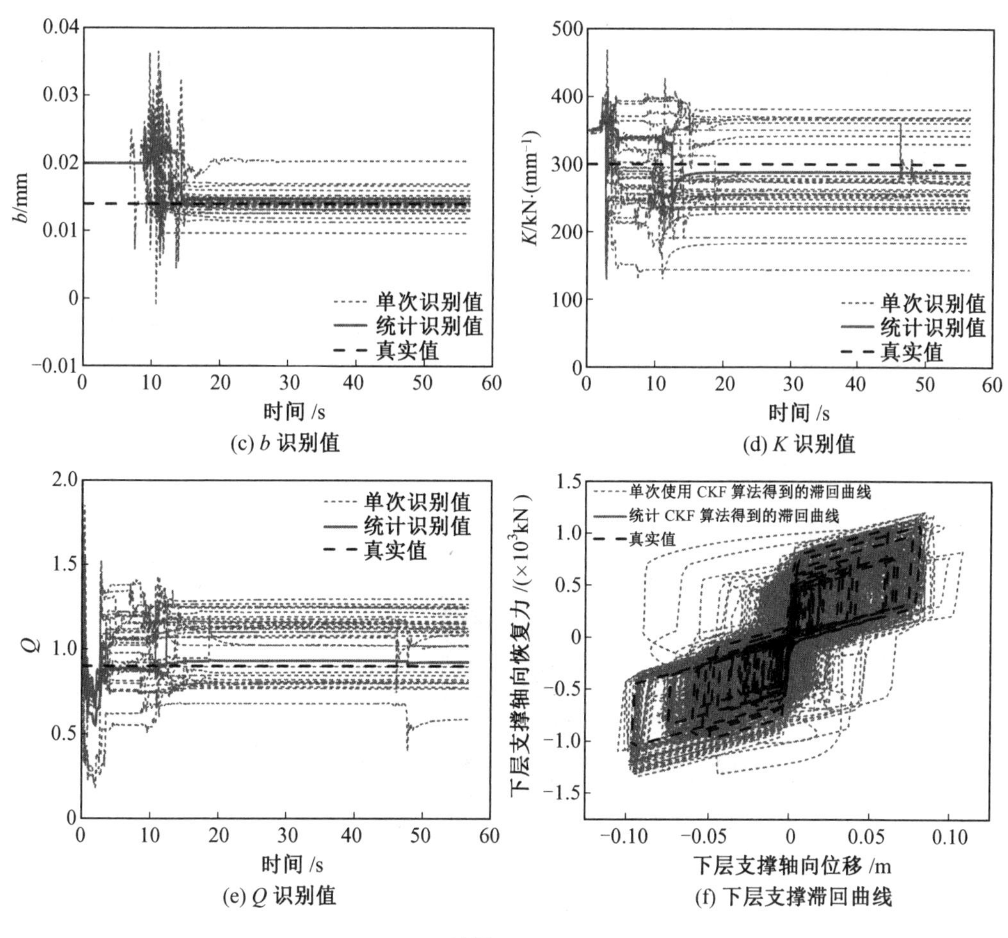

(c) b 识别值

(d) K 识别值

(e) Q 识别值

(f) 下层支撑滞回曲线

续图 7.29

上层支撑的滞回曲线虚拟仿真结果如图 7.30 所示。

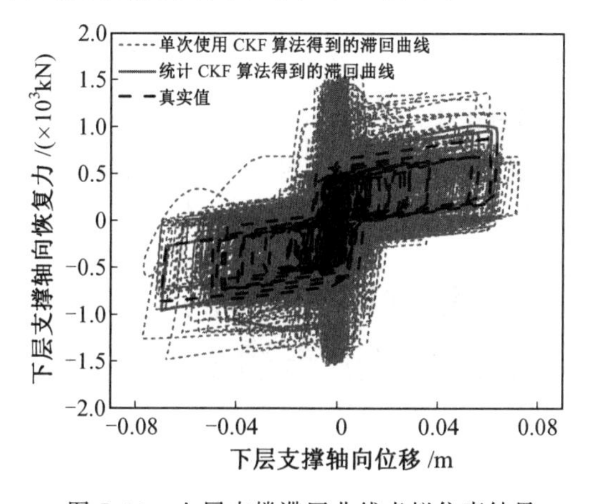

图 7.30　上层支撑滞回曲线虚拟仿真结果

本次虚拟仿真采用 CKF 方法和统计 CKF 方法在线识别 MFS 模型参数，CKF 单次识别平均耗时 6.71 s，使用统计 CKF 算法总耗时 180.92 s。从图 7.29 和图 7.30 中可以看出，单次使用 CKF 方法得到的模型参数识别值、模型滞回曲线与真实值有明显差异，基于统计 CKF 方法得到的模型参数识别值、模型滞回曲线较真实值吻合程度较高。从耗能的角度分析，单次使用 CKF 方法得到的下层支撑模型滞回曲线最大耗能值较真实耗能值相对误差 18.2%，统计 CKF 方法得到的下层支撑模型滞回曲线耗能值与真实耗能值相对误差为 1.83%，耗能值相对误差降低 16.37%。单次使用 CKF 方法得到的上层支撑模型滞回曲线耗能值较真实耗能值相对误差为 48.91%，统计 CKF 方法得到的上层支撑模型滞回曲线耗能值较真实耗能值相对误差为 22.26%，耗能值相对误差降低了 26.65%。单次使用 CKF 算法得到的模型滞回曲线最小耗能值与真实耗能值相对误差为 18.55%，相比使用统计 CKF 算法降低 3.71%。模型参数识别值的 RMSE 如图 7.31 所示。

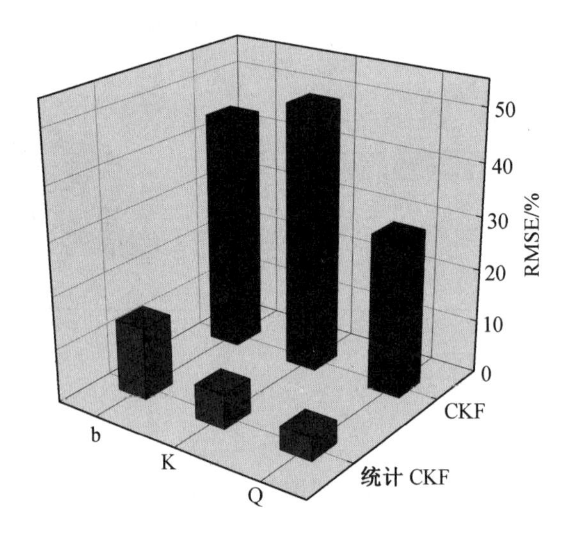

图 7.31 参数识别值 RMSE 图

通过 RMSE 分析，相比单次使用 CKF 方法识别模型参数最大 RMSE，统计 CKF 方法 RMSE 分别降低了 30.84%、43.22%、25.08%，混合试验模型参数识别精度均有很大改善。可见，统计 CKF 方法可以明显改善参数识别结果，更具有鲁棒性。

7.3 自复位摩擦耗能支撑结构多基于尺度模型更新的混合试验方法

对于包含多种材料所构成的复杂结构，仅采用单一类型本构模型更新，会导致试验结果存在较大误差。为提高大型复杂结构混合试验精度，提出多尺度模型更新混合试验方法。以二层自复位摩擦耗能支撑钢框架为研究对象，采用统计容积卡尔曼滤波器方法，在混合试验中同时对钢材材料本构模型和自复位摩擦耗能支撑构件模型进行参数识别及更新。

7.3.1　多尺度模型更新混合试验方法原理

1. 试验原理

在模型更新过程中，模型参数的识别方法主要分为在线参数识别方法和离线参数识别方法两类，本节主要以在线参数识别方法为例，开展提出的多尺度模型更新混合试验。本方法通过对整体结构实时加载得到其真实加载指令，通过对物理子结构真实加载在线估计模型参数，通过识别得到的模型参数在线更新整体结构模型参数从而评价整体结构抗震性能。

多尺度模型更新混合试验原理图如图 7.32 所示。

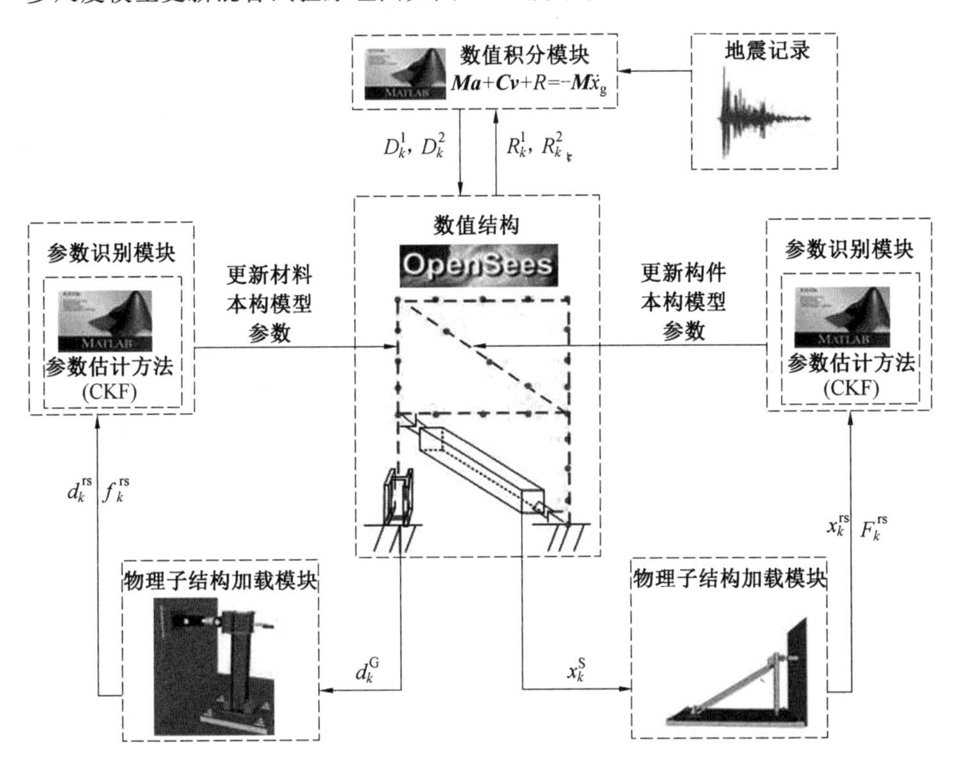

图 7.32　多尺度模型更新混合试验原理图

图 7.32 中，D_k^1、D_k^2 为通过数值积分模块求解运动方程得到的框架层间位移；k 为加载步数；R_k^1、R_k^2 为数值结构反馈给数值积分模块的层间恢复力；数字 1、2 代表结构的一层和二层；d_k^G 为材料层次物理子结构的加载位移；x_k^S 为构件层次物理子结构的加载位移；d_k^{rs} 为材料层次物理子结构的实测位移；x_k^{rs} 为材料层次物理子结构的加载反力；f_k^{rs} 为构件层次物理子结构的实测位移；F_k^{rs} 为构件层次物理子结构的加载反力。

首先，选取地震动加载作为本次仿真的加载方式，将地震动加载发送到数值积分模块求出数值结构的层间位移 D_k^1、D_k^2。其次，将求解好的 D_k^1、D_k^2 作为数值结构的输入对整体结构进行加载，从而得到层间恢复力 R_k^1、R_k^2 及物理子结构的输入位移 d_k^G、x_k^S，其中 d_k^G 为物理子结构钢框架柱的输入位移，x_k^S 为物理子结构 SCED 的输入位移。最后，通过参数识别模块对物理子结构观测数据 d_k^{rs}、f_k^{rs}、x_k^{rs} 及 F_k^{rs} 进行参数识别，采用识别后参数更新相应的数值子结构模型参数，作为一步试验加载，根据以上的步骤循环往复，直至试验结束。

2. OpenSees 与 MATLAB 数据交互实现方法

基于 TCP/IP 协议的 Socket 通信技术，通过调动 MATLAB 和 OpenSees 的内部函数实现 MATLAB 和有限元软件 OpenSees 之间的数据的传输问题。OpenSees 和 MATLAB 数据传输流程图如图 7.33 所示。

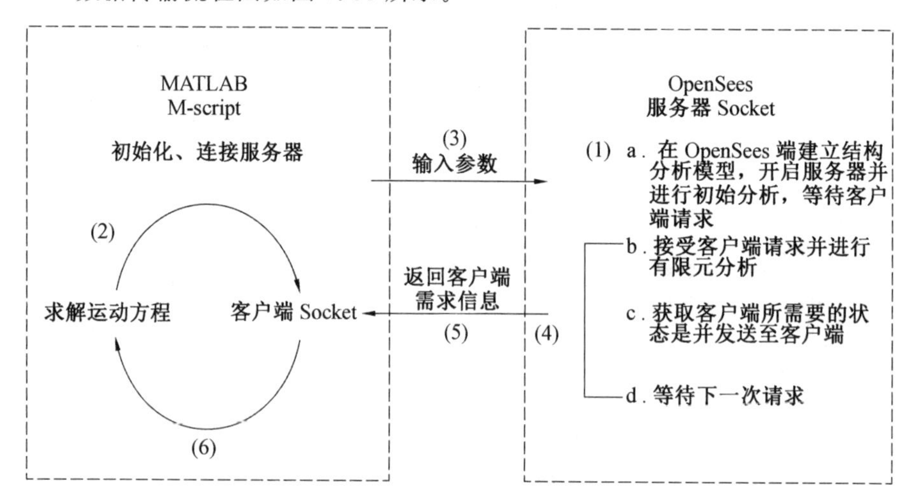

图 7.33 MATLAB 与 OpenSees 数据传输流程图

使用 CKF 进行参数识别需要在 OpenSees 有限元软件中计算容积点，宁西占等对官方版 OpenSees 进行了二次开发，所提出的基于多尺度模型更新的混合试验方法中关于模型更新部分的 OpenSees 借助宁西占二次开发的 OpenSees 并加以改善实现。

7.3.2 物理子结构数值模型

通过本章第 7.1.1 节可以看出，建立模型更新算法的状态方程和观测方程需要借助物理子结构数值模型方程。因此，物理子结构的模型方程尤为重要，本章主要采用两种层次的本构模型来进行虚拟仿真，其中包括构件层次的本构模型和材料层次的本构模型。

1. 构件层次的本构模型

为验证基于多尺度模型更新的数值混合模拟方法的有效性，以 SCED 为研究对象，采用7.2.2第 1 小节 MFS 模型作为构件层次的本构模型来模拟 SCED 结构的滞回性能，模型参数信息设置如 7.2.2 第 1 小节所示。

2. 材料层次的本构模型

本章所用材料层次本构模型为 Filippou 等提出的 Giuffre－Menegotto－Pinto（Steel 02）钢材纤维的本构模型，在 OpenSees 端设置为非线性梁柱单元，其本构关系如图 7.34 所示。

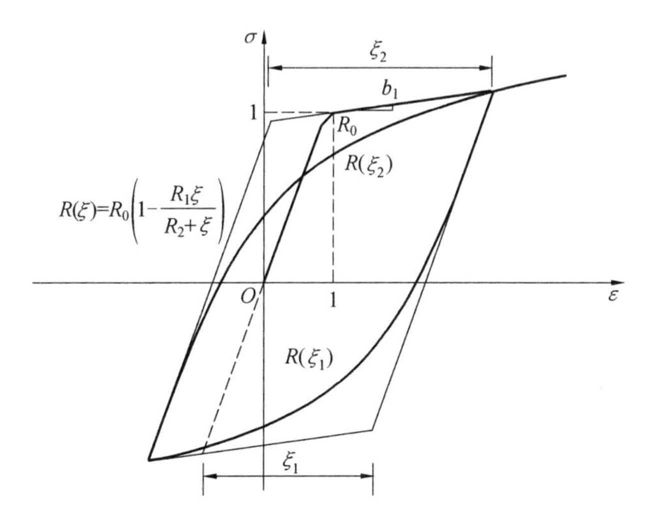

图 7.34　钢材应力应变关系图

图 7.34 中，R_0、R_1、R_2 为控制弹性到塑性发展的参数；ξ、ξ_1、ξ_2 为方程系数；b_1 为第二刚度系数。

钢材本构模型函数为

$$\sigma_s = g(f_y, E_s, b_1, R_0, R_1, R_2, a_1, a_2, a_3, a_4) \tag{7.78}$$

式中，σ_s 为钢材任意时刻的应力；g 为非线性函数；f_y 为钢材的屈服强度；E_s 为弹性模量；b_1 为第二刚度系数；a_1～a_4 为控制同性强化的系数。

7.3.3　混合试验虚拟仿真

1. 虚拟仿真原理

本虚拟仿真方法包括五个模块：整体结构分析模块、物理子结构试验模块、材料模型参数识别模块、构件模型加载模块及构件模型参数识别模块。根据试验条件确定物理子结构，通过作动器实现边界条件。采用 OpenSees 有限元软件进行整体结构加载分析，MATLAB 软件进行参数识别。数值混合模拟的原理示意图如图 7.35 所示。

2. 虚拟仿真步骤

(1)将二层框架部分通过 OpenSees 端建模，SCED 通过 MATLAB 端利用模型方程建立数值模型，材料层次选用结构底层钢框架柱作为物理子结构，构件层次选用结构底

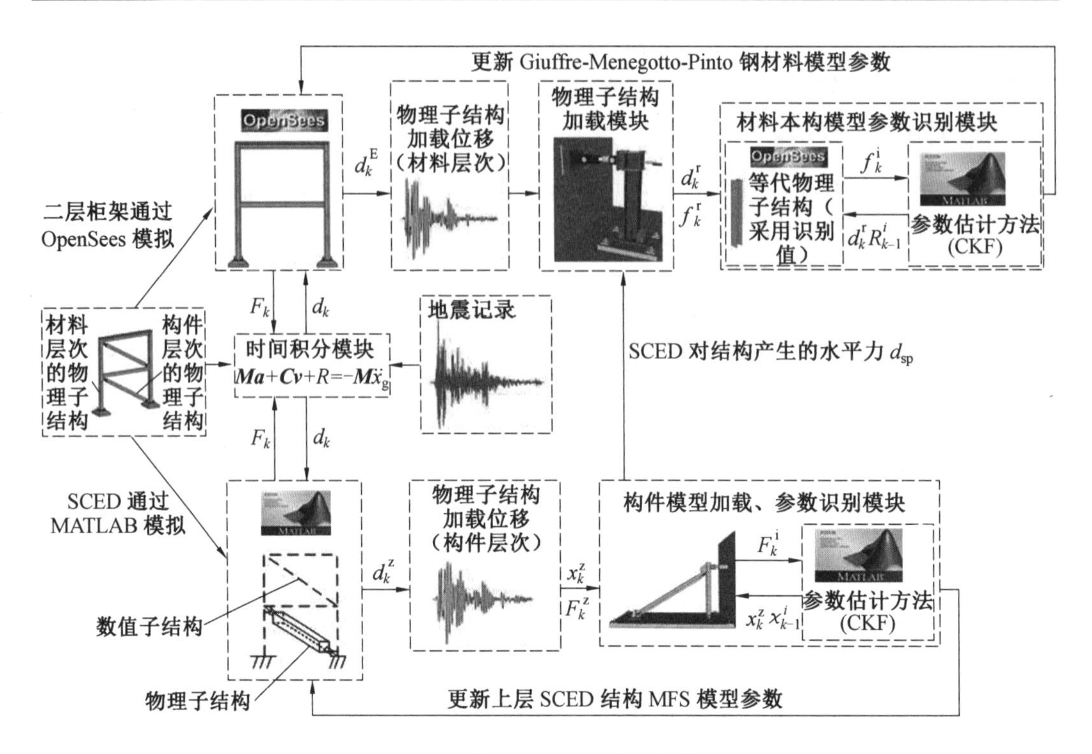

图 7.35　基于多尺度模型更新的数值虚拟仿真原理示意图

层 SCED 作为物理子结构。

(2)将地震动加载制度逐步发送给时间积分模块，求解运动方程。通过运动方程求解出的第 k 步的整体结构的加载位移 d_k。

(3)在 OpenSees 端将计算出的钢框架柱边界自由度上的位移 d_k^E 发送给框架柱作动器(此处的位移包含 SCED 对框架产生的水平力 d_{sp})；同时，把求解好的边界位移 d_k^z 发送给 SCED 的作动器。

(4)在钢框架柱试验模块中作动器按照有限元分析软件计算得到钢框架柱边界自由度上的位移 d_k^E 对试件进行真实加载，将实际测量得到的钢框架柱边界自由度上的位移 d_k^r 和反力 f_k^r 发送到材料本构参数识别模块对材料本构模型参数进行在线识别；同时，在 SCED 试验模块中，将求解好的边界位移 d_k^z 对构件进行真实加载，将实际测量得到的 SCED 边界自由度上的位移 x_k^z 和反力F_k^z 发送到 SCED 模型参数识别模块对模型参数进行在线识别。

(5)此处以 CKF 为例，简述钢结构材料模型参数及 SCED 模型参数在线识别过程，以第 $k-1$ 步的钢结构材料本构模型参数及 SCED 模型参数为基础，计算钢结构材料本构模型参数容积点 R_{k-1}^i 及 SCED 模型参数容积点 χ_{k-1}^i，将钢结构材料本构模型实际测量得到的钢框架柱边界自由度上的位移 d_k^r 传输到钢框架柱的数值模型，完成一步分析。等代物理子结构的恢复力 f_k^i、加载位移 d_k^r 反馈至参数识别模块中，识别材料本构模型参数;将 SCED 模型参数容积点 χ_{k-1}^{i} 和实际测量得到的 SCED 边界自由度上的位移 x_k^z、恢复力 F_k^i 发送到 SCED 参数识别模块进行模型参数识别,识别 SCED 模型参数。SCED 模型可以通过 MATLAB 建模,不需要建立等代物理子结构,可直接进行参数识别分析。

(6)以最新识别得到模型参数对材料、构件两种层次的本构模型参数在线更新。

(7)重复步骤(2)～(6),直至试验结束。

3. 参数识别方法及结果分析

为了验证本章所提出自复位摩擦耗能支撑结构多尺度模型更新混合试验方法的有效性,开展多尺度模型更新混合试验虚拟仿真。本次虚拟仿真以二层 SCED 钢框架为研究对象,设定钢框架底柱与基础为刚接,该框架层高为 3.6 m,跨度为 6.0 m。本节为方便建模,设定梁柱截面均采用 H 型钢,材料参数为(HW300 mm×300 mm×10 mm×15 mm)。钢框架的梁和柱采用位移梁柱单元,每个单元选取 3 个高斯－洛巴托积分点,钢材截面选择纤维截面。在对截面进行纤维单元定义时,为保证试验精度且快速完成计算,分别沿局部坐标系的两个方向对截面进行划分,沿长度方向划分出 20 个子区域,沿宽度方向划分出 2 个子区域。钢材料模型选择单轴 Giuffre－Menegotto－Pinto (Steel02)钢材料对象,将物理子结构的边界建立在反弯点处。综上所述,本节虚拟仿真除将下层 SCED 作为物理子结构外,还将底层钢框架柱的一半作为物理子结构。

本次虚拟仿真二层框架结构及结构底层钢框架柱采用 OpenSees 模拟,SCED 采用 MATLAB 模拟。框架结构模型参数如下所示:每层框架结构质量为 $M_{n_1}=M_{n_2}=2\ 000$ t,框架结构的层间水平刚度为 $K_{n_1}=K_{n_2}=80\ 000$ kN/m,框架结构的层间阻尼系数为 $C_{n_1}=C_{n_2}=1\ 550$ kN/(m·s^{-1}),其中 n_1、n_2 分别代表了数值子结构的一层和二层,支撑与楼面夹角均为 28.81°,每层 SCED 支撑采用 MFS 模型模拟其地震响应。地震作用选取本章第 3 节 EI－Centro(1940 ,NS)地震波,加载制度如图 3.20 所示。

本次模拟采用 CKF 方法识别材料及构件模型参数,识别模型参数包括:下层支撑滞变位移,加载位移,MFS 模型关键参数 b、K、Q,钢框架柱屈服强度 f_y,弹性模量 E,钢材硬化系数 b_1,构件及材料模型参数值见表 7.1。利用识别关键参数值修正数值子结构模型参数,通过模型参数识别结果及整体结构的震后响应验证多尺度模型更新混合试验方法的可行性。在本次识别过程中,物理子结构的识别分为两个部分,第一部分为底层钢框架柱识别部分,第二部分为底层 MFS 模型识别部分。此处需要明确的是,两次识别在整个模拟过程中同时进行同时结束,以确保试验准确性。

表 7.1　模型参数

模型参数	MFS 模型			Giuffre－Menegotto－Pinto 钢材料模型		
	b/m	K/(kN·m^{-1})	Q	f_y/MPa	E/MPa	b_1
真实值	0.014	300 000	0.9	1.25	2.06	1
初始值	0.020	360 000	0.5	2.0	2.75	3.4

系统的状态方程和观测方程同式(7.79)～式(7.81)所示。

$$\begin{bmatrix}\dot{x}_1\\\dot{x}_2\\\dot{x}_3\\\dot{x}_4\\\dot{x}_5\end{bmatrix}=\begin{bmatrix}\dot{z}\\\dot{x}\\\dot{b}\\\dot{K}\\\dot{Q}\end{bmatrix}=\begin{bmatrix}G\\\dot{x}\\0\\0\\0\end{bmatrix} \tag{7.79}$$

$$\begin{aligned}G=\dot{x}\cdot[&1-H(x_1-x_3)\cdot H(\dot{x})-H(-x_1-x_3)\cdot H(-\dot{x})-\\&H(x_2)\cdot H(\dot{x})\cdot H(-x_1)-H(-x_2)\cdot H(\dot{x})\cdot H(x_1)]\end{aligned} \tag{7.80}$$

式中,x 为加载位移。

$$\boldsymbol{y}=x_4\cdot x\cdot A+(1-A)\cdot(1-x_5)\cdot x_4\cdot R(x)+(1-A)\cdot x_5\cdot x_4\cdot x_1+\boldsymbol{V}_{Q1} \tag{7.81}$$

初始预估状态量、初始预估协方差矩阵分别为$\hat{\boldsymbol{x}}_0$、$\boldsymbol{P}_0$,具体表达如式(7.82)和式(7.83)所示。

$$\hat{\boldsymbol{x}}_0=[0\quad 0\quad 1.7\times10^{-4}\quad 360\quad 0.5] \tag{7.82}$$

$$\boldsymbol{P}_0=\mathrm{diag}(10^{-6.9}\quad 10^{-6.9}\quad 2\times10^{-6}\quad 5.09\times10^{-1}\quad 2\times10^{-2}) \tag{7.83}$$

两次识别过程噪声$\boldsymbol{V}_{Q1}$、$\boldsymbol{V}_{Q2}$和观测噪声$\boldsymbol{W}_{R1}$和$\boldsymbol{W}_{R2}$分别为均值为零的高斯白噪声,具体如式(7.84)～式(7.87)所示。

$$\boldsymbol{V}_{Q1}=10^{-26}\times\boldsymbol{I}_5 \tag{7.84}$$

式中,$\boldsymbol{I}_5$为 5×5 的单位矩阵。

$$\boldsymbol{W}_{R1}=10^{-10}\times\boldsymbol{I}_1 \tag{7.85}$$

式中,$\boldsymbol{I}_1$为 1×1 的单位矩阵。

$$\boldsymbol{V}_{Q2}=0.4\times\boldsymbol{I}_3 \tag{7.86}$$

式中,$\boldsymbol{I}_3$为 3×3 的单位矩阵。

$$\boldsymbol{W}_{R2}=0.4\times\boldsymbol{I}_1 \tag{7.87}$$

试验结构加载速度采用式(7.88)位移差分方法确定,模型滞变位移采用四阶 Runge-Kutta 方法计算,积分步长为 0.01 s。

$$\begin{cases}\dot{x}_i=\dfrac{x_{i+1}-x_{i-1}}{2\times dt} & (i=1,2,\cdots)\\[2ex]\dot{x}_0=\dfrac{x_1-x_0}{dt} & (i=0)\end{cases} \tag{7.88}$$

鉴于钢框架柱是基于材料层次上,没有可以描述其滞回性能的应力应变模型。因此,本章为识别其参数,在 OpenSees 端建立等代物理子结构。初始预估状态量、初始预估协方差矩阵分别为$\hat{\boldsymbol{x}}_{00}$、$\boldsymbol{P}_{00}$,具体如式(7.89)和式(7.90)所示。

$$\hat{\boldsymbol{x}}_{00}=[2 \quad 2.75 \quad 3.4] \tag{7.89}$$

$$\boldsymbol{P}_{00}=\begin{bmatrix} 0.3025 & 0.0012 & 0.0052 \\ 0.0012 & 0.0616 & 0.0042 \\ 0.0052 & 0.0042 & 0.01 \end{bmatrix} \tag{7.90}$$

本次模拟采用 CKF 方法识别材料及构件模型参数，识别模型参数包括：下层支撑滞变位移，加载位移，MFS 模型关键参数 b、K、Q，钢框架柱屈服强度 f_y，弹性模量 E，钢材硬化系数 b_1，CKF 识别模型参数结果如图 7.36 所示。

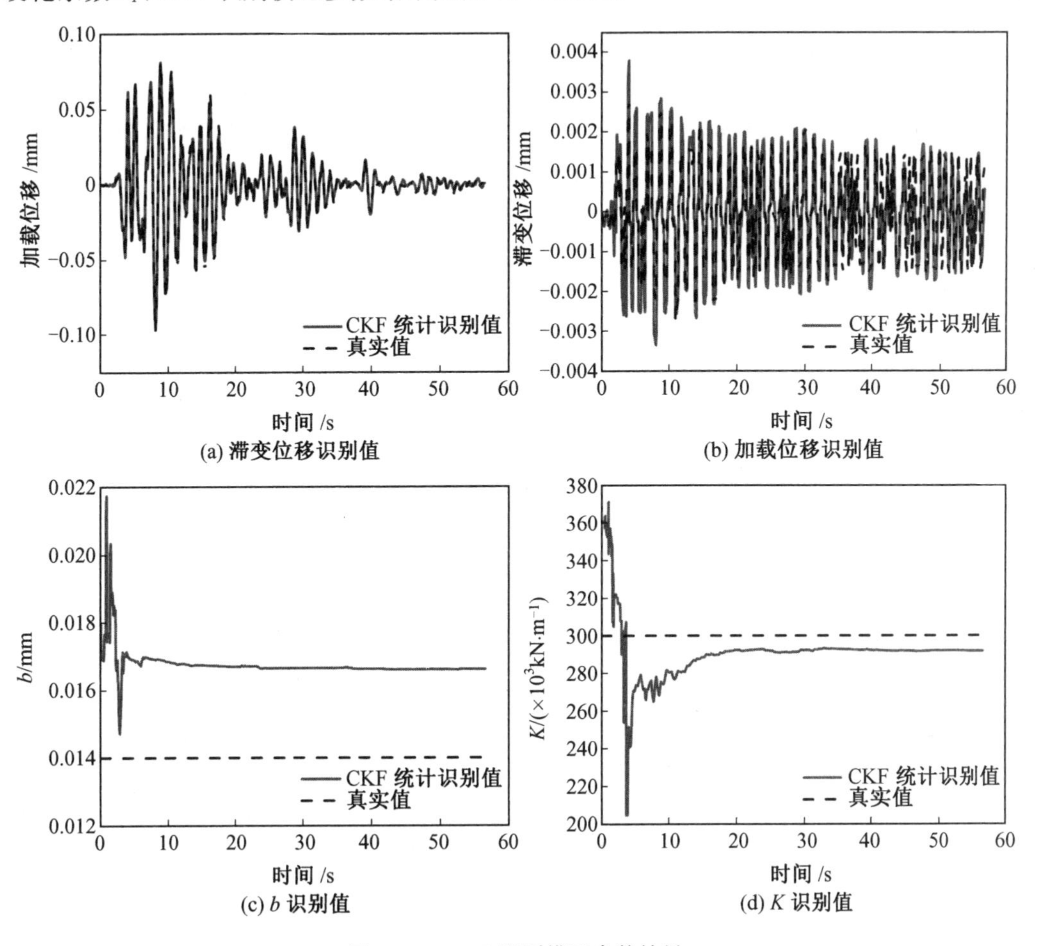

图 7.36　CKF 识别模型参数结果

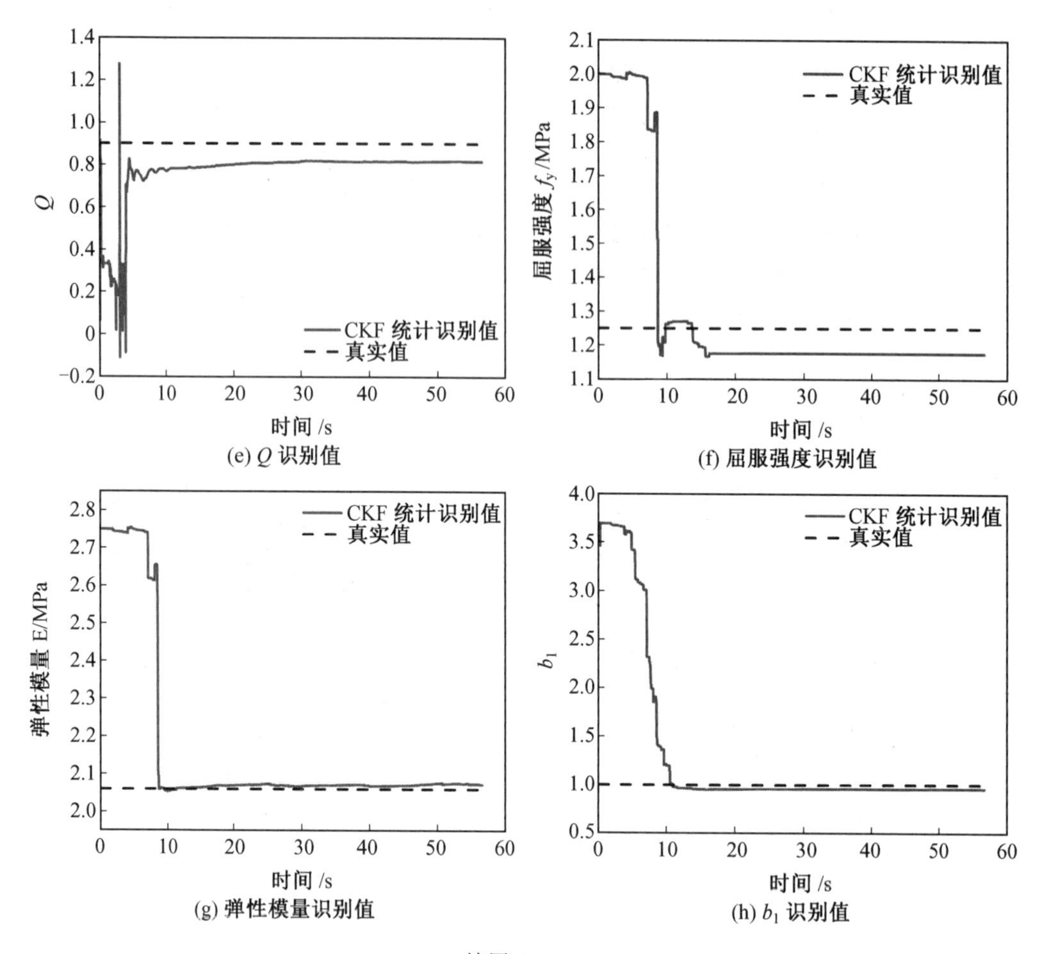

(e) Q 识别值　　(f) 屈服强度识别值

(g) 弹性模量识别值　　(h) b_1 识别值

续图 7.36

使用 CKF 方法得到的支撑恢复力如图 7.37 所示。

使用 CKF 方法得到的支撑滞回曲线及整体结构滞回曲线如图 7.38 所示。

由图 7.36、图 7.38 可以看出，使用 CKF 方法得到的模型参数识别值及滞回曲线与真实值吻合程度较高，收敛至真实值的速度较快，且与真实值误差较小。从图 7.38 中可以发现，相比真实值模拟得到的支撑恢复力，基于多尺度模型更新混合试验虚拟仿真方法所得到的支撑恢复力与采用参数真实值得到的支撑恢复力吻合良好；从耗能角度分析，CKF 方法得到的下层支撑滞回曲线、上层支撑滞回曲线、整体结构滞回曲线与真实值的相对误差分别为 5.69%、7.29%、6.47%，相对误差较小，可以更好地模拟结构真实响应。

为了能定量评价 CKF 算法识别精度，使用式(7.35)定义独立仿真的相对误差 e_r 来评价 CKF 算法的识别精度，本构模型参数识别值的相对误差如图 7.40 所示。

结合图 7.36、图 7.39 可以看出，在参数识别过程中的前 10 s，参数识别值并没有达到稳定阶段，参数识别值波动较为明显，导致参数识别值相对误差较大，这是因为每次运

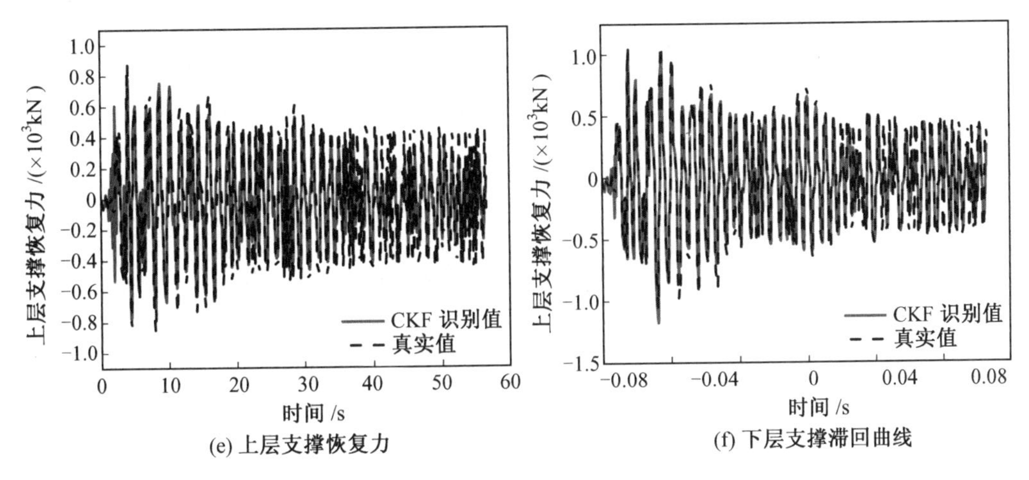

(e) 上层支撑恢复力　(f) 下层支撑滞回曲线

图 7.37　支撑恢复力

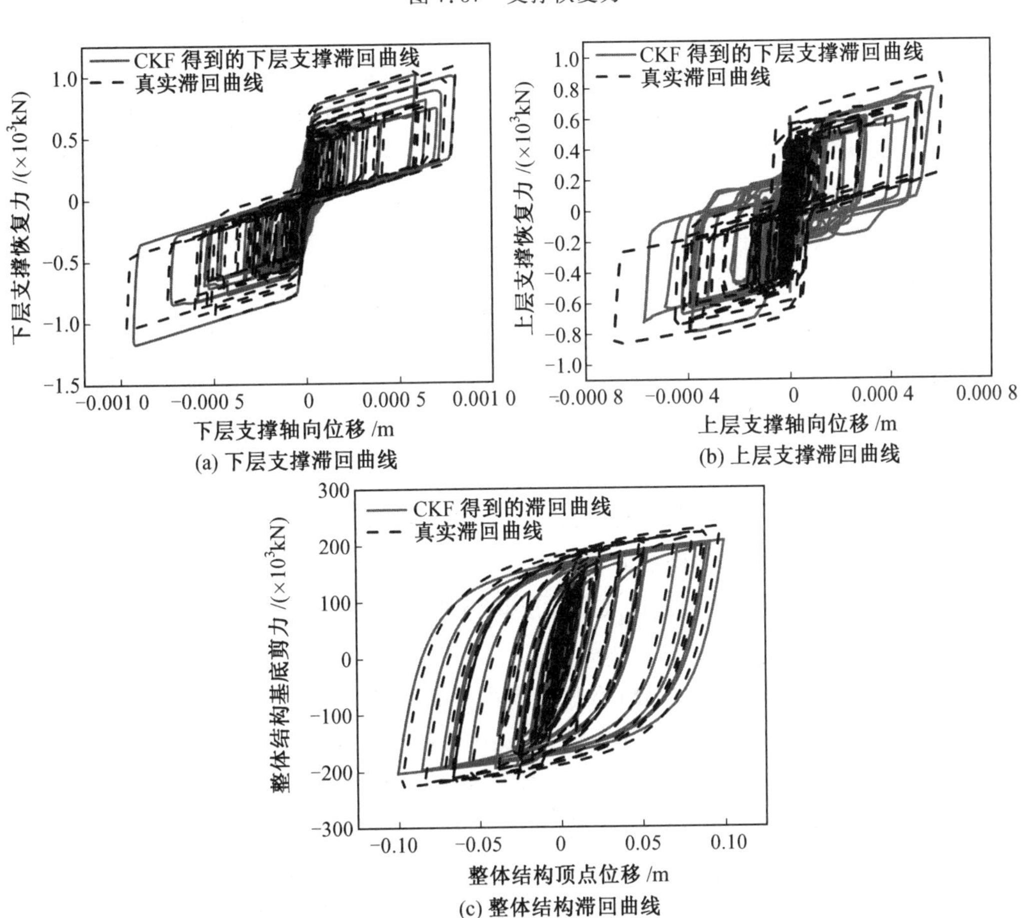

(a) 下层支撑滞回曲线　(b) 上层支撑滞回曲线

(c) 整体结构滞回曲线

图 7.38　滞回曲线

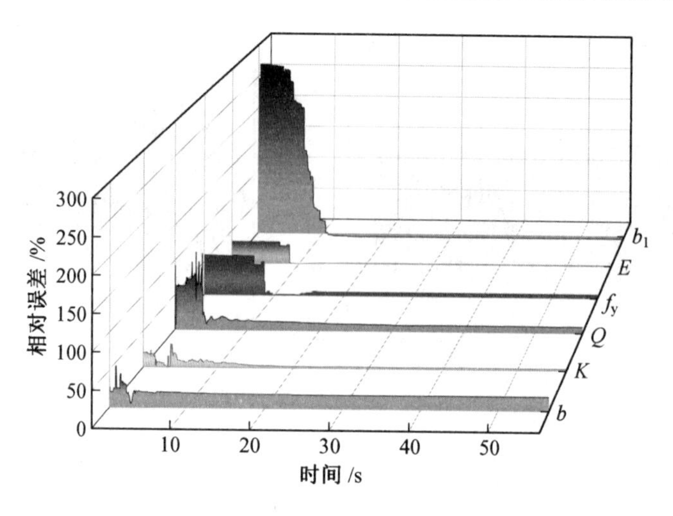

图 7.39 参数相对误差图

行的观测噪声是随机的，每一次识别的结果都存在差异，并且算法初始参数的设置对识别结果也有一定的影响，试验者往往常根据经验估计算法初始参数值，从而导致参数识别前期产生较大的波动。此外，模型参数敏感性对识别结果也有一定的影响，敏感性小的参数识别起来相对难度更大。随着时间的增长，多尺度模型更新混合试验虚拟仿真方法得到的模型参数识别值相对误差逐渐降低，最终达到平稳阶段。MFS 模型参数 b、K、Q 的平均相对误差分别为 18.75%、4.38%、13.69%，钢材料模型参数 f_y、E、b_1 的平均相对误差分别为 11.23%、5.26%、19.56%，可见多尺度模型更新混合试验虚拟仿真方法具有较好的识别精度。

4. 结构动力响应分析

为了能够更好地说明基于多尺度模型更新的混合试验方法的优势，分别单一对钢框架材料本构模型及单一对构件本构模型进行模型更新，虚拟仿真过程中单纯考虑更新一种层面上的模型参数，整体结构滞回曲线如图 7.40 所示。通过对二层 SCED 钢框架结构的耗能、残余变形、顶层相对位移及最大层间位移角分别进行分析，检验该试验方法的结构动力响应模拟精度。

由图 7.40(a)可以看出，单进行钢材料模型更新对整体结构滞回曲线的结果影响很大，不足以反映结构真实响应。采用 EI－Centro 地震动加载产生滞回环的面积作为衡量的指标，从耗能的角度分析，单纯对钢材料模型更新得到的滞回曲线与真实值耗能相对误差为 34.35%，与真实值差异较为明显，而基于多尺度模型更新的混合试验虚拟仿真得到的滞回曲线与真实值耗能相对误差为 6.47%，更能反映结构的真实滞回性能；相比单独进行钢材料模型更新，多尺度模型更新混合试验虚拟仿真方法相对误差降低了 27.88%。

由图 7.40(b)可以看出，单进行 MFS 模型更新对整体结构滞回曲线的结果影响很

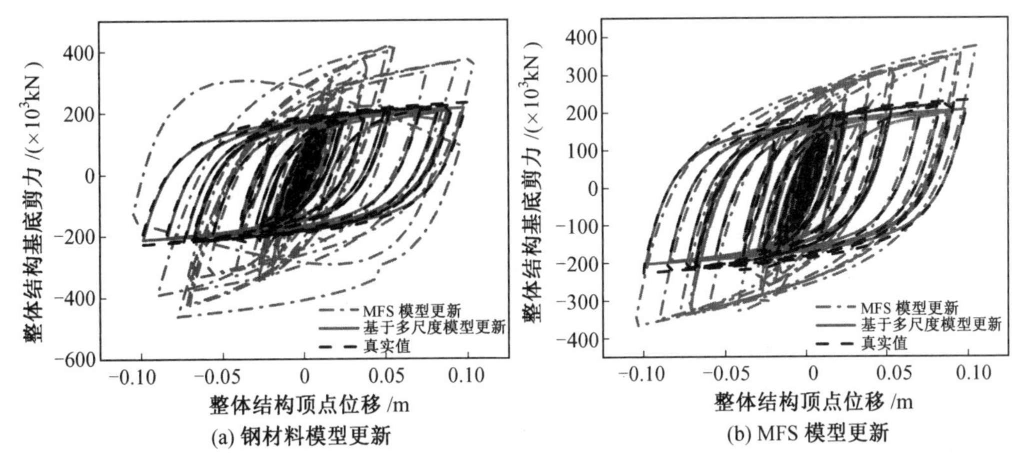

(a) 钢材料模型更新　(b) MFS 模型更新

图 7.40　整体结构滞回曲线

大，与结构真实加载响应存在较大差异。采用 EI—Centro 地震动加载产生滞回环的面积作为衡量的指标，从耗能的角度分析，MFS 模型更新与真实值耗能相对误差为 29.32%，与真实值差异较为明显，而基于多尺度模型更新的与真实值耗能相对误差为 6.47%，相比单独进行 MFS 模型更新，基于多尺度模型更新的混合试验虚拟仿真相对误差降低了 22.85%。

通过单对钢材料模型更新、MFS 模型更新以及基于多尺度模型更新的混合试验虚拟仿真三种方式，分别计算整体结构的顶层相对位移，结构顶层相对位移如图 7.41 所示。

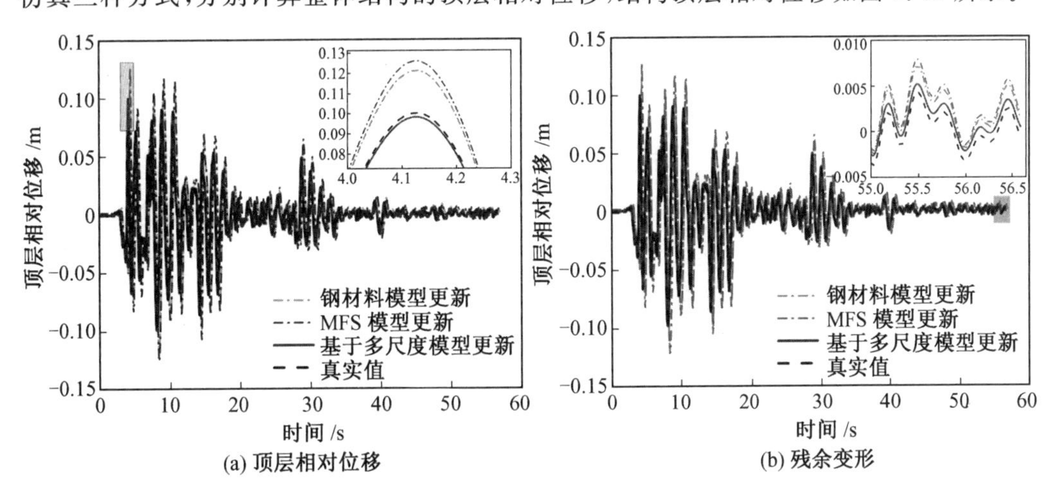

(a) 顶层相对位移　(b) 残余变形

图 7.41　结构顶层相对位移

由图 7.41(a)可以看出，单对钢材料模型更新及单对 MFS 模型更新所得到的顶层最大相对位移分别为 0.120 m 和 0.125 m，产生的最大层间位移角分别为 1/60 和 1/57.6，而基于多尺度模型更新的混合试验虚拟仿真方法得到的顶层最大相对位移仅为 0.095 m，产生的最大层间位移角为 1/75.79，顶层最大相对位移与真实值的相对误差为

2.96%，最大层间位移角与真实值的相对误差为5.6%，与单对钢材料模型更新和单对MFS模型更新所得到的相对误差相比，最大相对位移相对误差分别降低了20.41%和25.55%，最大层间位移角分别降低了28.23%和30.02%。

由图7.41(b)可以看出，单对钢材料模型更新及单对MFS模型更新所得到的结构残余变形分别为5.72×10^{-5} m和5.95×10^{-5} m，结构残余变形与真实值相对误差分别为25.44%和30.48%，而基于多尺度模型更新的混合试验虚拟仿真方法得到的结构残余变形为4.63×10^{-5} m，和真实残余变形相对误差为1.53%，与单对钢材料模型更新及单对MFS模型更新所得到的相对误差相比，分别降低了23.91%和28.95%。相对误差图如图7.42所示。

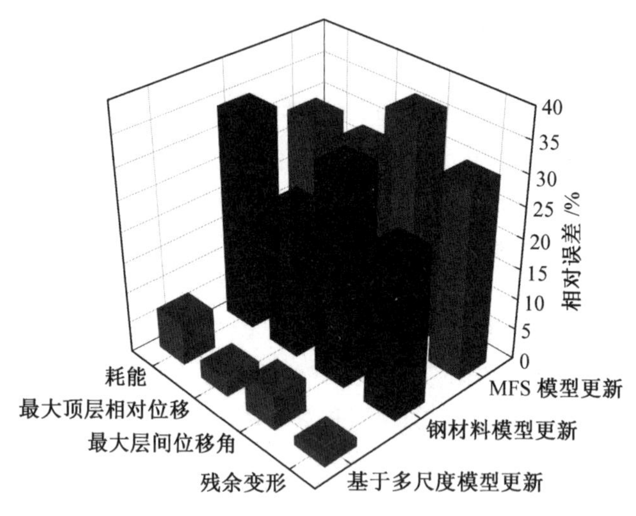

图7.42　相对误差图

图7.42为三种不同模型更新方法对整体结构的滞回曲线耗能量、残余变形、顶层相对位移及最大层间位移角的相对误差图。由图7.42可知，基于多尺度模型更新的混合试验虚拟仿真方法与钢材料模型更新方法和MFS模型更新方法相比，基于多尺度模型更新的混合试验虚拟仿真精度更高。

7.3.4　统计CKF基于多尺度模型更新的混合试验虚拟仿真

为验证统计CKF方法的有效性，本次虚拟仿真采用统计CKF方法在线识别材料、构件两种层次的模型参数，识别结果如图7.44所示，图中"单次识别值"表示单次使用CKF方法识别模型得到的参数结果，"统计识别值"表示使用CKF方法统计30次识别得到的参数结果。

由第7.2节可知，与初始参数预估值和观测噪声相比，初始协方差矩阵更加难以确定，初始协方差矩阵会影响数值计算的稳定性。本小节将初始协方差矩阵作为初始参数最不利因素进行虚拟仿真。统计CKF方法使用不同初始协方差矩阵，初始协方差矩阵

$\boldsymbol{P}_0$、$\boldsymbol{P}_{00}$的取值随机选用式(7.83)及式(7.90)乘随机系数，并且每次运行算法时初始参数预估值、观测噪声保持不变。

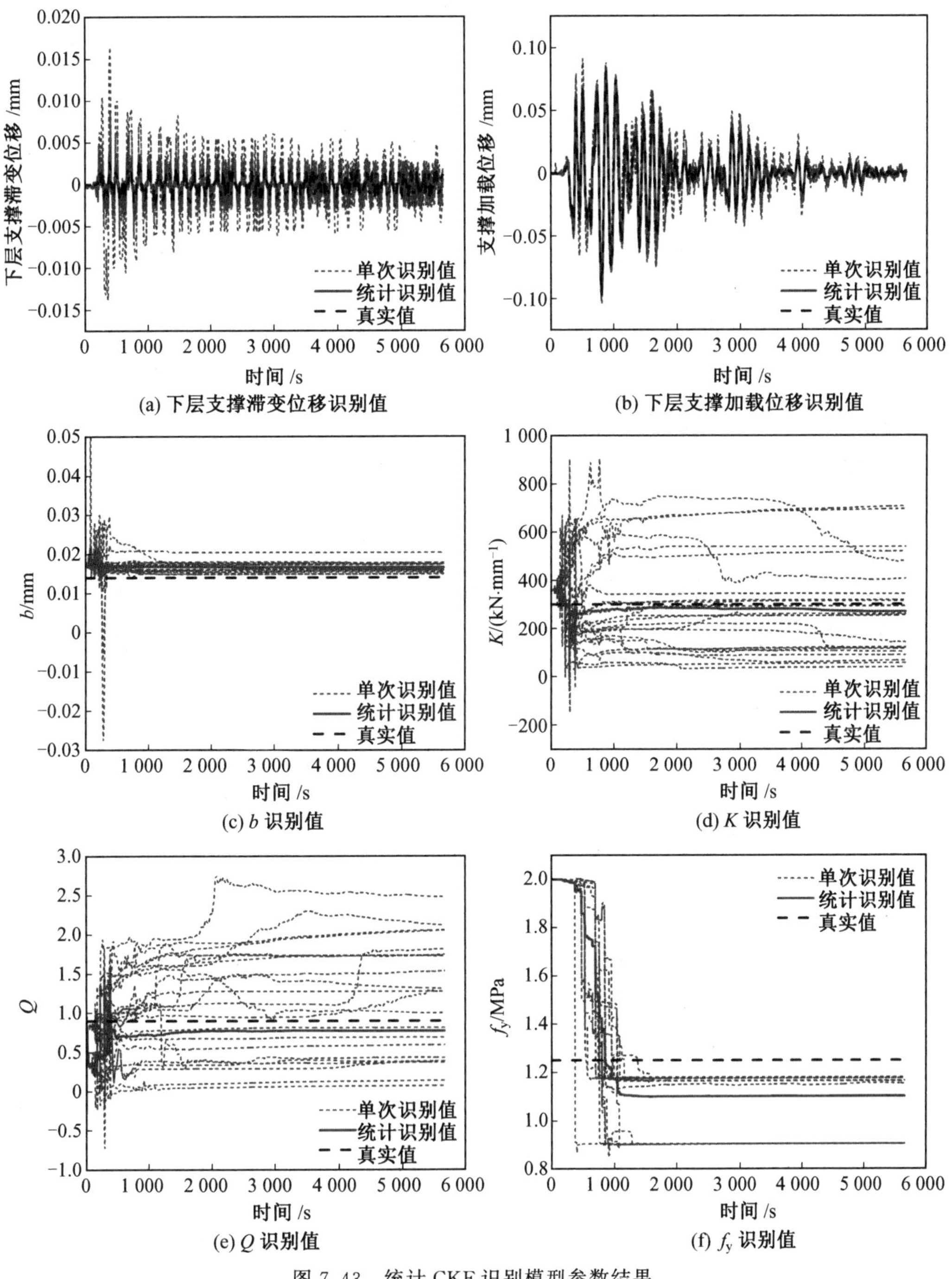

图 7.43　统计 CKF 识别模型参数结果

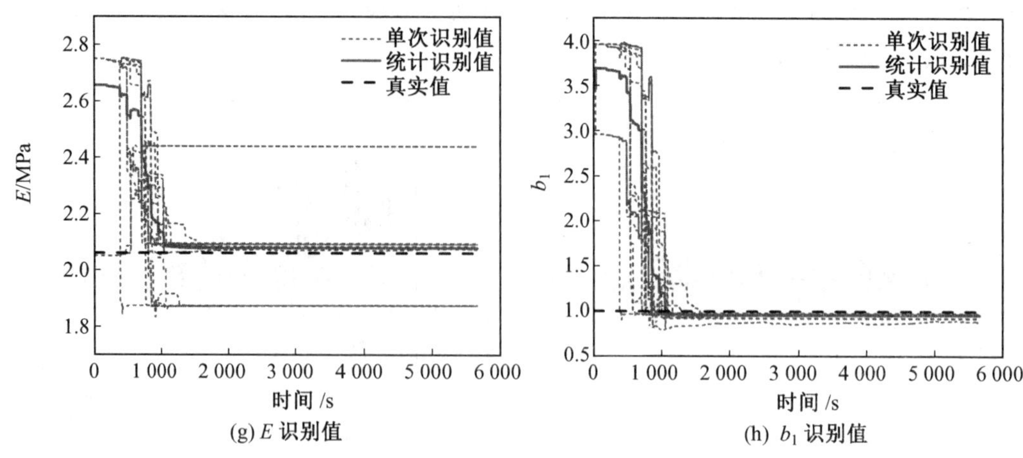

(g) E 识别值　　(h) b_1 识别值

续图 7.43

从图 7.43 中可以看出，在参数识别过程中的前 10 s，参数识别值并没有达到稳定阶段，参数识别值波动较为明显，导致参数识别值相对误差较大，这是因为每次运行的观测噪声是随机的，每一次识别的结果都存在差异，并且算法初始参数的设置对识别结果也有一定的影响，往往试验者常根据经验估计算法初始参数值，从而导致参数识别前期产生较大的波动。随着时间的增长，多尺度模型更新混合试验虚拟仿真方法得到的模型参数识别值相对误差逐渐降低，最终达到平稳阶段。

为了能定量评价 CKF 算法识别精度，使用式(7.35)定义独立仿真的相对误差 e_r 来评价 CKF 算法的识别精度，模型参数识别值的相对误差如图 7.45。

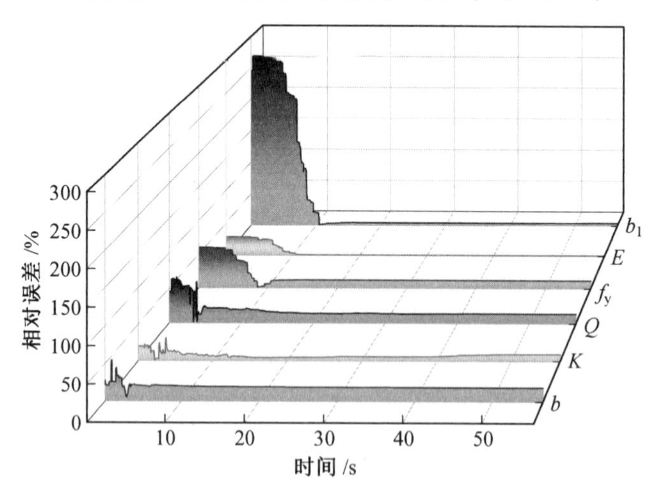

图 7.44　参数相对误差图

通过图 7.44 可以看出，MFS 模型参数 b、K、Q 的平均相对误差分别为 17.55%、3.41%、10.34%，钢材料模型参数 f_y、E、b_1 的平均相对误差分别为 2.71%、4.61%、19.51%。基于统计 CKF 方法得到的模型参数识别值具有较高的识别精度，可以优化算法因观测噪声引起的试验误差。

统计 CKF 方法使用不同初始协方差矩阵得到的支撑恢复力如图 7.45 所示。

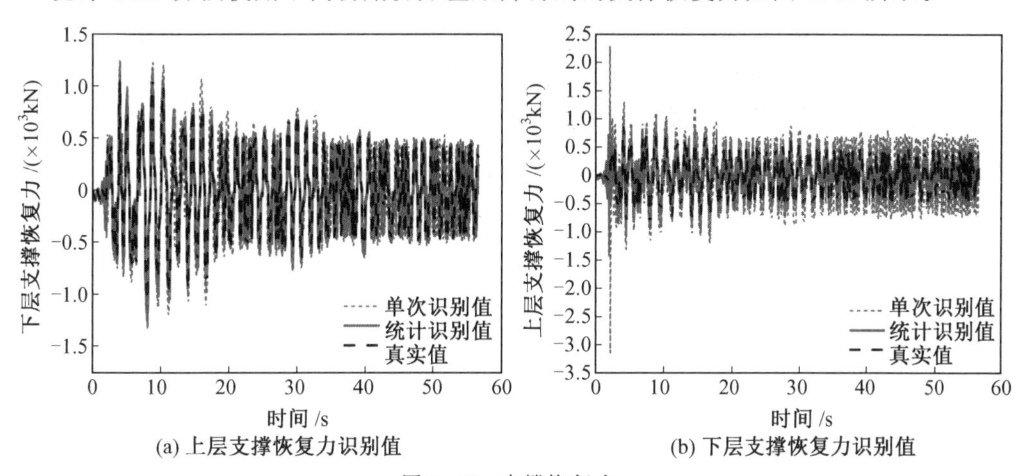

(a) 上层支撑恢复力识别值　(b) 下层支撑恢复力识别值

图 7.45　支撑恢复力

使用 CKF 方法得到的支撑滞回曲线及整体结构滞回曲线如图 7.46 所示。

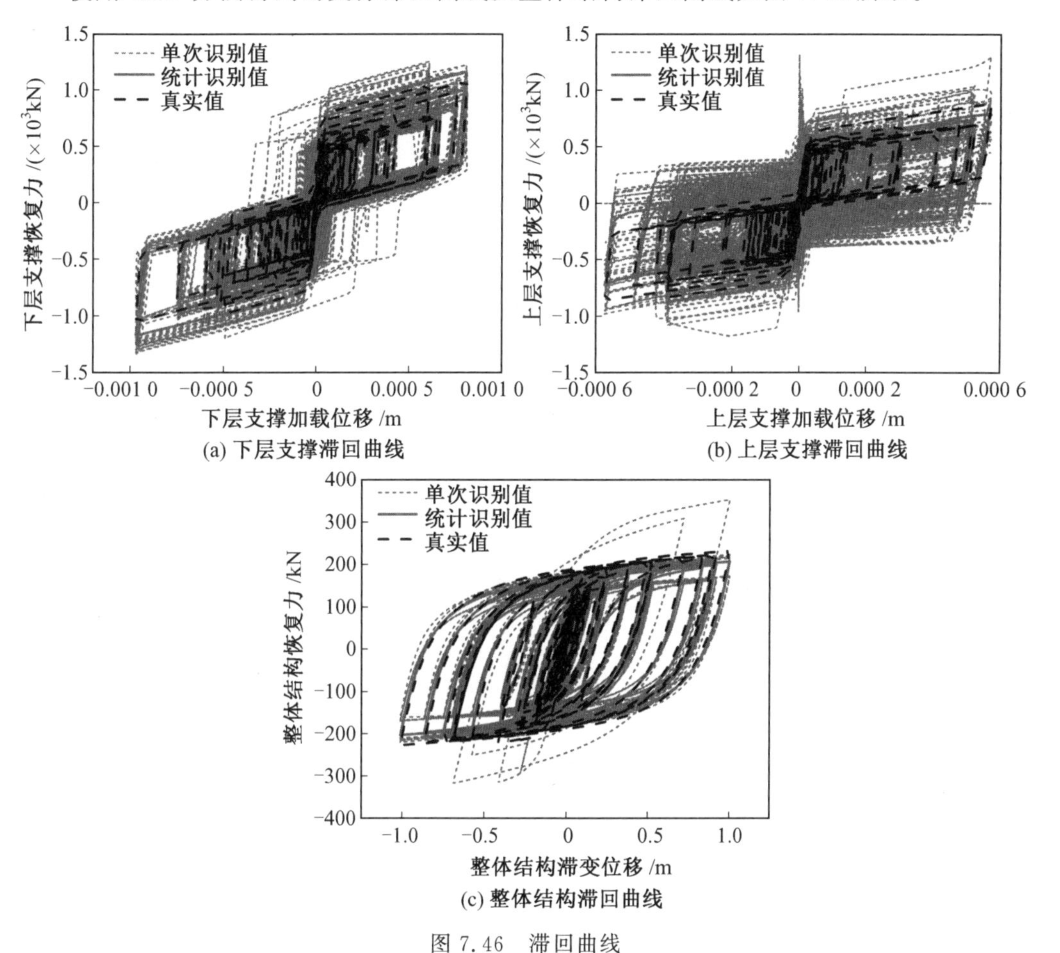

(a) 下层支撑滞回曲线　(b) 上层支撑滞回曲线

(c) 整体结构滞回曲线

图 7.46　滞回曲线

由图 7.43、图 7.45、图 7.46 可以看出，使用统计 CKF 方法得到的模型参数识别值及滞回曲线与真实值吻合程度较高，收敛至真实值的速度较快，且与真实值误差较小。从耗能角度分析，统计 CKF 方法得到的下层支撑滞回曲线、上层支撑滞回曲线、整体结构滞回曲线与真实值的相对误差分别为 4.35％、6.84％、6.33％，相对误差较小，可以更好地模拟结构真实响应。

参考文献

[1] 保海娥.实时子结构试验逐步积分算法的稳定性和精度[D].哈尔滨:哈尔滨工业大学,2006.

[2] 白建方,白国良,史冠卿.基于人工神经网络的钢筋混凝土异型节点滞回模型[J].世界震工程,2004,20(2):50-54.

[3] 曹蓓.粒子滤波改进算法及其应用研究[D].西安:中国科学院研究生院(西安光学精密机械研究所),2012.

[4] 陈鹏帆.基于 UKF 的磁流变阻尼器在线模型更新方法[D].哈尔滨:黑龙江科技大学,2018.

[5] 陈凡,郭玉荣.基于 AUKF 的框架结构离线模型更新混合试验方法[J].地震工程与工程振动,2020,40(1):162-170.

[6] 陈再现,钟炜彭,李秦鸣.基于均匀设计的模型更新混合模拟试验方法[J].振动与冲击,2020,39(21):9-16.

[7] 邓利霞.子结构试验的数值稳定性分析[D].哈尔滨:哈尔滨工业大学,2011.

[8] 窦晓亮,张宝安,郑欢,等.高速列车抗蛇行减振器实时混合试验研究[J].振动与冲击,2022,41(22):94-104.

[9] 樊学平,刘月飞,吕大刚.应用高斯粒子滤波器的桥梁可靠性在线预测[J].哈尔滨工业大学学报,2016,48(6):164-169.

[10] 郭军慧.大跨空间网格结构风振的神经网络控制研究[D].上海:上海交通大学,2008.

[11] 郭玉荣,陈凡.基于离线模型参数修正的结构混合试验方法[J].自然灾害学报,2021,30(2):138-146.

[12] 韩木逸.实时混合试验 Runge-Kutta 算法数值性能研究[D].哈尔滨:黑龙江科技大学,2017.

[13] 刘媛.基于粒子滤波器的减震桥梁模型更新混合模拟方法[D].哈尔滨:黑龙江科技大学,2018.

[14] 刘家秀.基于模型更新的子结构拟静力混合试验方法研究[D].哈尔滨:黑龙江科技大学,2020.

[15] 李勐.自复位摩擦耗能支撑结构多尺度模型更新混合试验方法[D].哈尔滨:黑龙江科技大学,2022.

[16] 李立峰,胡思聪,吴文朋,等.桥梁抗震剪力键的力学模拟及减震效应研究[J].湖南大学学报(自然科学版),2014,41(11):8-14.

[17] 李宁,鲁旭杰,周子豪,等.考虑数值积分算法的实时子结构试验稳定性研究[J].工程力学,2021,38(11):12-22.

[18] 梁钰,王为民,刘红岩,等.波浪能发电系统的建模与仿真[J].电工技术,2020(6):37-38.

[19] 李烨,王建,李青,等.基于粒子滤波器的结构损伤识别研究[J].建筑结构,2007,37(S1):281-284.

[20] 李进,王焕定,张永山,等.单步实时动力子结构试验技术研究[J].地震工程与工程振动,2005,25(1):97-101.

[21] 孟丽岩,李勐,陈鹏帆.基于 UKF 的磁流变阻尼器模型更新混合试验方法[J].黑龙江科技大学学报,2022,32(4):512-519.

[22] 孟丽岩,王涛.既有混凝土力学性能变化对构件的影响研究[J].山西建筑,2010,36(11):68-70.

[23] 孟丽岩,王涛,韩木逸,等.基于多步恢复力反馈的实时混合试验 Runge-Kutta 算法[J].黑龙江科技大学学报,2019,29(2):230-238.

[24] 孟丽岩,王凤来,王涛.既有混凝土应力-应变曲线方程的研究[J].低温建筑技术,2010(6):47-49.

[25] 孟丽岩,周天楠,王涛.基于在线泛化神经网络算法的混合试验方法[J].黑龙江科技大学学报,2022,32(5):654-658.

[26] 孟丽岩,刘媛,王涛.隔震桥梁模型更新混合试验数值模拟[J].黑龙江科技大学学报,2022,32(6):822-827.

[27] 孟丽岩,王凤来,潘景龙.既有未碳化混凝土力学性能的试验研究[J].工业建筑,2004,34(7):44-46.

[28] 孟丽岩,刘家秀,王涛,等.一种基于多尺度模型更新的新型混合试验方法:201911142185.9[P].2022-09-28.

[29] 钱悦.可更换碟簧式自复位防屈曲支撑及支撑结构性能参数分析[D].哈尔滨:黑龙江科技大学,2020.

[30] 宋策.基于粒子滤波的目标跟踪技术研究[D].长春:中国科学院研究生院(长春光学精密机械与物理研究所),2014.

[31] 孙严.基于框架结构盲测试验 OpenSEES 建模参数敏感性分析 [D].哈尔滨:黑龙江科技大学,2016.

[32] 孙浩,杨智春,张玲凌.基于神经网络的振动响应趋势预测研究[J].机械科学与技术,2006,25(17):1455-1518.

[33] 涂建维,戴葵,瞿伟廉.磁流变阻尼器的磁滞效应与神经网络预测调整[J].华中科技

大学学报(自然科学版),2007,35(3):110-112.

[34] 唐和生,薛松涛,陈镕,等.结构损伤识别的序贯辅助粒子滤波方法[J].同济大学学报(自然科学版),2007,35(3):309-314.

[35] 唐和生,张伟,陈镕,等.基于自适应粒子滤波的结构损伤识别[J].振动、测试与诊断,2008,28(3):211-215.

[36] 涂建维,张凯静,瞿伟廉.实时子结构试验的时间滞后补偿方法的研究[J].武汉理工大学,2009,31(13):52-55.

[37] 吴波.基于神经网络的结构地震反应仿真与系统辨识[D].重庆:重庆大学,2003.

[38] 王贞.实时混合试验的控制和时间积分算法[D].哈尔滨:哈尔滨工业大学,2012.

[39] 吴斌,保海娥.实时子结构试验 Chang 算法的稳定性和精度[J].地震工程与工程振动,2006,26(2):41-48.

[40] 王涛.基于模型更新的土木结构混合试验方法[D].哈尔滨:哈尔滨工业大学,2014.

[41] 王涛,陈丹丹,孟丽岩,等.人行桥竖向人致振动响应参数及其敏感性分析[J].黑龙江科技大学学报,2021,31(2):209-215.

[42] 王涛,侯明珠,孟丽岩,等.支撑复位能力对框架节点受力性能的影响[J].黑龙江科技大学学报,2022,32(3):301-305.

[43] 王涛,黄俊奎,孟丽岩,等.弹簧式自复位防屈曲支撑的抗震性能[J].黑龙江科技大学学报,2015,25(5):558-564.

[44] 王涛,浩杰敦,孟丽岩,等.考虑物理加载时滞的力修正迭代混合试验方法[J].振动与冲击,2023,42(3):121-128.

[45] 王涛,浩杰敦,孟丽岩,等.阻尼器特性对力修正迭代混合试验收敛性的影响[J].黑龙江科技大学学报,2022,32(1):76-81.

[46] 王涛,刘媛,孟丽岩.Bouc-Wen 模型参数在线识别的粒子滤波器算法[J].黑龙江科技大学学报,2018,28(1):102-106.

[47] 王涛,李勐,孟丽岩.容积卡尔曼滤波器的 Bouc-Wen 模型在线参数识别[J].黑龙江科技大学学报,2020,30(5):551-555.

[48] 王涛,李勐,孟丽岩,等.自复位摩擦耗能支撑模型参数的识别[J].黑龙江科技大学学报,2021,31(5):598-604.

[49] 王涛,李勐,孟丽岩,等.自复位摩擦耗能支撑结构多尺度模型更新数值混合模拟方法[J].振动与冲击,2022,41(17):25-34,62.

[50] 王涛,李勐,孟丽岩,等.统计容积卡尔曼滤波器的混合试验模型更新方法[J].振动与冲击,2022,41(11):72-82,155.

[51] 王涛,李勐,孟丽岩,等.基于统计 CKF 模型更新混合试验方法:202011474780.5[P].2022-06-14.

[52] 王涛,刘媛,潘毅,等.基于改进粒子滤波算法的 Bouc-Wen 模型参数在线识别方法

[J]. 重庆大学学报,2021,44(5): 38-49.

[53] 王燕华,吕静,吴京. 基于遗忘因子和 LMBP 神经网络的混合试验在线模型更新方法[J]. 振动与冲击,2020,39(9): 42-48.

[54] 王涛,孙严,孟丽岩. 基于 OpenSEES 的 RC 柱拟静力试验数值分析[J]. 黑龙江科技大学学报,2016,26(1): 89-94.

[55] 王涛,孙严,孟丽岩,等. 钢筋混凝土柱试验 OpenSees 建模参数敏感性分析[J]. 黑龙江科技大学学报,2016,26(2): 224-230.

[56] 王涛,吴斌. 基于 UKF 模型更新的混合试验方法[J]. 振动与冲击,2013,32(5): 138-143.

[57] 王涛,吴斌. 基于约束 UKF 模型更新的混合试验方法[J]. 地震工程与工程振动,2013,33(5): 100-109.

[58] 王涛,吴斌,张健. 基于最小二乘法的自适应拟动力子结构试验[J]. 结构工程师,2011,27(S): 57-62.

[59] 王涛,翟绪恒,孟丽岩. 在线自适应神经网络算法及参数鲁棒性分析[J]. 振动与冲击,2019,38(8): 210-217.

[60] 王涛,周天楠,孟丽岩. 泛化神经网络算法的 RC 柱恢复力预测方法 [J]. 黑龙江科技大学学报,2020,30(6):697-705.

[61] 王涛,翟绪恒,孟丽岩,等. 基于在线神经网络算法的混合试验方法[J]. 振动与冲击,2017,36(14): 1-8.

[62] 王涛,翟绪恒,孟丽岩,等. 基于在线神经网络算法的结构恢复力预测方法[J]. 黑龙江科技大学学报,2015,25(6): 650-653.

[63] 王涛,张健,吴斌. 采用隐性卡尔曼滤波器的自适应子结构试验方法[J]. 振动工程学报,2013,26(3): 328-334.

[64] 王涛,郑欢,王贞. 黏滞阻尼器高频响应下的自适应时滞补偿设计[J]. 黑龙江科技大学学报,2021,31(1): 110-114.

[65] 王涛,郑欢,王贞,等. 迭代混合试验收敛速度与收敛精度的数值模拟[J]. 黑龙江科技大学学报,2021,31(3): 697-702.

[66] 王涛,郑欢,王贞,等. 一种非线性模型线性化力修正的新型迭代混合试验方法: 202011401569.0[P]. 2022-04-05.

[67] 邢亭亭. 贝叶斯滤波及其在天线展开跟踪中的应用[D]. 西安:西安电子科技大学,2012.

[68] 杨现东. 振动台子结构试验的数值仿真分析[D]. 哈尔滨: 哈尔滨工业大学,2007.

[69] 杨澄宇,马原驰,蔡雪松. 自复位防屈曲支撑框架结构混合试验研究[J]. 结构工程师,2019,35(3): 51-56.

[70] 叶寅,盛松伟,乐婉贞,等. 基于 MATLAB and Simulink 的波浪能装置液压能量转

换系统仿真研究[J].海洋技术学报,2021,40(1):87-95.

[71] 章莉莉.基于位移响应时程的结构参数与损伤识别研究[D].长沙:湖南大学,2009.

[72] 张健.自适应子结构拟动力试验方法[D].哈尔滨:哈尔滨工业大学,2010.

[73] 翟绪恒.在线神经网络算法研究及其在混合试验中的应用[D].哈尔滨:黑龙江科技大学,2017.

[74] 周天楠.泛化神经网络算法及其在混合试验中的应用[D].哈尔滨:黑龙江科技大学,2021.

[75] 郑欢.力修正新型迭代混合试验方法研究[D].哈尔滨:黑龙江科技大学,2021.

[76] 郑迦译.摩擦摆隔震结构在线模型更新混合试验研究[D].哈尔滨:中国地震局工程力学研究所,2021.

[77] 周岱,郭军慧.空间结构风振控制系统的神经网络时滞补偿[J].空间结构,2008,14(2):8-13.

[78] 张伟,李烨,杨晓楠.非线性非高斯结构系统识别的粒子滤波方法[J].江西科学,2008,26(3):387-391.

[79] 周春桂,谢石林,周桐,等.钢丝绳隔振系统的神经网络杂交建模[J].机械工程,2008,44(7):168-175.

[80] 周大兴,闫维明,陈彦江,等.神经网络在振动子结构试验中的应用[J].振动与冲击.2011,30(12):14-18.

[81] 张玲凌,杨智春,孙浩.一类金属橡胶阻尼器的建模与参数识别[J].机械科学与技术.2007,26(5):558-562.

[82] AKSOYLAR C, AKSOYLAR N D. Online model identification and updating in multi-platform pseudo-dynamic simulation of steel structures-experimental applications[J]. Journal of Earthquake Engineering, 2020, 50(10): 301-335.

[83] AKASHI H, KUMAMOTO H. Randomsampling approach to state estimation in switching environments[J]. Automatica, 1977, 13: 429-434.

[84] ANDERSON B, MOORE J, ESLAMI M. Optimal filtering[J]. IEEE Transactions on Systems Man & Cybernetics, 2007, 12(2): 235-236.

[85] ASGARIEH E, MOAVENI B, STAVRIDIS A. Nonlinear finite element model updating of an infilled frame based on identified time-varying modal parameters during an earthquake [J]. Journal of Sound and Vibration, 2014, 333 (23): 6057-6073.

[86] BURSI O, GONZALEZ-BUELGA A, VULCAN L, et al. Novel coupling Rosenbrock-based algorithms for real-time dynamic substructure testing [J]. Earthquake Engineering and Structural Dynamics, 2008, 37(3): 339-360.

[87] BOULKAIBET I, MTHEMBU L, MARWALA T, et al. Finite element model

updating using Hamiltonian Monte Carlo techniques[J]. Inverse Problems in Science and Engineering,2016,25(7): 1042-1070.

[88] CASTRO F A,CHIANG L E. Design optimization and experimental validation of a two-bodywave energy converter with adjustable power take-off parameters[J]. Energy for Sustainable Development,2020,56: 19-32.

[89] CHUANG M C,HSIEH S H,TSAI K C,et al. Parameter identification for on-line model updating in hybrid simulations using a gradient-based method [J]. Earthquake Engineering and Structural Dynamics,2018,47(2): 269-293.

[90] CHEN C,RICLES J. Stability analysis of direct integration algorithms applied to MDOF nonlinear structural dynamics[J]. Journal of Engineering Mechanics,2010, 136(4): 485-495.

[91] CHAE Y,RICLES J M,SAUSE R. Large - scale real - time hybrid simulation of a three - story steel frame building with magneto - rheological dampers[J]. Earthquake Engineering and Structural Dynamics,2014,43: 1915-1933.

[92] ELANWAR H H,ELNASHAI A S. On-line model updating in hybrid simulation tests[J]. Journal of Earthquake Engineering,2014,18(3): 350-363.

[93] ELNASHAI A S, ELANWAR H H. Application of in-test model updating to earthquake structural assessment[J]. Journal of earthquake engineering, 2016, 20 (1): 62-79.

[94] ELANWAR H H, ELNASHAI A S. Framework for online model updating in earthquake hybrid simulations[J]. Journal of Earthquake Engineering, 2016, 20 (1): 80-100.

[95] HONGMEI Z,LIUMENG Q,XILIN L,et al. Modified flag-shaped model for self-centering system and its equivalent linearization and structural optimization for stochastic excitation[J]. Engineering Structures,2020,215: 110420.

[96] HASHEMI M,MASROOR A,MOSQUEDA G. Implementation of online model updating in hybrid simulation [J]. Earthquake Engineering and Structural Dynamics,2014,43(3): 395-412.

[97] HAMMERSLEY J M,MORTON K W. Poor man's monte carlo[J]. Journal of the Royal Statistical Society: Series B(Methodological),1954,16(1): 23-38.

[98] HAKUNO M, SHIDAWARA M, HARA T. Dynamic destructive test of a cantilever beam controlled by an analog-computer [J]. Japan Society of Civil Engineers,1969,171(1): 1-9.

[99] HUANG S N,TAN K K,LEE T H. Neural network learning algorithm for a class of interconnected nonlinear systems [J]. Neurocomputing, 2009, 72 (4-6):

1071-1077.

[100] JAZWINSKI A. Stochasticprocesses and filtering theory[J]. Mathematics in Science and Engineering,1970,64(2):1730-1730.

[101] JULIER S J,UHLMANN J K. New extension of the Kalman filter to nonlinear systems[C]// Signal processing,sensor fusion,and target recognition VI. Spie, 1997,3068: 182-193.

[102] KALMAN R E. A new approach to linear filtering and prediction problems[J]. Transactions of the ASME,Journal of Basic Engineering,1960,82:35-45.

[103] KWON O, KAMMULA V. Model updating method for substructure pseudo-dynamic hybrid simulation[J]. Earthquake Eng. Struct. Dyn., 2013, 42(13), 1971-1984.

[104] LIU Y, MEI Z, WU B, et al. Seismic behaviour and failure-mode-prediction method of a reinforced-concrete rigid-frame bridge with thin-walled tall piers: Investigation by model-updating hybrid test[J]. Engineering Structures, 2020, 208: 110302.

[105] MOSTAFAEI H. Hybrid fire testing for assessing performance of structures in fire application[J]. Fire Safety Journal,2013,56(6): 30-38.

[106] MAHMOUD H,ELNASHAI A . Hybrid simulation of semi-rigid partial-strength steel frames[J]. Journal of Structural Engineering,2013,139(7): 1134-1148.

[107] MOHAGHEGHIAN K, MOHAMMADI R K. Comparison of online model updating methods in pseudo-dynamic hybrid simulations of TADAS frames[J]. Bulletin of Earthquake Engineering,2017,15(1): 4453-4474.

[108] MAIKOL D,MOSQUEDA G,HASHEMI M J. Large-scale hybrid simulation of a steel moment frame building structure through collapse[J]. Journal of Structural Engineering,2016,142(1): 04015086-04015103.

[109] MEI Z,WU B,BURSI O S,et al. Hybrid simulation with online model updating: Application to a reinforced concrete bridge endowed with tall piers[J]. Mechanical Systems and Signal Processing,2019,123: 533-553.

[110] MEI Z,WU B,BURSI O S,et al. Hybrid simulation of structural systems with online updating of concrete constitutive law parameters by unscented Kalman filter[J]. Structural Control and Health Monitoring,2018,25(2): e2069.

[111] MENG L,WANG T. Experimentalstudy on the flexural capacity of existed RC beams strengthened with CFRP[C]// Proceedings of the 2012 Second International Conference on Electric Technology and Civil Engineering. 2012: 1311-1314.

[112] MENG L, WANG T, WANG F. Experimental study on mechanical properties and impact on components for existing concrete of different service life[C]// 2011 International Conference on Electric Technology and Civil Engineering (ICETCE). IEEE, 2011: 2211-2214.

[113] NAKASHIMA M, KATO H, TAKAOKA E. Development of real-time pseudo dynamic testing[J]. Earthq. Eng. Struct. Dyn., 1992, 21(1): 79-92.

[114] OU G, DYKE S J, PRAKASH A. Real time hybrid simulation with online model updating: An analysis of accuracy [J]. Mechanical Systems and Signal Processing, 2017, 84(45): 223-240.

[115] OU G, PRAKASH A, DYKE S. Modified Runge-Kutta integration algorithm for improved stability and accuracy in real time hybrid simulation[J]. Journal of Earthquake Engineering, 2015, 19(7): 1112-1139.

[116] OU G, YANG G, DYKE S, et al. Investigation ofhybrid simulation with model updating compared to an experimental shake table test[J]. Frontiers in Built Environment, 2020, 6: 103.

[117] OZDAGLI A, XI W, OU GE, et al. Experimental verification of an accessible geographically distributed real-time hybrid simulation platform [J]. Structural Control and Health Monitoring, 2020, 27(2): e2483. 1-e2483. 23.

[118] PEIRIS L D H, PLUMMER A R, DU BOIS J L. Passivity control for nonlinear real-time hybrid tests [J]. Proceedings of the Institution of Mechanical Engineers, Part I: Journal of Systems and Control Engineering, 2021, 235(6): 914-928.

[119] SKALOMENOS K A, KURATA M, NAKASHIMA M. On-line hybrid test method for evaluating the performance of structural details to failure [J]. Earthquake Engineering and Structural Dynamics, 2018, 47(3): 555-572.

[120] SHAO X, MUELLER A, MOHAMMED B. Real-time hybrid simulation with online model updating: methodology and implementation [J]. Journal of Engineering Mechanics, 2016, 142(2): 1-18.

[121] SUN J, WANG T, QI H. Earthquake simulator tests and associated study of an 1/6-scale nine-story RC model [J]. Earthquake Engineering and Engineering Vibration, 2007, 6(3): 281-288.

[122] YANG Y, TSAI K, ELNASHAI A, et al. An online optimization method for bridge dynamic hybrid simulations [J]. Simulation Modelling Practice and Theory, 2012, 28, 42-54.

[123] UDAGAWA K, TAKANASHI K, TANAKA H. Non-linear earthquake response

analysis of structures by a computer actuator on-line system(Part2: response analysis of one bay-one story steel frames with inelastic beams)[J]. Transactions of the Architectural Institute of Japan,1978,268(6): 49-59.

[124] WU B, BAO H, OU J, et al. Stability and accuracy analysis of the central difference method for real-time substructure testing[J]. Earthquake Engineering and Structural Dynamics,2005,34(7):705-718.

[125] WANG K J, CHUANG M C, TSAI K C, et al. Hybrid testing with model updating on steel panel damper substructures using a multi - axial testing system[J]. Earthquake Engineering & Structural Dynamics, 2019, 48(3): 347-365.

[126] WU B,CHEN Y,XU G,et al. Hybrid simulation of steel frame structures with sectional model updating[J]. Earthquake Engineering & Structural Dynamics, 2016,45(8): 1251-1269.

[127] WU B,DENG L,YANG X. Stability of central difference method for dynamic real - time substructure testing[J]. Earthquake engineering & structural dynamics, 2009,38(14): 1649-1663.

[128] WU B,NING X,XU G,et al. Online numerical simulation: A hybrid simulation method for incomplete boundary conditions[J]. Earthquake Engineering & Structural Dynamics,2018,47(4): 889-905.

[129] WANG T,MENG L. Macroscopic model in nonlinear seismic response analysis of reinforced concrete shear walls[C]// 2011 International Conference on Electric Technology and Civil Engineering(ICETCE). IEEE,2011: 5166-5170.

[130] WANG T,SUN J J,MENG L Y. Nonlinearnumerical simulation of shaking table tests of a RC frame-shear wall model[C]// Advanced Materials Research. Trans Tech Publications Ltd,2011,163: 4336-4341.

[131] WANG T,WU B. Model updating for hybrid testing with unscented Kalman filter [J]. Zhendong yu Chongji(Journal of Vibration and Shock), 2013, 32(5): 138-143.

[132] WANG T,WU B. Real-time hybrid testing with constrained unscented Kalman filter[C]//5th International conference on advances in experimental structural engineering. 2013.

[133] WANG T,WU B,ZHANG J. Online identification with least square method for pseudo-dynamic tests [C]// Advanced Materials Research. Trans Tech Publications Ltd,2011,250: 2455-2459.

[134] WU B,WANG T. Model updating with constrained unscented Kalman filter for

hybrid testing[J]. Smart Structures and Systems,2014,14(6): 1105-1129.

[135] WANG Z,XU G,LI Q,et al. An adaptive delay compensation method based on a discrete system model for real-time hybrid simulation[J]. Smart Structures and Systems,2020,25(5): 569-580.

[136] WU B, XU G S, WANG Q Y. Operator-splitting method for real-time substructure testing[J]. Earthquake Engineering and Structural Dynamics,2006, 35(3): 293-314.

[137] YUN G J,GHABOUSSI J,ELNASHAI A S. A new neural network - based model for hysteretic behavior of materials [J]. International Journal for Numerical Methods in Engineering,2008,73(4): 447-469.

[138] YANG W,NAKANO Y. Substructure online test by using real-time hysteresis modeling with a neural network[J]. Advances in Experimental Structural Engineering,2005,267-274.

[139] YANG G, WU B, OU G, et al. HyTest: platform for structural hybrid simulations with finite element model updating[J]. Advances in Engineering Software,2017,112: 200-210.

[140] YANG Y S,TSAI K C,ELNASHAI A S,et al. An online optimization method for bridge dynamic hybrid simulations [J]. Simulation Modelling Practice and Theory,2012,28: 42-54.

[141] ZHONG W P,CHEN Z X. Model updating method for hybrid simulation based on global sensitivity analysis [J]. Earthquake Engineering and Structural Dynamics,2021,45(12): 1-22.

[142] ZHANG Y,PENG P,GONG R,et al. Substructure hybrid testing of reinforced concrete shear wall structure using a domain overlapping technique [J]. Earthquake Engineering and Engineering Vibration,2017,16(4): 761-772.

[143] ZARITSKII V S,SVETNIK V B,ŠIMELEVI L I. Monte-Carlo technique in problems of optimal information processing[J]. Avtomatika i Telemekhanika, 1975(12): 95-103.

[144] ZHANG J,WU B,WANG T. Adaptive substructure testing method based on least square[C]// 2011 International Conference on Electric Technology and Civil Engineering(ICETCE). IEEE,2011: 1907-1910.